建筑防灾年鉴

2018

住房和城乡建设部防灾研究中心
中国建筑科学研究院科技发展研究院　联合主编

中国建筑工业出版社

图书在版编目（CIP）数据

建筑防灾年鉴. 2018 / 住房和城乡建设部防灾研究中心，中国建筑科学研究院科技发展研究院联合主编. —北京：中国建筑工业出版社，2019.11
ISBN 978-7-112-24404-1

Ⅰ.①建… Ⅱ.①住…②中… Ⅲ.①建筑物—防灾—中国—2018—年鉴 Ⅳ.①TU89-54

中国版本图书馆CIP数据核字（2019）第245922号

责任编辑：张幼平
责任校对：李欣慰

建筑防灾年鉴

2018

住房和城乡建设部防灾研究中心
中国建筑科学研究院科技发展研究院　联合主编

*

中国建筑工业出版社出版、发行（北京海淀三里河路 9 号）
各地新华书店、建筑书店经销
北京点击世代文化传媒有限公司制版
广州市一丰印刷有限公司印刷

*

开本：787×1092 毫米　1/16　印张：21　字数：521 千字
2019 年 11 月第一版　2019 年 11 月第一次印刷
定价：**88.00** 元
ISBN 978-7-112-24404-1
（34894）

《建筑防灾年鉴 2018》

编 委 会：

主 任：王清勤　住房和城乡建设部防灾研究中心　　　　　　　　主 任

副主任：王翠坤　住房和城乡建设部防灾研究中心　　　　　　　　副主任

　　　　黄世敏　住房和城乡建设部防灾研究中心　　　　　　　　副主任

　　　　高文生　住房和城乡建设部防灾研究中心　　　　　　　　副主任

　　　　孙　旋　住房和城乡建设部防灾研究中心　　　　　　　　副主任

　　　　李引擎　住建部防灾研究中心学术委员会　　　　　　　　副主任

　　　　金新阳　住建部防灾研究中心学术委员会　　　　　　　　副主任

　　　　宫剑飞　住建部防灾研究中心学术委员会　　　　　　　　副主任

　　　　张靖岩　住建部防灾研究中心学术委员会　　　　　　　　副主任

委 员：（按姓氏笔画排序）

　　　　王广勇　住房和城乡建设部防灾研究中心　　　　　　　　研究员

　　　　王曙光　中国建筑科学研究院有限公司　　　　　　　　　研究员

　　　　邓云峰　中共中央党校（国家行政学院）　　　　　　　　研究员

　　　　朱　伟　北京城市系统工程研究中心　　　　　　　　　　研究员

　　　　史　毅　住房和城乡建设部防灾研究中心　　　　　　　　高级工程师

　　　　刘　凯　北京师范大学　　　　　　　　　　　　　　　　副教授

　　　　许　镇　北京科技大学　　　　　　　　　　　　　　　　副教授

　　　　李　磊　中国建筑科学研究院有限公司　　　　　　　　　研究员

　　　　李宏文　中国建筑科学研究院有限公司　　　　　　　　　研究员

　　　　李爱群　北京建筑大学　　　　　　　　　　　　　　　　教授

　　　　李爱平　应急管理部通信信息中心　　　　　　　　　　　研究员

　　　　李耀良　上海市基础工程集团有限公司　　　　　　　　　教授级高工

　　　　汪　明　北京师范大学　　　　　　　　　　　　　　　　教授

　　　　张孝奎　北京清华同衡规划设计研究院有限公司　　　　　高级工程师

　　　　陆新征　清华大学　　　　　　　　　　　　　　　　　　教授

　　　　陈一洲　中国建筑科学研究院有限公司　　　　　　　　　副研究员

　　　　陈小康　海南省防汛物资储备管理中心　　　　　　　　　高级工程师

　　　　肖泽南　中国建筑科学研究院有限公司　　　　　　　　　研究员

　　　　肖从真　中国建筑科学研究院有限公司　　　　　　　　　研究员

前　言

党的十八大以来，党中央、国务院对防灾减灾救灾工作高度重视，习近平总书记先后作出重要指示批示，发表重要讲话，防灾减灾救灾事业飞速发展，实现了历史性变革。2018年，中共中央办公厅、国务院办公厅印发了《关于推进城市安全发展的意见》，同时新组建了应急管理部，制定了《应急管理部国家重大自然灾害预警和Ⅳ级救灾应急响应工作组方案》，对我国的防灾减灾救灾工作作出了重大决策部署，要求新形势下，要坚持以防为主、防抗救相结合，坚持常态减灾和非常态救灾相统一，从注重灾后救助向注重灾前预防转变，从应对单一灾种向综合减灾转变，从减少灾害损失向减轻灾害风险转变。

为贯彻落实党中央、国务院关于加强防灾减灾救灾工作的决策部署，提高全社会抵御自然灾害的综合防范能力，切实维护人民群众生命财产安全，住房和城乡建设部防灾研究中心（以下简称"防灾中心"）与中国建筑科学研究院科技发展研究院联合主编《建筑防灾年鉴2018》，旨在全面系统地总结我国建筑防灾减灾的研究成果与实践经验，交流和借鉴各省市建筑防灾工作的成效与典型事例，增强全国建筑防灾减灾的忧患意识，推动建筑防灾减灾工作的发展与实践应用，使世人更全面了解中央和地方人民政府为防灾减灾所作出的巨大努力。

《建筑防灾年鉴2018》是我国建筑防灾减灾的年度总结与发展报告，为系统全面地展现我国2018年度的建筑防灾工作发展全景，在编排结构上共分为7篇，包括综合篇、政策篇、标准篇、科研篇、成果篇、工程篇、附录篇。

第一篇　综合篇。选录11篇综合性论文，内容涵盖公共安全、建筑抗风雪、抗震、防火等方面。主要对建筑防灾减灾研究进展进行综合分析与评述，旨在概述本领域研究的基本面貌，为研究者了解学科发展现状提供条件，有效促进学科研究品质的提升，引导学科研究的发展。

第二篇　政策篇。收录中央财经委重要报道1篇，国家颁布的安全城市发展意见1部，河北省自然灾害救助办法1部，山东省自然灾害救助办法1部，福建省防灾减灾条例1部。这些政策法规的颁布实施，起到了为防灾减灾事业的发展提供政策支持、决策参谋和法制保障的作用。

第三篇　标准篇。主要收录标准化法、国家、行业、产品标准在编或修订情况的简介，主要包括编制或修编背景、编制原则和指导思想、修编内容与改进等方面内容，便于读者在第一时间了解到标准规范的最新动态，做到未雨绸缪。

第四篇　科研篇。主要选录了在研项目、课题的研究进展、关键技术、试验研究和分析方法等方面的文章8篇，集中反映了建筑防灾的新成果、新趋势和新方向，便于读者对近年来建筑防灾减灾领域的研究进展有较为全面的了解和概要式的把握。

第五篇 成果篇。本篇选录了包括城市内涝减灾、防护工程在内的 10 项具有代表性的最新科技成果，通过整理、收录以上成果，希望借助防灾年鉴的出版机会，和广大科技工作者充分交流，共同发展、互相促进。

第六篇 工程篇。防灾减灾工程案例，对我国防灾减灾技术的推广具有良好的示范作用。本篇选取了有关防灾减灾、结构抗火、风荷载领域的工程案例 6 个，通过对实际工程如何实现防灾减灾的阐述，介绍了防灾减灾实践经验，以促进防灾减灾事业稳步前进。

第七篇 附录篇。基于住房和城乡建设部、民政部和国家统计局等相关部门发布的灾害评估权威数据，本篇主要收录了包括住房和城乡建设部防灾研究中心在内的国内著名的防灾机构简介、2018 年全国自然灾害基本情况。此外，2018 年度内建筑防灾减灾领域的研究、实践和重要活动，以大事记的形式进行了总结与展示，读者可简捷阅读大事记而洞察我国建筑防灾减灾的总体概况。

本书可供从事建筑防灾减灾领域研究、规划、设计、施工、管理等专业的技术人员、政府管理部门、大专院校师生参考。

本年鉴在编纂过程中，受到住房和城乡建设部、各地科研院所及高校的大力支持，在此对他们的指导与支持表示由衷的感谢。本书引用和收录了国内大量的统计信息和研究成果，在此对他们的工作表示感谢。

本书是防灾中心专家团队共同辛勤劳动的成果。虽然在编纂过程中几易其稿，但由于建筑防灾减灾信息浩如烟海，在资料的搜集和筛选过程中难免出现纰漏与不足，恳请广大读者朋友不吝赐教，斧正批评！

住房和城乡建设部防灾研究中心

中心网址：www.dprcmoc.com

邮箱：dprcmoc@cabr.com.cn

联系电话：010-64693351

传真：010-84273077

目　录

第一篇　综合篇

　　建筑防灾减灾是一项复杂的系统工程，它贯穿社会生活的各个层面，大到国家的发展，小到具体建筑的防灾设计；建筑防灾减灾还包含了不同的专业分工和学科门类，具有综合性强、多学科相互渗透的显著特点。本篇选录 11 篇综述性论文，内容涵盖公共安全、建筑抗风雪、抗震、抗火、防洪等方面，主要对建筑防灾减灾研究进展进行综合分析与评述，旨在概述本领域研究的基本情况，为读者了解学科发展现状提供资料，有效保障学科研究品质的提升，引导学科研究的发展。

1 面对灾害，让城市更有"韧性"

为广泛凝聚力量，在中国工程院院士谢礼立等众多专家倡议下，由中国地震局工程力学研究所发起的"中国灾害防御协会城乡韧性与防灾减灾专业委员会"2018 年 11 月 29 日在北京揭牌成立。专业委员会由 64 所高校和科研院所的 130 余人组成，其中两院院士 12 人，杰出青年、长江学者、国家百千万人才工程入选者等知名专家 35 人。组建专业委员会旨在搭建我国城乡韧性与防灾减灾工作的学术交流平台，积极推进"韧性城乡"科学计划的实施。

下面是中国工程院院士、城乡韧性与防灾减灾专业委员会名誉顾问谢礼立对于韧性城市问题的深入解读。

一、韧性城市的含义

让城市在灾难面前"扛折腾"，能靠自己恢复功能。

从古至今，地震的危害不容小觑。中国陆地面积占世界陆地的 6.4%，根据 20 世纪以来的资料统计，世界陆地地震 33.3% 发生在中国，全国有 30 个省份发生过 6 级以上地震。地震灾害给国家带来严重损失，给人民带来巨大伤痛，同时也引发了地震科学家的深刻思考。

"凡是发生严重地震灾害的地方，都是抗震能力薄弱的地方，包括唐山、汶川等，这些地方面临的灾难是毁灭性的。究其原因，这些城乡由于自身抗震韧性差，因此没有足够的自我修复能力。"谢礼立说，城市及其基础设施在地震灾害中韧性较差，是造成地震灾害的主要原因。

提到韧性（Resilience），人们可能首先想到的是力学中的材料韧性，或是人在面对压力困难时的意志品格，城市也有韧性么？城市的韧性到底是什么？谢礼立告诉记者，城市是一个复杂系统，可能随时发生各类突发事件，如地震、洪水、生产安全事故、恐怖袭击等。如果一个城市在各种灾难面前能够"扛折腾"，还能自己恢复功能，城市系统不会长期瘫痪、彻底毁灭，就说明这个城市的韧性强。城市的韧性是一种能力，它能面对众多威胁采取动态措施处理和降低风险，确保城市安全和正常运行。

"概念看似高深，其实韧性是自然界，特别是生态系统存在的普遍现象，森林、湖泊、土壤都有这种自我修复能力。"谢礼立说。

据了解，20 世纪 70 年代以来，韧性的概念被先后引入工程学、医学、经济学、社会科学等领域。如今，韧性理念和策略已被广泛地应用于灾害风险管理等领域，是当今世界城市发展的主流方向。2015 年通过的联合国《2015-2030 年仙台减轻灾害风险框架》强调从灾害管理到灾害风险管理，进而到灾害风险治理，将"韧性"作为减轻灾害风险的最终目标。2016 年，第三届联合国住房与可持续城市发展大会将倡导"城市的生态与韧性"作为新城市议程的核心内容之一。

"近几年，我国韧性城市的发展迅速。城市防灾减灾是城市可持续发展的重要内容和具体体现，过去我们不知道怎么做才算是可持续发展，现在，这些疑惑慢慢解开了，就是建设韧性城市。"谢礼立说。

二、城市韧性来源

概括来说，设防等级越高韧性越高，易损性越小韧性越高，防灾资源越充分韧性越高。

由于房屋抗震等级不足，地震造成的房屋倒塌往往是致人死亡的主要原因。为了让房屋更结实更抗震，我国近年来一直着力提高建筑工程基础设施抗震能力。

近年来，我国经济社会快速发展，人财物高度集中，基础设施与生命线工程越来越尖端、复杂，全社会对地震防灾减灾救灾提出了更高的要求，单一的工程抗震已经不能满足当下的发展需求，建设韧性城市的理念被广泛接受。

"过去大家把地震灾害归结于工程危害，现在看来，这虽然是主要因素，但还有很多其他因素不容小觑。如城市规划、应急预案、上级决策等方面，任何环节都不能疏忽。"谢礼立说，城市抗震比工程抗震更具不确定性，难以预测因素较多。工程抗震的目标是工程建筑不发生倒塌，但城市抗震的目标远不止于此，涉及物质因素、人为因素、社会因素，如果城市交通、电力、通信任何一个环节出了问题，城市功能就会停摆。而且，大城市地震灾害形态、灾情演化和社会影响将更为复杂，应急救灾更为困难。而后，谢礼立通过日本"3·11"大地震的事例作进一步阐释。

"众所周知，在此次大地震中，福岛核电站的工程建筑基本没有损坏，但却出了大事。核电站系统在震后停止了运行，此时必须进行紧急冷却，否则系统就会慢慢加温乃至爆炸。但此次日本的应急响应做得不好，没能及时冷却系统，最终导致了爆炸发生。"谢礼立说，由此可见，只做好工程抗震是远远不够的，只有增强系统的韧性，才能应对复杂的突发事件。

三、城市的韧性与防震减灾

谢礼立解释道："从理论上讲，我们将城市的韧性来源总结为三个方面，一是设防等级，二是易损性，三是防灾资源，概括来说，设防等级越高韧性越高，易损性越小韧性越高，防灾资源越充分韧性越高。"

如何从这三个方面提高城市韧性？谢礼立说，和工程抗震的单一目标—房屋不倒塌不同，城市抗震包括10个考量维度，即系统防灾意志和决策能力、人居环境的安全、基础设施的地震安全性、灾害管理能力、生态环境、经济发展水平、防灾法规和标准、公共关系和媒体、信息安全和干扰的时空变化。

"这10个维度相互独立，缺一不可，不可相互替代。要根据城市的地位和作用，确定其韧性的水平和防震减灾能力的等级。比如城市位于地震发生危险性高的地区，那每个维度的权重就不一样，不可一概而论。"谢礼立说，"从工程抗震到城市抗震，防灾减灾理念在提升。抓住建设韧性城市这个核心工作，就一定能实现城市减灾的目标。"

四、韧性城市建设思路

应加快推进韧性城市建设顶层设计，搞清楚各维度对城市抗震减灾的作用。

近年来，超高层建筑、高速铁路、大型水库、核电站等越来越多出现在公众的生活中，这都让减轻地震灾害风险工作显得更为迫切，也为城市减灾带来更多挑战。

"我国韧性城市建设虽起步较早，但仍存在一定差距，因此成立城乡韧性与防灾减灾专业委员会意义重大。当务之急是搞清楚10个维度对城市抗震减灾的作用，事前做好顶层设计，设计好每一个防灾措施的路线图，最终形成制度再进行评价。"谢礼立说，"这是目前做好韧性城市建设的突破点。"

据了解，专业委员会成立后将推出以下几项具体举措：编制发布国家抗震韧性计划白皮书；设立制度化的"韧性城市减灾论坛"；积极向科技部和国家自然科学基金会提出设立抗震韧性城乡建设方面的重大研究计划；建立常态化的韧性城乡学术研讨会议制度，组织编制年度工作进展报告；推进韧性城乡示范建设，切实推动我国韧性城市建设工作。

关于民众在建设韧性城市中的作用，谢礼立说："没有民众的响应，政府的工作很难开展。"民众是个很大的群体，有文化水平高的人，也有"科盲"，需要相关部门加强全民抗震科普教育，增强抗震意识。

谢礼立说："新建城市已考虑到韧性问题，难点在于老城市的改造。老城市历史久远，当初没有按照韧性的要求布局，房子建设得密密麻麻，配套应急设施跟不上，所以要逐步按照要求改造，任务非常艰巨。"但目前我国开展韧性城市建设的相关条件已经具备，要抓住新型城镇化建设的契机，按部就班改造老旧城市，相信今后韧性城市建设会大踏步前进。

谢礼立：中国工程院首批院士，中国地震局工程力学研究所名誉所长，博士生导师、哈尔滨工业大学土木工程学院教授。主要研究领域：地震工程与安全工程。

来源：中国应急管理报（2018年12月6日）

2 隔震、消能减震与结构控制体系

周福霖

广州大学工程抗震研究中心 广州 510006

一、中国不断重复的地震灾难

我国地处世界两大地震带——环太平洋地震带和地中海南亚地震带的交汇区域，是世界上地震活动最频繁的国家之一。自从我国有地震记录以来，死亡人数在 20 万以上的灾难性大地震有 1303 年的山西洪洞大地震、1556 年的陕西华县大地震、1920 年的宁夏海原大地震、1927 年的甘南古浪大地震、1976 年的唐山大地震等。20 世纪，全世界由于地震死亡的人数中，中国人约占 60%。近几十年来，我国高烈度地震频发，如邢台地震、海城地震、唐山地震、汶川地震、玉树地震、芦山地震、鲁甸地震等，都造成了大量人员伤亡和巨大经济损失。

我国陆地面积约占全世界的 1/14，而大陆破坏性地震却占了全世界的 1/3。我国是世界上地震风险最高的国家，平均每 5 年发生 1 次 7.5 级以上地震，每 10 年发生 1 次 8 级以上地震。历史上，我国各省区均发生过 5 级以上的破坏性地震。我国地震主要有以下几个方面的特点：(1) 多数是浅源地震，烈度高、破坏性大。(2) 震级和烈度远高于原预期的震级和烈度，造成大灾难。(3) 我国城镇人口集中，房屋密集，地震时死伤惨重。(4) 地震时人员伤亡有 90% 是由于房屋破坏倒塌以及伴随的次生灾害造成的，而我国城乡大量房屋设防标准偏低，房屋抗震能力普遍不足，小震大灾、中震巨灾的现象在我国频频出现，给人民生命财产带来巨大损失，也给国家社会稳定造成巨大影响。一次 6 ~ 7 级地震，在发达国家仅造成几人至几十人死亡，而在我国会造成数千人乃至数万、数十万人伤亡，导致地震大灾难。这迫使我们要从一次次地震灾难中吸取教训，对原有的抗震设防要求和抗震技术体系，进行反思和创新。我国正在建设小康社会、步入以人为本的年代，我们这一代人有责任，在中国这片国土上，终止地震造成的一次次重复的大灾难！

二、传统抗震技术体系及其存在的问题

世界在 18 世纪发生工业革命，以英国为中心，发展了现代科学技术。但英国等欧洲国家处于非地震区域，致使防震技术在第一次工业革命未被启动。至 19 ~ 20 世纪，技术革命向有地震危险性的美国、日本等国家扩展，防震技术有了长足发展，先建立了强度抗震体系（20 世纪 30 年代），后又建立了强度 - 延性抗震体系（20 世纪 70 年代），即现在的传统抗震体系。我国近二百年，闭关自守，内忧外患，贫穷落后，近代防震技术几乎处于空白，直至新中国成立，先后从苏联、美国、日本等引进防震技术，经过不断发展完善，建立了与世界各国类似的强度 - 延性抗震体系，即传统抗震技术体系。这个抗震体系，为我国减轻地震灾害作出了重要贡献。但由于我国国情，这个抗震体系仍未能终止我国一次

次重复的地震大灾难。

1. 传统抗震技术体系

一般建筑结构，在地震发生时，地面的震动引起结构物的地震反应，结构固结于地下基础的建筑结构，犹如一个地面地震反应"放大器"，结构物的地震反应沿着高度将逐级被放大至 2 倍以上(图 1.2-1a)。中小地震发生时,虽然主体结构可能还未破坏,但建筑饰面、装修、吊顶等非结构构件可能破坏而造成严重损失,室内的贵重仪器、设备可能毁坏而使用功能中断,导致更严重的次生灾害。大地震发生时,主体结构可能破坏乃至倒塌,导致地震灾难。为了减轻地震灾害,人们先后发展了下述抗震技术体系：

(1) 抗震"强度"体系：通过加大结构断面和配筋,增大结构的强度和刚度,把结构做得很"刚强",以此来抵抗地震,即"硬抗"地震（图 1.2-1b）。这种体系,由于结构刚度增大,也将引起地震作用的增大,从而可能在结构件薄弱部位发生破坏而导致整体破坏。在很多情况下,这样"硬抗"地震很不经济,有时也较难实现。

(2) 抗震"延性"体系：容许结构构件在地震时损坏,利用结构构件损坏后的延性,结构进入非弹性状态,出现"塑性铰",降低地震作用,使结构物"裂而不倒"（图 1.2-1c）。对比"强度"体系,结构"延性"体系仅需要较小的断面和配筋,更为经济。"延性"体系从 20 世纪 70 年代建立,已成为我国和世界很多国家采用的"传统抗震体系"。它的设计水准是：在限定设计地震烈度下,小地震时不坏,中等地震时可能损坏但可修复,大地震时明显破坏但还不致倒塌。超大地震时就无法控制了。

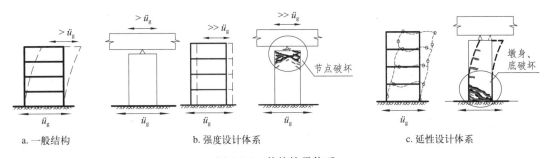

a. 一般结构　　　　　　b. 强度设计体系　　　　　　c. 延性设计体系

图 1.2-1　传统抗震体系

2. 传统抗震技术体系存在的问题及对策

传统抗震技术体系长期存在下述难以解决的问题：

(1) 结构安全性问题。在设计烈度内,这种传统抗震体系能避免结构倒塌,但当遭遇超过设计烈度的地震时,将可能导致成片建筑结构倒塌,引发地震灾难。2008 年我国 5·12 汶川地震,地震前的汶川是一个美丽的县城,地震后成为一片废墟。

(2) 建筑破坏问题。在地震作用下,传统抗震结构钢筋屈服和混凝土裂缝,结构出现延性,国内外专家早就指出"延性就是破坏",导致建筑物结构在震后难以修复,虽未倒塌但又不能使用,成为"站立着的废墟"。2008 年汶川地震后,由香港红十字会援建的隆兴乡博爱学校,使用仅 4 年,在 2013 年芦山地震中破坏严重,其塔楼及结构底层柱有明显破坏,震后修复非常困难（图 1.2-2）。

(3) 建筑功能丧失问题。在地震作用下,传统抗震结构的非弹性变形和强烈震动,引起建筑中的非结构构件及装修、吊顶等的破坏，以及室内设备、仪器、瓶罐等的掉落破坏，必然导致建筑使用功能甚至城市功能的丧失，引起直接或间接的人员伤亡或灾难。例如，地震中医院、学校、指挥中心、网络、试验室、电台、机场、车站、电站等的破坏，会导致现代城市瘫痪或社会灾难，后果是难以想象的！

上述传统抗震技术体系存在的问题，在我国凸显严重，原因是：

（1）我国的建筑物地震设防标准偏低。除少部分地区外，我国大部分地区的设计地震动加速度为 0.10g；而日本、智利为 0.30g，土耳其为 0.20 ～ 0.40g，伊朗也已提高为 0.35g。也即我国建筑物地震设防标准（地震动加速度）仅为世界其他多地震国家设防标准的 1/2 ～ 1/4。如果同样的地震发生在我国，建筑物的破坏和人员伤亡，要比其他国家严重得多！

（2）我国灾难性地震，很多发生在中、低烈度区，或频繁发生超基准烈度大地震，引发大灾难。唐山的设计烈度为 6 度（地震动加速度 0.05g），1976 年唐山大地震烈度达 11 度（地震动加速度估计为 0.90g）；汶川的设计烈度为 7 度（地震动加速度 0.10g），2008 年 5·12 地震烈度达 11 度（地震动加速度 0.90g）；青海玉树的设计烈度为 7 度（地震动加速度 0.10g），2010 年玉树地震烈度达 9 ～ 10 度（地震动加速度 0.50 ～ 0.80g）；四川芦山的设计烈度为 7 度（地震动加速度 0.10g），2013 年芦山大地震破坏烈度达 9 ～ 10 度（地震动加速度 0.60 ～ 0.90g）；云南鲁甸的设计烈度为 7 度（地震动加速度 0.10g），2014 年 8.3 鲁甸大地震破坏烈度为 9 ～ 10 度（地震动加速度 0.60 ～ 0.80g）。即实际地震的地震动加速度值为设计值的 6 ～ 18 倍！按照传统抗震技术建造的结构，哪能防御这种超级大地震？大灾难不可避免！

目前，我国大面积、大幅度提高设计标准，还不现实，再加上传统抗震技术体系长期存在难以解决的问题，在中国这片国土上，要终止地震造成的一次次重复的大灾难，必须在原来采用传统抗震技术体系的基础上，大力推广采用创新的防震技术新体系——隔震、消能减震、结构控制技术体系——四十年来世界地震工程最重要的创新成果之一！

图 1.2-2 2009 年新建的隆兴乡博爱学校在 2013 年芦山地震中塔楼及结构柱破坏情况

三、隔震技术及其应用

1. 隔震技术体系

隔震体系是指在结构物底部或某层间设置由柔性隔震装置（如叠层橡胶隔震支座）组成的隔震层，形成水平刚度很小的"柔性结构"体系（图 1.2-3a）。地震时，上部结构"悬浮"在柔性的隔震层上，只做缓慢的水平整体平动，从而"隔离"从地面传至上部结构的震动，使上部结构的震动反应大幅降低，从而保护建筑结构、室内装修和非结构构件、室内设备、仪器等不受任何损坏，使隔震结构在大地震中成为"安全岛"，不受任何损坏。隔震体系把传统抗震体系通过加大结构断面和配筋的"硬抗"概念和途径，改为"以柔克刚"的减震概念和途径，是中华文化"以柔克刚"哲学思想在结构防震工程中的成功运用。从结构动力学分析，隔震结构是把结构的自振周期大大延长（即"柔性结构"），从 T_{S1} 延长至 T_{S2}，则结构加速度反应将从 $\ddot{X}_{S1}$ 降为 $\ddot{X}_{S2}$，约降为原来传统抗震结构加速度反应的 $1/4 \sim 1/8$（图 1.2-3b），结构抗震安全性大幅提高（图 1.2-4）。

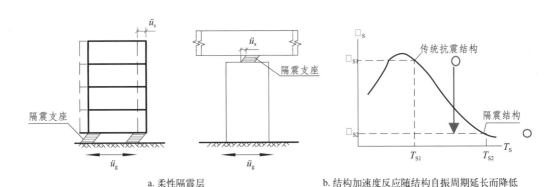

a. 柔性隔震层　　　　　　　　　b. 结构加速度反应随结构自振周期延长而降低

图 1.2-3　建筑结构、桥梁隔震原理

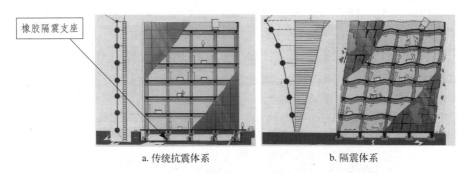

a. 传统抗震体系　　　　　　　　　b. 隔震体系

图 1.2-4　隔震体系与传统抗震体系的对比

早在一二千年前，我们的祖先就成功地应用隔震减震的概念和技术建成了遍布全国各地的宫殿、寺庙、楼塔等建筑，有些经历多次地震而成功保留下来。现代隔震技术是 20 世纪 80 年代出现的一项新技术，多年来，世界各国学者对此项技术开展了广泛、深入的研究，并已在工程上推广应用。

我国近代隔震技术与国际基本同时起步，但发展较快。我国首幢砂垫层隔震建筑由李立教授主持于 1980 年建成；由刘德馨、曾国林主持的石墨砂浆滑移层隔震房屋于 1986 年建成；我国最初建成的这几幢隔震房屋至今尚未经历地震考验，而由于砂垫层或砂浆滑移层在地震后没有复位功能，故未能推广应用。由本文作者主持，于 1989 ~ 1993 年在汕头市建成的我国第一幢夹层橡胶垫隔震房屋，在 1994 年 9 月 6 日台湾海峡 7.3 级地震中经受了考验。之后，相继在云南、河南、新疆、四川、山西、北京、福建等地建成了多幢夹层橡胶支座隔震房屋，有些还成功经历地震考验。目前，隔震房屋已逐渐在我国推广应用，至 2015 年底，已建成隔震建筑超过 6000 栋。

与传统抗震结构相比，隔震结构有下述的优越性：

（1）确保建筑结构在大地震时的安全。隔震体系可使结构的地震反应降为传统结构震动反应的1/4～1/8，使隔震结构有很宽的"防巨震安全极限边界"，在超烈度大地震中成为"安全岛"，保护几代人生命和财产安全！

（2）上部结构在地震中保持弹性，结构在地震中不损坏，免致震后很困难的修复工作。

（3）可实现性能化防震设计，实现地震设防的"双保护"，即既保护结构安全，也保护非结构构件、室内设备仪器等的使用功能不中断。这对于医院、学校、指挥中心、网络、试验室、电台、机场、车站、电站、各种生命线工程等尤为重要，能避免大地震发生时城市功能陷于瘫痪，避免大地震发生时的直接灾害或次生灾害。

（4）适用于规则建筑结构，也适用于非规则建筑结构。隔震后的结构地震反应大幅降低，结构的水平变形（层间变形或扭转变形等）都集中在柔软的隔震层而不发生在建筑结构本身，从而保护功能要求较高的复杂建筑结构在地震中不损坏。这适合于对学校、医院、高档住宅、办公大楼、影剧院、机场、交通枢纽等的地震保护。

（5）采用隔震技术，投资增加不多。当隔震技术应用于防震安全要求较高或设防烈度较高的项目时，还能降低建筑结构造价。

（6）隔震技术不仅可用于新建建筑，也可用于对旧有结构进行隔震加固，能大幅提高地震安全性。在达到基本相同的要求下，造价比传统方法更低。

2. 隔震技术的工程应用

中、美、日、意大利、新西兰等国家已较多采用隔震技术，表1.2-1列出了中、美、日三国隔震工程应用的情况。经过40来年的发展，中国的隔震技术已迈入了国际先进行列，其应用领域广泛。

中、美、日三国隔震结构应用统计表（至2015年）　　　　　　　　　表1.2-1

应用领域	国别	数量	最大层位
建筑结构	中国	已建近6000幢	31层
	美国	已建近180幢	29层
	日本	已建近5000幢	54层
桥梁结构	中国	已建近350座	—
	美国	已建近110座	—
	日本	已建近1800座	—

隔震技术主要应用于住宅、学校、医院、高层建筑、复杂或大跨建筑、桥梁结构、核电站、重要设备、历史文物古迹保护、乡镇民房等，有些隔震工程还成功经历地震考验。举例如下：

（1）住宅建筑及学校、医院等公共建筑

【实例1】我国第一栋橡胶支座隔震房屋为钢筋混凝土框架隔震结构，8层住宅（图1.2-5），位于广东省汕头市，是联合国工发组织（UNIDO）隔震技术国际示范项目，1989年立项，1993年建成使用，是当年世界最高的隔震住宅楼。1994年9月16日，发生台湾海峡地震（M7.3）。传统抗震房屋晃动激烈，人站不稳，青少年跳窗逃难，学校孩子逃跑踏踏，死亡及受伤共 126 人。但隔震房屋内的人毫无震感。震后，从窗外看到马路上挤满惊恐逃跑的人们，才知道刚才发生了地震，但隔震房屋内的人感到很安全，安心住在隔震屋里，不必外逃。

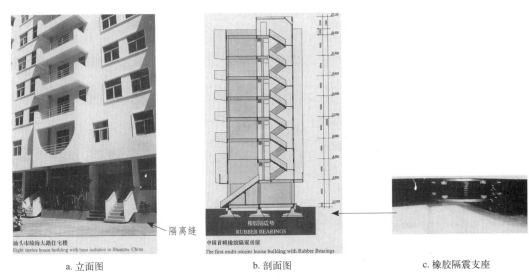

a. 立面图 b. 剖面图 c. 橡胶隔震支座

图 1.2-5　我国第一栋橡胶支座隔震房屋，8 层住宅

【实例 2】乌鲁木齐石化厂隔震住宅楼群，共 38 栋 18 万 m^2，2000 年建成，为当年全世界面积最大的隔震住宅群，采用了基础隔震形式，结构地震反应降为 1/7。在 7 ～ 8 级大地震时也保证安全。

【实例 3】北京地铁地面枢纽站大面积平台上隔震住宅楼（通惠家园），隔震建筑面积 48 万 m^2，是当年世界面积最大的层间隔震建筑群，隔震层设在二层平台顶部（图 1.2-6），采用三维隔减振体系，结构地震反应降为 1/6，火车引起的振动降为 1/10，既确保地震安全，也避免地铁振动干扰。

图 1.2-6　北京地铁地面枢纽站大面积平台上隔震住宅楼

【实例 4】芦山县人民医院隔震楼。2008 年汶川地震后澳门援建的医院建筑（图 1.2-7），包括采用了橡胶支座隔震技术的门诊楼 1 栋，采用抗震（未隔震）的住院楼 2 栋。2013 年芦山地震中，抗震的 2 栋住院楼破坏严重，功能中断和瘫痪，而隔震的 1 栋门诊楼，结构和室内设备仪器完好无损，震后马上投入紧张繁重的医疗抢救工作，隔震门诊楼成为震后全县急救医院。医院曾院长说："地震后全县所有医院都瘫痪了，就剩这栋隔震楼，成

为全县唯一的急救中心，如果没有这栋隔震楼，灾后就无地方对重伤员进行抢救了，后果真是不堪设想……"

a. 医院 3 栋建筑　　　　b. 抗震住院楼 震后破坏瘫痪　　　　c. 隔震门诊楼震后完好无损

图 1.2-7　芦山县人民医院隔震与抗震楼

【实例5】汶川第二小学，钢筋混凝土多层教学楼共 7 栋，全部隔震，2010 年建成。老师对学生说："地震时，千万不要往外跑！我们待在隔震楼里，屋里比屋外更安全。"在 2013 年 4 月 20 日，发生芦山 7 级地震，从装在几个建筑物（隔震和抗震）中的仪器得到地震反应记录看，隔震楼的地震反应，只有相邻的抗震房屋地震反应的 1/6 ~ 1/8，所有隔震楼完好无损，隔震楼就像"安全岛"。

（2）复杂建筑

【实例6】昆明新机场隔震航站楼，隔震建筑面积 50 万 m^2，是目前世界最大的单体隔震建筑（图 1.2-8）。因为靠近地震断层，地震危险性较大。采用隔震技术，能够在大地震时保护结构安全，保护上部曲线彩带钢柱不损坏，保护特大玻璃不破坏，保护大面积顶棚不掉落，还要在大地震时保护内部设备仪器不晃倒、掉落损坏，确保地震后航运功能不中断等。2015 年 3 月 9 日，云南嵩明县发生 4.5 级地震，昆明新机场隔震航站楼的仪器记录如下：地震时，楼面加速度反应降为地面加速度反应的 1/4，隔震效果非常明显。

2015 年开工建设的北京新机场，航站楼约 70 万 m^2，采用全隔震技术。建成后是全球最大的单体隔震建筑，将会是隔震技术在全球范围内的新范例。

即将建设的海南海口美兰国际机场（二期），新航站楼约 30 万 m^2，也采用全隔震技术。

我国地震区的新建机场，有采用全隔震技术的趋势。这将大大提高我国机场的防震安全性，确保大地震发生时机场航运功能不中断，大大提高我国城市防震减灾能力，造福子孙后代！

图 1.2-8　昆明新机场隔震航站楼

（3）长大桥梁结构

【实例7】港珠澳大桥长约26km，桥梁采用隔震技术，是目前世界最长的隔震桥梁。隔震支座设置在桥墩顶部。地震时，把可能在桥墩底部出现变形裂缝的抗震桥，转变为在桥墩顶部的隔震支座的水平变形，使桥墩保持弹性状态，避免浸在海水中的桥墩底部出现难以修复的损坏（图1.2-9a），并把桥梁的地震反应大幅降低。广州大学对港珠澳大桥分别做了隔震和抗震的振动台对比试验研究（图1.2-9b），试验结果表明，隔震与非隔震的地震反应比为1/5，防震安全性大幅提高，能确保桥梁在大地震时的安全。

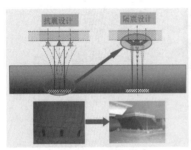

a. 抗震桥与隔震桥（桥墩顶隔震）　　　　　　　b. 振动台试验模型

图1.2-9　港珠澳大桥隔震体系及振动台试验

（4）核电站地震保护

2007年日本新潟地震引发了核事件。2011年3月11日日本东海大地震，引发福岛核电站（建于20世纪70年代）第一核电站三号机组爆炸，震惊了日本和整个世界。但新建的福岛核电站指挥部大楼采用隔震技术，在这次地震中表现极为出色，结构及装修无任何损坏，内部设备仪器无一掉落，完好无损，保证了指挥系统功能照常运行，成为地震后的指挥中心。

利用核能，有人称之为"人与魔鬼打交道"，必须做到万无一失。采用隔震技术，被国内外认为是保护核电站地震安全的最有效途径之一。经深入研究分析和部分应用得知，核电站采用整体隔震体系，可使核电站结构和内部设备仪器的地震反应降为原来的1/6～1/8，可使核电站场地的容许地震动加速度从0.20g提高至0.80g，即意味着，可在高烈度地震区建设核电站。隔震技术也有利于核电站结构与设备设计的标准化，为保证核电站地震安全，展现了光辉的前景！

目前，世界已建成3座隔震核电站，有多个采用隔震技术的核电站正在施工或设计中。

（5）乡镇农村房屋隔震技术

我国广大乡镇农村地区农民住房，抗震问题非常严重。农村建房缺技术，无正规设计和施工，材料多为砖石木等，抗震性能很差。小震大灾、中震巨灾的现象在我国乡镇农村地区频频发生，广大乡镇农村农民并未能分享现代科学技术进步的成果。如何把隔震技术应用于我国广大乡镇农村地区，保护广大农民生命和财产，是我们这代人的重要任务。

广州大学和相关单位部门合作，对我国乡镇农村房屋隔震技术进行了多年的研究、试验和应用，取得了可喜的进展。已开发了适合我国广大乡镇农村地区应用的"弹性隔震砖"技术体系。

【实例8】适合农村地区应用的"弹性隔震砖"技术体系（图1.2-10）。该体系设计施工简单，免大型建筑机械，农民工匠就能自建，造价很低。地震振动台实验表明，应用"弹性隔震砖"的简易砖房，能经受7~8级地震而完好无损。

可以预期，"弹性隔震砖"技术的推广应用，将为我国广大乡镇农村房屋的地震安全、建设美丽并安全的新农村、保护广大农民生命和财产、终止我国地震造成的一次次重复的大灾难，展现了未来的美景！

a."弹性隔震砖"技术体系

b."弹性隔震砖"铺设

c."弹性隔震砖"房屋施工

d."弹性隔震砖"房屋建成

图1.2-10　乡镇农村"弹性隔震砖"隔震房屋

四、消能减震技术及其应用

1. 消能减震体系

结构消能减震体系，是把结构物的某些非承重构件（如支撑、剪力墙等）设计成消能构件，或在结构的某些部位（节点或联结处）安装耗能装置（阻尼器等），在风荷载或小地震时，这些消能杆或阻尼器仍处于弹性状态，结构物仍具有足够的侧向刚度，以满足正常使用要求。在中强地震发生时，随着结构受力和变形的增大，这些消能构件和阻尼器率先进入非弹性变形状态，产生较大阻尼，消耗输入结构的地震能量，使主体结构避免进入明显的破坏并迅速衰减结构地震反应，从而保护主体结构在强地震中免遭过度破坏。

传统抗震结构是通过梁、柱、节点等承重构件产生裂缝、非线性变形来消耗地震能量的，而消能减震结构是通过耗能支撑、阻尼装置等产生阻尼，先于承重构件损坏而进行耗能，衰减结构震动，从而起到保护主体结构的作用（图1.2-11）。

与传统的抗震体系相比较，消能减震体系有如下的优越性：

（1）传统抗震结构体系是把结构的主要承重构件（梁、柱、节点）作为消能构件的，地震中受损坏的是这些承重构件，甚至导致房屋倒塌。而消能减震体系则是以非承重构件作为消能构件或另设耗能装置，它们的损坏过程是保护主体结构的过程，所以是安全可靠的。

（2）消能构件在震后易于修复或更换，使建筑结构物迅速恢复使用。

（3）可利用结构的抗侧力构件（支撑、剪力墙等）作为消能构件，无须专设。

（4）有效地衰减结构的地震反应 20% ～ 50%。

由于上述的优越性，消能减震体系已被广泛用于高层建筑、大跨度桥梁等结构的地震保护中。

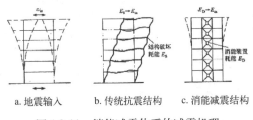

a. 地震输入　　b. 传统抗震结构　　c. 消能减震结构

图 1.2-11　消能减震体系的减震机理

2. 消能减震体系的工程应用

消能减震结构体系按照所采用的减震装置，可以分为"速度相关型"和"位移相关型"。速度相关型阻尼器，主要有黏滞型阻尼器（其耗能能力与速度大小相关），包括油阻尼器、黏弹性阻尼器等。位移相关型阻尼器（其耗能能力与位移大小相关），包括金属屈服型阻尼器（包括软钢阻尼器、铅阻尼器、屈曲约束支撑 BRB、形状记忆合金 SMA 等）、摩擦阻尼器等。近年来，以陈政清为代表的团队研发了高灵敏、高效能、高耐久性的电涡流阻尼减震装置，是耗能减震领域的革命性突破。

美国是开展消能减震技术研究较早的国家之一。早在 1972 年竣工的纽约世界贸易中心大厦的双塔楼就安装了黏弹性阻尼器，有效地控制了结构的风振动反应，提高了风载作用下的舒适度。日本也是应用消能减震技术较多的国家。31 层的 Sonic 办公大楼共安装了 240 个摩擦阻尼器；日本航空公司大楼使用了高阻尼性能阻尼器。加拿大也较早研究了摩擦消能减震支撑并大量应用。世界各国应用消能减震的工程案例不胜枚举。

本文作者通过多方面的试验研究，提出了在高层建筑中设置"钢方框消能支撑"进行消能减震，并完成了足尺模型的试验，于 1980 年在洛阳市建成我国第一栋设置有钢方框消能支撑的厂房结构。

我国自 20 世纪 80 年代起一直致力于消能减震技术的研究工作和工程实践应用，目前已自行研发出了一些消能减震装置，并提出了与之适应的新型消能减震结构体系，完成了多项消能装置的力学性能试验和减震结构的模拟振动台试验研究，获得了大量有学术价值的研究成果。

消能减震技术在我国工程结构中的应用范围和应用形式越来越广泛，在各种重要建筑及大跨桥梁中均有较多的应用。目前全世界建成的消能减震房屋和桥梁约有 20000 余座。

【实例 9】消能减震支撑在房屋结构减震中的应用（图 1.2-12）。

a. 油阻尼器消能减震支撑　　　　　b. 屈曲约束支撑
（BRB 消能支撑）

图 1.2-12　房屋结构中的消能减震支撑

【实例10】黏滞阻尼器应用于控制斜拉桥位移量和控制桥梁纵飘反应（图 1.2-13）。

a. Maysville 斜拉桥　　　　　　b. Maysville 斜拉桥的阻尼器

图 1.2-13　斜拉桥中的油阻尼器

五、控制技术的发展和应用

随着高强轻质材料的采用，高层、超高层等高柔结构及特大跨度桥梁不断涌现，如果采用传统的"硬抗"途径（加强结构断面，加强刚度等）来解决风振和地震安全问题，不仅很不经济，而且效果差，常常难以解决问题。而巧妙的结构控制技术，为解决超高、超长结构的风振和地震安全问题，提供了一条崭新的途径。

结构控制是指在结构某个部位设置一些控制装置，当结构振动时，被动或主动地施加与结构振动方向相反的质量惯性力或控制力，迅速减小结构振动反应，以满足结构安全性和舒适性的要求。其研究和应用已有 40 多年的历史。

结构振动控制，主要是为了满足高层建筑、超高层建筑、电视塔等高耸建筑结构的抗风、抗震性能。按照是否需要外部能量输入，结构控制可分为被动控制（免外部能量输入）、主动控制（需外部能量输入）、半主动控制（改变结构刚度或阻尼）和混合控制（被动控制加主动控制）等 4 类：被动控制系统主要有调谐质量阻尼器（TMD）、调谐液体阻尼器（TLD）等；主动控制系统主要有主动质量阻尼系统（AMD）、混合质量阻尼器（HMD）等；半主动控制系统主要有主动变刚度系统（AVS）、主动变阻尼系统（AVD）等；混合控制是将主动控制和被动控制同时施加在同一结构上的控制形式。

全世界首次将控制技术应用到建筑结构的，是建成于 1989 年的日本东京的 Kyobashi Center，采用了 AMD 控制系统。之后，控制技术在全世界及我国得到了广泛的发展和应用。

【实例11】2009年建成的广州塔是我国在超高层建筑中成功应用混合控制技术的典范（图1.2-14）。由广州大学、哈工大、广州市设计院和ARUP等单位合作，为该塔的风振和地震安全控制研发了新型主动加被动的混合控制系统（HTMD）。

广州塔采用混合控制体系，是经过多方比较分析的。如果采用被动控制（免外部能量输入）的调谐质量阻尼器（TMD）体系，技术成熟可靠，造价低，但只能减震10%～30%，对桅杆是满足要求的，但对主体结构达不到减震要求。如果采用主动控制（需外部能量输入）的主动质量阻尼系统（AMD），能减震30%～60%，但技术成熟性和可靠性较差，造价也高。经过深入分析和试验研究，采用混合控制体系（HTMD），即在被动调谐质量装置（TMD）上再设置一小质量的主动调谐系统（AMD），技术成熟性和可靠，减震效果达到要求，能减震20%～50%，造价也不高。该体系还巧妙地利用塔顶2个消防水箱(各600t)作为调谐质量，不必额外专门制设钢制质量球，更加经济。

广州塔利用塔顶水箱作为调谐质量的混合控制系统HTMD（TMD+AMD），从形式上看是双层调谐质量在运动。通过小质量块的快速运动产生惯性力来驱动大质量块的运动，从而抑制主体结构的振动。当主动调谐控制系统失效时，就变为被动调谐质量阻尼器（TMD），因此具有fail-safe（失效仍安全）的功能。这保证该系统在很不利的条件下，都能正常运行，可靠性很高。

通过结构分析和振动台试验表明，广州塔在用了HTMD系统后可有效减震20%～50%。该塔建成后，经历了多次大台风的考验，实测有效减震30%～50%。这进一步实际验证了HTMD应用在高耸结构上的有效性、可靠性和经济性。

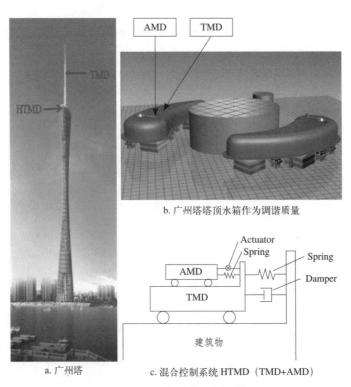

b. 广州塔塔顶水箱作为调谐质量

a. 广州塔

c. 混合控制系统HTMD（TMD+AMD）

图1.2-14　广州塔混合控制

六、抗震、隔震、减震的技术比较和未来的技术选择

1. 抗震、隔震、减震技术比较

抗震：结构自振周期很难远离地面卓越周期，地震时容易发生一定程度的共振，结构的震动反应可放大至200%以上，大地震时会严重威胁结构和内部设施的安全。

消能减震：通过增大结构阻尼来消耗能量以减轻结构地震反应，可减震20% ~ 50%（即降低至80% ~ 50%），但结构震动放大系数仍大于1，约为1.20 ~ 1.80。能实现降低结构位移（地震变形）反应的目标，减少结构的破坏程度，提高结构的抗倒塌安全性。

隔震：通过延长结构自振周期，避开振动共震区，有效隔离地震。可减震75% ~ 90%（即降至25% ~ 10% 或约1/4 ~ 1/8），大幅提高结构安全性。震动放大系数远小于1，约为0.10 ~ 0.30。能大幅减低结构加速度反应（地震作用）的目标，既能在大地震中保护结构安全，也能保护内部设施完好无损，使用功能不中断。

2. 抗震、隔震、减震结构地震损坏维修代价比较

图1.2-15为日本Yusuke WADA教授对日本传统抗震结构与减震、隔震结构在震后维修代价随地震烈度变化的趋势图。可以看出：

在发生烈度较小地震时，抗震结构尤其是延性设计的结构就会发生损坏，包括非结构构件或室内设备仪器，震后维修代价较大；而减震结构的损坏较轻微，震后维修费用较低；而隔震结构完好无损。

当发生烈度较大地震时，延性设计的结构破坏程度就会加剧甚至倒塌，直到失去维修价值；而减震结构在较大烈度地震时的破坏主要还是减震装置的破坏，在经历地震后，只需更换、维修损坏的减震装置；而隔震结构完好无损。

在发生烈度特大地震时，延性设计的抗震结构已经倒塌；减震结构比强度设计的抗震结构破坏程度轻些，维修代价低于抗震结构；而隔震结构仍然完好，仅在隔震层（隔震支座或柔性管线连接等）有轻微损坏，稍加维修即可恢复正常。

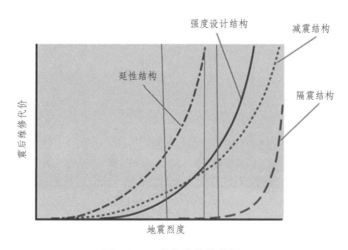

图1.2-15　维修代价趋势图

3. 减轻或终止我国地震灾难的技术选择

近年来，世界各地及我国已呈现地震频发的趋势。目前，我国要在全国范围内大幅度

提高城乡抗震设防标准，仍有难度，但对于有可能出现的巨灾不可不防。传统强度设计和延性设计已不能满足我国大规模城乡建设发展对抗震的要求，而隔震、减震及控制技术正好弥补了传统抗震技术所不能满足的技术要求。

隔震、减震及结构控制技术是四十年来地震工程领域的重大创新成果，是城乡建筑大幅提高地震安全性、防止地震破坏的最有效途径，是终止我国城乡地震灾难的必然技术选择！在 2015 年第 14 届国际隔震减震与控制大会上，国内外专家一致认为："工程结构，包括旧有结构，广泛采用隔震减震技术的时代来临了！"

本文原载于《城市与减灾》2016 年第 5 期

参考文献

[1] 赵荣国、李卫平、陈锦标.世界地震灾害损失的统计 [J].国际地震动态，1996（12）.

[2] 周福霖.工程结构减震控制 [M].北京：地震出版社，1997.

[3] 周福霖.隔震消能减震和结构控制技术的发展和应用（上）和（下）[J].世界地震工程，1989（4）和1990（1）.

[4] 谢礼立、马玉宏.现代抗震设计理论的发展过程 [J].国际地震动态，2003（10）.

[5] 周福霖.建筑结构减震控制新体系——减轻城市地震灾害的有效途径 [J].自然灾害学报，1995（4 卷增刊）.

[6] 周福霖、俞公骅等.结构减震控制体系的研究、应用与发展 [J].钢结构，1993（1）.

[7] Zhou Fu lin, Tan Ping, Yan Weiming and Wei Lushun.Theoretical and experimental research on a new system of semi-active structural control with variable stiffness and damping. Earthquake Engineering and Engineering Vibration，Vol.1 No.1.2002.

[8] 刘彦辉、谭平、周福霖等.广州电视塔直线电机驱动的主动质量阻尼器动力特性研究 [J].建筑结构学报，2015（4）.

[9] 欧进萍.结构振动控制——主动、半主动和智能控制 [M].北京：科学出版社，2003.

3 安全韧性城市特征分析及对雄安新区安全发展的启示

李瑞奇[1]，黄　弘[1]，范维澄[1]，闪淳昌[2]

1. 清华大学工程物理系 / 公共安全研究院，北京，100084；

2. 中华人民共和国应急管理部，北京，100013

一、引言

2017 年 4 月 1 日，中共中央、国务院决定设立河北雄安新区，旨在用最先进的理念和国际一流的水准打造探索人类发展的未来之城，这是千年大计、国家大事。安全发展是城市现代文明的重要标志，城市安全是城市功能运转的基础保障，雄安新区面临着新的安全发展形势，在"规划—建设—运行"全过程中坚持安全韧性的顶层设计理念符合国际先进发展趋势。

安全韧性是当前公共安全科学的前沿理念，在实践中也在被不断推广。安全韧性城市涵盖科技、管理、文化各领域，覆盖事前、事中、事后应急管理全流程，强调城市对公共安全事件的抵御、吸收、适应、恢复、学习能力，被认为是城市安全发展的新范式。但目前学界对于安全韧性城市的内涵尚未形成统一的认识，在城市安全韧性构建方面也尚未提出具有普适意义的模型，理论研究还较为欠缺。

因此，本文对韧性概念进行解析，并在城市安全领域进行应用和拓展，深入阐释安全韧性城市的内涵，基于公共安全科学基本理论构建城市安全韧性模型，分析安全韧性城市应具备的特征，以期为安全韧性城市研究提供理论框架；并结合国内外安全韧性城市实践经验与雄安新区的实际情况及功能定位，探讨安全韧性城市构建对于雄安新区安全发展的启示，以期实现基础理论与前沿实践的融合。

二、韧性概念解析

在传统的城市减灾理念中，人们试图提高城市系统应对突发事件的稳定性，追求一种"安全防御"的状态[1]。然而，这样的设计并不能真正地做到万无一失，一旦灾害的强度超过阈值，便可能引起防灾措施的失效，甚至产生连锁效应，造成严重的后果。2005 年 8 月，"卡特里娜"飓风袭击了美国东南部，造成了空前的损失，新奥尔良市防洪堤坝被冲毁，城市大面积淹没在洪水中，居民被迫大规模疏散，由此导致的社会结构的破坏严重影响了城市复建[2]。近些年来，人们更加关注城市在突发事件应对方面所体现出来的内在属性，韧性这一概念得到了越来越多的关注。

韧性（resilience）这个单词的词源是拉丁语词汇"resilio"，原意是"回弹至初始状态"，后来法语和英语先后引入了这个词汇[3]。最初，韧性是物理学和机械学领域的概念，用来指物体或材料在外力作用下发生形变后恢复的能力（一般译为"弹性"）。1973 年，加拿大学者 Holling[4] 在生态学范畴中引入了韧性的概念，用以描述生态系统复原稳态的能力。

此后，在工程学领域和社会学领域的研究中，韧性的概念被不断推广，在网络结构分析[5]、社会组织分析[6]、疾病应对分析[7]等诸多领域得到了应用。

随着韧性概念应用范围的推广和人们对系统认识角度的变化，韧性概念的内涵也在应用中得到了发展。目前，在工程学领域，对韧性的认识的主要观点有工程韧性、生态韧性、演进韧性三种[3]，每一次概念的修正都体现了人们对韧性这一概念的新的思索。

工程韧性是三种观点中最早被提出的，它与传统的物理学、机械学上的概念更加相似，因此被称作是工程韧性。工程韧性指的是系统在受到干扰的影响后恢复至平衡状态或稳定状态的能力[4]。1996 年，Holling[8]对韧性的定义提出了改动，认为韧性更应该强调系统在结构改变之前能吸收多大量级的干扰，并且强调了系统多稳态的存在，由于这种韧性描述源于生态学领域的研究，因此被称作是生态韧性。随着对系统认识的进一步加深，Walker 和 Holling[9]等提出了适应性循环理论，进而产生了演进韧性的概念，在这种理论下，系统不存在稳定状态，韧性强调系统在不断变化的环境下适应、转换的能力。

三、安全韧性城市概念解析

随着韧性概念的不断推广，韧性在安全领域也得到了越来越多的应用。系统安全是维持系统功能的重要保证，韧性理念与此高度契合，系统的安全韧性即系统为维持其功能而在安全方面具备的韧性水平。城市是经济社会与自然环境密切耦合而形成的复杂系统，建设安全韧性城市也受到了越来越多的关注。目前，对于城市安全韧性的概念，尚无公认的标准或定义。Mileti[10]将安全韧性定义为一个地区在无巨大外界帮助下，经历极端自然事件而不经历毁灭性的损失、不损害生产力和生活质量的能力。联合国国际减灾战略署（UNISDR）[11]将安全韧性定义为暴露于灾害下的系统、社区或社会为了达到并维持一个可接受的运行水平而进行抵抗或发生改变的能力。一些对于城市安全韧性的典型表述总结如表 1.3-1。

城市安全韧性概念典型表述　　　　　　　　　　　　　　　　　　表 1.3-1

作者	年份	定义	韧性理念
Wildavsky[12]	1991 年	安全韧性是应对未期的风险，在变形之前回弹的能力	工程韧性
Mileti[10]	1999 年	安全韧性指的是一个地区在无巨大外界帮助下，经历极端自然事件而不经历毁灭性的损失、不损害生产力和生活质量的能力	生态韧性
Pelling[13]	2003 年	安全韧性是处理和适应危险压力的能力	生态韧性
UNISDR[11]	2005 年	安全韧性是指暴露于灾害下的系统、社区或社会为了达到并维持一个可接受的运行水平而进行抵抗或发生改变的能力	生态韧性
Cutter[14]	2008 年	安全韧性是指一个社会系统对灾害响应和恢复的能力，包括系统吸收影响、应对极端事件的内在条件和重组、改变、学习以应对威胁的能力	演进韧性
Desouza[15]	2013 年	安全韧性是指城市系统面对改变时吸收、适应和反应的能力	演进韧性
Meerow[16]	2016 年	城市安全韧性指的是一个城市系统以及它的组成部分跨时空尺度组成的社会生态和社会技术网络在面对干扰时，维持或迅速恢复期望功能的能力，以及适应当前和未来变化的快速转型能力	演进韧性

从表 1.3-1 中可以看出，城市安全韧性的关注点也经历了由从灾害中恢复能力转变为城市系统自身的抵抗与重组能力，再转变为城市系统不断适应和学习能力的过程，反映了韧

性概念由工程韧性到生态韧性再到演进韧性的变化过程，体现出城市应对不确定性的能力。

安全韧性城市是具有良好的安全韧性特性以应对公共安全事件影响的城市，通过对城市安全韧性概念演进过程的分析，可以看出，安全韧性城市的构建应贯穿"规划—建设—运行"全过程，覆盖预防准备、监测预警、救援处置、恢复重建全流程，并注重城市学习和适应能力的提升。

综上所述，可将安全韧性城市的概念表述为：安全韧性城市系指城市自身能够有效应对来自外部与内部的对其经济社会、技术系统和基础设施的冲击和压力，能在遭受重大灾害后维持城市的基本功能、结构和系统，并能在灾后迅速恢复，进行适应性调整、可持续发展的城市。安全韧性城市可以最大程度地减少公众的伤亡损失，维护社会的安全稳定。

四、国内外安全韧性城市规划建设经验分析

近年来，安全韧性城市的建设受到了发达国家和国际组织的高度重视，发达国家不少城市或地区制定了各自的安全韧性计划，一些国际组织也发起国际行动为安全韧性城市建设提供支持。

美国纽约《一个更强大、更具韧性的纽约》[17]城市计划是国际安全韧性城市规划的典型代表，该规划重点关注气候变化带来的风暴潮、洪灾、极端高温等灾害的影响，从沿岸保护、建筑、交通、通信等子系统进行安全韧性强化，如进行大规模的防洪改造、多样化出行方式等；荷兰鹿特丹的《鹿特丹气候防护计划》[18]强调"与水共生"，通过防洪工程建设、漂浮屋建设、水环境治理等措施提升鹿特丹的对水的适应能力、消减灾害风险；英国伦敦《管理风险和增强韧性》[19]规划为应对洪水、干旱、极端天气等风险，通过优化管理部门架构、绘制风险地图、扩大绿化面积等方法提高城市安全韧性。此外，新加坡、芝加哥、德班、基多、开普敦等城市的安全韧性提升计划也提供了各自的经验。

美国洛克菲勒基金会发起的"全球100韧性城市"项目是构建安全韧性城市相关的国际行动的典型代表，该项目依据不同城市的城市功能、面临的挑战，从城市防灾、社会发展、城市管理等不同角度为城市制定安全韧性计划，以提升城市应对环境风险的能力，并提供资源支持，如提供风险评估技术、聘任首席韧性官等，我国湖北黄石、四川德阳、浙江海盐、浙江义乌四座城市获得了该项目的支持。我国政府也越来越关注安全韧性城市的建设，我国北京市、上海市的最新城市总体规划中（《北京城市总体规划（2016—2035年)》、《上海市城市总体规划（2017—2035年)》），都提出"提高城市韧性"，内容涉及城市建设、社会发展、生态保护、资源保障等诸多方面。

分析国内外安全韧性城市规划建设经验，可总结出如下特点：

（1）重视风险态势分析预判，提高规划时间跨度。城市安全韧性的提升涉及成本与效益的权衡，为达到经济合理的安全韧性水平，需进行城市风险态势分析研判，明确城市主要风险所在，如洛克菲勒基金会"全球100韧性城市"行动对每个入选城市都要分别进行风险评估，针对性制定安全韧性计划；同时，提高风险预判的时间跨度，才能保证相关措施的长期合理性，如纽约的城市计划的风险评估覆盖21世纪中叶之后，保证了计划的科学性与长效性。

（2）从大系统工程视角出发，强化城市功能保障。城市建设是一项系统性工程，城市功能的维系既依赖于经济社会，又依赖于自然环境，不能"头痛医头，脚痛医脚"，需要从整体上把握城市发展节奏。国内外安全韧性城市提升计划都是从"经济社会—自然环境"

大系统视角出发，内容涉及基础设施、城市管理与资源环境的多方协调，以便整体提高城市各项功能的自适应能力。

（3）注重城市内环境建设，优化系统适应能力。城市的适应能力是城市安全韧性的重要内涵，城市的环境涉及自身的内环境与面临的外部环境，需要强化城市内环境对外部环境的适应能力。如鹿特丹城市计划通过建设水广场、漂浮屋提升城市应对洪涝灾害的适应能力，纽约计划亦重视渡船在风暴潮灾害中的作用，提升城市交通系统的适应能力。

（4）建设安全韧性城市应当坚持安全发展、改革创新、依法监管、源头防范、系统治理五项原则，重点把握好安全与发展、继承与创新、治标与治本这三个关系，始终把人民群众生命安全放在第一位。在提高基础设施安全配置标准的基础上，要重点加强对城市高层建筑、大型综合体、隧道桥梁、管线管廊、轨道交通、燃气、电力设施及电梯、游乐设施等的检测维护，构建系统性、现代化的城市安全保障体系，建立源头治理、动态监控、应急处置相结合的长效机制。

五、安全韧性表征模型和安全韧性特征分析

安全韧性可以在不断变化的环境中为系统提供持续性的保障，使系统功能维持正常运转。当前，对于安全韧性的表征模型，主要依托安全韧性曲线的概念框架。安全韧性曲线如图 1.3-1 所示（由文献[20]整理），横轴为时间轴，纵轴代表系统功能，曲线体现出在外界冲击下系统功能下降、恢复的过程，通过事前预防、应急处置等方法，可以改善系统功能对外界冲击的响应情况，该曲线能够在一定程度上反映系统的安全韧性，因此可以称为安全韧性曲线。

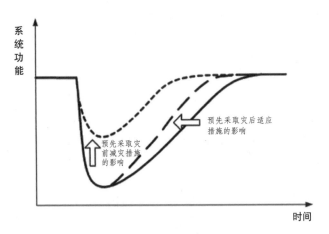

图 1.3-1　安全韧性曲线示意图

从安全韧性曲线的概念出发，研究者通过不同的数学定义式，考虑系统状态、恢复时间、成本投入等因素，构建了各种模型对系统安全韧性进行表征。如 Bruneau[21] 在社区应对地震灾害的安全韧性研究中引入了安全韧性曲线（如图 1.3-2），横轴代表时间 t，纵轴代表系统功能 $Q(t)$，通过系统功能 $Q(t)$ 在时间 t 上积分的方式定义安全韧性 R。若选取研究时间段为 $0 \sim t_1$，t_0 为系统受到冲击而遭到破坏的时间，系统的安全韧性可按照公式（1）定义，其物理意义即图 1.3-2 中阴影部分的面积占整体面积的比例。

$$R = \int_0^{t_1} Q(t)\,\mathrm{d}t \tag{1}$$

Ouyang[22]也借用了这一定义方式，并依据安全韧性曲线形状将系统状态划分为灾害抵御、灾害传播、评估恢复三个阶段；Turnquist[23]使用这一方法衡量系统损失情况，并在此基础上考虑投资成本和恢复成本，通过一定成本下系统损失情况的概率来表征系统安全韧性；Barker[24]考虑系统功能的瞬时变化情况，将安全韧性定义为系统功能的瞬时维持比例；Francis[25]考虑了系统功能恢复过程的差别与系统功能灾后改进的可能，综合系统初始功能、系统最低功能、系统改进功能及恢复时间因子定义安全韧性。

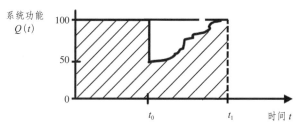

图 1.3-2　积分法韧性表征示意图

但是，这种安全韧性表征方式亦有不足之处：过多强调系统功能的外在变化情况，而忽视系统内部结构对于系统功能的影响机理，从而难以从根本上指出系统安全韧性的提升方向。因此，需要构建能反映系统本质特征的安全韧性表征模型。

当前，公共安全科技界具有共识性的理论模型为范维澄等[26]提出的公共安全三角形模型，该模型以突发事件、承灾载体、应急管理作为三条边，以灾害要素作为连接三条边的节点，揭示了公共安全科学的基础要素。将公共安全三角形模型应用于安全韧性城市研究领域，本文提出了城市安全韧性三角形模型（图1.3-3），以公共安全事件、城市承灾系统、安全韧性管理作为三条边，通过抵御、吸收、恢复、适应、学习的响应过程连接各条边。

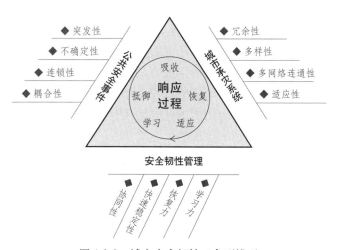

图 1.3-3　城市安全韧性三角形模型

公共安全事件是给城市系统带来冲击的直接因素，具有突发性、不确定性、连锁性、耦合性的特点，包括自然灾害、事故灾难、公共卫生事件、社会安全事件等各类可能在城市中发生的突发事件；城市承灾系统是公共安全事件的作用载体，既包括建筑、基础设施等城市物理实体，也包括人及由人的行为产生的经济社会和信息社会；安全韧性管理是对由公共安全事件和城市承灾系统构成的城市灾害体系施加的人为干预作用，可以减弱公共安全事件对城市承灾系统造成的影响，增强城市的安全韧性，涉及领导协调、资源保障、应急处置等诸多方面的内容；响应过程贯穿于城市安全韧性构建与提升的各个阶段，包含抵御、吸收、恢复、适应、学习等，是安全韧性管理的关键环节。城市承灾系统面对安全事件风险会经历上述响应过程，安全韧性管理将优化这个过程，使得遭遇的风险最小。

从该模型出发，分析城市承灾系统结构特点与安全韧性管理重点环节，安全韧性城市应具备如下特征：

（1）冗余性：城市的各子系统及其耦合环节具备一定的安全裕度，在系统发生变化时能够保持正常功能；

（2）多样性：城市的各类系统要素具有较高丰富度，以应对不同形式的突发事件干扰；

（3）多网络连通性：城市要素结构与功能广泛连通，在应对安全事件时具有整体性的弹性；

（4）适应性：城市承灾系统要素具备根据外界环境的变化而灵活调整并适应的能力；

（5）协同性：城市在调整自身时能够整合相关资源，并顾及尽量多的利益相关者的情况；

（6）快速稳定性：城市在安全事件影响下能快速反应并提供良好、稳定的内环境的能力；

（7）恢复力：城市承灾系统在遭遇破坏后，能迅速恢复自身结构、功能的能力；

（8）学习力：城市在经历安全事件干扰后能学习相关经验，调整自身结构与功能，以更好地应对未来安全事件的能力。

其中，冗余性、多样性、多网络连通性、适应性主要体现为城市承灾系统的结构特点，协同性、快速稳定性、恢复力、学习力是安全韧性管理重点关注的功能特性。

六、对雄安新区安全发展的启示

2018新年伊始，中办、国办印发了《关于推进城市安全发展的意见》。2018年4月20日，中共中央、国务院批复《河北雄安新区规划纲要》，确定了雄安新区规划总格局与建设总基调，明确提出构建韧性雄安。

目前的安全韧性城市计划往往是因问题而生，侧重于已有城市的改造、提升，如纽约计划是由"卡特里娜"飓风在美国东部沿岸造成的巨大损失而催生，鹿特丹相关经验源于多年的抗洪过程，我国北京、上海面临着"大城市病"的问题等。而雄安新区近乎在一张白纸上动工，是贯彻新城市安全发展理念的样板工程，不同于任何一座目前已经存在的城市，因此必须从规划伊始便注重安全韧性理念的融入，在"规划—建设—运行"全过程中提升雄安新区安全韧性水平，这也是时代赋予雄安新区的历史使命。

通过现场调研，我们发现，目前雄安新区规划范围内的三县及周围地区近些年未遭受较大突发事件，应对经验相对不足，公共安全管理基础设施和能力比较薄弱，未形成公共安全治理合力，亟待建立统一的公共安全管理新框架。雄安新区面临的安全风险和挑战主要包括：自然灾害的发生频率和之前一段时间相比，不会有太大变化，地震与洪水风险依然存在；但是新区的建立，带来了大量人口、城市建筑和设施，导致自然灾害的承灾载体发生变化；建设过程中拆迁、施工的安全风险及群体性事件压力增大；人口流动性增大带来的社会安全与疫情管控方面的风险；城市综合管廊运行风险加剧；地下交通、人防工程等地下空间开发工程带来的运行、消防、安保等方面的安全风险；新能源引发的安全风险；网络舆情态势、虚拟社会运行带来的智慧化、智能化新风险；防恐维稳压力增大；外来群体与原住群体融合过程中的风险等。

结合国内外安全韧性城市规划建设经验，立足新区定位，依据新区现状及未来安全风险和挑战，为保证新区安全发展，在新区"规划—建设—运行"全过程中建议从"公共安全事件—城市承灾系统—安全韧性管理"三个维度规划部署新区公共安全体系顶层设计，并坚持以下原则：

（1）坚持高点定位，以保障人民生命财产安全为根本，以做好预防与应急准备为主线，建设安全韧性雄安；

（2）坚持安全发展，从规划阶段开始做好顶层设计，早规划早实施，将"智慧雄安强韧工程"纳入新区建设同步实施，贯穿新区"规划—建设—运行"全过程；

（3）坚持底线思维，基于最坏最难的情况进行顶层设计，对新区进行系统性风险评估，编制全方位、立体化的公共安全网；

（4）加强统筹协调，构建统一指挥、功能齐全、反应灵敏、运转高效的公共安全治理机制与长效模式，有效形成新区城市治理合力；

（5）集成先进技术，充分运用下一代通信网络、大数据、云计算、人工智能等先进理念和技术手段，实现智能化、精细化的城市安全管理。

整体而言，在新区"规划—建设—运行"的全过程中，要注重新区城市功能的保障，打造具备冗余性、多样性、多网络连通性、适应性、协同性、快速稳定性、恢复力、学习力等特征的安全韧性城市，但在不同阶段，新区所承担的任务不同，其安全韧性特征亦具有不同的内涵，现结合新区特点与城市安全韧性三角形模型，探讨雄安新区在"规划—建设—运行"全过程中应具备的安全韧性特征，并提出相关建议。

当前阶段，雄安新区仍处于规划、建设的初期，雄安新区规划体系还在进一步编制和完善中，除市民中心、"千年秀林"等少数标志性工程的建设外，新区整体上还未开始大规模开发建设，保证原有居民生活有序进行、改善规划建设基础条件、适应应急管理部组建后的安全管理大部门体制是当前阶段的重点任务，这一阶段在新区管理方面应重点突出协同性建设，开展公共安全事件的动态评估，为此需要建设新区风险综合评估体系、新区风险监测预警体系、新区安全管理指挥体系，打造新区智慧安全运行与应急平台，从风险监管、物资储备、培训演练等方面开始规划部署一系列贯穿新区"规划—建设—运行"全过程的重点工程。

下一阶段，起步区将先期开发，尤其将先行规划建设起步区。起步区基础设施建设布局将全面开展，新区城市承灾系统各类要素数量将快速增加，起步区的功能定位是"重点承接北京非首都功能疏解"，在这个阶段，要求打造具备冗余性、多样性、适应性的多网络连通的基础设施系统，即基础设施种类合理、技术先进、抗灾冗余、耦合强韧，以便为起步区建设提供全面保障，协同性的内涵亦发生变化，要突出京津冀区域主体间的关系，协调好新入驻群体与原住群体的关系，为此需要加强工程防灾减灾能力建设、重视新区建设过渡阶段的风险防控，推进新区智慧安全运行与应急平台、新区"互联网＋"公共安全大数据信息平台等建设工程。

在中期发展阶段，新区五个外围组团与若干特色小城镇、美丽乡村的建设将展开，雄安新区将进一步按功能定位、有序承接北京非首都功能疏解，新区特色产业进入快速发展阶段，城市承灾系统要素多样性全方位增加，城市功能逐渐成型，基础设施的冗余性、多网络连通性、适应性需要进一步增强，并依据起步区"规划—建设—运行"相关经验，进一步增强新区不同区域间、新区与京津冀区域间的协同性建设，同时在城市功能、产业布局及安全管理上提高新区的快速稳定性与恢复力，以应对不断变化的社会环境，为此需要进一步构建和优化与京津冀跨区域联动的公共安全管理协同机制、强化新区巨灾风险应对能力建设，进一步推进新区应急信息异地容灾备份中心、新区安全韧性社区等建设工程。

远期，新区建设规模成型，城市功能完备，需要在城市承灾系统和安全韧性管理等各方面保证冗余性、多样性、多网络连通性、协同性、快速稳定性、恢复力的建设，全面提升新区应对各类突发事件的基础能力保障，着重培养新区城市承灾系统安全管理的适应性和学习力，根据自然环境、社会环境的变化不断调整、优化自身的结构与功能，吸纳先进的技术手段，保障运行安全平稳，使新区在京津冀区域乃至中国、世界的城市体系中发挥适合自身定位的安全枢纽作用，为此需要在原有基础上，持续性推进安全文化与素质建设，强化新技术应用与科技支撑能力建设，重点加强对虚拟空间的非传统安全防护保障能力，完善新区公共安全教育培训演练基地建设工程等。

七、小结

本文对安全韧性概念的内涵进行了分析，依据国内外安全韧性城市规划建设实践情况总结经验，分析城市安全韧性的表征方法，提出了包含公共安全事件、城市承灾系统、安全韧性管理的城市安全韧性三角形模型，并通过该模型提炼出冗余性、多样性、多网络连通性、适应性、协同性、快速稳定性、恢复力、学习力等安全韧性城市特征，结合雄安新区的现状与发展趋势，分析雄安新区面临的主要风险和挑战，提出构建安全韧性雄安的原则，分析雄安新区在"规划—建设—运行"全过程不同阶段的安全韧性特征，并提出相关建议，为构建安全韧性雄安提供科学参考。

本文原载于《中国安全生产科学技术》2018 年第 7 期

参考文献

[1] Ahern J. From fail-safe to safe-to-fail：Sustainability and resilience in the new urban world[J]. Landscape and Urban Planning，2011，100（4）：341-343.

[2] Campanella T J. Urban resilience and the recovery of New Orleans[J]. Journal of the American Planning Association，2006，72（2）：141-146.

[3] 邵亦文、徐江. 城市韧性：基于国际文献综述的概念解析 [J]. 国际城市规划，2015（2）：009. [Shao Yi-wen，Xu Jiang. Understanding Urban Resilience：A Conceptual Analysis Based on Integrated International Literature Review [J]. Urban Planning International，2006，72（2）：141-146.]

[4] Holling C S. Resilience and stability of ecological systems. Annual review of ecology and systematics，1973，4（1）：1-23.

[5] Henry D，Ramirez-Marquez J E. Generic metrics and quantitative approaches for system resilience as a

function of time[J]. Reliability Engineering & System Safety，2012，99：114-122.

[6] McManus S，Seville E，Brunsdon D，et al. Resilience management：a framework for assessing and improving the resilience of organisations[R]. Resilient organisations research report，2007.

[7] Dale S K，Cohen M H，Kelso G A，et al. Resilience among women with HIV：Impact of silencing the self and socioeconomic factors[J]. Sex roles，2014，70（5-6）：221-231.

[8] Holling C S. Engineering resilience versus ecological resilience[J]. Engineering within ecological constraints，1996，31（1996）：32.

[9] Walker B，Holling C S，Carpenter S R，et al. Resilience，adaptability and transformability in social--ecological systems[J]. Ecology and society，2004，9（2）：5.

[10] Mileti D. Disasters by Design：A Reassessment of Natural Hazards in the United States[M]. Joseph Henry Press，1999：4.

[11] Williams P，Nolan M，Panda A. UNISDR Disaster Resilience Scorecard for Cities：Frequently-Asked Questions[J]. 2014.

[12] Wildavsky A. Searching for Safety[M]. New Brunswick，NJ：Transaction，1991.

[13] Pelling M. The vulnerability of cities：natural disasters and social resilience[M]. Earthscan，2003.

[14] Cutter S L，Barnes L，Berry M，et al. A place-based model for understanding community resilience to natural disasters[J]. Global environmental change，2008，18（4）：598-606.

[15] Desouza K C，Flanery T H. Designing，planning，and managing resilient cities：A conceptual framework[J]. Cities，2013，35：89-99.

[16] Meerow S，Newell J P，Stults M. Defining urban resilience：A review[J]. Landscape & Urban Planning，2016，147：38-49.

[17] Bloomberg M. A stronger，more resilient New York[J]. City of New York，PlaNYC Report，2013.

[18] Rotterdam G. Rotterdam Climate Proof：The Rotterdam Challenge on Water and Climate Adaption[M]. 2009.

[19] Greater London Authority. Managing climate risks and increasing resilience[R]. London：Greater London Authority，2011.

[20] McDaniels T，Chang S，Cole D，et al. Fostering resilience to extreme events within infrastructure systems：Characterizing decision contexts for mitigation and adaptation[J]. Global Environmental Change，2008，18（2）：310-318.

[21] Bruneau M，Chang S E，Eguchi R T，et al. A framework to quantitatively assess and enhance the seismic resilience of communities[J]. Earthquake spectra，2003，19（4）：733-752.

[22] Ouyang M，Dueñas-Osorio L，Min X. A three-stage resilience analysis framework for urban infrastructure systems[J]. Structural Safety，2012，36-37（2）：23-31.

[23] Turnquist M，Vugrin E. Design for resilience in infrastructure distribution networks[J]. Environment Systems & Decisions，2013，33（1）：104-120.

[24] Barker K，Ramirez-Marquez J E，Rocco C M. Resilience-based network component importance measures[J]. Reliability Engineering & System Safety，2013，117：89-97.

[25] Francis R，Bekera B. A metric and frameworks for resilience analysis of engineered and infrastructure systems[J]. Reliability Engineering & System Safety，2014，121：90-103.

[26] 范维澄、刘奕、翁文国. 公共安全科技的"三角形"框架与"4+1"方法学[J]. 科技导报，2009，27（06）：3.

4 中国抗震鉴定加固五十年回顾与展望

程绍革

中国建筑科学研究院工程抗震研究所，北京 100013

一、引言

我国是个多发地震国家，无论是从有史可考的记载还是从近代的统计角度看，我国的地震灾害及造成的人员伤亡均居世界之首。地震中造成大量人员伤亡的主要原因是建筑物的倒塌，提高建筑物的抗震能力，即对新建工程按新的抗震设计规范设计建造，对现有房屋进行抗震鉴定，对不满足鉴定要求的房屋进行抗震加固，已被历次地震验证，是减轻地震灾害行之有效的措施。

我国自 1968 年邢台地震后开始了现有建筑抗震鉴定与加固技术的试验研究、标准编制与工程实践工作，有效地减轻了地震灾害，使我国的抗震鉴定加固技术步入国际先进行列。本文对我国抗震鉴定技术标准五十年发展历程进行了回顾，对抗震加固技术的发展与工程实践历史时期进行了划分，简要介绍了我国大型公共建筑抗震加固采用的新技术。

最后，针对第五代区划图《中国地震动参数区划图》GB 18306-2015 的实施，地震动参数的调整，提出了我国今后老旧房屋开展抗震鉴定与加固的若干建议与分步实施计划。

二、中国抗震鉴定与加固技术标准五十年 [1]

1. 68 版草案

1966 年 3 月 8 日邢台地震后，我国首先在北京、天津地区开展了房屋的抗震普查与鉴定工作。1968 年国家建委京津地区抗震办公室发布了五本草案：京津地区新建的一般民用房屋抗震鉴定标准（草案）、北京地区一般单层工业厂房抗震鉴定标准（草案）、北京市旧建筑抗震鉴定标准（草案）、京津地区农村房屋抗震检查要求和抗震措施要点（草案）及京津地区烟囱及水塔抗震鉴定标准（草案），并在京津地区开展了抗震鉴定与加固的试点工作。

2. 75 试行标准

1970 年在云南省通海地震的经验总结会上，正式提出要把预防工作做在地震发生之前，对现有未设防房屋采取积极的防灾措施，这是我国工程抗震战略上的一个重大突破。1975 年辽宁海城地震后，根据当时京津地区的震情趋势，京津两市对一些重要工程进行了抗震鉴定，采取了加固补强措施。在国家建委京津地区抗震办公室的领导下，由国家建委建筑科学研究院（1979 更名为中国建筑科学研究院）工程抗震研究所会同北京市房管局、天津市建筑设计院等单位，对 1968 年发布的 5 本草案进行了修订，形成了《京津地区工业与民用建筑抗震鉴定标准（试行）》，于 1975 年 9 月正式试行，这是我国第一个抗震鉴定标准。京津两市的部分房屋据此进行了抗震鉴定与加固，开创了我国抗震加固工作的先河。

3. 77 标准

1976 年唐山大地震中，京津地区进行了抗震加固的工程经受了考验，震后完好，而附近未加固的建筑则遭到破坏。同年冬天，正式成立了国家建委抗震办公室，主持召开了第一次全国抗震工作会议，布置了全国抗震加固工作，确定了包括全国抗震重点城市、工矿企业、铁路、电力、通信、水利等 152 项国家重点抗震加固项目，并组织广大科技人员进行了震害调查和抗震加固技术的试验研究工作。1977 年 12 月颁布了《工业与民用建筑抗震鉴定标准》TJ 23-77，配合该标准编制了《工业建筑抗震加固图集》GC-01 和《民用建筑抗震加固图集》GC-02，成为指导全国抗震鉴定与加固工作的规范文件，标志着我国抗震加固工作已从局部地区试点推进到全国，也标志着抗震鉴定与加固工作已成为防震减灾的重要组成部分，逐步进入规范化、制度化的轨道。

4. 95 标准与 98 规程

自 1977 年开始，我国进一步加强了抗震加固的研究工作，对砖结构房屋抗震加固设计计算方法进行了探索。1977—1978 年间，许多单位相继进行了砖墙加固与修复技术的试验研究，并于 1978 年 12 月在成都召开了全国抗震加固科研成果交流会，会后编制了《民用砖房抗震加固技术措施》，这对提高砖房抗震加固设计质量起到了一定的指导作用。

1980 年后，抗震加固技术的研究不断深入，并列入国家抗震重点科研项目。全国 22 个设计、科研单位与大专院校，进行了 556 项足尺与模型试验，提出了 46 篇试验研究报告。在此基础上，于 1985 年编制了《工业与民用建筑抗震加固技术措施》。这段时间内的试验规模和研究深度，标志着我国抗震加固技术的研究进入了世界先进行列。

1988 年由中国建筑科学研究院、同济大学和机械电子部设计研究总院会同国内有关科研、设计和高等院校等单位，按建设部《1984 年全国城乡建设科技发展规划》中任务的要求，认真总结了我国抗震鉴定与加固的实践经验并吸取了国外一些有价值的资料，对 77 标准进行修订，着手编制《建筑抗震鉴定与加固设计规程》。期间由于种种原因，直到 1995 年和 1998 年才正式颁布《建筑抗震鉴定标准》GB 50023-95、《建筑抗震加固技术规程》JGJ 116-98，史称 95 标准与 98 规程。

5. 09 标准与规程

汶川地震后，根据住房城乡建设部的要求，并配合全国中小学校舍安全工程的顺利开展，对 95 标准与 98 规程进行了紧急修订。修订工作于 2008 年 7 月 9 日正式启动。修订过程中吸纳了 77 标准实施以来抗震鉴定与加固的最新研究成果，总结了国内外历次大地震、特别是汶川地震的震灾经验教训。2009 年 5 月 19 日、6 月 12 日分别召开了两本标准的审查会，并于同年 7 月 1 日、8 月 1 日正式实施。

三、中国抗震加固工作开展历史时期划分

目前普遍的观点认为，我国建筑结构的抗震鉴定与加固历程可划分为试点起步、蓬勃发展至综合发展三个阶段[2]：

1. 试点起步阶段

大致是在 1966 年邢台地震后至 1976 年唐山地震前，该阶段采取的主要技术措施是增设外加柱－圈梁与钢拉杆的"捆绑式"加固以及应急性的临时保护措施，主要目的是探索抗震鉴定与加固的基本技术与管理方法，在实践中证明了抗震鉴定与加固的必要性和有效性。

2. 蓬勃发展阶段

大致是在唐山地震后至《建筑抗震设计规范》GBJ 11-89 实施前，该阶段的主要特点是建立了抗震鉴定与加固的基本管理体制，制订了着眼于安全的技术标准《工业与民用建筑抗震鉴定标准》TJ 23-77。从加固技术手段上经过近十年的研究，研发了夹板墙、钢构套、增设钢筋混凝土抗震墙（或翼墙）、钢支撑等多种抗震加固新技术。在此期间，国家投入44 亿元完成近 3 亿 m² 建筑物的加固任务。

3. 综合发展阶段

大致由《建筑抗震设计规范》GBJ 11-89 实施到 09 版鉴定标准与加固规程实施前，该阶段的主要特点是抗震鉴定与加固的范围扩大到 6 度设防区，制订了与 GBJ 11-89 相配套的 95 鉴定标准与 98 加固规程，强调了建筑结构抗震能力的综合分析，抗震鉴定、抗震加固与建筑功能改造日益密切结合在一起。在此期间，一些更先进的抗震加固技术逐渐成熟，如基础隔震、消能减震加固技术，并开始应用于大型重要公共建筑的抗震加固中。在此期间（1998 ~ 2000 年），国家安排国债资金 13 亿元的专项经费，用于首都圈中央国家机关行政事业单位建筑工程的抗震加固，共完成了 357 个项目 600 多万 m² 的抗震加固任务。

4. 当前及今后一个时期的特点

自 09 标准与规程实施后，国家启动了"全国中小学校舍安全工程"，中央投入 280 亿元，对地震重点监视防御区、7 度以上地震高烈度区、洪涝灾害易发地区、山体滑坡和泥石流等地质灾害易发地区的各级城乡中小学存在安全隐患的校舍进行抗震加固。

但目前及今后一个时期尚未对我国抗震鉴定与加固所处的阶段有一个明确定义，笔者以为可概括为"性能提升阶段"，这是对"综合发展阶段"的拓展和延伸。可以从以下三个方面来理解：

（1）09 标准根据不同建造年代和当初设计采用的标准规定了抗震鉴定与加固的最低后续使用年限，当条件许可时可采用更长的后续使用年限，使其抗震性能进一步提高。今后现有建筑的抗震鉴定与加固还要向性能化方向发展。

（2）抗震加固新技术日新月异，传统加固技术得到改进，基础隔震、消能减震技术得到广泛应用，新的加固技术不断涌现，如高延性混凝土、附加子结构、自复位摇摆墙加固技术，并且这些新技术逐步实现工厂预制、现场安装，向绿色、环保方向发展。

（3）现有建筑的抗震加固不再是一个单一结构专业的问题，强调与节能改造、降低能耗、改善室内空气品质与建筑使用功能相结合，在确保结构安全的前提下，最大程度地改善居住环境与质量。

四、大型重要公共建筑抗震鉴定加固实例 [3]

1998 年国家计委启动"首都圈防震减灾示范区"国家重点项目，中国建筑科学研究院工程抗震研究所配合国家计委和建设部开展相关试验研究和技术开发工作，并承担了如全国政协礼堂、北京饭店、北京火车站、中国人民革命历史博物馆、全国农业展览馆、北京展览馆等首都标志性建筑的检测、抗震鉴定与抗震加固改造工作。

1. 全国政协礼堂抗震加固与改造

中国人民政治协商会议全国委员会大礼堂（以下简称全国政协礼堂）建成于 1954 年，是我国具有重要纪念意义的标志性建筑之一，建筑地上 3 层、地下 1 层，总建筑面积约16000m²，是一座集会议、演出和多功能厅于一体的大型综合性建筑，这也是我国首个对如此重要的大型公共建筑进行抗震加固的案例,其剖面图详见图 1.4-1。

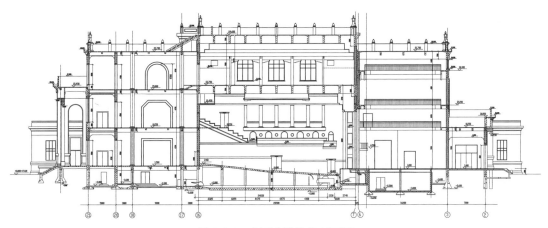

图 1.4-1 全国政协礼堂剖面图

全国政协礼堂的抗震加固与改造采用了以下关键技术:

(1)针对抗震鉴定的结论,在不增减建筑面积、保持原有建筑风格的同时,使结构在 8 度地震影响下不致倒塌伤人,经修理后仍可继续使用的前提下,综合考虑技术和经济的能力,采用部分框架间增设钢筋混凝土抗震墙的加固方案。为保证新增抗震墙与原有框架柱、梁的可靠连接,施工采用了我国刚刚兴起的无振动钻孔、化学植筋技术,这些技术此后被大量应用于抗震加固工程。

(2)基础托换技术。根据全国政协礼堂的功能改造要求,在一层观众大厅下增设一地下 10 球道保龄球场,为此需打通前厅地下室的素混凝土墙,使之与观众厅下的保龄球场相连通。该墙体原设计是作为观众大厅框架柱的刚性基础,其顶部有基础系梁,虽然一层框架柱的钢筋延伸至基础的扩大底板内,但结构荷载则是直接通过素混凝土墙传到基础底板上。如凿除该墙,上部荷载将只能通过梁传给柱,再由柱传到基础底板,传力途径发生了变化,原有扩大底板的抗冲切承载力严重不足,需对地下室的梁、柱及基础底板进行加固处理。此外上部礼堂结构跨度较大,对基础不均匀沉降和稳定性要求高,在加固施工时必须确保上部结构不受任何大的扰动,在今后的使用过程中不能产生大的差异沉降。经多方案计算比较,决定采用基础托换技术改变结构受力体系,即树根桩与承台托柱的加固方案,这也是我国首个成功使用树根桩托换的案例。

(3)托梁拔柱技术。根据功能改造要求,全国政协礼堂的单层会议室和两层演员化妆间均需在不拆除屋盖的条件下改为大空间的贵宾厅,平面尺寸均为 17.6m × 17.6m,其中会议室中需切除两根内柱,化妆室需切除 9 根柱。

拔柱在结构上的难度较大,计算分析要求较高。设计时对后加大梁的设计计算采用了四种方案:1)按改造后的结构体系和荷载工况进行计算;2)把改造后的结构体系和被拔除柱的轴向作用力作为荷载进行计算;3)后加大梁两端与柱按刚接计算;4)后加大梁两端与柱按铰接计算,最后取计算值大者作为设计配筋依据。拔柱取得了成功,后分别被命名为银厅和金厅(图 1.4-2)。

a. 银厅　　　　　　　　　　　　　　b. 金厅

图 1.4-2　托梁拔柱改造效果

加固改造后的全国政协礼堂在保留原有风貌的基础上焕然一新（图 1.4-3）。

a. 改造前　　　　　　　　　　　　　b. 改造后

图 1.4-3　全国政协礼堂抗震加固改造前后对比

2. 北京火车站大修改造与抗震加固

北京火车站建筑总面积 4.8 万 m²，根据使用功能的要求设缝分为 19 个候车大厅、电影厅、游艺厅等，中央大厅采用大型预应力钢筋混凝土双曲扁壳，结构轻巧，造型开朗优美，站后有入站高架天桥，北京站外观风貌如图 1.4-4 所示。

图 1.4-4　北京火车站外景

北京火车站的抗震加固主要采用了 3 项技术：

（1）候车大厅在四角增设钢筋混凝土抗震墙，不影响建筑内部的原有功能。通过调整剪力墙的长度、厚度以及剪力墙上门窗洞口位置、大小，控制结构的变形和扭转效应。新

32

增抗震墙基础采用树根桩加承台进行托换。

（2）中央大厅如仍采用增设剪力墙方法，由于墙体长度有限，抗侧刚度提高有限，如遇大震作用则会与相邻区段结构发生碰撞，此外仍需对 10 根框架柱进行加固。该方案明显地改变了大厅的建筑布局，大厅采光也受到影响，并且加固施工时需进行基础开挖，严重影响车站正常运营。因此对中央大厅最后采用了消能减震加固技术，消能器能吸收大量的地震能量，无需对框架进行加固，结构在地震作用下的变形明显减少，与周边结构的位移较协调，减少了发生碰撞的可能。此外，设置在原有填充墙位置的消能支撑，可利用建筑装修及大型广告牌予以遮挡，北侧消能支撑设于窗内，不影响外立面，大厅内采光也不受影响（见图 1.4-5）。

图 1.4-5　北侧消能支撑效果

（3）高架候车廊跨越多条铁道，是旅客进入各站台的通道，因地基不均匀沉降已发生拱圈开裂现象，地震变形验算表明大震将全部倒塌，致使铁路运营中断。该区加固施工绝对不能影响列车正常进出车站，因此不可能增设任何构件进行加固，只能采用外包钢加固技术。通过试验研究与理论分析，采用外包钢加固后，高架候车廊的变形能力大大增强，可避免大震作用下的倒塌。

3. 中国人民革命历史博物馆抗震加固

中国人民革命历史博物馆（现更名为国家博物馆），位于天安门广场东侧，珍藏着大量的历史文物和革命文物，其中众多的孤品、国宝是中国人民和世界人民的珍贵历史文化遗产（图 1.4-6）。该馆建于 20 世纪 50 年代，是北京著名的十大建筑之一，现已成为具有历史意义、纪念意义的标志性建筑。整个大楼共由 23 个区组成，原设计采用了钢筋混凝土框架结构，各区段之间设置了变形缝，这些缝宽均不能满足国家现行抗震规范关于最小防震缝宽度规定的要求，1976 年唐山地震时，就发生过碰撞。1998 年 8 月建设部、文化部、北京市抗震办公室组织召开中国人民革命历史博物馆抗震鉴定加固会议，并委托中国建筑科学研究院工程抗震研究所对大楼结构进行抗震鉴定与加固。

图 1.4-6　中国人民革命历史博物馆外景

由于博物馆大楼体积庞大，各区功能又不相同，为尽可能减少加固现场作业量，按各区实际条件，采取了不同的加固方法：

（1）部分展区由于原结构均为柔性框架结构，刚度不足，若采用每个区独立加固，则既要影响使用功能，又大大增加了投资。考虑到博物馆使用了近四十年，基础沉降已趋于稳定，因此可将原沉降缝取消，增设剪力墙将两侧结构连成一体，以达到整体加固的效果。

（2）部分展区纵向外墙开有大窗户，横向除两端有填充外，其余无墙。针对这种情况，设计中沿结构纵向将原框架柱加上翼墙，使之成为壁式框架，沿横向在两端增设抗震墙，并在中部1/3长度位置处设置两道门式刚度型消能支撑（图1.4-7）。

图1.4-7 门式刚架型消能支撑

（3）部分区段独自加固，将原柔性框架变为框架-剪力墙结构，同时采取卸荷方法将原厚重黏土砖分隔墙换成轻质隔墙，通过减轻结构自重减小地震作用。

（4）人行通廊采取加固原框架梁、柱的办法，原结构梁、板裂缝根据现场实际情况分别采取钢筋除锈灌缝、增做叠合层及粘贴碳纤维等措施进行补强处理。

五、第五代区划图实施后的设防标准变化

2015年5月15日，新一代《中国地震动参数区划图》GB 18306–2015[4]正式发布，并于2016年6月1日正式实施。与此同时《建筑抗震设计规范》GB 50011–2010也依据GB 18306–2015、《中华人民共和国行政区划简册2015》和民政部2015年发布的行政区划变更公报对附录A进行了调整[6]。根据《建筑抗震设计规范》修订组提供的资料，详细数据对比列于表1.4-1、表1.4-2。

区划图总体变化统计　　　　　　　　　　　　　　　　　　　　表1.4-1

烈度		小于6度	6度	7度	7度（0.15g）	8度	8度（0.30g）	9度
城镇数量	2001	386	1077	703	368	279	38	9
	2015	/	1246	779	379	384	63	9
	增加	/	169	76	11	105	25	/

区划图加速度变化细分   表 1.4-2

2001 版	不变	加速度变化				合计
		降一档	升一档	升二档	升三档	
非设防			384	2		386
6 度	814		202	12	1	1029
7 度	473		113	16		602
7 度（0.15g）	176	1	117			294
8 度	129	4	25			158
8 度（0.30g）	20					20
9 度	6					6
总计	1618	5	841	30	1	2495

表 1.4-2 中只是统计了加速度变化的数据，此外加速度不变但对场地特征周期的调整，从 6 度区到 9 度区共计 365 个城镇进行了调整，这样本次区划图的调整共涉及 2860 个城镇。

根据《建筑抗震设计规范》修订组的统计，本次区划图的调整，全国有 56.5% 的城镇地震动参数未变，29.5% 的城镇设防烈度提高一档，1.05% 的城镇提高两档，0.03% 的城镇提高三档，此外有 12.76% 的城镇设防烈度未提高，但对场地特征周期进行了调整，我国仅有 0.17% 的城镇设防烈度降低。

六、新形势下的应对策略与建议

我国现有建筑的存量巨大，新版区划图实施前我国就有一大批房屋亟待进行抗震鉴定与加固，此次区划图的调整可谓是"雪上加霜"，将造成新的一批房屋达不到相应的设防标准要求，这对于我国的防灾事业而言既是机遇更是挑战，需从国家政策和技术层面有计划分步骤地实现抗震防灾战略目标。

1. 国家政策层面

（1）解决上位法的缺失问题。虽然我国已有了《中华人民共和国防震减灾法》，但其涵盖的内容及可操作性尚有一些缺陷，因此制订一部更有针对性的《建设工程抗震设防管理条例》已迫在眉睫。条例中应明确现有建筑抗震鉴定与加固地位，规定抗震鉴定加固范围、基本流程、资金来源、实施主体、责任主体与奖惩制度及建立既有建筑的强制地震保险制度。

（2）解决抗震鉴定加固的资金问题。以往我国进行的几次大范围的抗震鉴定与加固，主要是依靠国家投入、地方配套的方法，该方法对于现阶段我国现有建筑存量巨大的形势已不能完全适用，可采用国家、地方与市场多种融资渠道。

（3）加大普法宣传力度。一是普及抗震防灾的重要性与基本常识；二是定期举办地震应急逃生的训练；三是建立房屋抗震安全的明示告知制度，使老百姓了解自己居住的房屋抗震安全性能。

2. 技术层面

（1）既有房屋现状普查

开展既有房屋现状的全国性普查，为下一步工作的开展摸清底数和基本情况，其中有一项重要的工作就是要建立一个全国统一的系统管理平台。目前不少省市已根据自身的特点与需求建立了相应的信息平台，但实现信息的传递与共享尚存在一定的问题，这也是目前我国一直没摸清家底的瓶颈所在。因此，建立"中国建筑抗震设防管理信息系统"至关重要，可为有序开展既有建筑的抗震加固工作提供数据支撑。

房屋现状普查工作相对来说技术性不强，一般房屋管理部门人员就可完成。所需了解的情况主要有房屋所在地（细化到区县级）、结构形式、楼层层数、大体建筑面积、建造年代、后期维护情况等，并录入相应的信息管理系统中即可。

（2）既有房屋的抗震鉴定排查

现行国家标准《建筑抗震鉴定标准》GB 50023 明确规定原设计未考虑抗震设防或抗震设防要求提高了的建筑应进行抗震鉴定，不满足抗震鉴定要求的房屋应进行抗震加固。

鉴于需进行抗震鉴定的工作量巨大，根据有关研究成果[6]，建议抗震鉴定排查工作按以下几方面开展：

1）设防烈度提高一档地区

由非抗震设防提高到 6 度设防、6 度设防提高到 7 度设防、7 度（0.10g）设防提高到 7 度（0.15g）设防的，重点检查多层砌体房屋是否超层。

由 7 度（0.15g）设防提高到 8 度设防的，多层砌体房屋依然重点检查是否超层，钢筋混凝土结构重点检查抗震措施。

由 8 度（0.20g）提高到 8 度（0.30g），所有房屋应进行全面鉴定。

2）设防烈度提高两档地区

由非抗震设防提高到 7 度设防的，重点检查多层砌体房屋是否超层及是否有相应的抗震构造措施。

由 6 度设防提高到 7 度（0.15g）设防的、7 度设防提高到 8 度设防的，所有房屋应进行全面抗震鉴定。

3）设防烈度提高三档地区

所有房屋进行全面抗震鉴定。

在开展抗震鉴定排查工作中，要考虑地域的影响因素。我国的西北地区经济欠发达，且为多发地震地区，国家在政策层面应有所倾斜。

（3）抗震鉴定加固实施步骤

现有建筑的抗震加固，依据建筑抗震能力的差异，分轻重缓急逐步推进全面鉴定与加固。

第一步：抗震鉴定排查工作，约用 5 年的时间完成。

第二步：6 度提高到 7 度（0.15g）以上、7 度提高到 8 度、8 度（0.20g）提高到 8 度（0.30g）的所有房屋以及 7 度或 7 度（0.15g）的砌体房屋，涉及 167 个城镇，计划用 5 年时间完成。

第三步：由非抗震设防区提高到 6、7 度或 6 度提高到 7 度的超层砌体房屋，由 6 度提高到 7 度（0.15g）或 7 度（0.15g）提高到 8 度的钢筋混凝土房屋，计 347 个城镇，用 10 年时间完成。

第四步：遗留下未进行鉴定与处理的房屋，涉及 586 个城镇，同样用 10 年时间完成。

总计，大约用 25～30 年的时间提升既有老旧房屋的抗震防灾能力，其中也包括无保留价值或结合城市规划需拆建的房屋。

参考文献

[1] 程绍革.中国建筑抗震鉴定五十年 [M].北京：中国建筑工业出版社，2018.

[2] 戴国莹、李德虎.建筑结构抗震鉴定及加固的若干问题 [J].建筑结构，1999.4.

[3] 首都圈大型公共建筑抗震加固改造与工程实践.中国建筑科学研究院（内部资料），2002.

[4] 中国地震动参数区划图 GB 18306 − 2015[S].

[5] 建筑抗震设计规范 GB 50011 − 2010（2016 年版）.北京：中国建筑工业出版社，2016.

[6] 程绍革.不同设计标准下现有建筑的抗震能力对比.中国建筑科学研究院（内部资料），2015.

5 汶川地震对我国城乡建筑抗震的启示

郭迅

防灾科技学院，土木工程学院，101601

一、引言

2008 年 5 月 12 日汶川 8.0 级特大地震夺走了 8.7 万同胞的生命。如果说十年前遭遇地震破坏的多数建筑建造于我国经济能力尚弱的时候，难以对抗震有更多考虑，这还情有可原，那么现在我们的情形又如何？如果同样的地震再现一次，我们能经得起考验吗？也就是说现在我们的城乡有足够的韧性抗御未来可能发生的地震吗？

韧性城乡的关键问题是韧性，与之对应的英文是"Resilience"。韧性的概念是 21 世纪初美日地震工程学家酝酿提出的。其主要含义是指城乡遭遇中强地震时基本无破坏；遭遇强烈地震时，破坏很小，在短时间内城乡交通、通信、供电、供水、房屋居住等基本功能可以恢复，基本没有人员伤亡（Godschalk，2003）。要实现韧性城乡的目标，核心是使城乡房屋建筑以及为交通、通信、供电等系统服务的生命线工程具有很强的抗震能力，通俗地讲，这一目标可概括为"七级不坏，八级不倒"。这就是汶川地震正反两方面经验和教训给我们最大的启示。

韧性城乡建设工作的核心内容可以概括为"地下清楚"和"地上结实"，此外还有诸如科普宣传、地震烈度区划图编制、政策法规的制定和贯彻等。其中"地下清楚"的内容包括深入地壳内部的活断层探测、城市范围的地震小区划、工程建设场地地震安全性评价、工程场地地质灾害评价等。"地上结实"的含义指采用不同建筑材料和不同结构形式的房屋、桥梁、大坝等工程结构遭遇强烈地震作用时不倒塌，从而避免人员伤亡。

二、我国地震灾害特点

我国幅员辽阔，地震多发且分散，历史上经济欠发达，多数房屋结构缺少基本的抗震能力，因而我国震害呈现小震成灾、大震巨灾的特点。依据近百年的地震数据，将世界上各主要多震国家的震害作比较可得到图 1.5-1 所示的结果。图中横坐标是国别，纵坐标是震亡比。每个国家的震亡比是用百年来造成人员死亡的各次地震的震级总和做分母，所造成的人员死亡总和做分子而计算出的一个无量纲数。震亡比大表明这个国家震害严重。从图中可以看出，比我国震害更严重的国家有海地、巴基斯坦、亚美尼亚、印尼和伊朗等，我国震害严重程度和印度相当。可以看出，我国地震防治水平尚不如土耳其、墨西哥，更不用说美国、日本和新西兰了。

图中还列出了各国的人均 GDP，显然 GDP 越高，抗震能力越强，震害越轻。但可以看出，相比我国人均 GDP，我们的震亡比就偏高了，说明我国用于抗震的经费投入比例与先进国家相比低得多。

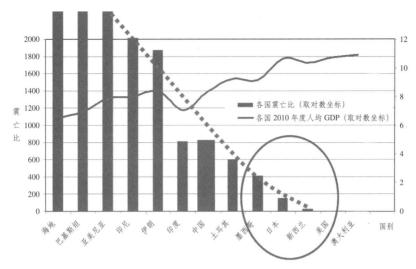

图 1.5-1　世界上各主要地震国家的震害比较

三、我国震害原因分析

地震灾害的主要表现是人员伤亡，而造成人员伤亡的直接原因是房屋倒塌（郭迅，2009；2010）。导致房屋倒塌的主要因素有两个方面，其一是客观意义明显的"地质灾害"，比如地震产生的滑坡、崩塌、滚石、液化、断层位错、地表破裂以及范围甚广的强地面运动。其二是主观意义明显的"人为失当"，包括设防水准过低、建筑材料低劣、结构体系和机构布置失当、设计规范失误以及建筑选址不当等。像滑坡、断层等灾害只能通过合理的选址来避免，减轻地震灾害最主要的手段是减少"人为失当"。上述"人为失当"在建筑结构上的表现可概括为四个方面，即"散""脆""偏""单"。以下是四个字的具体含义。

（1）"散"主要体现在：

- 纵横墙间连接薄弱，构造柱缺失或不足，圈梁缺失、不足或不封闭；
- 竖向构件（墙、柱）与水平构件（梁、楼板、檩条等）连接薄弱，构造柱缺失或不足，圈梁缺失、不足或不封闭；
- 门窗洞口两侧无构造柱；
- 砌体砌筑质量差，砂浆强度不足；
- 横墙间距过大；
- 砌筑纵墙或横墙长度超过 3m 而无构造柱；
- 有未经专门抗震设计的圆弧状填充墙。

图 1.5-2 展示了一种"散"最常见的表现，就是缺少圈梁和构造柱，地震时纵横墙分离、楼板与墙分离。

（2）"脆"主要体现在：

- 承重墙为生土、土坯等脆弱材料；
- 承重墙为干砌或泥结红砖、灰砂砖等；
- 因窗下或窗间填充墙约束形成短柱；
- 强弯弱剪、弱节点强构件；
- 有构造不良的围墙，连接不牢的吊灯、吊顶、玻璃等。

图 1.5-3 展示了一种"脆"的表现,因窗下及窗间填充墙约束形成短柱,刚度大、延性差,在结构中分担与刚度成比例的地震力,则很容易超过其极限承载力而率先失效,并导致结构整体倒塌。

a. 缺少圈梁和构造柱　　　　　　b. 完善的圈梁和构造柱可以克服"散"

图 1.5-2　"散"的表现

图 1.5-3　"脆"的表现之一 —— 因窗下及窗间填充墙约束形成短柱

(3)"偏"主要体现在:
- 多层底商砌体房屋底层各道纵墙刚度差异超过 3 倍,易被各个击破;
- 多层框架有不当设置的半高填充墙,易因短柱的刚度大、延性差而被各个击破;
- 平面布局里出外进,比如 L、T、Y 等形状;
- 立面布局蜂瓶细腰,层间刚度分布有突变等。

图 1.5-4 展示了一种"偏"的典型表现,图中框架结构纵向三个轴线中仅第三道有半高连续填充墙,被约束的柱侧向刚度可提高 8 倍。因楼板仅发生纵向平动,所以受约束柱将分担 8 倍于不受墙约束柱的地震剪力,那就很容易超限而破坏。

(4)"单"主要体现在:
- 抗侧防线单一,缺少冗余备份,如易形成层屈服机制的纯框架;
- 在房屋转角有独柱,一旦失效将造成大面积连续倒塌;
- 砌体结构圈梁、构造柱等措施缺失或不足;
- 窗间墙、窗端墙宽度过小等。

图 1.5-5 展示了一种"单"的一种表现,结构转角只有独柱,一旦失效就会造成图 1.5-5b 所示的从下到上各层连续倒塌。

a. 不均衡设置半高连续填充墙,   b. 半高连续填充墙仅在第三道纵墙设置
导致被约束柱侧向刚度增加 3 ~ 5 倍

图 1.5-4 "偏"的表现

a. 转角有独柱图   b. 转角独柱失效后造成从下到上各层连续倒塌

图 1.5-5 "单"的表现

应该看到,像 2008 年汶川 8.0 级地震的极震区(映秀和北川)也有一批表现相当顽强的建筑,通过深入剖析这些榜样建筑的构造特点,可以发现它们无一例外很好地遵循经典力学原理,在构造上呈现"整而不散""延而不脆""匀而不偏""冗而不单"。大量细致的实验和理论分析工作揭示了这些经得起 8.0 级地震考验建筑的秘密,所得到的结果如果得到推广应用,将极大地提升我国整体抗御地震灾害的能力。

四、工程抗震技术发展沿革

1923 年日本关东大地震造成 14 万人死亡,日本学者总结了这次地震的教训,提出将房屋自重的 10% 作为水平地震力,通过结构措施加以抗御,这就诞生了抗震设计的静力法。1933 年美国长滩地震获得了第一条强震记录,美国学者开始考虑地震的动力效应,并提出了"反应谱"的概念。反应谱法将建筑结构视为弹性体,能考虑结构与地震动之间的共振效应,应该说对地震破坏的本质认识更深入了。1956 年在旧金山召开了第一届世界地震工程大会,宣示一个与震害防御密切相关的学科——地震工程诞生了。1964 年开始,由于电子计算机技术的发展,又提出了建筑结构地震响应的时程分析法,这一方法能够考虑结构在强震下的非线性效应,技术进步是明显的,但由于操作复杂难以大面积推广应用。1990 年开始,美国学者又提出了"性态抗震设计方法",这一方法区别对待重要性不同结构遭遇强震作用的表现,比如学校和医院等人员密集型场所的公共建筑需要更强的抗震能力，从单纯关注生命安全扩展到减少经济损失。

进入新世纪以来，美国学者又提出了韧性（Resilience）建筑的设计理念，基本涵义是考虑未来地震动极大的不确定性，通过设置多道防线，保证结构遭遇超设防地震时不致倒塌，由这样建筑构成的城市因而具有很强的抗御地震打击的能力。

就我国而言，1952年起制订国家十二年科学发展规划时就列入了震害防御相关的课题，比如中国地震烈度表和中国地震烈度区划图、结构地震反应线性分析、建筑物动力特性测试、小比例结构模型动力实验、抗震设计草案编制、强震仪研制和布设等。由刘恢先主编的第一本抗震设计规范（草案）于1964年颁布，1978年颁布了正式版，即《工业与民用建筑抗震设计规范》（1978年）。这两本规范均以反应谱理论作基础，考虑了场地条件的影响，强调构造措施的必要性。1966～1976年是我国灾难深重的十年，先后经历了1966年邢台地震、1970年通海地震、1975年海城地震、1976年松潘和唐山地震。邢台地震促使地震监测预报队伍的建立和完善；总结通海地震震害经验，提出了震害指数概念及考虑地形影响的方法；1975年海城地震是迄今为止公认为最成功的一次预报；1976年唐山地震的调查及深入研究，明确了圈梁、构造柱等构造措施的作用并写入规范，这一措施至今在中国乃至全世界仍发挥重要作用。

1989年由建设部主编的《建筑抗震设计规范》列入了可靠度理论，假定未来50年超越概率为63%的作为小震，10%的作为中震（设防烈度），2%～3%的作为大震，以小震不坏、中震可修、大震不倒作为结构抗震设计的基本原则，将刘恢先于1975年海城地震和1976年唐山地震总结的抗震设计基本原则以概率形式重新表达。但是可靠度理论的列入，并没有对应的物理机制的改变，得到的计算方法比以前复杂得多，很多设计人员难以理解，只能以配套软件计算结果为主，缺乏概念的判断，使结构抗震设计陷入盲目性。

自1976年唐山地震后，我国大震沉寂了多年，人们开始盲目乐观，甚至业界一些人认为我国抗震水平进入了世界第四。但2008年汶川8.0级地震造成8.9万同胞遇难，随后2010年和2013年又分别发生了玉树地震和芦山地震。详细考察表明，我国总体上建筑抗震能力是薄弱的，并且建筑结构地震破坏的状态与设计规范的预期有明显差异。以常见的钢筋混凝土框架结构为例，规范中以"层屈服机制"作为抗倒塌设计依据，在具体设计中人为实现"强柱弱梁"，然而震后从未发现过"强柱弱梁"，这表明规范所依据的结构倒塌机理与实际并不相符。对于多层砌体及底商多层砌体等结构，建议的偏心扭转内力重分配、墙段平面内抗剪验算等理论和方法都与实际震害有很大差距。

另一方面，近年来几次大地震中，即使是极震区，仍然有若干普通材料建造的多层砌体、多层框架等结构表现良好，堪称奇迹。深刻剖析表明，这些可以称之为"榜样建筑"（比如紧邻断层的白鹿中学等）的结构都经受住了地面运动强度1.0g的考验。这就提示我们需要对现行规范按照7度或8度进行抗震分析、验算的做法进行彻底反思。规范所期望出现的震害现象没见到，规范未预料到的超强抗震表现却屡见不鲜。事实表明，现行规范对我国常见建筑结构的地震倒塌机理的认识还很不完善，技术供给与现实需求有巨大差距。震害防御工作的重点就是要缩小这一差距，这是减轻未来地震人员伤亡的根本途径。

五、工程抗震新技术

由于地震是罕遇事件，如果把地震荷载等同于重力荷载来对待是不科学的。为此，工程界提出两种实用的抗震新技术，分别是隔震技术和消能减震技术。

（1）隔震技术

地震引起地面往复运动，使得地面上房屋以及各种工程结构受到一定的惯性力，当惯性力超过了结构自身抗力，则结构将出现破坏。这就是大地震造成房屋破坏、桥梁塌落以及其他众多工程设施损毁的原因。

图 1.5-6　支座在水平地震作用下发生剪切变形

隔震是将工程结构体系与地面分隔开来，并通过一套专门的支座装置与地面相连接，形成一个水平向柔弱层（图 1.5-6），以此延长结构的基本振动周期（图 1.5-7），避开地震动的卓越周期，减少地震能量向结构上传输，降低结构的地震反应。一般来说，结构经隔震以后，自振周期一般由原来的 0.3s 延长到 2.0s 左右；避开地震动卓越周期（0.1～0.5s），可以把地表传给上部结构的地震力降低 70% 左右。19 世纪末就有学者和工程技术人员提出了隔震的概念。采用基底隔震技术建造的房屋，能够极大地消除结构与地震动的共振效应，显著降低上部结构的地震反应，从而可以有效地保护结构免遭地震破坏。

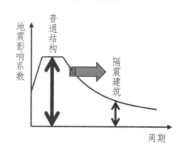

图 1.5-7　设置隔震支座以延长结构自振周期

目前全世界建造了两万余栋隔震建筑，我国有五千余栋。美国、日本、新西兰等国上百栋隔震建筑经历地震考验，表现出卓越的性能。我国 2013 年芦山地震中，人民医院因为采用隔震技术（图 1.5-8），不但没有人员伤亡，内部的核磁共振、彩超、X 光机等精密医疗设备也没有任何损伤。医院成为震后伤员救治中心（图 1.5-9）。

图 1.5-8　芦山县人民医院采用隔震技术

图 1.5-9　震后芦山县人民医院

（2）消能减震技术

在地震往复荷载作用下，结构发生以位移、速度和加速度表示的响应，如果在结构上安装位移驱动或速度驱动的阻尼器，比如防屈曲阻尼器（BRB）、钢滞变阻尼器、TMD、TLD 以及各类油阻尼器等，可以增加结构的等效阻尼比，从而减小结构的响应，避免或减轻结构的破坏，这类技术统称为消能减震技术。

六、当前韧性城乡建设工作的主要抓手

首先需明确我国城乡建筑抗震能力还较薄弱，与建设小康社会的需求还有很大差距。震害防御工作的目标是全面提升城乡建筑抗震能力，做到中小震无害，大震小害。为此，需客观面对我国城乡建筑中较普遍存在的"散""脆""偏""单"的问题，认真吸取近年来破坏性地震中正反两方面的经验和教训，从技术上实现"整而不散""延而不脆""匀而不偏"和"冗而不单"。具体体现在以下几个方面：

（1）技术标准的建立

将最新的实用技术写入行业标准，以利推广应用。

（2）技术标准贯彻落实

重点要抓好在城市新建建筑结构设计中严格遵循新标准。

（3）既有建筑的筛查

依据设计标准的技术原理和操作流程，分期分批推进城乡既有建筑抗震缺陷的筛查，依结果提出有针对性的补强措施。

（4）大力推广减隔震技术的应用。

七、结论

我国地震灾害形势依然严峻。以韧性城乡为标志的新时期防震减灾目标成为业界共识。韧性城乡的主要特点是城乡、工程结构及构件等各个层次都具有很强的抗震能力，即便地震相当强烈，城乡基本功能也能很快恢复。建设韧性城乡，首先需要对城乡抗震能力的现状进行科学评估。基于震害类比、实验验证和理论分析，总结提炼出的工程结构抗震能力"散、脆、偏、单"评估法是韧性城乡建设的有力工具。对于新建工程，宜大力推广隔震与消能减震新技术，并且把结构要防御的对象由7度或8度那么强的地震动调整为结构自身存在的表现为散脆偏单等形式的缺陷。

本文原载于《城市与减灾》2018年第3期

参考文献

[1] 郭迅. 钢筋混凝土框架结构地震倒塌机理 [M]. 北京：中国建筑工业出版社，2018.

[2] 张敏政. 地震工程的概念和应用 [M]. 北京：地震出版社，2015.

[3] 郭迅. 汶川地震震害与抗倒塌新认识 [C]. 第八届全国地震工程学术会议论文集，2010.291-297.

[4] 郭迅. 汶川大地震震害特点与成因分析 [J]. 地震工程与工程振动，2009，29（06）：74-87.

[5] David R. Godschalk, Urban Hazard Mitigation：Creating Resilient Cities, National Hazard Review, 2003, 4（3）：136-143.

6　基于灾害管理环节的工程建设防灾主题标准体系探索

高迪　姜波　张淼　刘雅芹
住房和城乡建设部防灾研究中心

一、概述

我国幅员辽阔，是世界上自然灾害最为严重的国家之一。我国灾害具有种类多、分布广、频率高、损失严重等特点，其中地震和地质灾害影响最为突出。除地震外，飓风、雨雪、山洪、泥石流等自然灾害也使建筑容易遭到破坏。

2011年，国务院办公厅发布"国家综合防灾减灾规划（2011-2015年）"（国办发〔2011〕55号），指出要建设防灾减灾技术标准体系，加强灾害管理、救灾物资、救灾装备、灾害信息产品等政策研究和标准制（修）订工作，提高防灾减灾工作的规范化和标准化水平。住房和城乡建设部也发布了"城乡建设防灾减灾'十二五'规划"（建质〔2011〕141号），要求完善建设系统防灾减灾技术标准体系，要及时将先进适用的防灾减灾技术纳入工程建设技术标准，在完善单灾种抗灾技术标准体系的基础上，鼓励制定符合当地实际、优于国家标准的抗灾设防地方标准；在城乡规划标准中强化防灾避难空间的内容和要求；在设计规范中考虑灾害的关联性和多灾种防灾要求的整合；在施工规范中考虑施工过程中的防灾和安全监测；在市政基础设施运行和房屋建筑使用标准中注重防灾应急要求。重点加强城镇防灾规划、防灾避难场所建设、防灾减灾地理信息共享、防灾减灾标识等方面技术标准的制定。

我国的《工程建设标准体系》（城乡规划、城镇建设、房屋建筑部分）包括了该三个领域17个专业的标准现状、发展趋势和所需要的标准项目。自2003年实施以来，是城乡规划、城镇建设、房屋建筑领域目前和今后一定时期内标准制修订和管理工作的基本依据，同时，也是研究该三个领域技术应用的重要技术指导文件。在工程建设防灾领域，我国基本建立了以《工程建设标准体系》（城乡规划、城镇建设、房屋建筑部分）城镇与工程防灾专业标准体系为主，城乡规划、城镇公共交通、城镇给水排水、城镇供热燃气、城市轨道交通等专业标准中防灾内容为辅的工程防灾标准体系框架。根据《工程建设标准体系（城乡规划、城镇建设、房屋建筑部分）》修订工作关于增加"主题"标准体系的总体构思，本文提出了基于灾害管理环节的工程建设防灾主题标准分体系，初步探索建立工程建设防灾主题标准体系表，尝试将涉及城乡规划、勘察、设计、施工、验收、运行维护、监测预警、应急响应与处置、灾后拆除重建等灾害管理环节的标准均纳入体系之中，其中的标准项目依存于各专业分体系，在主题标准体系中按照新的规则排列，基本保留其所在分体系中的编号，以期建立其间的有机联系，更好地服务于城乡建设防灾减灾工作。

二、主题标准体系

工程建设防灾主题标准体系并非独立于现行工程建设标准体系之外的另一套标准体系，而是在现行标准体系及具体标准基础上的补充和完善。具体是指，以工程建设灾害管理各环节为核心，整合若干部涉及该环节的标准形成工程建设防灾主题标准体系下的分体系，分体系中以主题为"工程防灾"的标准为主，包含相关内容（主题相关性稍弱）的标准为辅，按标准项目在原各专业分体系中的层次形成纵向联系，其中将各有关专业或灾种融合在一起。并以各环节的衔接为主线，形成各分标准体系及其中有关专业或灾种的横向联系[1, 2]。基于我国现有标准体系下的工程建设防灾主题标准体系结构图 1.6-1 所示。

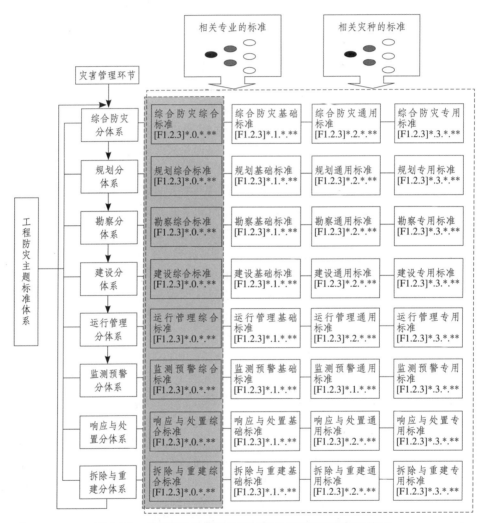

图 1.6-1　我国标准体系结构下工程建设防灾主题标准体系

图中各分体系下的综合标准（阴影部分），是涉及工程建设防灾目标要求或为达到这些目标而必需的技术要求及管理要求。对该分体系下所包含各专业、各灾种的各层次标准均具有制约和指导作用，具备成为全文强制标准或技术法规的条件，也是防灾主题标准体系的主干。体系中代表各专业标准的圆点的颜色深浅表示标准与防灾主题的相关度，代表各灾种标准的圆点的颜色深浅表示标准与各环节分体系的相关度。

该主题标准体系主要依托于现有的工程建设标准体系（城乡规划、城镇建设、房屋建筑部分），体系编码方括号中的"F"代表防灾主题，1、2、3分别代表城乡规划、城镇建设、房屋建筑领域。其余编码方法与现有标准体系相同，不再赘述。各分体系下各层次的标准可按专业横向展开，一方面可指导防灾主题的工程建设标准立项和编制，完善灾害管理环节和灾种应对的缺项；另一方面可协调或显化相关标准中的防灾相关的要求或内容。

2.1 综合防灾标准分体系

以目前工程建设标准体系为基础，整理出综合防灾标准分体系标准明细如表1.6-1。

综合防灾标准分体系标准明细表　　　　　　　　　　　表1.6-1

体系编码	标准名称	标准号或状态	标准层次
[F2]9.0.1	建筑工程防灾标准	待定　待编	综合标准
[F2]9.1.1.1	工程抗灾基本术语标准	待定　待编	基础标准
[F2]10.2.3.5	城市轨道交通地下工程建设风险管理规范	GB/T 50652-2011 现行	通用标准
[F2]9.3.2.18	城市轨道交通防灾技术规程	待定　待编	专用标准

由上表可以看出，目前的综合防灾标准还很不完善，体系中各层次标准各1项，只有城市轨道交通专业有现行标准，最重要的防灾综合标准还处于待编状态。

2.2 防灾规划标准分体系

防灾规划标准分体系标准明细如表1.6-2。

防灾规划标准分体系标准明细表　　　　　　　　　　　表1.6-2

体系编码	标准名称	标准号和状态	标准层次
[F2]9.1.3.5	城镇综合防灾规划标准	待定　待编	基础标准
[F2]9.1.3.6	村镇防灾规划标准	待定　待编	基础标准
[F2]9.1.3.4	工程抗风雪雷击基本区划	待定　待编	基础标准
[F2]10.2.5.1	城市轨道交通线网规划编制标准	GB/T 50546-2009 现行	通用标准
[F2]10.2.5.2	城市轨道交通规划规范	待定　待编	通用标准
[F1]1.3.7.1	城市综合防灾规划标准	待定　待编	专用标准
[F1]1.3.7.2	城市防地质灾害规划规范	待定　待编	专用标准
[F1]1.3.7.3	城市抗震防灾规划标准	GB50413-2007 修订中	专用标准
[F1]1.3.7.4	城市消防设施规划规范	待定　待编	专用标准
[F1]1.3.7.5	城市防洪规划规范	GB 51079-2016 现行	专用标准
[F1]1.3.7.6	城市内涝防治规划规范	待定　待编	专用标准
[F1]1.3.7.7	城市居住区人民防空工程规划规范	GB 50808-2013 现行	专用标准
[F1]1.3.15.1	镇（乡）防灾规划规范	待定　待编	专用标准
[F2]8.3.1.5	绿道规划与设计规范	待定　待编	专用标准
[F2]8.3.3.1	风景游览道路交通规划规范	待定　待编	专用标准
[F2]9.3.2.19	城乡防灾规划基础资料搜集与分类代码技术规程	待定　待编	专用标准

　　规划标准分体系包括基础标准 3 项，通用标准 2 项，专用标准 11 项，尚无综合标准。其中现行标准 3 项，修订中标准 1 项，待编标准 12 项；防灾主题标准 13 项，其余相关标准 3 项。标准涉及城乡规划、风景园林、工程防灾和城市轨道交通 4 个专业，传统灾种应对也比较全面，但现行标准只有城市抗震、防空规划和轨道交通线网规划，镇（乡）村防灾规划缺项较多，几部规划和防灾专业中的综合防灾标准还存在题目重合的问题。目前看来，该分体系的完善尤其在综合标准层面上还有大量工作需完成。

2.3　防灾勘测标准分体系

　　防灾勘测标准分体系标准明细如表 1.6-3。

防灾勘测标准分体系标准明细表　　　　　　表 1.6-3

体系编码	标准名称	标准号和状态	标准层次
[F2]1.1.2.1	工程地质图式图例标准	待定　待编	基础标准
[F2]1.1.1.4	岩土工程勘察术语标准	JGJ/T 84-2015 现行	基础标准
[F2]1.1.1.2	水文基本术语和符号标准	GB/T 50095-2014 现行	基础标准
[F2]10.2.6.1	城市轨道交通岩土工程勘察规范	GB 50307-2012 现行	通用标准
[F2]1.2.2.1	供水水文地质勘察规范	GB 50027-2001 修订中	通用标准
[F2]1.2.2.2	工程建设水文地质勘察规范	待定　待编	通用标准
[F2]1.2.3.3	岩土工程勘察规范（2009 年版）	GB 50021-2001 现行	通用标准
[F2]1.2.5.1	建筑工程地质勘探与取样技术规程	JGJ/T 87-2012 现行	通用标准
[F2]1.3.3.1	城乡规划工程地质勘察规范	CJJ 57-2012 现行	专用标准
[F2]1.3.3.2	市政工程勘察规范	CJJ 56-2012 现行	专用标准
[F2]1.3.3.3	城市轨道交通岩土工程勘察规范	GB 50307-2012 现行	专用标准
[F2]1.3.3.6	软土地区岩土工程勘察规程	JGJ83-2011 现行	专用标准
[F2]1.3.3.10	岩土工程勘察安全规范	GB 50585-2010 现行	专用标准
[F2]1.3.3.5	冻土工程地质勘察规范	GB 50324-2014 现行	专用标准
[F2]1.3.3.8	垃圾处理场工程地质勘察规程	待定　待编	专用标准
[F2]1.3.5.1	多道瞬态面波勘察技术规程	JGJ/T 143-2017 现行	专用标准

　　勘测标准分体系包括基础标准 3 项，通用标准 5 项，专用标准 8 项，尚无综合标准。标准除轨道交通专业 1 项外，均来自于城镇建设领域工程勘测专业，内容主要集中在水文和岩土地质勘查。其中现行标准 12 项，修订中标准 1 项，待编标准 3 项。该体系标准比较全面，但标准名称与防灾主题相关度稍弱一些。

2.4　防灾建设（设计、施工、验收）标准分体系

　　防灾建设（设计、施工、验收）标准分体系标准明细如表 1.6-4。

防灾建设标准分体系标准明细表　　　　　　表 1.6-4

体系编码	标准名称	标准号和状态	标准层次
[F2]4.0.1	城镇给水排水技术规范	GB 50788-2012 现行	综合标准
[F2]9.1.2.1	城镇防灾（应急避难场所等）标志	待定　待编	基础标准

体系编码	标准名称	标准号和状态	标准层次
[F2]9.1.3.3	防洪标准	GB 50201-2014 现行	基础标准
[F2]9.1.3.2	建筑工程抗震设防分类标准	GB 50223-2008 现行	基础标准
[F2]9.1.4.4	建筑工程基于性能的抗震设计标准	待定　待编	基础标准
[F2]9.1.5.1	建设工程抗震设防统一标准	待定　待编	基础标准
[F2]4.2.1.4	给水排水工程构筑物结构设计规范	GB 50069-2002 现行	通用标准
[F2]4.2.1.5	给水排水构筑物工程施工及验收规范	GB 50141-2008 现行	通用标准
[F2]5.2.1.1	城镇燃气设计规范	GB 50028-2006 现行	通用标准
[F2]9.2.2.1	建筑抗震设计规范	GB 50011-2010（2016 年版）现行	通用标准
[F2]9.2.2.2	构筑物抗震设计规范	GB 50191-2012 现行	通用标准
[F2]9.2.2.5	城镇道桥工程抗震设计规范	待定　待编	通用标准
[F2]9.2.2.13	建筑抗震试验规程	JGJ/T 101-2015 现行	通用标准
[F2]9.2.4.1	建筑物防雷设计规范	GB 50057-2010 现行	通用标准
[F2]9.2.4.2	古建筑防雷工程技术规范	GB 51017-2014 现行	通用标准
[F2]10.2.3.3	城市轨道交通公共安全防范系统工程技术规范	GB 51151-2016 现行	通用标准
[F2]10.2.3.4	城市轨道交通安全控制技术规范	GB/T 50839-2013 现行	通用标准
[F2]10.2.3.6	地铁工程施工安全评价标准	GB/T 50715-2011 现行	通用标准
[F3]1.2.2.3	建筑内部装修设计防火规范	GB 50222-2017 现行	通用标准
[F3]1.2.2.8	建筑设计防火规范（整合）	GB 50016-2014 现行	通用标准
[F3]2.2.1.1	建筑地基基础设计规范	GB 50007-2011 现行	通用标准
[F3]2.2.2.1	动力机器基础设计规范	GB 50040-96 现行	通用标准
[F3]4.2.3.11	建筑工程施工过程时变分析与监测技术规范	待定　待编	通用标准
[F2]10.2.1.2	城市轨道交通结构抗震设计规范	待定　待编	通用标准
[F2]10.2.3.2	地铁设计防火标准	GB 51298-2018 现行	通用标准
[F3]8.2.1.3	民用建筑电气设计规范	待定　待编	通用标准
[F3]8.2.2.2	建筑电气工程施工质量验收规范	GB 50303-2015 现行	通用标准
[F3]9.2.1.3	建筑机电工程抗震设计规范	GB 50981-2014 现行	通用标准
[F2]9.2.2.14	高层建筑强震观测系统技术标准	待定　待编	通用标准
[F2]4.3.2.12	城市雨水调蓄工程技术规范	待定　待编	专用标准
[F2]5.3.1.1	城镇燃气加臭技术规程	CJJ/T 148-2010 现行	专用标准
[F2]5.3.2.6	城市燃气输配系统自动化工程技术规范	待定　待编	专用标准
[F2]5.3.3.1	家用燃气燃烧器具安装及验收规程	CJJ 12-2013 现行	专用标准
[F2]5.3.3.3	城镇燃气报警控制系统技术规程	CJJ/T 146-2011 现行	专用标准
[F2]9.3.2.1	建筑抗震优化设计规程	待定　待编	专用标准
[F2]9.3.2.2	建筑方案抗震设计规程	待定　待编	专用标准
[F2]9.3.2.3	配筋和约束砌体结构抗震技术规程	JGJ13-2014 现行	专用标准
[F2]9.3.2.4	预应力混凝土结构抗震设计规程	JGJ140-2004 现行	专用标准

体系编码	标准名称	标准号和状态	标准层次
[F2]9.3.2.5	钢-混凝土混合结构抗震技术规程	待定 待编	专用标准
[F2]9.3.2.6	非结构构件抗震设计规程	待定 待编	专用标准
[F2]9.3.2.7	底部框架-抗震墙砌体房屋抗震技术规程	JGJ248-2012 现行	专用标准
[F2]9.3.2.8	建筑基础隔震技术规程	待定 待编	专用标准
[F2]9.3.2.9	建筑消能减震技术规程	待定 待编	专用标准
[F2]9.3.2.16	镇（乡）村建筑抗震技术规程	JGJ161-2008 修订中	专用标准
[F2]9.3.2.21	城市轨道交通结构抗震设计规范	待定 待编	专用标准
[F2]9.3.3.1	蓄滞洪区建筑工程技术规范	GB 50181-93 现行	专用标准
[F2]9.3.5.1	建筑边坡工程技术规范	GB 50330-2013 现行	专用标准
[F2]9.3.4.1	大跨建筑抗风灾技术规程	待定 待编	专用标准
[F2]10.3.2.1	城市轨道交通轨道结构技术规范	待定 待编	专用标准
[F2]10.3.9.1	城市轨道交通给水、排水系统技术规范	待定 待编	专用标准
[F2]10.3.12.1	城市轨道交通防灾与报警系统技术规范	待定 待编	专用标准
[F2]10.3.13.1	城市轨道交通环境与设备监控系统技术规范	待定 待编	专用标准
[F2]10.3.14.1	城市轨道交通控制中心技术规范	待定 待编	专用标准
[F2]10.3.14.2	高速磁浮交通控制中心技术规范	待定 待编	专用标准
[F2]10.3.15.1	城市轨道交通综合监控系统工程设计规范	GB 50636-2010 现行	专用标准
[F3]1.3.1.31	城镇防灾避难场所设计规范	待定 待编	专用标准
[F3]1.3.2.16	汽车库、修车库、停车场设计防火规范	GB 50067-2014 现行	专用标准
[F3]1.3.2.17	人民防空工程设计防火规范	GB 50098-2009 现行	专用标准
[F3]1.3.2.18	农村防火规范	GB 50039-2010 现行	专用标准
[F3]2.3.1.1	建筑桩基技术规范	JGJ94-2008 现行	专用标准
[F3]2.3.1.3	冻土地区建筑地基基础设计规范	JGJ118-2011 现行	专用标准
[F3]2.3.1.4	膨胀土地区建筑技术规范	GB 50112-2013 现行	专用标准
[F3]2.3.1.5	湿陷性黄土地区建筑规范	GB 50025-2004 修订中	专用标准
[F3]2.3.1.6	盐渍土地区建筑技术规范	待定 待编	专用标准
[F3]2.3.1.7	岩溶地区建筑地基基础技术规范	待定 待编	专用标准
[F3]2.3.1.9	建筑基坑支护技术规程	JGJ120-2012 现行	专用标准
[F3]2.3.1.35	建筑地下结构抗浮技术规范	待定 待编	专用标准
[F3]3.3.3.10	建筑钢结构防火技术规范	待定 待编	专用标准
[F3]6.3.1.23	建筑工程施工现场视频监控技术规范	JGJ/T 292-2012 现行	专用标准
[F3]6.3.5.3	建筑外墙外保温防火隔离带技术规程	JGJ289-2012 现行	专用标准
[F3]6.3.5.10	保温防火复合板应用技术规程	待定 待编	专用标准
[F3]7.3.5.7	重型结构和设备整体提升技术规范	GB 51162-2016 现行	专用标准
[F3]8.3.1.1	民用建筑用电负荷设计标准	待定 待编	专用标准
[F3]8.3.1.8	交流电气装置的接地设计规范	GB/T 50065-2011 现行	专用标准
[F3]8.3.1.10	消防应急照明和疏散指示系统技术规范	待定 待编	专用标准

体系编码	标准名称	标准号和状态	标准层次
[F3]8.3.1.13	农村民居雷电防护工程技术规范	GB 50952-2013 现行	专用标准
[F3]8.3.2.10	火灾自动报警系统设计规范	GB 50116-2013 现行	专用标准
[F3]8.3.2.11	安全防范工程技术规范	GB 50348-2004 现行	专用标准
[F3]8.3.2.12	入侵报警系统工程设计规范	GB 50394-2007 现行	专用标准
[F3]8.3.2.13	视频安防监控系统工程设计规范	GB 50395-2007 现行	专用标准
[F3]8.3.2.14	出入口控制系统工程设计规范	GB 50396-2007 现行	专用标准
[F3]8.3.2.15	停车库（场）管理系统设计规范	待定　待编	专用标准
[F3]8.3.2.18	建筑物电子信息系统防雷技术规范	GB 50343-2012 现行	专用标准
[F3]8.3.3.1	住宅建筑电气设计规范	JGJ242-2011 现行	专用标准
[F3]8.3.3.2	办公建筑电气设计规范	待定　待编	专用标准
[F3]8.3.3.3	旅馆建筑电气设计规范	待定　待编	专用标准
[F3]8.3.3.4	文化建筑电气设计规范	待定　待编	专用标准
[F3]8.3.3.5	博览建筑电气设计规范	待定　待编	专用标准
[F3]8.3.3.6	观演建筑电气设计规范	待定　待编	专用标准
[F3]8.3.3.7	会展建筑电气设计规范	待定　待编	专用标准
[F3]8.3.3.8	娱乐休闲建筑电气设计规范	待定　待编	专用标准
[F3]8.3.3.9	教育建筑电气设计规范	JGJ310-2013 现行	专用标准
[F3]8.3.3.10	金融建筑电气设计规范	JGJ284-2012 现行	专用标准
[F3]8.3.3.11	交通建筑电气设计规范	JGJ243-2011 现行	专用标准
[F3]8.3.3.13	体育建筑电气设计规范	待定　待编	专用标准
[F3]8.3.3.14	商店建筑电气设计规范	待定　待编	专用标准
[F3]8.3.3.15	电信、邮政建筑电气设计规范	待定　待编	专用标准
[F3]8.3.3.16	老年人建筑电气设计规范	待定　待编	专用标准
[F3]8.3.3.17	幼儿建筑电气设计规范	待定　待编	专用标准
[F3]8.3.3.18	餐饮建筑电气设计规范	待定　待编	专用标准
[F3]8.3.4.1	民用建筑自备应急电源验收规范	待定　待编	专用标准
[F3]8.3.5.4	火灾自动报警系统施工及验收规范	GB 50166-2013 现行	专用标准
[F2]6.3.3.7	城镇供热直埋热水管道泄漏监测系统技术规程	待定　待编	专用标准
[F2]9.3.2.22	城镇防灾信息系统技术规范	待定　待编	专用标准
[F3]3.3.8.4	人民防空地下室设计规范	GB 50038-2005 现行	专用标准
[F3]3.3.8.24	建筑结构风振控制技术规范	待定　待编	专用标准
[F3]4.3.1.16	建筑工程施工现场视频监控技术规范	JGJ/T 292-2012 现行	专用标准
[F3]4.3.1.26	重型结构和设备整体提升技术规范	待定　待编	专用标准
[F3]4.3.4.2	人民防空工程施工及验收规范	GB 50134-2004 现行	专用标准
[F3]5.3.4.3	古建筑修建工程施工与质量验收规范	JGJ159-2008 现行	专用标准
[F4]1.3.2.4	城市防灾信息系统技术规范	待定　待编	专用标准
[F4]1.3.2.5	城市应急安全信息系统技术规范	待定　待编	专用标准

建设标准分体系包括城镇建设、房屋建筑和信息技术应用领域相关标准，主要集中在城镇建设和房屋建筑领域。包括综合标准 1 项（给排水专业全文强制），基础标准 5 项，通用标准 23 项，专用标准 83 项。其中现行标准 57 项，修订中标准 2 项，待编标准 59 项。标准项目涵盖了城乡建设和房屋建筑领域的城镇给水排水、城镇燃气、城镇供热、城市轨道交通、建筑设计、建筑地基基础、建筑结构、建筑施工质量与安全、建筑维护加固与房地产、建筑室内环境、建筑环境与设备、建筑电气、城市与工程防灾、信息技术应用等专业。分体系中防灾主题标准 53 项，其余相关标准 59 项，涉及震灾、洪涝、雷电、风灾、地质灾害、爆炸等传统灾种，没有涉及暴雨、海啸、雪灾、冰冻、技术灾害、恐怖袭击等非传统灾害。

2.5 防灾运行管理标准分体系

防灾运行管理标准分体系标准明细如表 1.6-5。

防灾运行管理标准分体系标准明细表　　　　　　　　　　表 1.6-5

体系编码	标准名称	标准号和状态	标准层次
[F2]4.2.1.8	城镇暴雨与内涝防治技术标准	待定　待编	通用标准
[F2]4.2.5.1	城镇水源地安全防护规范	待定　待编	通用标准
[F2]4.2.5.2	城镇供水厂运行、维护及安全技术规程	CJJ 58-2009 现行	通用标准
[F2]5.2.4.1	城镇燃气设施运行、维护和抢修安全技术规程	待定　待编	通用标准
[F2]5.2.4.2	燃气输配系统运行安全评价标准	GB/T 50811-2012 现行	通用标准
[F2]6.2.3.5	城镇供热管道安全评估技术规范	待定　待编	通用标准
[F2]10.2.3.7	地铁运营安全评价标准	GB/T 50438-2007 现行	通用标准
[F2]4.3.2.9	城镇给水管道检测与评估技术规程	待定　待编	专用标准
[F2]4.3.2.10	城镇排水管道检测与评估技术规程	CJJ 181-2012 现行	专用标准
[F2]4.3.4.2	城镇供水管网漏水探测技术规程	CJJ 159-2011 现行	专用标准
[F2]4.3.5.4	城镇排水管道维护安全技术规程	CJJ 6-2009 现行	专用标准
[F2]5.3.4.1	城镇燃气管网泄漏检测技术规程	CJJ/T 215-2014 现行	专用标准
[F2]9.3.2.14	房屋建筑抗震能力和地震保险评估规程	待定　待编	专用标准
[F2]9.3.2.20	城乡防灾能力评价技术规范	待定　待编	专用标准
[F3]9.3.1.12	建筑给水排水管道检测与评估技术规程	待定　待编	专用标准
[F3]8.3.6.5	安全防范工程评价标准	待定　待编	专用标准

运行管理标准分体系包括城镇建设、房屋建筑和信息技术应用领域相关标准，主要集中在城镇建设和房屋建筑领域。包括通用标准 7 项，专用标准 9 项。其中现行标准 7 项，待编标准 9 项。标准项目涵盖了城乡建设和房屋建筑领域的城镇给水排水、城镇燃气、城镇供热、城市与工程防灾、轨道交通等专业。涉及震灾、洪涝等传统灾种，防灾主题标准 3 项，其余相关标准 13 项。

2.6 防灾监测预警标准分体系

防灾监测预警标准分体系标准明细如表 1.6-6。

防灾监测预警标准分体系标准明细表　　表 1.6-6

体系编码	标准名称	标准号和状态	标准层次
[F2]9.2.2.14	高层建筑强震观测系统技术标准	待定　待编	通用标准
[F3]4.2.3.11	建筑工程施工过程时变分析与监测技术规范	待定　待编	通用标准
[F2]1.3.4.1	不良地质作用和地质灾害地区工程监测规程	待定　待编	专用标准
[F2]6.3.1.1	城镇供热系统监测与调控技术规程	待定　待编	专用标准
[F3]6.3.1.20	城镇供热系统监测与调控技术规程	待定　待编	专用标准
[F2]1.3.2.1	城市地下水动态观测规程	CJJ 76-2012 现行	专用标准
[F2]1.3.2.5	水位观测标准	GB/T 50138-2010 现行	专用标准
[F2]10.3.12.1	城市轨道交通防灾与报警系统技术规范	待定　待编	专用标准
[F2]5.3.3.3	城镇燃气报警控制系统技术规程	CJJ/T 146-2011 现行	专用标准
[F2]10.3.12.1	城市轨道交通防灾与报警系统技术规范	待定　待编	专用标准
[F2]10.3.13.1	城市轨道交通环境与设备监控系统技术规范	待定　待编	专用标准
[F3]6.3.1.23	建筑工程施工现场视频监控技术规范	JGJ/T 292-2012 现行	专用标准
[F3]8.3.2.10	火灾自动报警系统设计规范	GB 50116-2013 现行	专用标准
[F3]8.3.2.12	入侵报警系统工程设计规范	GB 50394-2007 现行	专用标准
[F3]8.3.2.13	视频安防监控系统工程设计规范	GB 50395-2007 现行	专用标准
[F3]8.3.2.14	出入口控制系统工程设计规范	GB 50396-2007 现行	专用标准
[F3]8.3.5.4	火灾自动报警系统施工及验收规范	GB 50166-2016 现行	专用标准
[F2]6.3.3.7	城镇供热直埋热水管道泄漏监测系统技术规程	待定　待编	专用标准

　　监测预警标准分体系包括城镇建设、房屋建筑和信息技术应用领域相关标准，主要集中在城镇建设和房屋建筑领域。包括通用标准 2 项，专用标准 16 项。其中现行标准 9 项，待编标准 9 项。标准项目涵盖了城乡建设和房屋建筑领域的城镇供热、城市与工程防灾、轨道交通等专业。涉及震灾、火灾、爆炸、洪涝等灾种，防灾主题标准 5 项，其余相关标准 13 项。

2.7　防灾响应与处置标准分体系

　　防灾响应与处置标准分体系标准明细如表 1.6-7。

防灾响应与处置标准分体系标准明细表　　表 1.6-7

体系编码	标准名称	标准号和状态	标准层次
[F2]9.1.4.1	建筑地震震损等级划分标准	待定　待编	基础标准
[F2]9.1.4.2	建（构）筑物地震破坏等级划分	GB/T 24335-2009 现行	基础标准
[F2]9.1.4.3	市政工程地震破坏分级标准	YB 9255-95 现行	基础标准
[F2]6.2.1.3	城镇供热系统抢修技术规程	CJJ 203-2013 现行	通用标准
[F2]9.2.2.6	建筑抗震鉴定标准	GB 50023-2009 现行	通用标准
[F2]9.2.2.11	建筑震后评估、修复和加固技术规程	待定　待编	通用标准
[F2]9.2.2.12	震损市政工程抗震修复与加固规程	待定　待编	通用标准
[F3]5.2.4.1	民用建筑修缮工程查勘与设计规程	JGJ 117-98 修订中	通用标准

续表

体系编码	标准名称	标准号和状态	标准层次
[F3]5.2.4.2	民用房屋修缮工程施工规程	CJJ/T 52-93 修订中	通用标准
[F3]5.2.5.1	民用建筑可靠性鉴定标准	GB 50292-2015 现行	通用标准
[F3]5.2.5.2	混凝土结构可靠性评定标准	待定　待编　无	通用标准
[F3]5.2.5.3	砌体结构可靠性评定标准	待定　待编　无	通用标准
[F3]5.2.5.4	钢结构可靠性评定标准	待定　待编　无	通用标准
[F3]5.2.5.5	木结构可靠性评定标准	待定　待编　无	通用标准
[F3]5.2.5.6	危险房屋鉴定标准	JGJ 125-2016 现行	通用标准
[F3]5.2.6.1	混凝土结构加固设计规范	GB 50367-2013 现行	通用标准
[F3]5.2.6.2	钢结构加固技术规范	待定　待编	通用标准
[F3]5.2.6.3	砌体结构加固技术规范	GB 50702-2011 现行	通用标准
[F3]5.2.6.4	木结构加固技术规范	待定　待编	通用标准
[F3]5.2.6.5	砌体结构耐久性加固技术规程	待定　待编	通用标准
[F3]5.2.6.6	建筑结构加固工程施工质量验收规范	GB 50550-2010 现行	通用标准
[F3]5.2.6.7	建筑地基加固施工质量验收及检测技术标准	待定　待编	通用标准
[F3]7.2.6.8	既有建筑地基基础加固技术规范	JGJ 123-2012 现行	通用标准
[F2]9.3.2.10	建筑抗震加固技术规程	JGJ 116-2009 现行	专用标准
[F2]4.3.5.9	城镇供水管网抢修技术规程	待定　待编	专用标准
[F2]4.3.5.10	城镇排水管网抢修技术规程	待定　待编	专用标准
[F2]9.3.2.13	城镇道桥抗震加固技术规程	待定　待编	专用标准
[F2]9.3.2.17	村镇建筑抗震鉴定和加固规程	待定　待编	专用标准
[F2]9.3.3.2	村镇建筑抗洪鉴定与加固规程	待定　待编	专用标准
[F2]9.3.4.2	村镇建筑抗风鉴定与加固规程	待定　待编	专用标准
[F3]3.3.6.4	高耸与复杂钢结构检测与鉴定技术标准	待定　待编	专用标准
[F3]5.3.4.2	古建筑结构维护与加固技术规范	GB 50165-92 现行	专用标准
[F3]5.3.5.3	村镇建筑抗震鉴定与加固技术规程	待定　待编	专用标准
[F3]5.3.5.4	村镇危险房屋鉴定标准	待定　待编	专用标准
[F3]5.3.5.5	建筑震后应急评估与修复技术规程	待定　待编	专用标准
[F3]5.3.5.6	既有建筑幕墙可靠性鉴定与加固技术规程	待定　待编	专用标准
[F3]7.3.4.10	建筑边坡工程鉴定与加固技术规范	GB 50843-2013 现行	专用标准
[F3]9.3.4.4	建筑与小区给水排水管网抢修技术规程	待定　待编	专用标准

响应与处置分体系包括城镇建设、房屋建筑和信息技术应用领域相关标准，主要集中在城镇建设和房屋建筑领域。包括基础标准3项，通用标准20项，专用标准15项。其中现行标准13项，修订中标准2项，待编标准23项。标准项目涵盖了城乡建设和房屋建筑领域的城镇给水排水、城镇供热、建筑地基基础、建筑设计、建筑结构建筑维护加固与房地产、市政工程等专业。涉及震灾、洪涝、风灾、地质灾害等灾种，防灾主题标准13项，其余相关标准25项。

2.8 防灾拆除与重建标准分体系

防灾拆除与重建标准分体系标准明细如表 1.6-8。

防灾拆除与重建标准分体系标准明细表 表 1.6-8

体系编码	标准名称	标准号和状态	标准层次
[F2]9.3.2.15	震后城镇重建规划规程	待定　待编	专用标准
[F3]9.3.5.1	建筑震后应急评估和修复技术规程	JGJ/T 415-2017 现行	专用标准

拆除与重建标准分体系包括房屋建筑和城镇建设领域相关标准。包括专用标准 2 项，其中现行标准 1 项，待编标准 1 项。该标准分体系目前标准数量很少，需要进一步补充完善。

三、讨论与展望

本文对依托于工程建设标准体系、基于灾害管理环节的建筑防灾主题标准体系作了初步探索，下一步尚有大量工作需要开展：

（1）该主题标准体系的标准项目依存于各专业分体系，是在现行标准体系及具体标准基础上的补充和完善。应对现有标准与国际差距和薄弱环节进行分析，从而明确今后的重点发展方向，具体提出一些应设标准和待编标准及其重点研发内容，从而增加体系的全面性、系统性、科学性和逻辑性。

（2）该主题标准体系仅将工程建设标准简单罗列，可看作以"建筑防灾"为主题的现行标准及在编标准的汇总，还需与已有标准体系作进一步统筹协调，优化体系结构，并应研究与产品标准、管理标准等互相衔接的实现方法。

建立健全建筑防灾主题标准体系必将提高防灾减灾工作的规范化和标准化水平。展望未来，建筑防灾主题标准体系要确定合理的抗灾设防标准，通过具体标准项目制修订、标准实施能力建设等实现自身完善，提高灾害应急和恢复重建能力，落实法律法规、标准体系在城乡建设防灾减灾中的支撑和保障作用。

致谢：

本文受国家重点研发计划资助（项目编号 2016YFC0701600）支持。

参考文献：

[1] 马东辉等 . 小城镇防灾减灾工程规划标准研究 [J]. 安全，2006（3）：3-6.

[2] 初建宇、苏幼坡 . 城市综合防灾管理保障体系的完善 [J]. 河北理工大学学报（自然科学版），2009，31（3）：144-146.

7　高烈度区高层隔震结构研究新进展与应用

李爱群[1,2,3]　解琳琳[1,2]　曾德民[1,2]　杨参天[1,2,3]　刘立德[1,2]

1. 北京未来城市设计高精尖创新中心，北京　100044；
2. 北京建筑大学土木与交通工程学院，北京　100044；
3. 东南大学土木工程学院，南京　210096

一、引言

近年来，功能可恢复已逐渐成为地震工程领域的研究热点。隔震技术是实现高烈度区高层结构震后功能可恢复的重要手段。研究团队完成了高烈度区高层隔震建筑群的工程设计实践，并以此为基础，针对高烈度区高层隔震结构相关的关键问题开展了系列研究。

该高层建筑群位于高烈度近断层地区，设计中需引入近断层系数以考虑近断层影响，若采用传统抗震设计方案，设计难度大，且使用性和经济性难以满足需求。为了提升建筑群的安全性、使用性和经济性，研究团队采用基础隔震技术完成了该高层建筑群的隔震设计。

地震作用下，关键工程需求参数（主要包括上部结构最大层间位移角 $MIDR$、顶层最大位移 MRD 和楼面最大加速度 MFA 以及最大隔震层位移 MBD）是评价该类结构是否满足功能可恢复需求的重要指标。合理的地震动强度指标是预测结构响应和评价结构地震功能可恢复能力的重要基础。目前，地震动强度指标研究多针对框架结构、高层结构和超高层结构。针对隔震结构的研究则相对较少。不同于框架结构，高层结构与多层结构的结构响应特性存在显著差异，因此适用于高层隔震结构的地震动强度指标的研究具有重要意义，研究团队针对这一问题开展了相关研究。

传统的隔震结构设计方法主要通过反复迭代确定上部结构周期和隔震层布置方案。这使得传统方法虽然流程清晰，但需要反复迭代，导致设计周期长、效率低。研究团队针对上述问题，提出了相应的解决方法，并提出了适用于高烈度区 RC 框架 - 核心筒高层隔震结构的高效设计方法。

本文简要介绍了研究团队完成的隔震建筑群设计案例，以及针对高烈度区高层隔震结构相关的关键问题开展的系列研究。

二、高烈度区高层隔震建筑群设计

该建筑群抗震设防烈度为 8 度（0.30g），场地类别为Ⅲ类场地，设计地震分组为第二组，断层距 7.5 km，考虑近断层影响，专家委员会建议近场影响系数为 1.25。建筑群包括 29 栋 RC 高层隔震结构，其中 10 栋采用框架 - 核心筒结构体系，13 栋采用框架 - 剪力墙结构体系，6 栋采用剪力墙结构体系。结构地上部分层数为 17 ~ 22 层，高度为 61.5 ~ 79.2 m，地下部分层数为 3 ~ 5 层，深度为 10.4 ~ 19.6 m。高宽比为 1.91 ~ 3.69（图 1.7-1）。

图 1.7-1 高烈度区高层隔震建筑群

对于该建筑群的高层隔震结构，若采用传统的 ±0 隔震方案，难以满足建筑使用功能需求；若整体结构在地下室基础底部隔震，由于设计地震力较大，控制支座拉应力将超过 1 MPa，设计难度大。因此，本研究团队提出了"局部地下室下沉隔震"方案并获得专家委员会认可。具体而言，剪力墙或核心筒部分下沉至地下室底部隔震，而框架在 ±0 处隔震。为控制隔震层的位移响应满足隔震沟宽度要求（600mm），上述结构在隔震层中均设置了多个粘滞阻尼器。典型案例C1、B1 和D6 的隔震布置方案如图 1.7-2 所示。

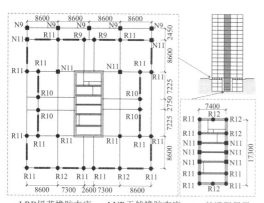

● LRB铅芯橡胶支座　■ LNR天然橡胶支座　━━ 粘滞阻尼器

a. 框架 - 核心筒结构C1隔震方案

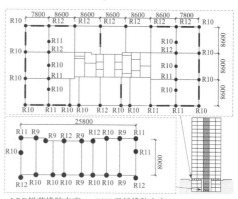

● LRB铅芯橡胶支座　■ LNR天然橡胶支座　━━ 粘滞阻尼器

b. 框架 - 剪力墙结构B1隔震方案

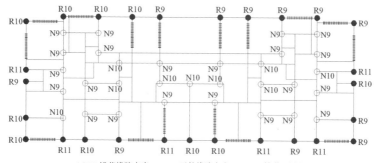

● LRB铅芯橡胶支座　○ LNR天然橡胶支座　▥▥▥ 粘滞阻尼器

c. 剪力墙结构D6隔震方案

图 1.7-2 典型楼型隔震方案

经设计，各高层隔震结构均通过了隔震层恢复力、抗风、偏心率验算和罕遇地震下结构整体抗倾覆验算，支座长期面压、减震系数罕遇地震下支座位移和极值面压均满足相关规范要求。典型案例 C1、B1 和 D6 的关键指标见表 1.7-1，从表中可以看出原型结构设计方案可满足各项要求。

典型楼型隔震设计相关关键指标　　　　　　　　　　　　　　　表 1.7-1

楼型	C1	G1	D6
高度（m）	79.2	78.9	70.4
高宽比	2.3	3.06	3.69
隔震前周期（s）	1.585	1.673	1.562
隔震后周期（s）	4.44	4.274	3.876
减震系数	0.37	0.36	0.37
支座大震位移（mm）	429	429	444

三、高层隔震建筑地震动强度指标

1. 分析关键内容简介

基于实际工程案例，考虑 2 种常见的高层结构体系（包括框架 - 核心筒结构和框架 - 剪力墙结构）、2 个不同的结构高度、2 种常见的隔震设计方案和 6 种屈重比，形成了 48 个高层隔震结构案例，用于研究适用于该类结构的地震动强度指标。

选取了 59 条脉冲型地震动和 80 条非脉冲型地震动，采用云分析方法研究适用于该类结构的地震动强度指标。本研究评估了 25 个已有地震动强度指标与 4 个关键工程需求参数（$MIDR$、MRD、MFA 和 MBD）的相关性。

2. 地震动强度指标相关性评价

工程需求参数（EDP）与地震动强度指标（IM）之间近似满足指数关系，其关系式形式如式（1）所示。

$$EDP = a \cdot (IM)^b \tag{1}$$

式中：a 和 b 是目标回归系数。对上式做自然对数变换，可变换成式（2）所示的对数线性关系式。

$$\ln(EDP) = \ln(a) + b \cdot \ln(IM) \tag{2}$$

由于式（2）满足古典的线性回归模型，可采用最小二乘原理对云分析获得的 n 个离散点（EDP_i，IM_i）进行回归分析，进而获得 $\ln(EDP)$ 与 $\ln(IM)$ 的相关性系数 ρ。

对建立的 48 个高层隔震结构案例进行 139 条地震动下的云分析，获得框架 - 核心筒高层结构和框架 - 剪力墙高层结构各 IM 与各 EDP 的相关性系数 ρ，其范围分别如图 1.7-3 和图 1.7-4 所示。可见，综合考虑不同的高层结构类型、不同的结构高度、不同的隔震设计方案和不同的屈重比，对于每一个工程需求参数，显然分别存在与其相关性良好的地震动强度指标。具体而言：

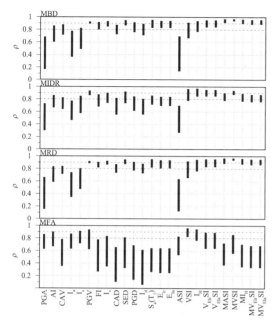

图 1.7-3　框架 - 核心筒高层隔震结构
各 *IM* 与 *EDP* 相关性系数范围

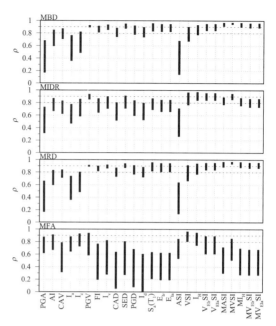

图 1.7-4　框架 - 剪力墙高层隔震结构
各 *IM* 与 *EDP* 相关性系数范围

（1）*MBD*：14 个地震动强度指标与 *MBD* 具有良好的相关性，其中与结构动力特性相关的地震动强度指标 *MVSI* 与 *MBD* 之间存在最好的相关性（相关性系数均不小于 0.942）。此外，与结构动力特性不相关的 *PGV* 与 *MBD* 之间也具有极好的相关性（相关性系数均不小于 0.893）。值得注意的是，*MVSI* 和 *PGV* 与 *MBD* 的相关性系数的上、下限值的差值分别为 0.029 和 0.031，这表明各影响因素（包括结构类型、结构高度、隔震方案类型、屈重比和地震动类型）对 *MVSI* 和 *PGV* 与 *MBD* 的相关性影响基本可以忽略。

（2）*MIDR*：5 个地震动强度指标与 *MIDR* 具有良好的相关性，其中与结构动力特性不相关的地震动强度指标 I_H 与 *MIDR* 之间存在最好的相关性（相关性系数介于 0.841 和 0.972 之间）。此外，*MVSI* 和 *PGV* 与 *MIDR* 间也具有良好的相关性。与 *MBD* 相类似，*MVSI* 和 *PGV* 与 *MIDR* 的相关性系数的上、下限值的差值分别为 0.092 和 0.083，这表明各影响因素对 *MVSI* 和 *PGV* 与 *MIDR* 的相关性影响基本可以忽略。

（3）*MRD*：与 *MBD* 具有极好相关性的 15 个地震动强度指标也与 *MRD* 具有良好的相关性。与此同时，*MVSI* 也是与 *MRD* 相关性最好的地震动强度指标（相关性系数均不小于 0.935），*PGV* 与 *MRD* 之间也具有极好的相关性（相关性系数均不小于 0.887），并且 *MVSI* 和 *PGV* 与 *MRD* 的相关性系数的上、下限值的差值分别为 0.033 和 0.030，这表明各影响因素对 *MVSI* 和 *PGV* 与 *MRD* 的相关性影响也基本可以忽略。

（4）*MFA*：25 个 *IM* 中仅有与结构特性不相关的 *VSI* 和 I_H 与 *MFA* 具有良好的相关性。其中 *VSI* 与 *MFA* 之间具有最好的相关性（相关性系数介于 0.808 和 0.965）。I_H 的相关性系数则相对较低，在部分分析案例下其相关性系数略小于 0.8。*VSI* 和 I_H 与 *MFA* 的相关性系数的上、下限值的差值分别为 0.153 和 0.207，这表明各影响因素对 *VSI* 和 I_H 与 *MFA* 的相关性存在一定的影响。

综上所述，*MVSI* 和 *PGV* 是与隔震层最大位移和结构顶层最大位移相关性最佳的两种地震动强度指标；*I*$_H$、*MVSI* 和 *PGV* 是与上部结构最大层间侧移角相关性最佳的三种地震动强度指标；*VSI* 和 *I*$_H$ 则是与楼面加速度相关性最佳的两种地震动强度指标。

无论是基于性能还是基于功能可恢复的结构抗震设计均需要选取一个合适的地震动强度指标，该指标应该和各个与结构损伤程度密切相关的关键工程需求参数均存在较好的相关性。*I*$_H$ 与各 *EDP* 均具有较好的相关性，是具有较好综合平衡性的地震动强度指标。

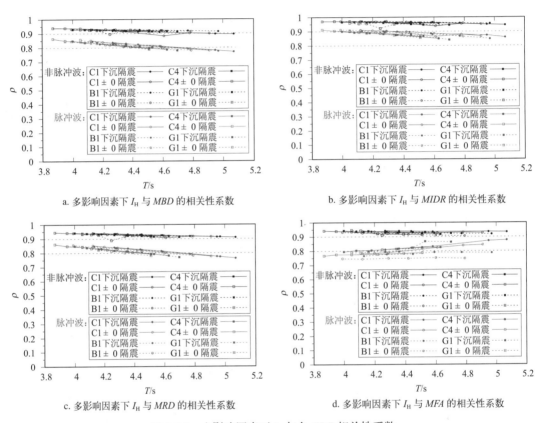

图 1.7-5　多影响因素下 *I*$_H$ 与各 *EDP* 相关性系数

对具有不同基本周期的 48 个案例进行云分析得到的 *I*$_H$ 与 *MBD*、*MIDR*、*MRD* 以及 *MFA* 的相关性系数如图 1.7-5 所示。可见，（1）结构体系、结构高度和隔震设计方案对 *I*$_H$ 与各 *EDP* 的相关性系数影响基本可以忽略；（2）隔震结构的周期对相关性系数存在一定影响，对于 *MBD*、*MIDR* 和 *MRD*，随着基本周期的增大，相关性系数呈一定的减小趋势，对于 *MFA*，随着基本周期的增大，相关性系数呈一定的增大趋势；（3）地震动类型对相关性系数的影响最大，非脉冲波作用下 *I*$_H$ 与各 *EDP* 的相关性系数基本均在 0.90 以上，且不同结构基本周期下相关性系数差别较小，而脉冲波作用下，*I*$_H$ 与各 *EDP* 的相关性系数显著降低且不同结构基本周期下相关性系数差别较大，脉冲波与非脉冲下相关性系数的差值最大达 0.203。

四、基于屈重比的高烈度区 RC 框架 - 核心筒隔震结构高效设计方法

传统的隔震结构设计方法存在以下三个问题：（1）上部结构周期不易确定；（2）支座直径和数量不易确定，这主要是目前暂无长期面压的建议取值范围；（3）铅芯支座位置和数量不易确定，这主要是由于目前对于铅芯支座布置原则和屈重比（所有铅芯支座屈服力与上部结构重力比值）取值范围暂无相关建议。这使得传统方法虽然流程清晰，但需要反复迭代，设计周期长，效率低下。

研究团队针对上述三个问题，提出了相应的解决方法，并出了适用于高烈度区RC框架-核心筒高层隔震结构的高效设计方法。

1. 上部结构周期建议取值

高层隔震结构的上部结构周期 T_f 取值直接影响隔震结构设计的难度。然而，对于高层框-筒隔震结构，上部结构周期的取值方法尚相对较少。因此，本研究对13栋框架-核心筒隔震结构的上部结构周期 T_f 和结构高度 H 进行回归分析，建议了 T_f 与 H 的关系式(3)。

$$T_f = 0.193 H^{0.5} \tag{3}$$

2. 支座长期面压建议取值

支座长期面压 σ^s 的取值与支座的型号和数量直接相关。值得注意的是，不同位置的隔震支座（如框架柱底隔震支座和核心筒角部隔震支座）的合理面压取值并不相同。

框架-核心筒结构在地震作用下会产生显著的倾覆效应，框架柱底部和核心筒角部隔震支座更容易处于受拉状态。因此，位于这些位置的支座的 σ^s 取值通常应大于其他位置的支座。然而，框架-核心筒隔震结构各类位置支座的 σ^s 的相关研究罕见报道。因此，本研究对13栋框架-核心筒隔震结构的隔震支座长期面压进行了统计分析，建议了外框架柱底支座和核心筒剪力墙角部支座长期面压取值范围，分别为 10～12MPa 和 8～10MPa。

3. 屈重比合理取值范围和铅芯支座布置建议

屈重比是决定隔震层力学性能、整体减震效果和结构抗震性能的重要参数，与隔震层中铅芯支座的数量直接相关。本研究以具有不同高度的两栋设计案例为原型结构（高为79.2m和65.8m的C1和C4），考虑不同隔震设计方案（核心筒下沉隔震方案和 ±0 隔震方案）的影响，基于精细模型，研究了屈重比对该类结构减震系数和隔震层位移的影响规律，具有不同屈重比的各案例的减震系数和MBD在3条地震动作用下的包络值如图1.7-6～图1.7-9所示。

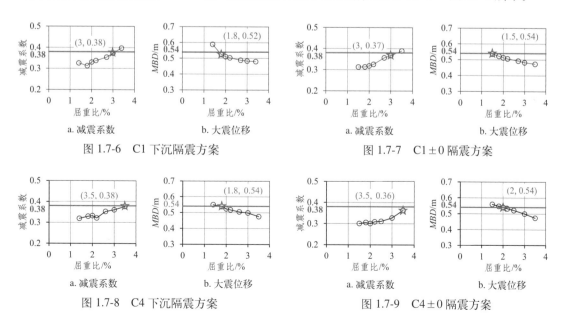

图 1.7-6　C1 下沉隔震方案　　　　　　　图 1.7-7　C1 ±0 隔震方案

图 1.7-8　C4 下沉隔震方案　　　　　　　图 1.7-9　C4 ±0 隔震方案

研究表明：（1）减震系数的限值要求决定了屈重比上限值，建议取为3%；（2）隔震沟尺寸限值要求决定了屈重比下限值，建议取为2%；（3）结构高度小于80m或采用±0隔震方案，屈重比上限可适当提高。

根据上述屈重比合理取值范围的建议值，即可确定铅芯支座的数量。同时，本研究给出了铅芯支座的布置建议，即建议将铅芯支座设置于框架柱底部以及核心筒角部。

4. 基于屈重比的高效设计方法

基于上述研究，本研究提出了一种高层框架 - 核心筒隔震结构的高效设计方法，如图 1.7-10 所示。

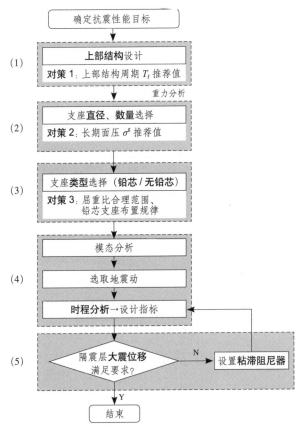

图 1.7-10 高层框架 - 核心筒隔震结构的高效设计方法

该设计方法主要包括以下步骤：

（1）明确隔震目标。根据实际工程特点与相关规范要求，确定隔震结构的隔震沟宽度和减震系数限值。

（2）确定上部结构周期并设计上部结构。根据建筑高度，采用本文建议的式（3）确定 T_f。

（3）根据使用面压建议值，确定支座直径和数量。

（4）根据屈重比推荐值设置铅芯支座。建议将铅芯支座设置于框架柱底部、核心筒角部。

（5）关键指标验算。

（6）粘滞阻尼器设计。若支座位移不满足要求，可在隔震层中设置粘滞阻尼器，控制结构位移。通常经过 2 ～ 3 次迭代计算即可确定粘滞阻尼器的参数和数量。本研究采用该方法对一 84.1m 的框架 - 核心筒高层隔震结构进行了设计，验证了该方法的高效性和合理性。

本研究提出的基于屈重比的高效设计方法大幅减少了高层隔震结构设计中迭代试算的次数，可显著提升设计效率，对高层框架 - 核心筒隔震结构设计方法的相关研究和工程应用具有一定参考价值。

五、结论

近年来，功能可恢复已逐渐成为地震工程领域的研究热点。隔震技术是实现高烈度区高层结构震后功能可恢复的重要手段。研究团队完成了位于高烈度区的高层减隔震建筑群的工程设计实践，并以此为基础，针对高烈度区高层隔震结构相关的关键问题开展了系列研究，包括高层隔震建筑地震动强度指标研究和基于屈重比的高烈度区 RC 框架 - 核心筒隔震结构高效设计方法研究。系列研究成果对高层隔震结构的工程设计实践和后续相关研究具有参考价值。

致谢：本研究受到国家重点研发计划课题（2017YFC0703602）和市属高校基本科研业务费项目（X18128）资助，特此感谢！

8 超高层建筑消防技术发展与研究重点综述

邱仓虎[1]，刘文利[1]，张向阳[1]，肖泽南[1]

1. 中国建筑科学研究院建筑防火研究所，北京 100013

一、超高层建筑发展态势

1. 近二十年呈快速增长态势

我国现代超高层建筑发展始于改革开放初期，20 世纪 90 年代后随着中国经济的发展进入快速发展期。从 1998 年到 2017 年，我国超高层建筑数量以年均 137 栋的速度增长，年均增长率达 7.84%（图 1.8-1）。

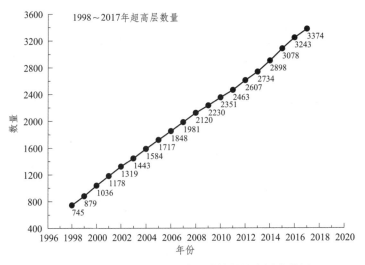

图 1.8-1　近二十年我国超高层建筑数量发展态势图

2. 超高层建筑高度排行榜

高度排名世界前 10 位的超高层建筑，均在亚洲，其中 6 座在我国，如表 1.8-1、图 1.8-2 所示。

高度排名世界前 10 位的超高层建筑一览表　　　　　　　　表 1.8-1

排名	建筑名称	高度（m）	层数（层）	建造程度
1	吉达王国塔	1007	160	在建
2	迪拜塔	828	162	建成
3	苏州中南中心	729	138	在建

续表

排名	建筑名称	高度（m）	层数（层）	建造程度
4	武汉绿地中心	636	125	在建
5	上海中心大厦	632	121	建成
6	G-land 超级大楼	615	125	在建
7	天津中国 117 大厦	597	117	封顶
8	深圳平安国际金融中心	589	115	建成
9	沈阳宝能环球金融中心	568	111	在建
10	乐天世界大厦	556	123	建成

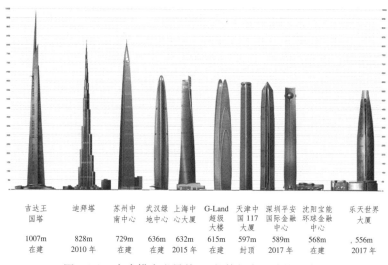

图 1.8-2　高度排名世界前 10 位的超高层建筑示意图

从图中可以看出，高度排名前十的超高层建筑均已达到 500m 以上。我国在建的苏州中南中心是我国目前最高的建筑，已经突破 700m，建筑设计高度达 729m，位列世界第三。

高度排名中国前 10 位的超高层建筑如表 1.8-2、图 1.8-3 所示。

高度排名中国前 10 位的超高层建筑　　　　　　　　　　　　表 1.8-2

排名	建筑名称	高度（m）	层数（层）	建造程度
1	苏州中南中心	729	138	在建
2	武汉绿地中心	636	125	在建
3	上海中心大厦	632	121	建成
4	天津中国 117 大厦	597	117	封顶
5	深圳平安国际金融中心	589	118	建成
6	沈阳宝能环球金融中心	568	111	在建
7	广州周大福中心	530	112	建成
8	天津周大福中心	530	97	封顶
9	北京（中国尊）中信大厦	528	108	封顶
10	恒大国际金融中心	518	112	在建

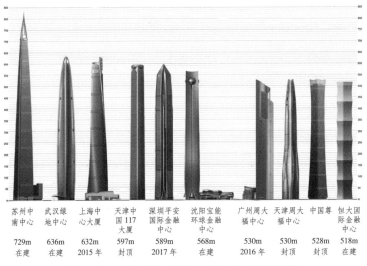

| 苏州中南中心 | 武汉绿地中心 | 上海中心大厦 | 天津中国117大厦 | 深圳平安国际金融中心 | 沈阳宝能环球金融中心 | 广州周大福中心 | 天津周大福中心 | 中国尊 | 恒大国际金融中心 |
| 729m 在建 | 636m 在建 | 632m 2015年 | 597m 封顶 | 589m 2017年 | 568m 在建 | 530m 2016年 | 530m 封顶 | 528m 封顶 | 518m 在建 |

图 1.8-3　高度排名中国前 10 位的超高层建筑

二、超高层建筑火灾特点

1. 建设周期长，施工期火灾概率高

超高层建筑由于体量巨大，施工难度高，因此建设周期远远长于一般建筑。尤其进入装修阶段后，不同专业交错施工，伴随有明火施工，而此时固定消防设施又未投入使用，仅有施工期有限的消防措施，发生火灾概率高（表 1.8-3、表 1.8-4）。

部分超高层建筑施工周期汇总　　　　　　　　　　　　　　　　　　表 1.8-3

序号	工程名称	开工时间	完成（封顶）时间	工期
1	上海中心大厦	2008.11	2016.3（2014.8）	7 年 4 月
2	深圳平安国际金融中心	2009.8	2016.4（2015.4）	6 年 8 月
3	广州周大福中心	2009.9	2016.7（2014.10）	6 年 10 月
4	北京（中国尊）中信大厦	2013.7	预计 2019.8（2017.8）	预计 6 年 1 月

国内超高层建筑施工期典型火灾案例　　　　　　　　　　　　　　　表 1.8-4

序号	名称	建筑高度	火灾发生时间及原因
1	上海环球金融中心	492m	2007 年 8 月 14 日下午，上海环球金融中心在建工程因进行电焊作业时，产生的高温熔融物溅落，遇下方可燃物起火并扩大成灾
2	东方明珠电视塔	467.9m	2010 年 4 月 13 日，上海市东方明珠电视塔遭雷击，引起电视塔上部玻璃钢外罩起火燃烧
3	南京市紫峰大厦	450 m	2010 年 12 月 16 日，南京市紫峰大厦洲际酒店 43 层，因为柜内频率显示仪电气故障引发火灾
4	南宁市地王国际商贸中心	276 m	2007 年 5 月 4 日，南宁市地王国际商贸中心三楼弱电井内的线路因故障引发火灾
5	广州珠江新城富力中心大厦	248 m	2007 年 9 月 4 日，广州珠江新城富力中心大厦 17 楼因电线短路引发火灾
6	沈阳皇朝万鑫酒店	219 m	2011 年 2 月 3 日，沈阳皇朝万鑫酒店因燃放烟花不慎引起楼体外部燃烧发生火灾

续表

序号	名称	建筑高度	火灾发生时间及原因
7	广州市天河区耀中广场	188 m	2009 年 3 月 15 日，广州市天河区耀中广场 31 楼空调水泵房发生火灾
8	中央电视台新大楼	159 m	2009 年 2 月 9 日，北京市中央电视台新址园区在建附属文化中心工地，因违规燃放烟花爆竹引发火灾
9	重庆市北部新区石桥铺赛博数码广场	144.5 m	2010 年 4 月 24 日，重庆市北部新区石桥铺赛博数码广场裙楼，因焊割作业时掉落的高温焊渣引燃可燃物引发火灾

2. 火势蔓延途径多，速度快，火情控制难度大

超高层建筑外部敷设的外墙保温系统、玻璃幕墙系统及大型广告牌等，易产生火灾外部蔓延；内部风道及机电设备等各类竖向管井封堵失效，防火门、防火卷帘关闭失效等，为火势的内部蔓延扩散提供了途径；再加上高空气压和风速的影响，使得扩散蔓延在发生火灾后更为迅速，且易形成"烟囱效应"，甚至呈现出由上而下、由外向内的"非常规"火势蔓延，火情控制难度大。

3. 消防系统复杂，运行可靠性难保证

超高层建筑的消防供水、防排烟、火灾自动探测报警、应急照明、供配电等消防系统不同于一般建筑，各系统庞大、控制逻辑复杂。

就消防供水系统来说，消防水泵、阀门、控制模块等关键部件数量倍增，管理难度增加，出现故障的几率增加，一旦水泵、阀门和管道出现问题，都会导致供水失败，其结果是火灾蔓延不能有效控制。

4. 功能复杂，人员疏散时间长

超高层建筑一般集商场、超市、餐饮、娱乐、办公、酒店、公寓或住宅等功能于一体，用途广泛，结构复杂，人员众多，如同"垂直城市"，火灾时主要依靠有限的疏散楼梯逃生，疏散距离长，数万人要从危险区域撤离出来，需要较长时间，且高度越大，人员越多，疏散时间就越长。同时，火灾时，人的求生本能及恐惧心理强烈暴露，大量人流的汇集，极易发生拥挤堵塞，难免发生踩踏、摔伤等惨剧，严重影响疏散安全。经调研，上海中心（118 层）疏散时间约为 2 小时 18 分钟，北京中国尊（108 层）疏散时间约为 2 小时 12 分钟。

5. 救援难度大

消防队员利用楼梯和消防电梯施行内部灭火救援；利用云梯进行外部救援；世界上最高的云梯是 112m 高，仅能施救第二个避难层的人员，即 100m 左右。

三、超高层建筑消防技术发展与研究重点

1. 消防给水系统

水是建筑火灾扑救过程中最有效的灭火剂，建筑消防给水系统和自动喷水灭火系统是建筑消防系统中重要的组成部分。对超高层建筑，建筑上部一旦发生火灾，难以借助外部消防力量和手段来扑灭火灾，故我国超高层建筑火灾扑救原则是立足自救，而消防供水可靠性及自动灭火系统的有效性是超高层建筑火灾能否成功扑救的关键。

（1）供水系统设置及可靠性研究

我国目前建筑高度 250m 以下的超高层建筑室内消防给水系统主要采用临时高压制，250m 以上的建筑以常高压制为主，部分采用临时高压制。常高压制即重力式消防给水系统，

是超高层建筑中最安全可靠的一种形式，但其水箱占用使用空间、增加了结构负担，综合考虑安全性和经济性等因素，有的超高层建筑采用自动喷水灭火系统为高压制，消火栓为临时高压制的设计方案；或采用以常高压制供水方式为主，局部采用临时高压制的系统方案。现行国家规范规定，"室内消防给水系统应分析比较多种系统的可靠性，采用安全可靠的消防给水形式"，说明消防供水系统的选择受多因素影响，存在深入研究空间，研究重点包括消防给水管网型式选择，消防水泵、水泵结合器、转输水箱等设备设施配置，系统监控技术应用，以及供水可靠性评价方法。国内部分建成或在建建筑高度超过 250m 民用建筑室内消防给水形式见表 1.8-5。

国内部分建筑高度超过 250m 民用建筑消防给水形式一览表　　　　表 1.8-5

序号	项目名称	建筑高度 (m)	系统形式		
			按压力	按给水方式	按供水设备（高位水池容积）
1	武汉绿地中心	636	常高压制为主	重力为主	高位水池（720m³）为主
2	上海中心大厦	632	部分高压制	部分重力	高位水池（200m³）满足 30min 自喷水量，消火栓用水由下层水箱提供
3	深圳平安金融中心	598	部分高压制	部分重力	高位水池（420m³）满足自喷水量，消火栓用水由下层水箱提供
4	中国尊 Z15	528	常高压制为主	重力为主	高位水池（690m³）
5	上海环球金融中心	492	临时高压制	串联	消防水泵为主
6	南京绿地紫峰大厦	450	常高压制为主	重力为主	高位水池（576m³）
7	深圳京基	441.8	常高压制为主	重力为主	高位水池（540m³）
8	武汉中心	438	常高压制为主	重力为主	高位水池（600m³）
9	广州西塔	432	常高压制为主	重力为主	高位水池（600m³）
10	上海金茂大厦	422	部分高压制	重力为主	F91 高位水池（288m³）
11	海口塔	428	部分高压制	部分重力	高位水池（420m³）为主满足 1h 自喷水量及 25min 消火栓用水
12	南京紫峰大厦	339	常高压制为主	重力为主	高位水池（576m³）为主
13	重庆环球金融中心	338.9	部分高压制	部分重力	高位水池（100m³）为主
14	银川绿地中心	301	部分高压制	部分重力	高位水池（216m³）为主满足 1h 自喷水量及 30min 消火栓用水
15	上海世贸中心	250	临时高压制	串联	消防水泵为主

（2）自动灭火系统的有效性研究

超高层建筑内全面设置自动灭火系统是确保整栋大楼消防安全的前提，在此基础上合理配置管网，合理选择洒水喷头等组件、适当提高设计喷水强度标准、保证管网通畅性措施等是提高自喷系统有效性的途径。我国是超高层建筑大国，应将保证自动灭火系统的有效性技术措施以及评价方法作为研究重点。

2. 防排烟系统

超高层建筑发生火灾时，将产生大量的烟气，在烟囱效应、热浮力、扩散力、外界风力等作用下迅速蔓延。统计资料表明，火灾中死亡人数大约 80% 是由于火灾烟气所致，对烟气的控制是消防工作者的主要工作。目前，超高层建筑防排烟系统研究重点如下：

（1）排烟系统设计方法的研究

按照地面面积或者体积换气次数来确定超高层建筑排烟量，实践说明存在一些不足，目前已经转向基于烟气羽流理论的研究对排烟系统进行设计，并通过对顶棚射流的研究来确定防烟分区的划分方式和确定挡烟垂壁的高度。另外，由于超高层建筑密闭性显著提高，靠建筑的缝隙、管井不足以提供足够的补风，针对房间、走道、中庭高大空间等不同场所的补风方式、补风口位置、补风量和补风风速的研究得到重视。

（2）分段排烟方法研究

分段排烟是解决超高层建筑排烟系统管路风阻大的方式之一。其要点是研究如何避免机械系统排烟口对补风系统进风口的影响，以及研究如何避免环境风向对补风进风口、排烟出口的影响问题。例如将加压送风进风管接至两个不同方向的外墙，通过烟气传感器和电动风阀控制取风口开启。

（3）防烟系统研究

高层建筑应当采用防烟楼梯间。防烟楼梯间的正压送风形式包括多种，例如楼梯间、前室分别送风，楼梯间送风，计算方法也多种多样。同时，火灾自动报警系统的变化，也对楼梯间送风的传统方式提出了挑战。以前的规范要求火灾层和其上下相邻层的警报装置动作，这些楼层的人会首先疏散；新的规范要求所有层的警报装置都动作。这意味着防烟楼梯间在火灾时开门数量发生了巨大的变化——各层门同时开启进行疏散，原有的防烟计算显然已经不再适用了，新的规范形势下如何合理计算防烟量还需要在实际火场中进行充分验证。

3. 火灾自动报警系统

火灾自动报警系统是探测火灾早期特征、发出火灾报警信号，为人员疏散、防止火灾蔓延和启动相关消防设备提供控制与指示的消防系统。其在火灾预防中具有极其重要的作用，它不仅是感知火灾的触角，还是信息传输的神经，更是控制各种消防设备的大脑。重点研究如下：

（1）火灾自动报警系统有效性研究

超高层建筑体量大、功能多，导致火灾自动报警系统复杂。其复杂性不仅仅表现在探测点和控制点数量多，也表现在控制逻辑复杂。尽管可以结合避难层分区设置火灾自动报警系统，由于各分区之间的人员疏散、消防供水、消防供电等是相互关联的，因此如何保证大量消防设施的可靠性和有效性，如何科学合理地协调各个消防设施之间以及消防系统和其他建筑系统之间的关系，是超高层建筑火灾自动报警系统重要的研究内容。

（2）火灾自动报警系统的智能化研究

随着物联网、大数据和人工智能技术的发展，火灾自动报警系统的智能化应用研究迎来了春天，机遇与挑战并存。提高电气火灾监控系统、防火门监控系统、消防给水监控系统等的智能化水平，将在预防火灾发生、保证消防设施可靠性和有效性方面发挥重要的作用。其也是超高层建筑火灾自动报警系统又一重要的研究内容。

4. 安全疏散系统

超高层建筑发生火灾后，如何安全快速地疏散，是超高层建筑的一大难题。对超高层来说，安全疏散系统除包括一般建筑的安全出口、疏散楼梯、疏散走道、消防电梯、事故广播、屋顶直升机停机坪、事故照明和安全疏散标志等外，还包括避难层和电梯辅助疏散设计等。目前重点研究如下：

（1）疏散楼梯安全性研究

疏散楼梯是楼内人员的避难路线，是受伤者或老弱病残人员的救护路线，还可能是消防人员灭火进攻路线，足见其在超高层建筑中作用的重要。通过对既有部分超高层建筑的现场调研，发现部分抽检的超高层防烟楼梯间和前室余压值达不到标准要求，烟气一旦进入楼梯间，生命通道将失去作用。这个问题涉及机械加压送风量取值、送风管道材料及密闭性以及设置在避难层的进风口如何保障外墙蔓延立体火灾后安全送风等问题，值得深入思考研究。

（2）避难层安全性设计研究

我国现行防火规范规定，"建筑高度大于100m的公共建筑，应设置避难层（间），两个避难层（间）之间的高度不应大于50m"。避难层是超高层建筑内用于人员暂时躲避火灾及其烟气危害的楼层，同时避难层也可作为行动有障碍的人员暂时避难等待救援的场所。另外，避难层也可作为消防救援时救援人员的"加油站"，故避难层在火灾下的安全就显得尤为重要。近几年世界范围内发生的几起超高层火灾，几乎都因为超高层的烟囱效应而形成了立体火灾，立体火灾形成后如何解决避难层防烟和乙级防火窗功能实现问题，如何避免溢流火对避难层的威胁等，已成为超高层研究的课题。

（3）电梯辅助疏散研究

随着超高层建筑规模的不断扩大，建筑高度的不断增加以及建筑造型的多样化，通过疏散楼梯进行疏散时面临许多问题。一是使用楼梯疏散时间长，二是楼梯疏散不适合于行动不便的老人和残疾人疏散。故电梯、穿梭观光梯在超高层建筑发生火灾等危机情况下作为一种应急疏散方式引起越来越多的关注和研究。研究一般采用人员仿真软件对传统疏散体系及新型疏散体系进行模拟，在提供定量可视化结果对比的基础上，分析采用高速穿梭电梯作为辅助疏散的新型疏散体系的可行性。国外的迪拜塔，国内的上海中心、广州的电视塔、武汉绿地中心都采用辅助电梯疏散方式进行火灾情况下的人员疏散。

5. 结构抗火设计方法

超高层建筑在使用期间的建筑结构同其他建筑相同，也可能经历地震、风荷载和火灾等荷载和作用，因此，同建筑结构的抗震、抗风设计类似，建筑结构同样面临着抗火设计的问题，即建筑结构在使用期间要保证遭遇火灾情况下的结构安全性。目前，我国超高层建筑结构的抗火研究重点如下：

（1）火灾下建筑结构整体的抗火设计方法

我国现行防火设计规范《建筑设计防火规范》根据独立构件耐火试验的方法给出了各类构件的耐火极限，仅仅考虑了保护层的要求，没有考虑结构的整体作用以及荷载水平对结构耐火性能的影响，没有考虑建筑实际火灾荷载大小对结构构件耐火能力的要求，不适应国际上特别是欧洲结构性能化抗火设计的趋势。现行规范给出的结构耐火性能与工程实际存在较大误差，给建筑结构留下了安全隐患。超高层建筑结构中的钢筋混凝土结构、钢-混凝土组合结构等，各构件之间存在较强相互作用，研究建筑结构整体的耐火性能及抗火设计方法可避免发生建筑结构整体破坏，并适应国际上结构性能化抗火设计趋势。

（2）巨型钢-混凝土组合结构构件抗火设计方法研究

巨型钢-混凝土组合结构构件包括钢管混凝土巨型柱、型钢混凝土巨型柱等形式。这类结构构件在超高层建筑结构中有广泛的应用，其抗火设计方法对保障这类超高层建筑结构的抗火安全十分重要。

（3）高强混凝土构件抗火设计关键技术研究

高强混凝土广泛应用于超高层建筑结构中，但火灾下高强混凝土容易爆裂，给建筑结构造成较大隐患。研究防止高强混凝土构件剥落的方法措施和高强混凝土构件的抗火设计方法对结构安全至关重要。

（4）建筑结构火灾下抗连续倒塌设计方法研究

火灾下，建筑结构整体倒塌造成的后果十分严重，近几年不少学者对火灾下钢结构、钢筋混凝土结构、钢-混凝土组合结构的倒塌破坏规律进行了研究，提出上述结构火灾下的抗倒塌设计方法，并编制了相关规范。

6. 灭火救援新技术

超高层建筑发生火灾后的灭火救援是世界性难题。为了攻克这个难题，消防科技工作者们一直在努力工作，体现如下。

（1）开展消防登高车的扑救高度和扑救能力研究

尽管消防车的扑救高度不可能追上建筑高度的增长幅度，但是装备更高的消防登高车，可提升城市超高层建筑的消防救援能力。登高车上设有伸缩式云梯，可带有升降斗转台及灭火装置，供消防人员登高进行灭火和营救被困人员。目前，国际上最高的消防登高车已经能够达到112m，性能稳定，安全性高，但价格昂贵。国内近几年也开展攻关研究，国内企业已开发出100m登高车。

（2）竖管输送灭火剂的成套技术研究

超高层建筑火场复杂，消防车给室内消防给水管网供水时，可能因水泵接合器、阀门、管网等各种原因导致供水无法接入。为了避免这些问题，提高消防救援能力，各地正在研究、推广超高层建筑干式竖管或者压缩空气泡沫竖管，以满足灭火剂的输送。

（3）先进的灭火救援装备研究

灭火救援装备是公安消防部队核心战斗力之一，也事关消防官兵生命安全，是保障灭火救援任务完成的重要基础。目前主要的研究方向是：利用直升机垂直起降、空中悬停等独特性能，开展超高层外部救援的研究；利用无人飞行器耐候性强、适应性广的特点，开展超高层建筑火场内部侦查的研究；利用精确制导导弹远程精确、避免消防队员伤亡的特点，开展远程外部灭火研究。

7. 信息化技术

随着云计算、大数据、物联网及人工智能技术等新一代信息技术的发展和应用，在原有信息化基础上建立消防物联网系统，打造智慧消防，正逐步成为破解超高层消防难题的钥匙。针对超高层建筑的信息化技术重点研究方向如下：

（1）消防物联网系统开发研究

消防物联网通过物联网信息传感与通信技术，将社会化消防监督管理和消防灭火救援涉及的各类消防信息链接起来，构建高感度的消防基础环境，实现实时、动态、互动、融合的消防信息采集、传递和处理，借助大数据统计分析，可为物业管理、防火监督管理、灭火救援提供信息支撑。北京中国尊项目将BIM+物联网技术应用于运维管理中，是超高层建筑成功应用物联网系统的典范。

（2）物联网系统感知预警设备研发

感知层是物联网系统的最前端，是打通物理世界与信息世界的关键。消防物联网系统的感知层需要定制研发适用于消防系统的多种前端感知设备，同时又要满足易于安装维护、低功耗、低成本等特点，因此，研究开发适用于超高层消防物联网系统的信息传输装置、水压力监控装置、水位监控装置、消防设施监控设备等前端感知终端，是物联网系统研究重点。

（3）BIM 技术在超高层建筑中的应用研究

BIM 技术通过提供超高层建筑完整的建筑、结构和机电设备等信息，可为用户呈现一个直观的监控界面。利用 BIM 可建立消防综合数字预案系统，并结合后台计算提供火灾情况下的最佳疏散路线，制定应急疏散预案和灭火救援演练等。BIM 与物联网结合可直观、实时地监督到各消防设施的运行状态，达到消防设施的及时监控，并预测超高层建筑火灾风险。与 BIM 技术模型融合的 VR 技术，将使消防仿真模拟训练更真实、更有针对性、更具实战性。适用于消防且精简化的 BIM 技术是其应用于超高层消防的关键。

8. 施工期火灾防控技术

超高层建筑因其施工人员多、动火作业多、易燃可燃材料多、现场临建设施多、立体施工程序多、建设周期长以及人员疏散难度大等特点，一旦发生火灾，如果缺乏科学的管理和有效的防控手段，极易造成财产损失和人员伤亡。近年来多起超高层建筑施工期火灾造成亡人事故，给施工期火灾防控带来新的挑战。重点研究如下。

（1）施工期人员安全疏散技术研究

超高层建筑发生火灾时，施工人员需要通过垂直交通进行逃生疏散，垂直交通中的施工电梯一般是不允许乘坐的，故只能通过楼梯进行疏散，而此时楼梯间未完全封闭，一旦烟气进入楼梯间，将会严重影响人员疏散。目前，超高层建筑施工期人员安全疏散技术研究已列入"十三五"重点研究专项，其研究成果将为施工期人员疏散提高可靠安全保障。

（2）临 - 永结合消防给水技术研究

超高层建筑施工阶段发生火灾后，往往由于现场临时消防给水设施不能提供可靠的保障，导致小火成灾。将消防临时用水管道采用正式消防管道，不仅节约大量临时管道的安装及拆除人工和材料，降低施工成本，还能保障施工现场消防给水系统的有效性。由于超高层建筑消防系统在施工过程中存在多次转换情况，转换时既需保证现场临时消防要求，又需保证临时及永久消防系统相关转换区域从临时高压系统至常高压系统的无缝转换。因此，如何解决临 - 永结合消防技术在实施过程中存在的问题，也是当前研究的重点。

四、总结

（1）超高层建筑体量大、消防系统复杂、火势易蔓延、人员疏散困难，一旦发生火灾，其扑救难度之大，已成国际性难题。超高层建筑的消防安全必须立足于自防自救。

（2）超高层建筑防火的重点研究集中于消防给水系统、防排烟系统、火灾自动报警系统、安全疏散系统、结构抗火设计方法。

（3）超高层建筑灭火救援新技术新装备研发工作不断推进，成果逐步显现。

（4）超高层建筑信息化技术是火灾救援和消防监督管理的助推器，任重道远，前途光明。

（5）超高层建筑施工期火灾防控技术研究将助推施工期消防管理水平上台阶。

本文原载于《建筑科学》2018 年第 9 期

参考文献

[1] 建筑设计防火规范 GB 50016-2014 [S]

[2] 消防给水及消火栓系统技术规范 GB 50974-2014 [S]

[3] 张耕源，邱仓虎 . 基于 ABAQUS 的火灾下钢筋混凝土结构精细化建模技术研究 [J]. 建筑科学，2017，
　　33（5）：31-39.

9 中国建筑科学研究院风工程研究成果综述

陈凯　唐意　金新阳

中国建筑科学研究院有限公司，北京10013

一、引言

改革开放以来，中国经济和社会的快速发展为工程建设相关领域的研究与实践提供了前所未有的机遇。中国建筑科学研究院（以下简称"建研院"）作为国内最大的综合性建筑科学研究机构，在建筑工程的众多领域中开展了大量研究工作，取得了丰硕的科研成果，为国家建设提供了重要的科技支撑和技术保障。

建筑风工程研究是建筑工程的重要研究领域，除了关注建筑的风荷载和抗风设计问题之外，风环境和雪荷载的研究也是近年来的热点问题。国内的建筑风工程研究日新月异，在风特性、超高层和大跨空间结构抗风、低矮房屋抗风、建筑风环境等研究领域取得了重要进展和重大突破，若干专业方向达到了国际领先水平。国际风工程大会和国际雪工程大会于2019年和2020年相继在中国召开，显示了中国风工程研究水平和影响力的不断提高。

建研院是国内较早开展风工程研究的单位之一[1]，近年来，针对工程中出现的难点和热点问题开展了研究工作。本文从风荷载、风环境与雪荷载三个方面回顾了建研院近年在风工程领域取得的重要研究进展。

二、风荷载

风荷载是建筑结构设计中需要处理的重要可变荷载。尤其是对于超高层建筑和大跨空间结构等风敏感建筑结构以及沿海台风区，风荷载往往具有控制作用，直接影响结构安全和造价。2016年的莫兰蒂台风和2017年的天鸽台风都给沿海台风区的建筑结构造成巨大损失，凸显了建筑结构抗风研究的重要性。而城市中越来越多的超高层和大跨建筑在彰显社会进步的同时，也给结构抗风设计带来了新的挑战：

（1）超常规建筑通常规模较大、结构体系复杂，对风洞试验数据分析能力有更高要求。

（2）超高层建筑的横风向和扭转风振显著，不同方向风荷载的相关性及振型耦合效应对风荷载取值的准确性有重要的影响，需归纳总结其三维风振特性。

（3）大跨空间结构由于振型密集，难以将随机的脉动风荷载简化为普适的等效静风荷载，需结合工程实际建立合理有效的抗风设计方法。

建研院针对这些难点问题开展了针对性研究，取得了若干创新成果。

1. 风振计算的广义坐标合成法

提出了基于时程计算风振响应的广义坐标合成法[2]，该方法的基本思路是通过快速傅里叶变换求解单自由度广义坐标方程，再采用振型叠加或协方差矩阵的转换公式快速获得响应时程或方差。

广义坐标合成法的基本步骤包括：

（1）根据测点的风压时程计算各阶广义力时程。通过矩阵归并，得到的最终转换矩阵可直接将测点风压时程转换为广义力时程，大大降低矩阵乘法的运算量。

（2）运用单自由度运动方程的频域解法求解各阶广义坐标运动方程，由于可采用FFT变换，因而计算速度很快。

（3）根据得到的各阶广义坐标时程，按照振型叠加法得出响应时程；或根据广义坐标的协方差矩阵得出响应协方差。

广义坐标合成法充分利用了矩阵乘法的特性，有效降低了计算量，大大提高了风振计算的效率。对某大型屋盖风振计算时间的比较结果表明，在精度完全等价的前提下，广义坐标合成法计算响应方差所需时间仅为CQC改进算法（虚拟激励法[3]或者谐波激励法[4]）的约1/20。比较结果如表1.9-1所示。

广义坐标合成法与CQC改进算法

表 1.9-1

计算时间的比较（单位：s）

	虚拟激励法/谐波激励法	广义坐标合成法
26943 个受风节点	246	13

广义坐标合成法的计算结果和计算精度与CQC方法相同，但计算响应方差所需时间仅为CQC改进算法（虚拟激励法或谐波激励法）的约1/20，有效解决了大型工程结构风振分析计算规模和计算量的瓶颈问题，为开展风致振动研究提供了有力工具。

2. 高层建筑风荷载分析体系

（1）高层建筑等效静风荷载的时程分析方法

传统的高层建筑等效静风荷载计算，多采用阵风荷载因子等方法。虽然可以满足选定的目标响应等效，但给出的荷载分布却不能完全反映风荷载在高度和水平方向上的相关性。

利用广义坐标合成法可以求得目标响应的时程和高层建筑各层的等效静力时程：

$$\{P_{eq}(t)\} = [K]\{x(t)\} = \Sigma_j [K]\{\phi\}_j q_j(t)$$
$$= \Sigma_j \omega_j [M]\{\phi\}_j q_j(t)$$

其中$[K]$，$[M]$，$\{x(t)\}$分别为结构的刚度阵、质量阵和位移向量时程，$\{\phi\}_j$、$q_j(t)$、ω_j分别为结构的阶振型向量、广义坐标时程和自振圆频率。

在对目标响应进行统计后，可以采用两种不同方法给出等效静风荷载。一是采用时程识别法[5]，即在目标响应（包括伴随响应）时程中，求取与目标值最为匹配的时刻点，而等效静力时程在时刻点的值即为所求。另一种方法是根据等效静力时程与目标响应时程的相关性，按照相关系数方法给出等效静风荷载，即"动力荷载响应相关法"[6]。

按照这两种方法求得的等效静风荷载，不但实现了目标响应的等效，并且荷载在高度和水平方向的相关性与实际情况符合较好，有效克服了传统方法的局限性。图1.9-1是某超高层建筑采用时程分析方法获得的等效静风荷载及其对应的位移值。由图可见，等效荷载在沿高度方向和X/Y轴方向的相关性呈现出复杂的相关性特征。

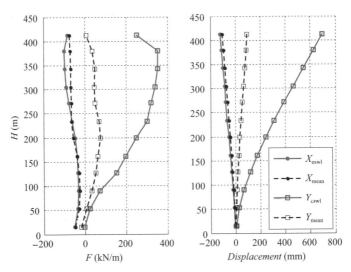

图 1.9-1　时程分析方法得到的等效静风荷载及对应位移

（2）高层建筑风荷载三分力及其耦合效应的分析方法

变截面和非对称的高层建筑的发展对高层建筑风荷载作用形式和机理的研究提出了更高要求。研究高层建筑在顺、横、扭转向的耦合风效应的规律，对于工程应用有重要意义[7]。

通过不同截面尺寸的建筑的刚性模型测压试验，统计出顺风向、横风向、扭转向荷载分布、动力特性以及三分力的相关性，总结了典型矩形偏心建筑的风振响应及等效静力风荷载随质心和刚心变化的规律[8、9]。图 1.9-2 给出了典型高层建筑顺风向风荷载沿高度的相关性系数分布。该研究成果已经部分纳入建研院主编的国家标准《建筑结构荷载规范》[10、11]。

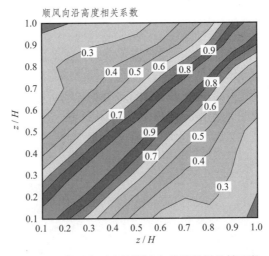

图 1.9-2　典型高层建筑顺风向荷载的相关性系数

考虑风荷载三分力耦合效应时，在耦合结构的共振等效风荷载研究基础上引入一个因子，对不考虑模态耦合的平方和开平方方法（SRSS）共振响应进行修正，用修正后的 SRSS 法结果计算考虑耦合效应的共振等效风荷载。在保证总响应与真实结果一致前提下，引入背景和共振各自分量对应的加权系数，总的等效静力风荷载为各分量与其加权系数乘积的和[12]。

该项研究建立了基于三维模态的超高层建筑等效静风荷载取值体系，完善了高层建筑风振分析和等效静力风荷载计算理论。

（3）高层建筑的横风向反应谱法

从结构动力响应角度而言，地震作用与超高层建筑的横风向风力作用的特征存在一定相似性：荷载作用的平均值很小，结构等效静力荷载以若干模态惯性力贡献为主。

基于风洞试验数据获得横风向风力分布，并根据超高层建筑结构动力特性进行横风向响应分析，对获得的响应进行数据拟合，将结构周期（或频率）与建筑结构横风向动力响应直接对应，获得了与地震反应谱类似的高层建筑"横风向响应的反应谱"[13]。结构的任意横风向响应可通过对应结构自振周期的"反应谱"值与准静态响应的乘积获得。

横风向响应的响应谱分析法避免了繁复的动力荷载输入以及动力响应计算分析，同时减少了中间分析计算带来的误差，方法简单便利，具有较高精度。图 1.9-3 给出了方形截面高层建筑的横风向位移反应谱，横轴是无量纲频率，与结构的周期、宽度和顶部风速取值有关。

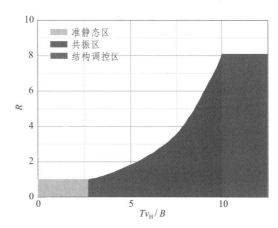

图 1.9-3 横风向位移反应谱示意图

3. 大跨空间结构的风荷载分析体系

（1）基于响应时程的大跨度空间结构等效静风荷载分析方法

结合广义坐标合成法，提出基于响应时程的大跨度空间结构等效静风荷载分析方法[14]。选取一定时间长度的响应时程进行分析。在该时段内结构产生的最大响应与最大准静态响应的比值反映了附加风振力对响应的影响，该比值称为动力放大因子，可以用它来考虑附加风振力，并得出等效静风荷载。

基本计算步骤包括：

1）计算 T 时间长度内（按中国规范通常选 10min）的目标响应时程和准静态响应时程。

2）计算该响应对应的动力放大因子，即目标响应时程最大值和准静态响应时程最大值的比值，该比值反映了结构振动对荷载的影响。

3）以最大准静态响应产生时刻的瞬时风压分布为基础，乘以动力放大因子，即可得出等效静风荷载。

按上述方法得出的等效静风荷载可以使目标响应出现动荷载作用下最大值。而由于选取的计算基准是真实出现过的风压分布，因而该等效静风荷载具有明确的物理意义。

不难看出，动力放大因子法假定了附加风振力与瞬时风压具有相同的作用方向和分布形式，这在某些情况下可能与实际情况偏离较远。考虑到大多数情况下，大跨结构的附加风振力并不占主导地位，因此可以假定附加风振力均匀作用于受风节点上，同样可以满足目标响应等效。

对某大跨雨棚分别采用动力放大因子方法和附加风振力法得出等效静风荷载，再计算两种等效荷载作用下的结构位移。图 1.9-4 给出了比较结果。由图可见，雨棚节点的水平和竖向位移都和实际情况比较吻合。而动力放大因子法由于高估了等效静风荷载，因此计算得出的位移值明显大于真实值。

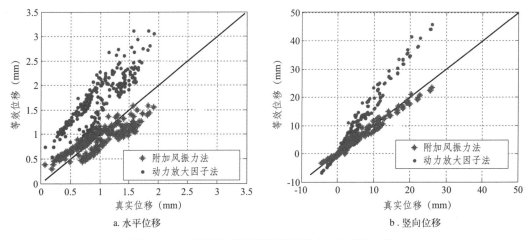

a. 水平位移　　　　　　　　　　　　　　　　　b. 竖向位移

图 1.9-4　不同等效静风荷载得出的节点位移之比较

采用基于响应时程的等效荷载分析方法，可以得出与真实情况一致的响应。其他方法则可能造成不符合真实物理情况的等效静风荷载，导致偏于保守或不安全的结构设计。因此该方法在工程实践中有较好的应用价值。

（2）大跨屋盖的下压风荷载取值方法研究

大跨屋盖的永久荷载、活荷载、雪荷载等荷载作用方向都是向下的，因此作用方向向下的风荷载在设计实践中有重要作用。比较了不同计算方法得到的下压风荷载的合理性，并引入了等效峰值因子和位移匹配度判据对不同方法进行评价[15]。

峰值因子和位移匹配度分别从响应值和响应在屋盖上的分布两个方面对等效荷载的合理性作出定量评价。

峰值因子判据的比较结果表明，采用动力放大系数方法时，峰值因子较多的集中于 $-2.0 \sim 0$ 区间，说明等效荷载作用下的位移偏向于和平均位移相反的方向。有超过 10% 的节点的峰值因子绝对值大于 4.0，说明这些点的位移超出了合理范围。而以平均风压乘以 -0.55 的阵风荷载因子得出的等效荷载，位移响应值基本合理。

而位移匹配度判据的比较结构表明，以 LRC 准静态荷载为基础的线性叠加法得出的结果最为理想。负的阵风荷载因子次之。

综合比较的结果表明，基于比例放大的计算方法与放大倍数有很大关系。给出的等效荷载往往缺乏合理性，可能高估结构响应值。在准静态荷载的基础上，叠加均匀分布的附加风振力是计算下压风荷载的可行办法。

图 1.9-5 给出了优选方法获得的等效下压风荷载及其位移。由图可见，优选方法获得的下压风荷载所对应的位移，和屋盖真实发生过的位移分布相似度很高，说明此组下压风荷载的合理性。

因此，根据比较结果提出了计算下压风荷载的具体建议：不要采取传统的风振系数法，而应采用线性叠加法进行计算,以获得合理的风荷载标准值。

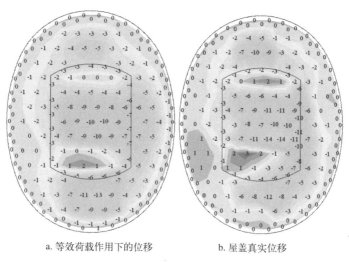

a. 等效荷载作用下的位移   b. 屋盖真实位移

图 1.9-5　优选方法获得的等效下压风荷载及位移(mm)

(3)基于荷载效应的结构抗风设计方法

振型密集、阻尼较小导致大跨屋盖结构和部分超高层建筑结构的等效静荷载取值方法如何确定一直是风工程中的难点问题。现有方法往往只能满足单个或多个等效目标的等效,而其余荷载效应则存在很大不确定性。

有鉴于此,首先根据理论推导,证明了多振型条件下,得不出可满足全部荷载效应的等效荷载。进而提出了基于荷载效应的结构抗风设计方法[16]。其包括三个步骤:1)选择关键的荷载效应,计算其在不同风向角下的极大值和极小值;2)统计所有风向下,各荷载效应的包络值(即荷载效应的上、下限);3)将各荷载效应包络值直接与其他荷载作用下的对应效应值进行组合,得出荷载效应的设计值。

图 1.9-6 给出了某索膜结构所有拉索的包络值,以及两组等效荷载作用下的拉索内力值。其中 ESWL1 和 ESWL2 分别以 100 号拉索内力的最大值和最小值作为等效目标得出。

由图可见,除了 100 号拉索得到的内力正好满足其在动力风荷载作用下产生的最大值之外,其余拉索的内力值可能高于、也可能低于在风荷载作用下实际可能出现的值。

根据理论分析和案例比较的结果,充分说明阵风荷载因子法和其他计算方法,只能保证单个或多个响应目标的等效,其他荷载效应可能远高于实际情况,导致过于保守的设计。直接用荷载效应的包络值进行抗风设计,不但避免了寻求等效静风荷载的各种麻烦,在物理概念上也更加清晰明确。

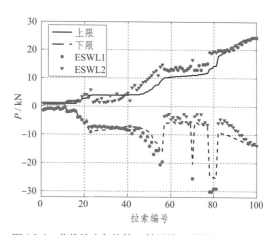

图 1.9-6　荷载效应包络值及等效静风荷载作用下的值

本项研究，提出了结构抗风设计的一种新的思路，对于需借助风洞试验进行抗风设计的结构具有借鉴意义。

三、风环境

广义的风环境是指由于空气流动引起的、与人的舒适感或居住品质有关的环境问题，而狭义的风环境主要是指建筑群周边的风速舒适度评价。发达国家非常重视风环境问题，许多城市制定了专门法规，用以监督管理新建和改建城市街区与住宅小区的建筑风环境，大型的工程项目都要进行风环境的强制性评估。比较而言，中国的风环境研究与应用相对滞后。原因之一是风荷载及风振响应、建筑结构安全是以往中国工程界最为关心的问题，居住的舒适度尚未引起广泛重视。第二是相比风荷载问题，风环境问题的研究手段和研究技术在国内发展还不够充分。

过去几年，借助多项国家级课题的支持，建研院在风环境领域的研究取得了长足进步，初步建立了系统完整的建筑群风环境评估体系，并在特殊风环境的研究中取得新进展。

1. 建筑群风环境的研究与应用

（1）风环境数值模拟方法的数学模型

在数值模拟研究方面，提出了平衡边界层模拟和植被模拟的数学模型。

平衡边界层的模拟是风工程数值模拟研究的重要前提条件和基础问题，对数值模拟计算结果影响巨大，也是计算风工程领域尚未很好解决的难题。自计算风工程研究发展伊始，平衡边界层的模拟问题一直困扰着计算风工程研究人员。基于平衡边界层的物理意义，从湍流模型自身角度对数值模拟平衡大气边界层这一尚未很好解决的问题进行了新的理论解释，采用理论流体力学推导，提出一类新的模拟平衡大气边界层的来流湍流边界条件[17]。新的边界条件模型在数学形式上具有一般通用性，与实际大气边界层的物理规律更相符。与风洞实验结果的对比显示，采用新的边界条件模型能较大地提高数值模拟的计算精度。

植被是影响建筑风环境的重要因素，但以往用于模拟地表特征的壁面函数不能考虑植被参数（如叶面面积密度等）的影响，也无法得到所关心的植被遮蔽区的湍流结构信息。提出了在控制方程中增加源／汇项的方法对植被和绿化带进行模拟[18]。和试验结果的比较表明，该模型可以较准确有效地模拟植被绕流效应，具有一定的理论和实用参考意义。

图 1.9-7 是某办公楼群之间的通道，在设置绿化带之后风速分布对比。其中绿化带的模拟即采用本项目提出的方法。

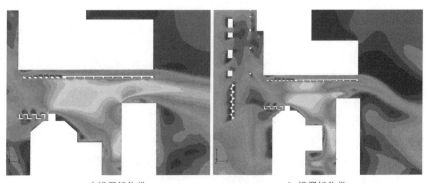

a. 未设置绿化带   b. 设置绿化带

图 1.9-7 设置绿化带前后的通道风速对比

（2）地貌变迁下的气象资料修正方法研究

在进行风环境舒适度评估时，需要使用符合标准观测条件（10m 高空旷平坦地貌）的气象数据进行概率分析。由于中国经济的快速发展，很多气象站周边环境不断发生变化，地貌类别已经不能满足原来的标准地形条件，造成观测数据发生非气象因素的系统偏移。根据极值统计理论和气象资料的经验数学模型，提出了根据气象站自记数据进行资料修正的计算方法[19]。首先根据气象站逐年的日最大风速和极大风速统计气象台站当年的阵风系数；然后根据气象资料的经验数学模型由阵风系数获得对应的地面粗糙长度；最后即可根据地面粗糙长度决定的风速剖面，对风速数据进行修正。

采用上述方法对若干城市的气象资料进行了统计分析，并利用最大似然估计法的假设检验对其有效性进行了检验。结果表明，对年最大风速进行修正后，一定程度上消除了年最大风速的非平稳性特征；而假设检验也证实了该方法的有效性。该方法不仅对于风环境评估有重要价值，对关系到结构安全的基本风压计算也有重要意义。图 1.9-8 给出了对北京地区消除地貌影响之后的风速统计的结果，可以发现数据点均落在估计曲线附近，且均处于 95% 的置信区间之内，说明修正模型效果良好。

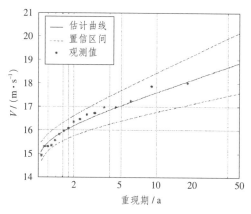

图 1.9-8　北京地区不同重现期的统计最大风速

（3）基于日最大风速记录的风环境评估方法

风环境舒适度是和当地气象条件有关的，脱离当地气象条件讨论建筑群行人风环境的优劣既不合理，也难以对建筑规划设计提出具有针对性的建议。国内以往关于风环境的研究通常仅取风速比作为衡量舒适度的指标，或者仅对主导风向下的风速分布进行考察。主要原因在于传统风环境评估方法需要完整的风速风向联合概率分布，而国内缺乏相关的气象资料。

为解决这一问题，提出了一种新的风环境定量评估方法[20]。采用各风向的日最大风速概率分布代替风速风向联合概率分布，结合通过风洞实验或数值模拟获得的风速场信息，得出关注区域超过风速阈值的重现期，再根据评估准则划分不同区域的舒适度等级。与以往的分析方法相比，该方法有以下几个优点：1）相比计算风速风向联合概率分布所需的逐时风速记录，日最大风速记录更易获得，且服从广义极值分布。2）基于日最大风速概率分布得出的风速超越概率，无须引入附加假定，即可直接转换为以天计的特定风速的重现期。3）分析结果可给出各区域的舒适度分级，给出明确的设计建议。对建筑的规划设计有直接的指导作用。

图 1.9-9 给出了根据风洞试验和当地气象资料，得出的某建筑群周边的风环境舒适度等级分布。根据舒适度等级，建筑设计可以更好地进行不同区域的功能规划设计，最大限度满足使用者对风环境舒适性的要求。

该方法可操作性强，分析过程的物理意义明确、分析结果的针对性强，从根本上克服了以往难以结合气象资料进行风环境评估的问题。已经纳入建研院主编的行业标准《风洞试验方法标准》[21]。

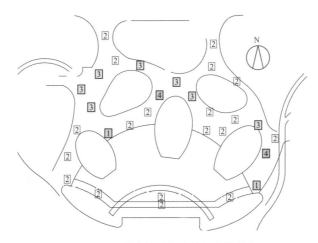

图 1.9-9 某建筑群周边的风环境等级

2. 特殊风环境

（1）烟囱效应

烟囱效应是建筑物普遍存在的一种现象，是由建筑室内外空气密度差所产生的空气浮升作用所造成的。超高层建筑烟囱效应非常明显，会产生一系列的不利影响。超高层建筑烟囱效应产生的问题包括啸叫、电梯门开闭故障，此外也有可能造成门猛烈开合、紧急逃生通道阻塞等。目前我国对超高层建筑烟囱效应的研究与应用相对滞后，是较新的一个研究及应用领域。

开展了超高层建筑烟囱效应的热压作用机理及风压联合作用的机理与评估方法的研究[22]。基于多区域网络模型法及 CFD 方法，对烟囱效应的影响因素进行了详细的对比分析并进行总结。并且结合在大量实际工程中的应用，总结出一些行之有效的评估方法及改善超高层建筑烟囱效应的措施。并且基于多区域网络模型法开发了自然通风分析软件 NAVS，并取得软件著作权，可以高效进行超高层烟囱效应模拟分析。

图 1.9-10 给出了某 80 层理想建筑模型中横向隔断及竖向电梯系统转换两个重要因素的影响规律。

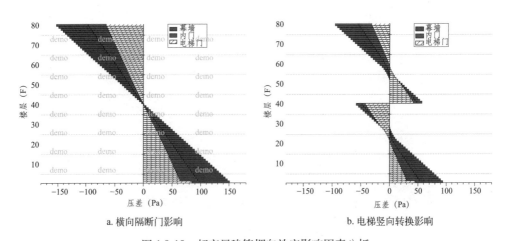

a. 横向隔断门影响 b. 电梯竖向转换影响

图 1.9-10 超高层建筑烟囱效应影响因素分析

（2）列车风

新世纪以来，高速铁路建设取得重要成就，高速列车的运行给铁路建筑设计带来新的问题。高速列车列车风效应对结构物和人的安全带来影响，高速列车产生的噪声对建筑环境产生影响，如何评估和衡量这些影响的大小和程度，研究改善和降低这些影响的技术措施，都是设计过程中必须解决的问题。

基于通用流体力学计算软件，应用动网格方法，通过数值模拟技术研究高速列车通过站房、雨棚、声屏障、天桥以及高铁机场联运枢纽地下空间时，高速列车对沿途建筑结构和人员作业区的气动力作用及风环境影响[22]。分析不同位置主体结构及附属结构设计时应考虑的设计荷载值，将荷载时程应用于结构振动计算及结构疲劳计算，分析不同人员作业区的局部风环境影响，解决结构设计安全问题及人员舒适性问题；获得高速列车气动噪声分布并结合轮轨噪声等声源条件，采用压力远场传播分析软件，分析高速列车对建筑声环境的影响，对站房、候机厅等建筑功能分区提供指导。

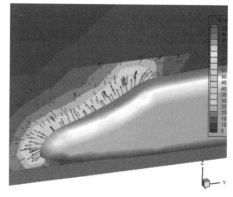

图 1.9-11 "京九客专"机场站列车风模拟

图 1.9-11 是对"京九客专"北京新机场站列车风模拟的流场分布图。

（3）防风网

风对颗粒物的侵蚀是风工程领域关注的重点之一，风蚀机理非常复杂，且往往受地形因素、气象因素的影响。露天堆场的料堆风蚀造成了非常严重的大气污染问题，采用防风网是控制粉尘风蚀和扩散的有效方法，建设前期对防风网的防风抑尘效果评估是工程立项的关键问题。

通过风洞试验与 CFD 数值模拟相结合的方法对防风网条件下的堆场起尘效果进行对比研究。风洞试验使用欧文探头测量煤堆表面的风速分布，防风网采用同等开孔率的缩尺模型进行模拟；数值计算采用求解纳维尔-斯托克斯方程，并采用 realizable k-e 湍流模型进行计算，防风网的开孔特性采用多孔介质压力阶跃条件模拟。通过对数值模拟与风洞试验结果的对比，改进数值模型，建立起风洞试验与数值模拟相结合的防风网防风抑

图 1.9-12 防风网流场的数值模拟

尘效果评估解决方案，为大规模堆料场采用防风网解决大气污染问题提供技术支持。

图 1.9-12 是某大型堆料场的防风网数值模拟获得的流场分布图。

四、雪荷载

我国幅员辽阔，在北方寒冷地区雪荷载引起的建筑结构安全问题十分突出。尤其是近年来，由于全球气候变化，异常天气引起的冰雪灾害给国家造成巨大的经济损失。大量的厂房、塔架等建筑结构在雪荷载作用下倒塌或产生不同程度的破坏，给人民的生命财产安全造成极大威胁。

雪荷载的确定是一个十分复杂的问题。对于复杂外形而言,积雪分布系数需通过专门研究确定。在国家重大研究计划支持下,建研院从重大建筑工程项目的雪荷载取值评估和抗雪设计需求出发,开展了雪荷载风洞试验和数值模拟的相关研究。

1. 雪荷载风洞模拟试验

针对风致积雪漂移试验模拟的相似性条件开展了理论分析。从风力作用下积雪漂移的基本方程出发,对大气边界层风场、表面粒子运动、空中运动粒子、惯性力等影响积雪漂移的主要因素进行了分析。以铁砂、硅砂、盐、小苏打和塑料末作为介质,进行了粒子漂移的风洞模拟试验。根据多种模拟粒子的对比试验结果,指出不同沉降速度比是造成积雪形态各不相同的关键因素;而由于天然雪的物理属性也存在差异,应当考虑多种可能性以避免低估雪荷载。

在理论分析的基础上,设计了积雪漂移风洞试验的试验流程和操作方法[22]。选取了高低屋面、双跨双坡屋面、拱形屋面、大跨屋面和有女儿墙的屋面五种典型体型进行了积雪漂移的风洞模拟试验,获得了它们的不均匀积雪分布系数,为荷载规范的修订提供了重要的数据支撑。

根据风洞模拟试验结果描述了积雪漂移的动力学过程,并基于对应的流动结构形态,对其动力学发展过程给出了合理的物理解释。阐释了结构外形造成的流动结构是形成不同积雪分布的重要因素。

利用开发的积雪漂移风洞模拟试验技术,开展了北京新机场积雪模拟风洞试验(图1.9-13),获得了机场屋盖的不均匀积雪分布系数,为结构设计的雪荷载取值提供了重要参考依据。

图1.9-13 北京新机场积雪飘移风洞模拟试验

2. 积雪漂移数值模拟技术的研究与应用

分析了基于欧拉-欧拉方法的多相流模型的主要区别,在此基础上提出两种不同的雪荷载数值模拟方法。开发了基于CFD软件平台的UDF自定义子程序,搭建了利用VOF方法进行雪荷载模拟的基本研究框架[26]。并根据具体算例分析了两种方法的优缺点和适用范围。

利用开发的雪荷载数值模拟技术,开展了新疆昌吉体育馆(图1.9-14)、鄂尔多斯植物园温室、新疆八钢煤棚等多个工程的雪荷载评估,并给出了直观形象的堆积效果展示。

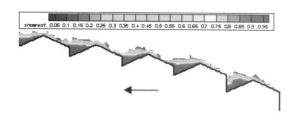

图 1.9-14　新疆昌吉体育馆屋盖的积雪分布数值模拟

图 1.9-15　国内最大的双水罐拖曳式水槽

3. 国内最大的多功能拖曳式水槽的开发研制

研制了国内最大的多功能大型拖曳式水槽（图 1.9-15），利用双水罐和流量控制巧妙实现了不同密度的盐水分层，使水槽可应用于大气层结状态模拟、流动显示和积雪漂移试验等多种类型的流体力学试验，为雪荷载的试验模拟提供了重要的研究手段。利用拖曳式水槽完成了盐水密度分层，并进行了北京西北部山区在不同大气层结状态下污染物扩散的水槽模拟试验。

进行了平屋面积雪漂移的水槽模拟试验，获得与风洞试验相仿的试验结果。

五、小结

作为建筑领域的交叉学科，建筑风工程涵盖的研究范围越来越广。建研院近年来在风荷载、风环境和雪荷载等领域的研究中取得了若干创新成果，并在大量工程实践得以应用，部分成果还被纳入国家和行业的标准规范，为推动建筑风工程的应用研究和成果转化起到了积极作用。

作为国内综合性最强的建筑科学研究机构，建研院在未来的风工程研究中，需要更加致力于从工程实践中发现问题、解决问题，推动建筑领域的技术革新和进步。

致谢：感谢陈基发、徐传衡等老前辈为创建和开拓风工程及荷载研究领域作出的贡献，参与本文工作及风工程研究团队的还有钱基宏、何连华、杨立国、符龙彪、严亚林、李宏海、武林、岳煜斐和宋张凯等，在此一并致谢。

本文原载于《建筑科学》2018 年第 9 期

参考文献

[1] 金新阳、陈凯 . 中国建筑科学研究院风工程研究的初创、传承与跨越 [J]. 建筑科学，2013，29（11）：62-69.

[2] 陈凯、符龙彪、钱基宏等 . 风振响应计算的新方法——广义坐标合成法 [J]. 振动与冲击，2012，31（3）：172-178.

[3] Lin JH. A fast CQC algorithm of PSD matrices for random seismic responses[J].Computers and Structures，1992，44（3）：683-687.

[4] 谢壮宁 . 风致复杂结构随机振动分析的一种快速算法——谐波激励法 [J]. 应用力学学报，2007，24（2）：263-266.

[5] 陈凯、肖从真、金新阳等.超高层建筑三维风振的时域分析方法研究 [J]. 土木工程学报，2012, 45（7）:1-9.

[6] 严亚林.超高层建筑抗风计算方法理论与试验研究 [博士论文 D]. 中国建筑科学研究院，2016.

[7] Yi Tang，Xinyang Jin and Ming Gu et al. Research on wind-induced response of structurally asymmetric tall buildings[C], 13th International Conference on Wind Engineering, Amsterdam, Netherland, 2011.

[8] 唐意、顾明、金新阳.偏心超高层建筑的风振研究 [J]. 同济大学学报，2010, 38（2）:178-182.

[9] 严亚林、唐意、金新阳.气动外形对高层建筑风荷载的影响研究 [J]. 建筑结构学报，2014, 35（4）: 297-303.

[10] 建筑结构荷载规范 GB 50009-2012 [S]. 中国建筑工业出版社.

[11] 金新阳.《建筑结构荷载规范》修订原则与要点 [J]. 建筑结构学报，32（12）:79-85, 2011.

[12] 金新阳、唐意.虞慧忠等.温州东海广场超高层建筑三维风振分析 [J]. 建筑结构学报，30（S1）: 149-153, 2009.

[13] 严亚林、唐意、金新阳.超高层建筑横风向风振响应计算的响应谱法 [J]. 土木工程学报，2015（s1）: 82-87.

[14] 陈凯、符龙彪、钱基宏等.基于响应时程的大跨度空间结构等效静风荷载分析方法 [J]. 建筑结构学报，2012, 33（1）:35-42.

[15] 陈凯、符龙彪、钱基宏等.大跨屋盖结构下压风荷载确定方法与分析实例 [J]. 建筑结构，2011, 41（11）:131-136.

[16] 陈凯、符龙彪、钱基宏等.基于荷载效应的结构抗风设计方法研究 [J]. 建筑结构学报，2012, 33（1）: 27-34.

[17] Yang Y, Gu M, Chen SQ and Jin XY, New inflow boundary conditions for modeling the neutral equilibrium atmospheric boundary layer in Computational Wind Engineering[J].Journal of Wind Engineering and Industrial Aerodynamics, 2009, 97（2）, 88-95.

[18] 杨易、顾明、金新阳等.风环境数值模拟中模拟植被的数值模型与应用 [J]. 同济大学学报（自然科学版），2010, 38（9）:1266-1270.

[19] 陈凯、金新阳、钱基宏.考虑地貌修正的基本风压计算方法研究 [J]. 北京大学学报（自然科学版），2012, 48（1）:13-19.

[20] 陈凯,何连华,武林.基于日最大风速记录的建筑群风环境评估方法 [J]. 实验流体力学,2012,26（5）: 47-51.

[21] 建筑工程风洞试验方法标准 JGJ/T 338-2014 [S]. 中国建筑工业出版社.

[22] 杨立国、金海、金新阳等，居住区风环境与室内自然通风联合仿真计算的研究 [C]. 第十四届全国结构风工程学术会议论文集:885-890. 杭州，2009.

[23] 何连华、符龙彪、陈凯等.武汉火车站高速列车列车风数值模拟研究 [J]. 建筑结构，2009, 39（1）: 23-24.

[24] Lianhua He, Yalin Yan and Kai Chen.The shelter effect of porous windbreaks on coal piles in QHD Port[C]. 14th International Conference on Wind Engineering, Porto Alegre, Brazil, 2015.

[25] 李宏海、陈凯、唐意.雪荷载的风洞试验模拟及工程应用.首届中国空气动力学大会.绵阳，2018.

[26] 何连华、陈凯、符龙彪.基于 VOF 方法的雪荷载数值模拟及工程应用 [J]. 建筑结构，2011, 41（11）: 141-144.

10　建筑雪工程研究综述

范峰　张清文　莫华美

哈尔滨工业大学 土木工程学院 大跨度空间结构研究中心，哈尔滨，150090

一、引言

近年来，全球范围内极端低温冰雪天气频发，由此造成的建筑物构筑物倒塌事故也随之增加。以我国为例，据国家减灾网报道[1]，2014 年仅新疆一个省份冬末降雪就造成 200 余间房屋倒塌，2600 间房屋不同程度受损；2015 年 11 月中部地区普降大雪，多省发生雪致房屋倒塌事故，共计损坏房屋数超千间；2016 年统计报道出该类事故高达 4340 起；而 2018 年 1 月中部两场大雪便造成 400 余间房屋倒塌及 1900 余间受损。在日本、美国、加拿大及挪威等国该类事故也时常发生，其分布之广泛、出现之频繁引起了大量学者及工程从业人员的重视。大量灾后调查表明，规范标准、施工与维护管理的不完善是该类事故发生的几个主要原因[2-4]。可见，建立一套系统的建筑雪工程学研究体系以指导相关规范的修订工作，其意义十分重大。

建筑雪工程学系指综合结构工程学、物理学、地球环境学、灾害学等学科，从专业角度对建筑（群）及其周围环境受降雪影响进行预测、对由雪灾诱发的建筑物倒塌及其次生灾害的预防和抵御开展研究的一门学科。详细地，其发展存在两条鲜明的技术路线：（1）直接以规范修订为导向，即为规范修订工作针对性地开展影响因素及其效应统计研究；（2）以建筑积雪影响因素（风环境，热环境等）的影响机理为导向，即围绕积雪分布影响因素开展的理论科学研究。20 世纪 60 年代，国外便率先开展对建筑雪工程的研究工作并渐成体系，逐步形成实测、试验及数值模拟三种相辅相成的研究技术手段，而我国在该领域起步较晚，研究体系仍待完善。本文以国内外建筑雪工程学技术路线为切入点，总结其研究方法的发展，旨在梳理建筑雪工程领域已取得的成果及未来研究的趋势和方向，为我国在该领域形成系统研究体系做铺垫，并为雪荷载规范今后的修订提供参考。

二、基本雪压

基本雪压为雪荷载的基准压力，是雪荷载设计的基础，也是建筑雪工程的基础研究内容。各国规范对基本雪压的定义基本类似；以我国《建筑结构荷载规范》为例，基本雪压是"按当地空旷平坦地面上积雪自重的观测数据，经概率统计得出 50 年一遇最大值确定"的基准压力[5]。基本雪压的统计过程主要涉及两个方面的内容，一是年最大雪压的概率分布模型，二是积雪密度的取值。

理论上，由于各年的雪压独立同分布，且年最大雪压为各年雪压的最大值，故年最大雪压应服从极值分布，很多国家或地区因此选择使用极值 I 型分布对年最大雪压进行概率统计，典型例子如我国规范[5]、欧洲规范[6]、加拿大规范[7]和日本规范[8]。然而，在数据样本有限的情况下，若预先假定年最大雪压服从极值分布，估算得到的分布参数与真实分布的参数可能存在较大误差，由此估算得到的基本雪压也与真实值存在较大误差；为此，可考虑让数据"说话"，采用不同的概率分布模型对数据进行拟合，从中选出拟合效果最佳的模型，作为年最大雪压的概率分布模型。文献 [9] 在此思路下，发现相对于极值 I 型分布，对数正态分布对美国年最大雪压的拟合效果更佳，美国 ASCE 规范 [10] 也因此选用对数正态分布，作为年最大雪压的概率分布模型。文献 [11, 12] 采用雪深数据开展的研究表明，我国年最大雪深更偏向于服从对数正态分布，而非我国规范建议的极值 I 型分布。但由于雪深和雪压的统计特性并非完全一致，在下一步研究工作中，还需采用雪压数据，对此予以专门研究。

由于大部分气象台站收集的是雪深数据，而缺乏对雪压的观测，且积雪密度往往是随时间和地点变化的复杂变量，其大小与空气湿度、气温、龄期、融化条件等许多环境因素有关，因此，在计算基本雪压时，积雪密度的取值成为关键问题。我国《建筑结构荷载规范》[5] 建议，当没有雪压记录时，可采用地区平均积雪密度结合雪深进行基本雪压估算。其中，东北及新疆北部地区取 $150kg/m^3$，华北及西北地区取 $130kg/m^3$（其中青海取 $120kg/m^3$），淮河、秦岭以南地区一般取 $150kg/m^3$（其中江西、浙江取 $200kg/m^3$）。

加拿大规范也同样采用地区平均积雪密度将雪深换算成雪压，但其积雪密度比我国大得多，在落基山脉以东介于 $190kg/m^3$ 到 $300kg/m^3$ 之间，在落基山脉地区则可达 $500kg/m^3$ 之高 [7, 13-15]。美国 ASCE 规范 [10] 与日本 AIJ 规范 [8] 则采用部分台站的雪压与雪深重现周期值（50 年一遇或 100 年一遇最大值）之间拟合得到的非线性关系，根据极值雪深的大小计算相应的等效积雪密度值。例如，美国 ASCE 规范建议，50 年一遇最大雪压 S_{50}（kPa）与 50 年一遇最大雪深 d_{50}（m）符合如下关系：$S_{50}= 1.97d_{50}^{1.36}$，等效积雪密度则为两者之商 S_{50}/gd_{50}，其中 g 为重力加速度。

在挪威，计算基本雪压所使用的积雪密度与时间有关，从十二月份的 $225kg/m^3$ 递增到五月份的 $325kg/m^{3[16, 17]}$，体现了积雪密度随时间推移而发生的变化。部分研究则将积雪密度与大气温度联系起来。比如，文献 [18] 通过对美国印第安纳州印第安纳波利斯站（属于美国国家气象服务一级台站）1972 到 1990 年间相关气象观测数据的分析，认为雪水当量（Snow Water Equivalent，SWE）与积雪深度 d 以及平均气温 T_{avg} 之间有如下关系：$SWE= 0.244d + 0.918T_{avg} - 0.002T_{avg}^3$；其中，雪水当量和积雪深度的单位均为 mm，平均气温的单位为摄氏度（℃）。

采用我国规范建议的地区平均积雪密度计算基本雪压，存在较大的局限性。首先是区域划分过于粗略，所划分区域面积过大，无法很好地体现区域内各地点积雪密度的差异性；其次是区域交界处的平均积雪密度跃变较大，使交界处相邻地点的密度取值有较大差异，不符合客观事实。因此，在计算基本雪压时如何取用积雪密度，仍需基于实测数据作更细致的分析研究，并将重点放在雪深与雪压重现周期值的回归分析上。

三、实地测量

实测研究系指对足尺实体建筑或缩尺模型开展户外实际观测，是真实数据获取的最可靠来源，属于最直接的基础性工作。但实测研究受自然条件约束、随机性大的特点使其不易揭示内在规律。依据其研究角度可分为两类：

1. 规范修订与指导

各国（地区）气象部门或研究机构利用该研究方法为地面积雪特性及地面雪荷载值（基

本雪压）统计提供直接的数据样本支持[9, 14, 19]。同时对建筑屋面积雪特性及雪荷载开展大量实测统计研究，为规范的制订提供有效支持，其中具有代表性如加拿大 NBCC 规范[7]与美国 ASCE 规范[10]。

早在 1965 年，加拿大 Hoibo[20] 便针对农用建筑开展详细的实地测量，为屋面雪荷载取值奠定基础，随后 70 年代 Taylor 等[21, 22]对各种形式的足尺屋顶建筑及屋顶缩尺模型进行大量实测工作，直接推动了加拿大 NBCC 规范[7]的发展。而 1975 年美国陆军寒冷地区研究工程实验室（CRREL）对东北、中西部及西北地区 199 座建筑结构囊括多影响因素（屋顶坡度、暴露状态、建筑热工等）屋面雪荷载开展了长期持续的实测工作，并由 O'Rourke 等[23] 于 1983 年对实测数据进行分析整理，对美国 ASCE 规范[10, 24]中考虑各因素影响下屋面雪荷载取值起到确定性作用，文献提及两国学者对屋面雪荷载实测研究示例见图 1.10-1。

a.[加] 足尺建筑[21]　　b.[加] 缩尺建筑模型[22]　　c.[美] 足尺建筑[24]　　d.[美] 缩尺建筑模型[24]

图 1.10-1　加美两国建筑屋面雪荷载实测研究示例

1975 年 CRREL[23]对采暖建筑开展实测工作试图探讨建筑热量损失对屋面积雪的影响，可惜并未将建筑热效应作单变量考虑，而 1982 年 Sack[25]对一栋仓库开展以建筑热效应为单一变量的实测，成为 ASCE 规范[10]热力系数的取值依据。1988 年 Nielsen[26]对挪威地区玻璃屋顶因建筑热量损失造成积雪融化现象进行实地测量，为建立屋面融雪数学模型获取了第一手资料。1995 年华盛顿结构工程协会[27]对华盛顿地区采暖建筑屋面雪荷载的研究实测与学者 Irwin 等[28]开展的考虑采暖屋顶热阻及其尺寸效应的屋面雪荷载实测均纳入加美两国规范调研实例以验证规范取值的合理性。近年来在建筑与环境热力融雪方面，日本建筑学会 Fukazawa[29-30]对日本多种建筑屋面积雪在自然融雪进行实测，并统计其融化日出水量变化，为长周期下屋面雪荷载取值变化规律提供参考，见图 1.10-2。

图 1.10-2　热力融雪实测示例

我国以规范修订为导向的统计实测工作开展较晚、地域有限且结构屋顶形式单一。2010 年以后，哈工大莫华美[31]率先开展对哈尔滨地区实际带女儿墙平屋顶建筑冬季屋面积雪密度及雪深的实测工作，随后国内涌现出多个雪荷载研究团队（哈工大[31,32]，同济[33]，黑大[34]和西南交大[35]）陆续对与多种典型屋顶形式的缩尺建筑模型开展了大量实地测量研究，并计算对应屋面积雪分布系数取值，为我国雪荷载规范提供数据支持与丰富建议，文献所提及实测对象举例见图1.10-3。而我国在考虑该因素影响的实测工作较为缺乏，有待陆续开展。

a. [中] 足尺建筑[31]　　　　　　b. [中] 缩尺建筑模型[32]

图1.10-3　我国屋面雪荷载实测研究示例

2. 机理研究

美国CRREL学者Mellor[36]早在1965年便对风吹雪过程开展实测研究，并指出在高紊流风速驱使下建筑周围雪相的悬移运动对雪颗粒传输起主要作用；随后，Schmidt[37]与Pomeroy等[38, 39]对风致雪积中阈值摩擦速度、悬移层雪流量等相关物理参量进行测定，指出雪颗粒类型与颗粒粒径对阈值剪切速度的影响及取值范围。Pomeroy等[38]于1992年提出了稳态计算下悬移层雪流量的理论模型及参数敏感性分析。2004年J.Doorschot等[40]通过对跃移雪相阈值摩擦速度与雪通量进行实测，指出前者与雪颗粒特征尺寸的相关性。2012年，Matszawa等[41]通过自动自理计数器测量连续风吹雪粒子通量并建立了雪颗粒传输速率与雪通量之间的关系模型。同时，一些全球公开的实地测量工作（benchmark模型）逐渐被开展。如1999年Oikawa等[42]与2002年Thiis[43]通过对标准立方体模型周围积雪及风场环境的实测探究了风速与积雪分布之间的关系。Tsutsumi等[44, 45]于2009年和2012年分别针对一栋两层集装箱建筑和12座集装箱建筑组成的建筑群周围的风场环境以及建筑屋面积雪开展了长期实测工作，详见图1.10-4。而我国自1967年建立天山风雪流测量站点，王中隆等人[46, 47]便开展了长期的野外实地测量工作并对风致雪积区域给出了划分方法与导风防雪建议，但至今与建筑相关的风雪运动机理性实测研究工作依然开展较少。

a.Oikawa 立方体模型[42]　　b.Thiis 立方体模型[43]　　c.Tsunami 两层建筑[44]　　d.Tsunami 建筑群[45]

图1.10-4　风致雪漂移标模实测示例

四、试验研究

试验研究系指借助人工设备，按照一定的相似比例关系在实验室里完成特定研究，是规律探讨及可重复性工作。通常考虑到试验的局限性，该研究方法通常围绕环境效应与雪颗粒特性等两方面针对性开展，并需与实测结果进行比对以保证试验的可行性、准确性。依据试验对象及设备种类，可将对风雪两相流开展的试验划分为如下四种形式：传统风洞＋模拟雪颗粒试验；专业风雪风洞试验；水槽（固体颗粒＋水）模型试验；户外风雪联合试验。

1. 传统风洞＋模拟颗粒试验

基于传统风洞的风致雪漂移试验是通过寻求雪颗粒模拟材料在传统风洞里开展的风雪运动试验，依据颗粒装载方式的不同可分为预铺型与播撒型两类，见图 1.10-5。由于雪颗粒直径较小且质量较轻，寻找合适的雪颗粒模拟材料并建立相应的试验相似准则成为该研究手段发展的核心。

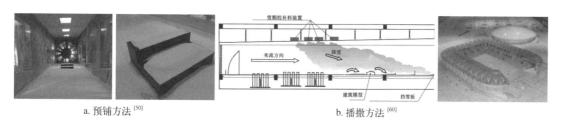

a. 预铺方法[50]　　　　　　　　　　　　　b. 播撒方法[60]

图 1.10-5　传统风洞＋模拟雪颗粒试验示例

从寻找合适的雪颗粒模拟材料（图 1.10-6）角度出发，据 Mitsuhashi[48]综述文章统计，自 20 世纪 30 年代学者们便开始针对研究较多的预铺方法选择利用诸多种固态颗粒，如食用盐、硅砂、明矾、松木屑与糠等替代雪颗粒开展该类试验研究，如表 1.10-1 所示。而随着波兰克拉科夫工业大学（CUTech）气象风洞（图 1.10-5b）的建成，采用播撒方式的试验开始逐步发展，可实现从降雪到风力作用下积雪重分布的全过程[49]开展试验研究。

a. 食用盐颗粒　　　　　　　　　　b. 细硅砂颗粒　　　　　　　　　　c. 干木屑颗粒

图 1.10-6　模拟雪颗粒模拟材料示例

采用模拟颗粒在传统风洞开展的试验汇总　　　　　　表 1.10-1

研究学者	时间	试验对象	选用替代颗粒	研究学者	时间	试验对象	选用替代颗粒
Finny[50]	1939 年	道路挡雪栏	细小云母碎片	Isyumov[57]	1990 年	挡雪栏	小麦粉，糠
Storm[51]	1960 年	极地建筑	细硅砂	Kwok[58]	1991 年	极地建筑	小苏打
Anno[52]	1981 年	护林挡雪栏	玻璃珠，活性黏土	铃谷[59]	1993 年	建筑屋盖	细粉
Iversen[53]	1981 年	道路挡雪栏	玻璃珠	李雪峰[60]	2011 年	屋盖（图 5a）	5 种不同颗粒
Kind[54]	1982 年	挡雪栏	聚氨酯，沙	王世玉[61]	2013 年	建筑屋盖	细硅砂
遠藤[55]	1985 年	极地建筑	活性黏土	周暄毅[62]	2014 年	建筑屋盖	4 种不同颗粒
Kim[56]	1989 年	极地建筑	12 种不同颗粒	刘庆宽[63]	2015 年	建筑屋盖	5 种不同颗粒

从建立试验相似准则的角度出发，自 20 世纪 70 年代起，表 1.10-1 所示的研究学者们，如 Isyumov[57]、Anno[64]、Kind[65, 66]、李雪峰[60]与 Zhou 等人[62]陆续对预铺方式雪颗粒模拟材料的选取以及相应的试验相似准则（参数相似比）进行探究。

考虑到在传统风洞中想要满足所有试验参数的相似比的困难，通常采用以长度、速度和密度为基本相似常数，通过量纲推导出阻力系数、时间、Reynold 数与 Froude 数等其他相似常数。以 Froude 数为例，根据其所针对的研究参数不同又可衍生出系列基于基本相似常数的组合表达式[60]，如基于密度的 Froude 数相似参数与基于密度与颗粒粒径组合的 Froude 数相似参数等。而 2008 年 Kimbar 等[67]则基于 CUTech 气象风洞提出一套与传统参数相似比不同的雪相迁移扩散相似准则并重点研究了"风雪两相"耦合关系，为播撒型试验的开展提供参考。

2. 专业风雪风洞试验

专业风雪风洞试验是指利用安装在低温实验室中的风洞并使用自然雪或人造雪颗粒对风雪运动进行研究的方法。相对于传统风洞试验，该方法能更真实地还原自然条件下风致雪漂移的机理，但因其造价与运行成本高，试验流程复杂等因素使得该研究方法普及率较低。

目前在全球范围内，文献有所提及的专业风雪风洞仅有法国南特 Jule Verne 气象风洞[68]（图 1.10-7a），日本新庄冰冻圈环境模拟实验室（CES）风洞[69]（图 1.10-7b）。而在针对专业风雪风洞所开展的试验研究方面，1998 年 Delpech[70]基于法国 JV 风洞对南极康科迪亚科考站周边的积雪分布开展了试验研究，并通过控制实验段三杆造雪枪内水、空气的比例和出口压力来调节人造雪的干湿度和传料率。2009 年以后，日本 Okaze 等人[71]与 Tominaga 等人[72]围绕 CES 风洞开展了系列试验用以验证数值模拟的准确性。

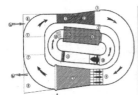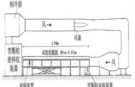

a. 法国南特 Jule Verne 气象风洞[68]   b. 日本新庄冰冻圈环境模拟实验室（CES）风洞[69]

图 1.10-7　风雪专业风洞试验示例

3. 水槽试验

水槽（固态颗粒 + 水）试验是一种在水槽中利用沙水混合物模拟风雪运动的试验方法（图 1.10-8），较传统风洞 + 模拟雪颗粒试验而言，该试验方法普及度较低，全球范围内仅有少量研究学者团队采用水槽试验进行风雪运动的模拟，具体如表 1.10-2 所示。

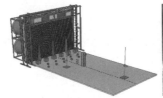

图 1.10-8　水槽模型试验示例   图 1.10-9　哈工大户外风雪联合试验系统

研究学者	时间	试验对象	选用替代颗粒	研究学者	时间	试验对象	选用替代颗粒
Isyumov[73]	1971 年	建筑屋盖	细硅砂	Iwrin[77, 78]	1983 年	建筑道路	细硅砂
Calkins[74]	1974 年	极地建筑	细硅砂		2010 年	建筑屋盖	细硅砂
Wuebben[75]	1978 年	挡雪板	沙	Andersson[79]	1994 年	建筑屋盖	细硅砂
O'Rourke[76]	1982 年	高低屋盖	破碎核桃壳	Albert[80]	2016 年	建筑屋盖	细硅砂

同样地，Calkins[81]、Hayes 等[82] 和 O'Rourke 等[83] 针对水槽试验的相似性准则进行了探讨，其中 Calkins[81] 指出模型尺寸大小与风场速度对模拟积雪不均匀分布影响较小，同时模型与原型试验间 Reynold 数的相似度是主控参数。而 O'Rourke 等[83] 的水槽试验则采用固体颗粒的最终下落速度与阈值剪切比作为相似准则。

4. 户外风雪联合试验

考虑到雪颗粒模拟材料与真实雪颗粒在物理性质上有明显差别，同时，专业风雪风洞造价昂贵，在创造低温环境时需要耗费大量的电力，运行成本过高，哈尔滨工业大学自主研发了一套户外风雪联合试验系统，如图 1.10-9 所示。该设备宽 3m，有效试验段长 8m，主要由动力段、整流段、实验平台以及降雪模拟器组成。动力段为 6 台轴流风机组成的 2×3 形式的风机矩阵组，并配有一台可以同时调控 6 台风机输出风速的变频控制器，整流段由圆拓方导流管、蜂窝器与阻尼网组成，而降雪模拟器装置可用于模拟不同标准的降雪条件。

至今，Fan 等人[84]、Liu 等人[85, 86] 和吴鹏程[87] 基于该试验设备采用真实自然雪与人造雪开展了系列试验研究，为风致雪漂移的机理、典型屋盖结构的雪荷载分布规律、各种类型大跨度屋盖结构雪荷载分布预测与规范修订提供可靠的实验数据。

五、数值模拟

随着计算流体力学（CFD）的发展，在计算机上实现风致雪漂移模拟的研究方法被提出，即基于二相流理论、通过对空气相与雪相建立控制方程，在计算机采用数值方法进行求解运算的数值模拟技术。该方法其因成本低、所需周期短且可以方便地调节各项参数以研究各参数对结果的影响规律，而越来越得到相关学者的重视。

据 2016 年 Tominaga[88] 综述文章统计，自 20 世纪 90 年代起，Google 学术上可搜索到的关于风致雪漂移的 CFD 模拟的文章呈逐年增长趋势（表 1.10-3）。从原理上说，风致雪漂移的 CFD 模拟可看作固态颗粒的气动输运过程[70]，而雪相颗粒通常被视为受多力作用的球体。当表面剪应力克服了雪颗粒惯性和粘结强度时雪漂运动便开始发生。依据雪颗粒运输过程湍流能量的高低，雪颗粒会被卷入距地表不同的高度，从而形成蠕移层、跃移层与悬移层三种运动模式。

采用 CFD 进行风致雪漂移模拟时，分别对三种运动模式进行建模，并以雪颗粒表面剪切应力为判断依据，计算积雪的侵蚀与沉积，从而获取雪面高度的变化。据 Tominaga[88] 综述文章统计，风致雪漂移的 CFD 模拟方法经历了模拟对象由二维（图 1.10-10a）到三维（图 1.10-10b），湍流模型由标准 k-ε 模型（SKE）到改进 k-ε 模型（MKE）的发展历程，而在雪相的控制方程上，各研究团队围绕欧拉方法（EA），拉格朗日方法（LA）并考虑跃移层质量传输率模型（MT）、侵蚀流模型（EF）或跃移层输运方程模型（TE）进行了模拟，具有代表性的 CFD 模拟模型如表 1.10-3 所示。

国外风致雪漂移 CFD 模拟汇总　　　　　表 1.10-3

研究学者	时间	模拟对象	湍流*模型	悬移模型	跃移模型	研究学者	时间	模拟对象	湍流*模型	悬移模型	跃移模型
Uematsu[89]	1991 年	3D	0-eq	EA[a]	MT	Tominaga [96, 97]	2011 年	3D	MKE	EA[a]	EF
Liston[90]	1993 年	2D	SKE	EA	MT		2011 年	3D	MKE	EA[a]	EF
Bang[91]	1994 年	3D	SKE	EA[b]	—	Thiss [98, 99]	2012 年	3D	SKE	EA[b]	—
Sundsbø[92]（图 10a）	1998 年	2D	1-eq	EA[c]	TE		2015 年	3D	SKE	EA[b]	—
Naaim[93]	1999 年	2D	MKE	EA[d]	EF	Beyers [100, 101]（图 10b）	2004 年	3D	SKE	EA	TE
Sekine[94]	1999 年	2D	—	LA	MT		2008 年	3D	SKE	EA	MT
Tominaga[95]	1999 年	3D	MKE	EA[a]		Okaze[102]	2015 年	2D	MKe	EA[a]	EF

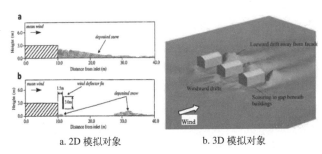

a. 2D 模拟对象　　　　　　b. 3D 模拟对象

图 1.10-10　国外风致雪漂移 CFD 模拟示例

　　风致雪漂移 CFD 数值模拟可根据雪相控制方程（跃移,悬移模型）的个数划分为两类：单方程模型和两方程模型[103]。其中 Sundsbø[92] 与 Naaim 等[93] 采用了两方程模型，即对跃移层和悬移层分别建立了控制方程；而 Beyers 等[100, 101] 并未区分跃移和悬移运动，采用的是单方程模型；同时 Uematsu 等[89]、Liston 等[90] 与 Tominaga 等[96, 97] 采用的模型虽然建立了两个方程，但对跃移运动采用的是经验公式，本质上只有悬移运动一个控制方程，故仍归为单方程模型。

　　国内对 CFD 模拟的研究起步相对较晚。2007 年，周晅毅等[104] 和李雪峰等[105] 采用标准 k-ε 湍流模型下的单方程模型对若干实际工程的大跨度屋盖表面雪荷载开展了 CFD 数值模拟工作。2011 年莫华美[31] 基于 SST k-ε 湍流模型和 Mixture 多相流模型建立了一套二维风致雪漂移数值模拟方法，并对若干典型屋盖的积雪分布进行了模拟，见图 1.10-11。

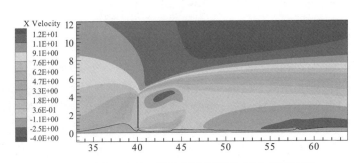

图 1.10-11　国内风致雪漂移 CFD 模拟示例

2012 年洪财滨[106]以二维挡雪栏为例讨论了多种湍流模型下风致雪漂移 CFD 模拟的效果，并通过与 Uematsu 等[89]的对比得出 k-kl-ε 模型的优越性；随后孙晓颖等[107]和 Sun 等[108]基于此对若干典型大跨屋盖与膜结构进行模拟研究。2014 年李跃等[109]采用 Realizable k-ε 湍流模型下的单方程模型对典型大跨度屋盖的积雪分布进行了模拟；随后 Zhou 等[110]采用相同方法并引入雪层休止角对典型屋盖表面的积雪分布进行模拟，同时与风洞试验结果进行校验。2017 年吴鹏程[87]首先基于二维平屋盖对准稳态方法与采用动网格技术的动态方法进行探究，并指出前者的优越性，而后以高低跨屋盖为对象讨论了三维与二维简化模型的计算误差并优选出标准 k-ε 湍流模型，由此对典型开合屋盖进行 CFD 模拟研究。

可见，国内外对风致雪漂移进行 CFD 数值模拟的方法尚未统一且仍存在较大缺陷[88]，如雪相入流浓度方程描述的是积雪漂移充分发展后的悬移、跃移层雪相浓度，但由于建筑物周围存在湍流，目标建筑物迎风面的雪场可能处于非平衡状态等。

六、结语与未来展望

研究方法的不断丰富与完善为建筑雪工程研究的系统性和准确性提供了保障。今后的研究发展仍应围绕实地测量、试验研究及数值模拟等手段，从现象到机理，全面地对风致雪漂移、热力融雪与雨雪联合等进行深入探讨研究。

实地测量方法上应推广数字摄影测量等更加先进的测量手段，以克服现行实测手段周期长与耗费大的不足。同时也需开展更多基于实际工程建筑的实测工作，通过大量的观察与积累以排除气象条件的随机性对建筑积雪分布规律的干扰。

试验研究方法上则需详细分析与明确各相似数的描述重点，建立具有普适性的风雪试验标准，同时应大力推广专业风雪风洞的建设，为我国建筑雪工程的发展提供合适的研究平台。

数值模拟方法上，仍需改进现有模拟方法的缺陷，今后研究将着眼于对非平衡态风雪场运动建立新的 CFD 数值模型，开展更大尺度的模拟，并针对实际工程建筑开展精细化模拟研究，从而大力推进数值模拟方法的发展。

本文主体内容已录用于《建筑结构学报》，排期将于 2019 年刊出。

参考文献

[1] http://www.jianzai.gov.cn//DRpublish/ywcp/0000000000027786.html

[2] 王元清. 门式刚架轻钢结构雪灾事故分析与反思 [A]. 中国科学技术协会. 中国科学技术协会 2008 防灾减灾论坛论文集 [C]. 中国科学技术协会：中国气象学会，2008：7.

[3] 沈龙泉. 雪灾对钢结构建筑的破坏及事后反思 [J]. 工程与建设，2008（03）：420-421.

[4] FEMA. Risk management series Snow load safety guide（FEMA P-957）[S]. Bothell，WA：FEMA，2013

[5] 建筑结构荷载规范 GB 50009-2012[S]. 北京：中国建筑工业出版社，2012.

[6] BS EN 1991-1-3：2003 Eurocode 1 - Actions on structures - Part 1-3：General actions - Snow loads[S]. London：BSI，2003.

[7] NRCC 47666，National Building Code of Canada 2015 [S]，Ottawa：National Research Council of Canada，2015

[8] AIJ. AIJ Recommendations for loads on Buildings（English Version）[M]. Tokyo：Architectural Institute of Japan，2004.

[9] Ellingwood B，Redfield R. Ground Snow Loads for Structural Design[J]. Journal of Structural Engineering，1983，109（4）：950-964.

[10] ASCE. ASCE/SEI 7-10 Minimum Design Loads for Buildings and Other Structures [S]. Reston：Virginia：American Society of Civil Engineers，2011.

[11] Mo，H.M.，Dai，L.Y.，Fan，F.，Che，T. and Hong，H.P.（2016）. Extreme snow hazard and ground snow load for China. Natural Hazards，84（3），2095-2120.

[12] 莫华美，戴礼云，范峰，等. 我国年最大雪深概率分布的优选模型 [J]. 自然灾害学报，2017，26（6）：102 – 109.

[13] Newark M J. A new look at ground snow loads in Canada：Proceedings，41st Eastern Snow Conference，Washington，DC，1984[C].

[14] Newark M J，Welsh L E，Morris R J，et al. Revised ground snow loads for the 1990 National Building Code of Canada[J]. Canadian Journal of Civil Engineering，1989，16（3）：267-278.

[15] Hong H P，Ye W. Analysis of extreme ground snow loads for Canada using snow depth records[J]. Natural Hazards，2014，73（2）：355-371.

[16] Sanpaolesi L. Scientific Support Activity in the Field of Structural Stability of Civil Engineering Works：Snow Loads：Dept of Structural Engineering，University of Pisa，Final Report Phase I[R]. Brussels：Commission of the European Comminities DGIII/D-3，1998.

[17] Sandvik R. Snow loads for Oslo，Asker and Bærum（In Norwegian）[R]. Oslo：NBR，1989.

[18] Fridley K J，Roberts K A，Mitchell J B. Estimating ground snow loads using local climatological data[J]. Journal of Structural Engineering，1994，120（12）：3567-3576.

[19] 周石安，沈祖炎，周德泉. 上海地区的风雪荷载 [J]. 同济大学学报，1957（2）：1-18

[20] Hoibo H. Snow loads on the sloped roof：Report on a pilot survey carried out in the Ottawa area during the winter of 1965-66[J].1966：22-27

[21] aylor D A. Roof snow loads in Canada [J]. Canadian Journal of Civil Engineering，1980，7（1）：1-18

[22] Taylor D A. Snow loads on the sloping roofs：Two pilot studies in the Ottawa area [J]. Canadian Journal of civil engineering，1985，12（2）：334-343

[23] O'Rourke M，Koch P，Redfield R. Analysis of roof snow load case studies：Uniform loads[R]. Army cold regions research and engineering laboratory，Hanover，NH，1983，rep83-1

[24] O'Rourke M. Snow loads：Guide to the snow load provisions of ASCE 7-10[S]. ASCE：2011

[25] Sack，R. L.，G. G. Burke，J. Penningroth. Automated data acquisition for structural snow loads[C]. In Proc. 41st eastern snow conf.，New Carrollton，MD.1984

[26] Nielsen A. Snow-melting and snow loads on glass roofs[C]//1st International Conference on Snow Engineering，Santa Barbara，US，1988：168-177

[27] Structural Engineers Association of Washington（SEAW）. An analysis of building structural failures，due to the holiday snow storms[R]. Bothell，WA：FEMA，1998.

[28] Irwin P A，Gamble S L，Taylor D A. Effects of Roof Size，Heat Transfer，and Climate on Snow Loads：Studies for the 1995 NBCC[J]. Canadian Journal of Civil Engineering，1995，22：770-784.

[29] Fukazawa D. The snow melting performance of the natural snow melting roof in the wet snow heavy snowfall area-At Tochio Harumachi in case of 2012 winter[J]. Research Bulletin of Niigata Institute of Technology，2012，17：35-44

[30] Fukazawa D. Development of the Roof Which Makes Unnecessary Snow Removal from the Rooftop in a Wet Snow Heavy Snowfall Area：The Proposal of a Low-cost Type Natural Snow Melting System[J]. Research Bulletin of Niigata Institute of Technology，2015，19.

[31] 莫华美. 典型屋面积雪分布的数值模拟与实测研究 [D]. 哈尔滨工业大学，2011.

[32] 张国龙. 雪荷载实测与风洞实验模拟方法研究 [D]. 哈尔滨工业大学，2015.

[33] 周囤毅，李方慧，顾明，孟凡. 雪荷载特性实测研究 [J]. 建筑结构，2014，44（17）：95-100.

[34] 李方慧，孟凡，周囤毅. 典型低矮屋盖雪荷载分布特性实测研究 [J]. 自然灾害学报，2016，25（01）：158-168.

[35] 赵雷，余志祥，齐欣，赵世春. 低矮建筑屋盖风雪流作用场地实测与数值模拟 [J]. 振动与冲击，2017，36（22）：225-231+244.

[36] Mellor M. Blowing snow cold regions science and engineering（Part III）[R]. Hampshire：U.S. Army Cold Regions Research and Engineering Laboratory，1965

[37] Schmidt R A. Properties of blowing snow [J]. Reviews of Geophysics and Space Physics，1982，20：39-44

[38] Pomeroy J W，Gray D M. Saltation of snow [J]. Water Resources Research，1990，26（7）：1583-1594

[39] Pomeroy J W，Male D H. Steady-state suspension of snow [J]. Journal of Hydrology，1992，136：275-301

[40] Doorschot J，Lehning M，Vrouwe A. Field Measurements of Snow-drift Threshold and Mass Fluxes，and Related Model Simulations[Z]. Springer Netherlands，2004，113：347-368.

[41] Matsuzawa M，Kaneko M. Relationship between blowing snow transport and mass flux of snow [C]// Proceedings of the 7th international conference of snow engineering，Fukui city，Japan，2012：40-52

[42] Oikawa S，Tomabechi T，Ishihara T. One-day Observations of Snowdrifts Around a Model Cube[J]. Journal of Snow engineering，1999. 15（4）：283-291.

[43] Thiis T K. Large scale studies of development of snowdrifts around buildings[J]. Journal of Wind Engineering and Industrial Aerodynamics，2003. 91（6）：829-839.

[44] Tsutsumi T，Tomabechi T，Chiba T. Field measurement of snowdrift around a building using full-scale model[C] Jssi & Jsse Joint Conference. Architectural Institute of Japan，2009：89-90.

[45] Tsutsumi T. Snowdrifts on and around buildings based on field measurement[C]//7th International Conference on Snow Engineering，Fukui city，Japan，2012：9-17

[46] 王中隆，张志忠. 中国风吹雪区划 [J]. 山地研究，1999，17（4）：312-318

[47] 王中隆. 我国雪害及其防治研究 [J]. 山地学报，1983（3）：24-33+67-68

[48] Mitsuhashi H. Wind tunnel modeling of snow drifting [J]. Journal of Wind Engineering，2010，68（1996）44-48.

[49] Andrzej F，Lukasz F. Wind tunnel tests and analysis of snow load distribution on three different large sizes if stadium roofs [C]//Proceedings of the 8th international conference of snow engineering，Nantes city，France，2016：232-239

[50] Finny E.A. Snow drift control by highway design[R]. Michigan Engineering Experimen Satation，East Lansing，MI，Bull，1939，No.86

[51] Strom G.，Kelly G.R.，Keitz E.L.，Weiss R.F. Scale model studies on snow drifting[R]. Research Report 73，U.S. Army Snow，Ice and Permafrost Establishment，1962

[52] Anno Y. Requirements for modeling of a snowdrift[J]. Cold Region Science and Technology，1984（8）：241-252

[53] Iversen J.D.，Comparison of wind-tunnel model and full-scale snow fence drifts[J]，Journal of Wind Engineering and Industrial Aerodynamics，8（3），1981：231-249.

[54] Kind R J，Murray S B. Saltation flow measurements relating to modeling of snowdrifting[J]. Journal of Wind Engineering & Industrial Aerodynamics，1982，10（1）：89-102

[55] 遠藤明久. 活性白土を用いた風洞実験による水平屋根，山形屋根の屋上積雪形状 [J]. 日本建築学会構造系論文集，1985，357

[56] Kim，D.H.，Kwok K.C.S.，Rohde H.F. Wind tunnel model study of Antarctic snowdrifting [J]. Proc. 10th Australasian Fluid Mech. Conf.，Univ. of Melbourne，1989. 2：35-38.

[57] Isyumov，N.，M. Mikitiuk，Wind tunnel model tests of snow drifting on a two-level flat roof[J]. Journal of Wind Engineering and Industrial Aerodynamics，1990. 36（Part 2）：p. 893-904.

[58] Kim D.H.，Kwok K.C.S.，Rohde H.F. Similitude requirements of snowdrift modelling for Antarctic environment[R]. University of Sydney School of civil and mining engineering research. Report No.r364，1991

[59] 鈴谷. 二段屋根上の吹き溜まり形成過程に関する実験的研究 [C]// 1993.

[60] 李雪峰. 风致建筑屋盖表面及其周边积雪分布研究 [D]. 上海：同济大学，2011

[61] 王世玉. 屋面积雪的实测与风洞试验基础研究 [D]. 哈尔滨工业大学，2013.

[62] Zhou X，Hu J，Gu M. Wind tunnel test of snow loads on a stepped flat roof using different granular materials [J]. Natural Hazards，2014，74（3）：1629-1648.

[63] 刘庆宽，赵善博，孟绍军，等. 雪荷载规范比较与风致雪漂移风洞试验方法研究 [J]. 工程力学，2015，32（1）：50-56.

[64] Anno，Y. Froude number paradoxes in modeling of snowdrift [J]. Journal of Wind Engineering and Industrial Aerodynamics，1990. 36（1-3）：889-891.

[65] Kind，R.J. Snowdrifting：A review of modelling methods [J]. Cold Regions Sci. Technol，1986. 12：217-228.

[66] Kind R J. A critical examination of the requirements for model simulation of wind-induced erosion/deposition phenomena such as snow drifting [J]. Atmospheric Environment，1976，10（3）：219-227.

[67] Kimbar G，Andrzej F. A new approach to similarity criteria for predicting a snow load in wind tunnel experiments [C]//Proceedings of the 6th International Conference on Snow Engineering，Whistler，British Columbia，Canada，2008

[68] Boisson-Kouznetzoff S，Palier P. Caractérisation de la neige produite en soufflerie climatique[J]. International Journal of Refrigeration，2001，24（4）：302-324.

[69] Sato T，Kosugi K，Sato A. Saltation-layer structure of drifting snow observed in wind tunnel[J]. Annals of Glaciology，2001，32（1）：203-208.

[70] Delpech Ph，Palier P，Gandemer J. Snowdrifting Simulation around Antarctic Buildings[J]. Journal of Wind Engineering and Industrial Aerodynamics，1998，74-76：567-576.

[71] Okaze T，Tominaga Y，Mochida A，et al. Numerical modelling of drifting snow around buildings [C]// 6th international symposium on turbulence，Heat and mass transfer，2009

[72] Tominaga Y，Okaze T，Mochida A，et al. PIV measurements of snow particle velocity in a boundary layer developed in a wind tunnel [C]// Proceedings of the 7th international conference of snow engineering，Fukui city，Japan，2012：274-279

[73] Isyumov N. An approach to the prediction of snow loads [D]. University of Western Ontario，Canada，1971

[74] Calkins D J. A research hydraulic flume for modeling drifting snow：design，construction and calibration [J]. 1974.

[75] Wuebben J.L. A hydraulic model investigation of drifting snow [R]. CRREL，U.S. Army cold regions research and engineering laboratory，NH，Report 78-16

[76] O'Rourke M. Laboratory studies of snowdrifts on multilevel roofs [C]//Proceedings of the 2nd International Conference on Snow Engineering，Santa Barbara，California，1992：195-206

[77] Irwin P.A.，Williams C.J. Application of snow simulation model test to planning and design [C]// Proc. Eastern Snow Conference，1983（28）：118-130

[78] Irwin P.A. Wind and Snow Loads—An International Perspective[C]// Structures Congress. 2010：2141-2150.

[79] Andersson P. Simulation studies of wind and snow around buildings by model studies in a water flume[J]. 1994.

[80] Albert B，Gamble S，Dale J，Bond J. Comparison of physical snow accumulation simulation techniques [C]//Proceedings of the 8th international conference of snow engineering，Nantes city，France，2016：240-248

[81] Calkins D J. Simulated Snowdrift Patterns：Evaluation of Geometric Modeling Criteria for a Three Dimensional Structure[J]. 1975.

[82] Hayes W F，Tucker H G. Similarity criteria for scaling snow/wind interaction phenomena using water flumes and wind tunnels[C]//International Symposium on Physical & Numerical Flow Visualization. Albuquerque，NM，985（6）：24-26

[83] O'Rourke M，Degaetano A，Tokarczyk J.D. Snow drifting transport rates from water flume simulation[J]. Journal of Wind Engineering & Industrial Aerodynamics，2004，92（14-15）：1245-1264.

[84] Fan F.，Mo H.M.，Zhang Q.W.，et al. Some ongoing researches to improve codified structural design under snow loads in China [C]// //Proceedings of the 8th international conference of snow engineering，Nantes city，France，2016：87-92

[85] Liu M.M.，Zhang Q.W.，Fan F. Outdoors experiments of snowdrift on typical cubes based on axial flow fan matrix in Harbin [C] //Proceedings of the 8th international conference of snow engineering，Nantes city，France，2016：30-34

[86] Liu M.M.，Zhang Q.W.，Fan F.，Shen S.Z. Experiments on natural snow distribution around simplified building models based on open air snow-wind combined experimental facility [J]. Journal of Wind

Engineering and Industrial Aerodynamics，2018（173）：1-13

[87] 吴鹏程 . 典型开合屋盖积雪分布规律研究 [D]. 哈尔滨工业大学，2017.

[88] Tominaga Y. Computational fluid dynamics simulation of snowdrift around buildings：Past achievements and future perspectives[J]. Cold Regions Science & Technology，2017.

[89] Uematsu T，Nakata T，Takeuchi K，Arisawa Y，Kaneda Y. Three-dimensional numerical simulation of snowdrift [J]，Cold Reg. Sci. Technol. 1991（2）：65-73

[90] Liston G.E.，Brown R.L.，Dent J.D.，A two dimensional computational model of turbulent atmospheric surface flows with drifting snow，Ann. Glaciol. 1993（18）：281-286

[91] Bang B，Nielsen A，Sundsbø P.A，T. Wiik. Computer simulation of wind speed，wind pressure and snow accumulation around buildings（SNOWSIM）[J]. Energ. Buildings 1994（21）：235-243

[92] Sundsbø P.A. Numerical simulations of wind deflection fins to control snow accumulation in building steps [J]. J. Wind Eng. Ind. Aerodyn. 1998（74-76）：543-552

[93] Naaim M，Naaim-Bouvet F，Martinez H. Numerical simulation of drifting snow：erosion and deposition models，Ann. Glaciol. 1998（26）：191-196

[94] Sekine A，Shimura M，Maruoka A，Hirano H. The numerical simulation of snowdrift around a building [J]. Int. J. Comput. Fluid D. 1999（12）：249-255

[95] Tominaga Y，Mochida A. CFD prediction of flowfield and snowdrift around a building complex in a snowy region [J]. J. Wind Eng. Ind. Aerodyn. 1999（81）：273- 282

[96] Tominaga Y，Okaze T，Mochida A. CFD modeling of snowdrift around a building：An overview of models and evaluation of a new approach [J]. Build. Environ. 2011（46）：899-910

[97] Tominaga Y，Mochida A，Okaze T，Sato T，et al. Development of a system for predicting snow distribution in built-up environments：Combining a mesoscale meteorological model and a CFD model [J]. J. Wind Eng. Ind. Aerodyn. 2011（99）：460-468

[98] Thiis K.T. A comparison of numerical simulations and full-scale measurements of snowdrifts around buildings [J].Wind Struct. 2000（2）：73-81

[99] Thiis T，Ferreira A.D. Sheltering effect and snow deposition in arrays of vertical pillars [J]. Environ. Fluid Mech. 2015（15）：27-39

[100] Beyers J.H.M.，Sundsbø P.A.，Harms T.M. Numerical simulation of three-dimensional transient snow drifting around a cube [J]. J. Wind Eng. Ind. Aerodyn. 2004（92）：725-747

[101] Beyers M，Waechter B. Modeling transient snowdrift development around complex three dimensional structures [J]. J. Wind Eng. Ind. Aerodyn. 2008（96）：1603-1615

[102] Okaze T，Takano Y，Mochida A，Tominaga Y. Development of a new $k-\varepsilon$ model to reproduce the aerodynamic effects of snow particles on a flow field [J]. J. Wind Eng. Ind. Aerodyn. 2015（144）：118-124

[103] 周恒毅，李雪峰，顾明，等 . 风吹雪数值模拟的两方程模型方法 [J]. 空气动力学学报，2012，30（5）：640-645.

[104] 周暄毅，顾明，朱忠义，等 . 首都国际机场 3 号航站楼屋面雪荷载分布研究 [J]. 同济大学学报（自然科学版），2007，35（9）：1193-1196.

[105] 李雪峰，周暄毅，顾明 . 北京南站屋面雪荷载分布研究 [J]. 建筑结构，2008（5）：109-112.

[106] 洪财滨. 典型形式大跨度屋盖风致雪漂移的数值模拟研究 [D]. 哈尔滨工业大学，2012.

[107] 孙晓颖，洪财滨，武岳. 典型形式大跨度屋盖风雪漂移的数值模拟 [J]. 振动与冲击，2014，33（18）：36-42.

[108] Sun X，He R，Wu Y. Numerical simulation of snowdrift on a membrane roof and the mechanical performance under snow loads[J]. Cold Regions Science & Technology，2017.

[109] 李跃，袁行飞. 大跨度球壳屋盖风致积雪数值模拟及雪荷载不均匀分布系数研究 [J]. 建筑结构学报，2014，35（10）：130-136

[110] Zhou X，Kang L，Gu M，et al. Numerical simulation and wind tunnel test for redistribution of snow on a flat roof[J]. Journal of Wind Engineering & Industrial Aerodynamics，2016，153：92-105.

11　洪水风险应急管理简析

黄金池

中国水利水电科学研究院，北京　100038；

水利部防洪抗旱减灾工程技术研究中心，北京　100038

一、洪水风险应急管理的意义

人类在风险中生存，社会经济发展与风险共存，增强风险意识，加强风险管理是人类社会经济发展到一定阶段的必然行为。按照风险的定义，不确定性是其基本特征。于洪水风险的高度不确定性，使得人们并不知道何时何地会发生什么样的洪水，造成多大的损失。对于这种不确定事件，加强应急管理，保证高效应急响应是防灾减灾的关键。洪水风险应急管理就是通过有效的备灾措施、对灾害环境的正确应对、灾后的有效处置来减少经济损失和人员伤亡等不利后果的一系列行动。因此，应急管理是风险管理的重要组成部分。应急管理需要全社会在突发事件的事前预防、事发应对、事中处置和善后恢复过程中，通过建立必要的应对机制，采取一系列措施，应用科学、技术、规划与管理等手段，保障公众生命和财产安全，促进社会和谐健康发展。可见洪水风险应急管理包括预防、准备、响应和恢复等多个阶段，与洪水风险管理的内涵基本一致。因此强调洪水风险管理就是要做好应急管理，应急管理贯穿于风险管理始终，也是风险管理的基本内容。

在实际生活中洪水风险可大致分为两大类：一类是可以通过数据分析得出其发生的可能性和后果，如气象降雨引发的区域洪水、水库溃决洪水等，可以通过有关资料分析和设定一定条件来计算得到可能的损失后果，依据设定条件得到相应的洪水风险特征值，也就是说风险可以预判；另一类则是基本未知的，如滑坡堵江形成堰塞湖溃决引发的洪水，无法预估事件发生的具体地点和规模，堰塞坝体的物质组成结构也无从预先判断，具体的洪水风险无法预判。全球气候变化使得洪水灾害事件发生的频率和时空分布特征更加不确定，社会经济的快速发展也使得财富集中度在不断发生变化，这就使得第二类洪水风险事件的问题更加突出。对于第一类洪水风险事件，虽然通过一定的历史数据分析或预报预测能够预先知道大致风险特征，但由于人类相关知识的局限性、防灾减灾工程措施的成本效益合理性、社会经济发展与人类文明对自然环境的依赖性等，仍然不可能完全控制风险，需要针对不同条件下的风险特征制定风险应急措施。对于第二类洪水风险问题，由于其存在的不确定性，只能制定更加宽泛的应急响应方案，而具体的应对措施要在风险出现后的应急行动中制定。显然，这两类不同洪水风险需要不同的应急管理方案。当前，整个社会环境对于洪水风险事件的脆弱性和暴露度还在不断增加，应对洪水风险事件的能力在人群分布、地域分布上都存在明显短板，加上中国复杂的自然地貌、气候环境使得加强洪水风险应急管理成为当务之急。

二、洪水风险应急管理的内容

从洪水风险的定义可以看出，要降低洪水灾害风险，可以考虑减少洪水发生的规模和频率，提高影响区域的抗灾能力，减少洪水影响区域的人口和财产集中度。洪水风险应急管理就是建立一套系统的应对机制来达到上述目标。

应急管理是指为了降低突发事件的危害，基于对突发事件的原因、过程以及后果的科学分析，有效利用各方面资源，运用各种手段与方法对突发事件进行有效的应对、控制和处理的过程。应急管理在减轻灾害过程中的主要工作包括：灾前的应急准备、灾害预警或灾害已经形成后的应对、尽快恢复受灾系统以及减轻灾害的应急响应行动等，其主要内容见表1.11-1。

洪水风险应急管理的主要内容   表 1.11-1

灾前应急准备	灾中应急响应	灾后应急恢复
应急预案编制和演练	应急指挥系统快速构建	应急响应后评估
应急组织体系建设(指挥协调组织构架，应急响应技术队伍建设)	应急处置	二次灾害的应对策略部署
应急物资准备	应急预报预警	洪水风险应急管理策略的调整
	次生灾害的预防与应对	

应急管理是一个过程管理，是风险管理的重要内容，所有服务于应急响应的减灾行动都属于应急管理的范畴，以往的很多风险工作者把应急管理局限在事件发生后的紧急应对，这种思路显然不能反映应急管理的全貌。

三、应急管理的灾前准备

日常生活中有很多经典警句都反映了人们对于备灾阶段重要性的认识，如成语"有备无患"就生动地描述了风险应急管理灾前准备的重要性。洪水风险灾前应急管理包括应急预案、风险意识教育、管理体系建设、预报预警技术及应急处置技术研发等。现阶段我国对于洪水风险的应急预案编制较为重视，特别是针对水库安全风险和区域洪水风险、山洪灾害风险等制定了专门的应急预案或应对方案。但正如前文所述，洪水灾害风险涉及因素较多，科学合理的灾前准备需要考虑抓住重点，力求全面，针对不同洪水风险特征做好综合安排。

1. 合理构建应急组织管理体系

应急管理落脚在管理上。高效的应急管理机制的建设不是一蹴而就的，需要在长期的应急管理实践中，不断完善体制、机制和法制建设，增强应对突发事件的能力。应急管理具有典型综合行为特征，需要行业部门、行业技术等各个方面的综合协调才能达到事半功倍的效果。美国的应急管理机构变迁就是一个典型的例子。1979年以前，美国的应急管理属于各个行业和地区分头管理，1979年后，由联邦应急管理局（Federal Emergency Management Agency，FEMA）专门负责突发事件应急管理过程中的机构协调工作。2001年发生在纽约的"9·11事件"引起了美国各界对国家公共安全体制的深刻反思，为了有效解决这些问题，美国前总统布什于2003年组建了国土安全部，将22个联邦部门并入，FEMA成为紧急事态准备与应对司下属机构。两年后，美国南部墨西哥湾沿岸遭受"卡特里娜"飓风袭击，由于组织协调不力，致使受灾最严重的新奥尔良市沦为"人间地狱"。此后，国土安全部吸取教训，进行了应急功能的重新设计，新的应急管理机构经受了至今多次应急事件的考验，应急管理能力明显提高。从以上美国应急机构演变的过程可以看出，美国的应急管理组织体系在经验和教训中逐渐走向完善。随着社会进步和各种环境条件变化，美国的应急组织管理体系还有可能进一步调整。我国是一个洪水灾害多发的国家，洪水风险应急管理机构建设一直是各届政府十分重视的问题，早在新中国成立后不久，国家就适时组建了中央防汛总指挥部，直接由国务院行使管辖权，随后的几十年政府组织机构变化万千，但防汛抗旱指挥的组织机构一直在发挥重要作用。2018 年为了适应国家应急管理的需要组建了应急管理部，洪水风险应急管理的体系建设进入了一个全新的阶段。可以预见，洪水风险应急管理的协调行动需要不断创新，特别是国家组建应急管理部后，新的洪水巨灾应对模式可能出现，洪水风险应急管理组织指挥体系随着时代前进的脚步将不断完善。

2. 应急管理预案

"居安思危，预防为主"是应急管理的指导方针，因此，做好应急预案是应急管理的基础，要实现高效的应急管理首先是做好洪水风险应急管理预案。

应急管理预案需要根据具体的风险特征有针对性地进行编制，对于有明确洪水风险特征和没有较明确洪水风险特征的两大类型洪水风险事件分别考虑编制方案。需要注意的是不管风险对象和风险特征如何变化，预案编制的主要内容是不可或缺的。首先是对风险对象的一般描述，风险相关者通过预案能够了解风险的一般特征，从思想意识上作好足够的准备。其次是专门的风险识别，对尚未发生的、潜在的或客观存在的影响风险的因素进行系统、连续的识别、归纳、推断和预测，其目的是真正认识风险的来源、范围、特性及与其他行为或现象相关的不确定性。风险识别是风险管理的基础，在很大程度上是风险分析的本质内容。第三是尽可能详尽地做好风险估计，在收集资料的基础上，利用科学计算分析方法对不利事件发生的概率以及风险事件发生所造成的损失后果作出估计，例如编制洪水风险图作为预案的重要技术文件。第四是风险评价，考虑人类干预行为，从社会经济各个层面构成不同的减灾方案进行综合评价，在研究风险估计结论的基础上，把各种风险因素发生的概率、损失幅度及其他因素的风险指标值，综合成单指标值，以表示该地区发生风险的可能性及其损失的程度，并与根据该地区经济的发展水平确定的、可接受的风险标准进行比较，进而确定该地区的风险等级，由此确定是否应该采取相应的风险处理措施，或采用何种具体风险应对方案。

编制一个好的应急预案并不容易。一是洪水风险事件的不确定性。对于有较丰富的历史资料分析得到的洪水风险事件，有较为准确的洪水可能性和灾害后果可能性的分析结论，洪水灾害的应急预案编制可能相对明确一些，而对于时间、地点、规模、影响范围都无经验可循的洪水灾害事件，应急预案的编制就更加困难。二是应急处置的多行业综合特点，在预案编制阶段就全面考虑综合协调处置的具体安排难度大。三是洪水风险大小的科学判别基础还不成熟（不同风险类型，不同社会经济环境）。四是备灾状态的合理性很难判别，社会迎战状态及应急物资的准备在很多情况下不可能无限制地提高标准，如何做到科学合理需要根据社会发展阶段来确定。五是综合风险效应的处理往往包括政治、社会、经济、环境等多方面的因素，全面考虑其方案的难度很大。六是洪水风险应急预案编制还要考虑应急处置与社会的可持续发展，各种处置措施还要注意社会经济的后续发展需求。

3. 应急物资储备

应急物资储备是应急管理的重要一环，关键是怎么做到效率的最大化。当前我国防洪应急物资储备已有一定规模，但要真正做好又是较为困难的事情。两个问题需要重视：一是应急响应环境的特殊性。当遭遇特大洪水灾害时，灾害环境往往十分恶劣，应急抢险所需的物资环境适应性要求更高，一件一般环境条件下很好的设备或器械在应急响应条件下有可能无法发挥作用甚至完全失效。实际上，在以往很多洪水风险应急响应行动中已经发生过类似的情况，现有的大量防洪应急储备物资在遭遇应急事件所处特殊环境时往往力不从心。二是应急储备物资的使用效率，如何在时间、空间的配置上协调还需要科学优化，现有的应急物资储备机制缺乏合理的科学布局，往往导致一般物资的囤积造成浪费，而应急之需又不能满足要求。应急物资储备还要考虑平战结合，实在无法结合的要考虑机动调配，从应急与日常协调两个方面考虑物资运用管理方案。

四、应急管理的灾中响应

灾中的应急管理也分为两种情况：一种是灾害事件已经发生，应急管理的目标是通过救灾行动尽量降低灾害损失；另一种是灾害事件还没有发生但可能性很大的应急响应，如工程出现隐患或发布了洪水风险预警，应急管理则要通过一系列的应急响应行动来避免或减轻洪水灾害损失。

1. 应急组织构架

一些特大应急洪水风险事件所带来的灾害影响往往涉及较大范围和多个社会生产系统，受灾地区影响面广，牵扯因素多，统一指挥、协调行动十分重要。按照备灾阶段所考虑的应急组织构架方案往往只能给出应急响应组织管理的大致框架，在进入应急行动的实战阶段还需要根据具体情况进行灵活安排，以期贴合实际环境条件。特别是对于一些特大洪水事件，由于洪水持续时间长，为了保证社会稳定，尽可能减少财产损失，避免人员伤亡，应急管理体系的构建除了需要考虑工程措施和非工程措施二者并举的原则外，各个行业各个部门的统一协调行动是应急响应取得成效的关键。

2. 风险应急处置

考虑以规避风险，降低风险，转移风险，分散风险等为 目标的风险应急处置方案。无论是已经发生或预警发生的风险事件，通过协调有序的行动，充分考虑流域上下游、左右岸的相关关系，不同行业的相互影响与支撑关系，将工程排险与人员避险相结合，按多种不利的可能情况制定切实可行的综合行动方案。很多情况下，应急状态的各种信息是一个逐渐清晰的过程，应急处置的决策要做到一步到位，完全符合实际情况是有一定难度的，洪水风险应急处置过程中出现决策偏差很难避免，需要不断完善。因此，一个科学合理的应急处置方案须考虑以下原则：首先是有一定的开放性，根据相关信息不断丰富的情况能够适时调整，有很多策略是需要在处置实践过程中不断完善的；其次是综合各种因素，全面考虑相关各个方面的利益，也就是防洪减灾的公平性，既要大胆决策，又要果断纠偏。

3. 应急风险识别与评价

灾中阶段的应急风险识别与评价和与预案中的风险识别与评价既相关又有区别，灾中阶段灾害事件已经发生或有可能发生，风险特征的一些基础信息已相对清晰，风险识别与评价是对预案中内容的修正和补充，识别内容更加明确，评价更加准确，特别是灾中应急响应阶段，快速准确是应急响应的重要特点，风险识别与评价的方法都需要可靠和快速，不能过于繁复。同时，在充分分析各种可能致灾因子的基础上重点考虑重大风险源的识别，建立科学准确的描述风险因子评价模型，为科学处置决策打下基础。

4. 应急预报预警

灾害应急响应启动表明灾害事件发生的可能性非常大或者已经发生，风险源已经相对明确，因此根据具体的风险特征，临时安排特定的服务于应急响应的预警预报体系，由于应急阶段的特殊需求，这种应急预警预报体系与一般预警预报体系有很大不同，首先是应急阶段的预警时间要求更短，应急响应的各个参与者都需要了解风险发展变化情况，有时候可能需要连续发布相关预报预警信息；其次是对预警发布的精度要求更高，在应急响应阶段往往牵一发而动全身，一个错误的预警预报信息可能给后续的应急响应行动带来更大的负面效应；第三是由于风险源相对明确，可以采用多种不同手段并行观测检测，相互印证，显著增加预警预报信息的可靠性，也可采用更有针对性的先进装备进行观测、检测，有的放矢，重点可以更加突出，达到更好的预警预报效果。

5. 次生灾害的预防与应对

洪水风险往往对应的是一个大的社会系统，在这个系统中存在着大量为人类生产生活服务的子系统，由于洪水风险事件的发生，可能带给这些子系统不同程度的影响，有些可能形成次生灾害风险。如供水系统破坏导致饮用水卫生不能保证，进而引发大面积疾病风险；电力系统破坏可能导致生产生活秩序大面积混乱，进而引发全社会安全风险；排水卫生系统破坏可能引发整个环境破坏的风险，等等。应急响应阶段要针对区域特定环境，全面分析各种可能风险源，做好次生灾害预防与应对方案制定，避免洪水风险区安全环境进一步恶化。

五、应急管理的灾后行动

应急响应行动的结束一般标志着应急管理灾后阶段的开始。自然环境的复杂性和地区条件的差异性使得每一次应急响应过程都具有自己的特征，因此，做好应急响应行动的归纳总结是应急管理灾后行动的重要内容，包括致灾原因分析、灾情的统计、适时调整防灾减灾策略。

灾中应急响应过程中的一切行动均以快速减轻风险威胁为目标，应急处置手段很难做到全面适度，且不排除在应急响应结束后灾情反复甚至恶化，往往需要加强应急后续处置，保证应急响应工作的完整性，全面恢复影响区域的正常生产生活秩序。

应急管理灾后环节的另一个重要问题就是二次灾害的预防。由于重大洪水灾害往往会对影响区域产生系统破坏，这种破坏并不是随着应急响应结束而消失，可能对后续很长时间的区域生产生活产生重大影响，作为一个完整的应急响应过程，灾后继续做好二次灾害的预防十分重要，特别是应急处置工程安全问题、生态环境问题、生命线工程安全问题等。

六、结语

应急管理是洪水风险管理的基本内容，随着社会经济的发展，城市化进程加快，我国洪水风险仍在增加，提高全民洪水风险意识，加强洪水风险应急管理仍是我们面临的急迫任务。同时，洪水风险应急管理又是现代社会整体安全体系的重要组成部分，因此让全社会树立洪水风险应急管理意识十分重要。长期以来，通过各方面的努力，我国在有限的范围内已初步建成防洪应急管理体系，并在多次抗洪救灾中发挥了保护人民生命财产，减少经济损失，维护社会安定的重大作用。但随着国家经济的快速发展和城市化进程的加快，财富进一步集中，加强洪水灾害的应急管理仍然是今后相当长时期的一项重要任务。全社会通过多次的应急响应实践不断完善，形成可操作性强的应急管理预案；进一步改进创新应急管理的统一协调组织机构模式；对应急响应行动中所需要的应急处置技术、险情监测预警技术等进行深入系统的研究，研究出更加先进可靠的应急响应装备服务于应急管理，全面提高我国防洪减灾整体水平。

本文原载于《中国防汛抗旱》2018 年第 11 期

参考文献

[1] 任旭 . 工程风险管理 [M]. 清华大学出版社、北京交通大学出版社，2010.

[2] 隆文菲，黄金池 . 美国大坝应急反应计划与我国水库防洪应急预案的比较 [J]. 中国水利，2007（2）：49-51.

[3] 刘宁，张志彤，黄金池 . 泰国湄南河 2011 年洪水观察与启示 [J]. 中国工程科学，2013，v.15（04）：108-112.

第二篇　政策篇

提高自然灾害防治能力，要全面贯彻习近平新时代中国特色社会主义思想和党的十九大精神，牢固树立"四个意识"，紧紧围绕统筹推进"五位一体"总体布局和协调推进"四个全面"战略布局，坚持以人民为中心的发展思想，坚持以防为主、防抗救相结合，坚持常态救灾和非常态救灾相统一，强化综合减灾、统筹抵御各种自然灾害。2018年10月10日，习近平主持召开中央财经委员会第三次会议，强调加强自然灾害防治关系国计民生，要建立高效科学的自然灾害防治体系，提高全社会自然灾害防治能力，为保护人民群众生命财产安全和国家安全提供有力保障。

本篇收录中央财经委重要报道1篇；国家颁布的安全城市发展意见1部；河北省自然灾害救助办法1部；山东省自然灾害救助办法1部；福建省防灾减灾救灾体制机制改革的实施意见1部。这些政策法规的颁布实施，起到了为防灾减灾事业的发展发挥政策支持、决策参谋和法制保障的作用。加强防灾减灾法律体系建设，推进依法行政，大力开展防灾减灾事业发展政策研究意义十分重大，对推动我国防灾减灾科学发展、改革创新、实现最大限度减轻灾害损失具有重要的作用。

1　习近平强调大力提高我国自然灾害防治能力

中共中央总书记、国家主席、中央军委主席、中央财经委员会主任习近平10月10日下午主持召开中央财经委员会第三次会议，研究提高我国自然灾害防治能力和川藏铁路规划建设问题。习近平在会上发表重要讲话强调，加强自然灾害防治关系国计民生，要建立高效科学的自然灾害防治体系，提高全社会自然灾害防治能力，为保护人民群众生命财产安全和国家安全提供有力保障；规划建设川藏铁路，对国家长治久安和西藏经济社会发展具有重大而深远的意义，一定把这件大事办成办好。

中共中央政治局常委、国务院总理、中央财经委员会副主任李克强，中共中央政治局常委、中央书记处书记、中央财经委员会委员王沪宁，中共中央政治局常委、国务院副总理、中央财经委员会委员韩正出席会议。

会议听取了国家发展改革委、应急管理部、自然资源部、水利部、科技部和中国铁路总公司的汇报。

会议指出，我国是世界上自然灾害影响最严重的国家之一。新中国成立以来，党和政府高度重视自然灾害防治，发挥我国社会主义制度能够集中力量办大事的政治优势，防灾减灾救灾成效举世公认。同时，我国自然灾害防治能力总体还比较弱，提高自然灾害防治能力，是实现"两个一百年"奋斗目标、实现中华民族伟大复兴中国梦的必然要求，是关系人民群众生命财产安全和国家安全的大事，也是对我们党执政能力的重大考验，必须抓紧抓实。

会议强调，提高自然灾害防治能力，要全面贯彻习近平新时代中国特色社会主义思想和党的十九大精神，牢固树立"四个意识"，紧紧围绕统筹推进"五位一体"总体布局和协调推进"四个全面"战略布局，坚持以人民为中心的发展思想，坚持以防为主、防抗救相结合，坚持常态救灾和非常态救灾相统一，强化综合减灾、统筹抵御各种自然灾害。要坚持党的领导，形成各方齐抓共管、协同配合的自然灾害防治格局；坚持以人为本，切实保护人民群众生命财产安全；坚持生态优先，建立人与自然和谐相处的关系；坚持预防为主，努力把自然灾害风险和损失降至最低；坚持改革创新，推进自然灾害防治体系和防治能力现代化；坚持国际合作，协力推动自然灾害防治。

会议指出，要针对关键领域和薄弱环节，推动建设若干重点工程。要实施灾害风险调查和重点隐患排查工程，掌握风险隐患底数；实施重点生态功能区生态修复工程，恢复森林、草原、河湖、湿地、荒漠、海洋生态系统功能；实施海岸带保护修复工程，建设生态海堤，提升抵御台风、风暴潮等海洋灾害能力；实施地震易发区房屋设施加固工程，提高抗震防灾能力；实施防汛抗旱水利提升工程，完善防洪抗旱工程体系；实施地质灾害综合治理和避险移民搬迁工程，落实好"十三五"地质灾害避险搬迁任务；实施应急救援中心建设工程，建设若干区域性应急救援中心；实施自然灾害监测预警信息化工程，提高多灾种和灾害链综合监测、风险早期识别和预报预警能力；实施自然灾害防治技术装备现代化工程，加大关键技术攻关力度，提高我国救援队伍专业化技术装备水平。

会议强调，规划建设川藏铁路，是促进民族团结、维护国家统一、巩固边疆稳定的需要，是促进西藏经济社会发展的需要，是贯彻落实党中央治藏方略的重大举措。要把握好科学规划、技术支撑、保护生态、安全可靠的总体思路，加强统一领导，加强项目前期工作，加强建设运营资金保障，发扬"两路"精神和青藏铁路精神，高起点高标准高质量推进工程规划建设。

来源：中国新闻网 -2018 年 10 月 10 日

2 关于推进城市安全发展的意见

中共中央办公厅 国务院办公厅印发
《关于推进城市安全发展的意见》的通知

（中办发〔2018〕1 号）

各省、自治区、直辖市党委和人民政府，中央和国家机关各部委，解放军各大单位、中央军委机关各部门，各人民团体：

《关于推进城市安全发展的意见》已经中央领导同志同意，现印发给你们，请结合实际认真贯彻落实。

中共中央办公厅

国务院办公厅

2018 年 1 月 1 日

随着我国城市化进程明显加快，城市人口、功能和规模不断扩大，发展方式、产业结构和区域布局发生了深刻变化，新材料、新能源、新工艺广泛应用，新产业、新业态、新领域大量涌现，城市运行系统日益复杂，安全风险不断增大。一些城市安全基础薄弱，安全管理水平与现代化城市发展要求不适应、不协调的问题比较突出。近年来，一些城市甚至大型城市相继发生重特大生产安全事故，给人民群众生命财产安全造成重大损失，暴露出城市安全管理存在不少漏洞和短板。为强化城市运行安全保障，有效防范事故发生，现就推进城市安全发展提出如下意见。

一、总体要求

（一）指导思想。全面贯彻党的十九大精神，以习近平新时代中国特色社会主义思想为指导，紧紧围绕统筹推进"五位一体"总体布局和协调推进"四个全面"战略布局，牢固树立安全发展理念，弘扬生命至上、安全第一的思想，强化安全红线意识，推进安全生产领域改革发展，切实把安全发展作为城市现代文明的重要标志，落实完善城市运行管理及相关方面的安全生产责任制，健全公共安全体系，打造共建共治共享的城市安全社会治理格局，促进建立以安全生产为基础的综合性、全方位、系统化的城市安全发展体系，全面提高城市安全保障水平，有效防范和坚决遏制重特大安全事故发生，为人民群众营造安居乐业、幸福安康的生产生活环境。

（二）基本原则

——坚持生命至上、安全第一。牢固树立以人民为中心的发展思想，始终坚守发展决不能以牺牲安全为代价这条不可逾越的红线，严格落实地方各级党委和政府的领导责任、部门监管责任、企业主体责任，加强社会监督，强化城市安全生产防范措施落实，为人民群众提供更有保障、更可持续的安全感。

——坚持立足长效、依法治理。加强安全生产、职业健康法律法规和标准体系建设，增强安全生产法治意识，健全安全监管机制，规范执法行为，严格执法措施，全面提升城市安全生产法治化水平，加快建立城市安全治理长效机制。

——坚持系统建设、过程管控。健全公共安全体系，加强城市规划、设计、建设、运行等各个环节的安全管理，充分运用科技和信息化手段，加快推进安全风险管控、隐患排查治理体系和机制建设，强化系统性安全防范制度措施落实，严密防范各类事故发生。

——坚持统筹推动、综合施策。充分调动社会各方面的积极性，优化配置城市管理资源，加强安全生产综合治理，切实将城市安全发展建立在人民群众安全意识不断增强、从业人员安全技能素质显著提高、生产经营单位和区域安全保障水平持续改进的基础上，有效解决影响城市安全的突出矛盾和问题。

（三）总体目标。到2020年，城市安全发展取得明显进展，建成一批与全面建成小康社会目标相适应的安全发展示范城市；在深入推进示范创建的基础上，到2035年，城市安全发展体系更加完善，安全文明程度显著提升，建成与基本实现社会主义现代化相适应的安全发展城市。持续推进形成系统性、现代化的城市安全保障体系，加快建成以中心城区为基础，带动周边、辐射县乡、惠及民生的安全发展型城市，为把我国建成富强民主文明和谐美丽的社会主义现代化强国提供坚实稳固的安全保障。

二、加强城市安全源头治理

（四）科学制定规划。坚持安全发展理念，严密细致制定城市经济社会发展总体规划及城市规划、城市综合防灾减灾规划等专项规划，居民生活区、商业区、经济技术开发区、工业园区、港区以及其他功能区的空间布局要以安全为前提。加强建设项目实施前的评估论证工作，将安全生产的基本要求和保障措施落实到城市发展的各个领域、各个环节。

（五）完善安全法规和标准。加强体现安全生产区域特点的地方性法规建设，形成完善的城市安全法治体系。完善城市高层建筑、大型综合体、综合交通枢纽、隧道桥梁、管线管廊、道路交通、轨道交通、燃气工程、排水防涝、垃圾填埋场、渣土受纳场、电力设施及电梯、大型游乐设施等的技术标准，提高安全和应急设施的标准要求，增强抵御事故风险、保障安全运行的能力。

（六）加强基础设施安全管理。城市基础设施建设要坚持把安全放在第一位，严格把关。有序推进城市地下管网依据规划采取综合管廊模式进行建设。加强城市交通、供水、排水防涝、供热、供气和污水、污泥、垃圾处理等基础设施建设、运营过程中的安全监督管理，严格落实安全防范措施。强化与市政设施配套的安全设施建设，及时进行更换和升级改造。加强消防站点、水源等消防安全设施建设和维护，因地制宜规划建设特勤消防站、普通消防站、小型和微型消防站，缩短灭火救援响应时间。加快推进城区铁路平交道口立交化改造，加快消除人员密集区域铁路平交道口。加强城市交通基础设施建设，优化城市路网和交通组织，科学规范设置道路交通安全设施，完善行人过街安全设施。加强城市棚户区、城中村和危房改造过程中的安全监督管理，严格治理城市建成区违法建设。

（七）加快重点产业安全改造升级。完善高危行业企业退城入园、搬迁改造和退出转产扶持奖励政策。制定中心城区安全生产禁止和限制类产业目录，推动城市产业结构调整，治理整顿安全生产条件落后的生产经营单位，经整改仍不具备安全生产条件的，要依法实施关闭。加强矿产资源型城市塌（沉）陷区治理。加快推进城镇人口密集区不符合安全和卫生防护距离要求的危险化学品生产、储存企业就地改造达标、搬迁进入规范化工园区或依法关闭退出。引导企业集聚发展安全产业，改造提升传统行业工艺技术和安全装备水平。结合企业管理创新，大力推进企业安全生产标准化建设，不断提升安全生产管理水平。

三、健全城市安全防控机制

（八）强化安全风险管控。对城市安全风险进行全面辨识评估，建立城市安全风险信息管理平台，绘制"红、橙、黄、蓝"四色等级安全风险空间分布图。编制城市安全风险白皮书，及时更新发布。研究制定重大安全风险"一票否决"的具体情形和管理办法。明确风险管控的责任部门和单位，完善重大安全风险联防联控机制。对重点人员密集场所、安全风险较高的大型群众性活动开展安全风险评估，建立大客流监测预警和应急管控处置机制。

（九）深化隐患排查治理。制定城市安全隐患排查治理规范，健全隐患排查治理体系。进一步完善城市重大危险源辨识、申报、登记、监管制度，建立动态管理数据库，加快提升在线安全监控能力。强化对各类生产经营单位和场所落实隐患排查治理制度情况的监督检查，严格实施重大事故隐患挂牌督办。督促企业建立隐患自查自改评价制度，定期分析、评估隐患治理效果，不断完善隐患治理工作机制。加强施工前作业风险评估，强化检维修作业、临时用电作业、盲板抽堵作业、高空作业、吊装作业、断路作业、动土作业、立体交叉作业、有限空间作业、焊接与热切割作业以及塔吊、脚手架在使用和拆装过程中的安全管理，严禁违章违规行为，防范事故发生。加强广告牌、灯箱和楼房外墙附着物管理，严防倒塌和坠落事故。加强老旧城区火灾隐患排查，督促整改私拉乱接、超负荷用电、线路短路、线路老化和影响消防车通行的障碍物等问题。加强城市隧道、桥梁、易积水路段等道路交通安全隐患点段排查治理，保障道路安全通行条件。加强安全社区建设。推行高层建筑消防安全经理人或楼长制度，建立自我管理机制。明确电梯使用单位安全责任，督促使用、维保单位加强检测维护，保障电梯安全运行。加强对油、气、煤等易燃易爆场所雷电灾害隐患排查。加强地震风险普查及防控，强化城市活动断层探测。

（十）提升应急管理和救援能力。坚持快速、科学、有效救援，健全城市安全生产应急救援管理体系，加快推进建立城市应急救援信息共享机制，健全多部门协同预警发布和响应处置机制，提升防灾减灾救灾能力，提高城市生产安全事故处置水平。完善事故应急救援预案，实现政府预案与部门预案、企业预案、社区预案有效衔接，定期开展应急演练。加强各类专业化应急救援基地和队伍建设，重点加强危险化学品相对集中区域的应急救援能力建设，鼓励和支持有条件的社会救援力量参与应急救援。建立完善日常应急救援技术服务制度，不具备单独建立专业应急救援队伍的中小型企业要与相邻有关专业救援队伍签订救援服务协议，或者联合建立专业应急救援队伍。完善应急救援联动机制，强化应急状态下交通管制、警戒、疏散等防范措施。健全应急物资储备调用机制。开发适用高层建筑等条件下的应急救援装备设施，加强安全使用培训。强化有限空间作业和现场应急处置技能。根据城市人口分布和规模，充分利用公园、广场、校园等宽阔地带，建立完善应急避难场所。

四、提升城市安全监管效能

（十一）落实安全生产责任。完善党政同责、一岗双责、齐抓共管、失职追责的安全生产责任体系。全面落实城市各级党委和政府对本地区安全生产工作的领导责任、党政主要负责人第一责任人的责任，及时研究推进城市安全发展重点工作。按照管行业必须管安全、管业务必须管安全、管生产经营必须管安全和谁主管谁负责的原则，落实各相关部门安全生产和职业健康工作职责，做到责任落实无空档、监督管理无盲区。严格落实各类生产经营单位安全生产与职业健康主体责任，加强全员全过程全方位安全管理。

（十二）完善安全监管体制。加强负有安全生产监督管理职责部门之间的工作衔接，推动安全生产领域内综合执法，提高城市安全监管执法实效。合理调整执法队伍种类和结构，加强安全生产基层执法力量。科学划分经济技术开发区、工业园区、港区、风景名胜区等各类功能区的类型和规模，明确健全相应的安全生产监督管理机构。完善民航、铁路、电力等监管体制，界定行业监管和属地监管职责。理顺城市无人机、新型燃料、餐饮场所、未纳入施工许可管理的建筑施工等行业领域安全监管职责，落实安全监督检查责任。推进实施联合执法，解决影响人民群众生产生活安全的"城市病"。完善放管服工作机制，提高安全监管实效。

（十三）增强监管执法能力。加强安全生产监管执法机构规范化、标准化、信息化建设，充分运用移动执法终端、电子案卷等手段提高执法效能，改善现场执法、调查取证、应急处置等监管执法装备，实施执法全过程记录。实行派驻执法、跨区域执法或委托执法等方式，加强街道（乡镇）和各类功能区安全生产执法工作。加强安全监管执法教育培训，强化法治思维和法治手段，通过组织开展公开裁定、现场模拟执法、编制运用行政处罚和行政强制指导性案例等方式，提高安全监管执法人员业务素质能力。建立完善安全生产行政执法和刑事司法衔接制度。定期开展执法效果评估，强化执法措施落实。

（十四）严格规范监管执法。完善执法人员岗位责任制和考核机制，严格执法程序，加强现场精准执法，对违法行为及时作出处罚决定。依法明确停产停业、停止施工、停止使用相关设施或设备，停止供电、停止供应民用爆炸物品，查封、扣押、取缔和上限处罚等执法决定的适用情形、时限要求、执行责任，对推诿或消极执行、拒绝执行停止供电、停止供应民用爆炸物品的有关职能部门和单位，下达执法决定的部门可将有关情况提交行业主管部门或监察机关作出处理。严格执法信息公开制度，加强执法监督和巡查考核，对负有安全生产监督管理职责的部门未依法采取相应执法措施或降低执法标准的责任人实施问责。严肃事故调查处理，依法依规追究责任单位和责任人的责任。

五、强化城市安全保障能力

（十五）健全社会化服务体系。制定完善政府购买安全生产服务指导目录，强化城市安全专业技术服务力量。大力实施安全生产责任保险，突出事故预防功能。加快推进安全信用体系建设，强化失信惩戒和守信激励，明确和落实对有关单位及人员的惩戒和激励措施。将生产经营过程中极易导致生产安全事故的违法行为纳入安全生产领域严重失信联合惩戒"黑名单"管理。完善城市社区安全网格化工作体系，强化末梢管理。

（十六）强化安全科技创新和应用。加大城市安全运行设施资金投入，积极推广先进生产工艺和安全技术，提高安全自动监测和防控能力。加强城市安全监管信息化建设，建立完善安全生产监管与市场监管、应急保障、环境保护、治安防控、消防安全、道路交通、信用管理等部门公共数据资源开放共享机制，加快实现城市安全管理的系统化、智能化。深入推进城市生命线工程建设，积极研发和推广应用先进的风险防控、灾害防治、预测预警、监测监控、个体防护、应急处置、工程抗震等安全技术和产品。建立城市安全智库、知识库、案例库，健全辅助决策机制。升级城市放射性废物库安全保卫设施。

（十七）提升市民安全素质和技能。建立完善安全生产和职业健康相关法律法规、标准的查询、解读、公众互动交流信息平台。坚持谁执法谁普法的原则，加大普法力度，切实提升人民群众的安全法治意识。推进安全生产和职业健康宣传教育进企业、进机关、进学校、进社区、进农村、进家庭、进公共场所，推广普及安全常识和职业病危害防治知识，增强社会公众对应急预案的认知、协同能力及自救互救技能。积极开展安全文化创建活动，鼓励创作和传播安全生产主题公益广告、影视剧、微视频等作品。鼓励建设具有城市特色的安全文化教育体验基地、场馆，积极推进把安全文化元素融入公园、街道、社区，营造关爱生命、关注安全的浓厚社会氛围。

六、加强统筹推动

（十八）强化组织领导。城市安全发展工作由国务院安全生产委员会统一组织，国务院安全生产委员会办公室负责实施，中央和国家机关有关部门在职责范围内负责具体工作。各省（自治区、直辖市）党委和政府要切实加强领导，完善保障措施，扎实推进本地区城市安全发展工作，不断提高城市安全发展水平。

（十九）强化协同联动。把城市安全发展纳入安全生产工作巡查和考核的重要内容，充分发挥有关部门和单位的职能作用，加强规律性研究，形成工作合力。鼓励引导社会化服务机构、公益组织和志愿者参与推进城市安全发展，完善信息公开、举报奖励等制度，维护人民群众对城市安全发展的知情权、参与权、监督权。

（二十）强化示范引领。国务院安全生产委员会负责制定安全发展示范城市评价与管理办法，国务院安全生产委员会办公室负责制定评价细则，组织第三方评价，并组织各有关部门开展复核、公示，拟定命名或撤销命名"国家安全发展示范城市"名单，报国务院安全生产委员会审议通过后，以国务院安全生产委员会名义授牌或摘牌。各省（自治区、直辖市）党委和政府负责本地区安全发展示范城市建设工作。

来源：中华人民共和国中央人民政府（www.gov.cn）

3 河北省自然灾害救助办法

《河北省自然灾害救助办法》已经 2017 年 12 月 7 日省政府第 124 次常务会议通过，现予公布，自 2018 年 2 月 1 日起施行。

省长 许勤

2017 年 12 月 21 日

河北省自然灾害救助办法

第一章 总 则

第一条 为规范自然灾害救助工作，保障受灾人员基本生活，提升防灾减灾救灾能力，根据《自然灾害救助条例》等有关法律、法规，结合本省实际，制定本办法。

第二条 本省行政区域内自然灾害的救助准备、应急救助、灾后救助、救灾款物管理等活动，适用本办法。

第三条 自然灾害救助工作遵循以人为本、政府主导、分级管理、社会互助、群众自救的原则，坚持以防为主、防抗救结合的方针，使常态减灾和非常态救灾相统一。

第四条 自然灾害救助工作实行各级人民政府行政领导负责制。

省减灾委员会为省人民政府自然灾害救助应急综合协调机构，负责组织领导、协调开展全省自然灾害救助工作。设区的市、县（市、区）减灾委员会为本级人民政府自然灾害救助应急综合协调机构，负责组织、协调本行政区域自然灾害救助工作。

县级以上人民政府应当建立自然灾害救助联动合作机制，加强各级减灾委员会之间、本级减灾委员会成员单位之间、相邻行政区域之间的联动与合作，实现跨地区、跨部门自然灾害救助信息共享，提高自然灾害救助能力。

第五条 县级以上人民政府民政部门负责本行政区域自然灾害救助工作，承担本级减灾委员会的日常工作。

县级以上人民政府其他有关部门，按照各自职责做好本行政区域自然灾害救助相关工作。

乡（镇）人民政府、街道办事处负责本管辖区域内自然灾害风险排查、隐患治理、信息报告、先期处置、应急自救等工作。

村（居）民委员会依法协助人民政府开展自然灾害预防和救助工作。

第六条 县级以上人民政府应当将自然灾害救助工作纳入国民经济和社会发展规划，建立健全与自然灾害救助需求相适应的资金、物资保障机制，将人民政府安排的自然灾害救助资金和自然灾害救助工作经费纳入财政预算，并按照国家和本省有关规定建立各级财政自然灾害救助资金投入分担机制。

第七条　各级人民政府应当组织开展防灾减灾宣传教育，提高公民的防灾避险意识和自救互救能力。

国家机关、企业事业单位、村（居）民委员会应当结合各自实际，开展防灾减灾应急知识的宣传普及活动。

学校、幼儿园应当加强对学生应急救助知识的宣传教育，开展防灾和应急救助培训。

新闻媒体应当无偿开展防灾减灾、自救互救知识的公益宣传。

第八条　鼓励、引导单位和个人参与自然灾害预防和救助活动。

对在自然灾害救助工作中作出突出贡献的单位和个人，按照国家和本省有关规定给予表彰和奖励。

第二章　预防与救助准备

第九条　县级以上人民政府应当制定自然灾害救助应急预案，并在预案中明确有关部门职责，有关部门应当按照预案规定的职责做好相关工作。

第十条　县级以上人民政府应当建立健全自然灾害救助应急指挥系统，统筹调配人力、财力、物力等资源，并根据自然灾害种类、发生频率、危害程度等情况，为自然灾害救助工作提供必要的交通、通信等设备和查灾核灾装备。

第十一条　县级以上人民政府应当加快自然灾害监测站网和民用空间基础设施建设，建立自然灾害监测预报预警体系，提高自然灾害立体监测和早期识别能力。

县级以上人民政府应当综合运用地理信息、卫星、遥感、通信等现代科技手段，为防灾减灾救灾工作提供数据汇总、信息收集、灾害趋势分析预测、灾害风险与损失评估、效益效率评价等服务。

第十二条　县级以上人民政府应当做好本行政区域自然灾害风险调查工作，根据自然灾害风险调查情况划定灾害风险区域，在自然灾害易发区域、重点防御区域设立警示标志。

第十三条　县级以上人民政府应当根据当地居民人口数量和分布等情况，利用公园、广场、体育场馆等公共设施，统筹规划设立应急避难场所，提供必要的应急避难设施，设置明显标志牌、指示牌，并明确应急避难场所的维护管理单位。自然灾害多发、易发地区的乡（镇）人民政府应当根据当地实际设立应急避难点。

启动自然灾害预警响应或者应急响应时，需要居民前往应急避难场所的，县级以上减灾委员会应当通过广播、电视、手机短信、互联网、微信、电子显示屏等方式，及时公告应急避难场所的具体地址和到达路径。

第十四条　省、设区的市人民政府和自然灾害多发、易发地区的县级人民政府应当按照布局合理、规模适度的原则，设立自然灾害救助物资储备库，自然灾害多发、易发且交通不便地区的乡（镇）人民政府、街道办事处可以根据当地实际设立自然灾害救助物资储备点。

县级以上人民政府应当合理确定自然灾害救助物资储备库的储备类型、品种和规模，加强救灾物资储备管理。

第十五条　县级以上人民政府应当加强自然灾害救助队伍建设，组织成立自然灾害救助专家队伍、专业救援队伍和管理人员队伍。村（居）民委员会和企业事业单位应当设立专职或者兼职的自然灾害信息员，负责自然灾害救助相关工作。

县级以上人民政府及其有关部门应当加强对自然灾害救助人员的业务培训，有计划地组织管理人员、专业救援人员、自然灾害信息员以及相关社会组织管理人员和志愿者进行培训。

第十六条 县级以上人民政府应当按照市场主导、政策引导的原则，建立自然灾害保险制度，推进农业保险、农村住房保险工作，加快地震等巨灾保险制度建设，发挥市场机制在风险防范、损失补偿、恢复重建等方面的作用。

第三章 应急救助

第十七条 减灾委员会应当根据自然灾害预报预警信息，及时启动预警响应，向社会发布规避自然灾害风险的警告。当地人民政府在必要时，应当开放应急避难场所；情况紧急时，应当组织危险区域人员紧急避险转移，民政等部门应当做好应急生活救助准备工作。

第十八条 自然灾害发生并达到自然灾害救助应急预案启动条件的，减灾委员会应当及时启动自然灾害救助应急响应，组织灾情会商，现场了解灾情，协调有关成员单位按照职责分工落实应急救助措施，保障受灾人员应急期间的食品、衣被、干净饮水、临时住所、医疗防疫等基本需求。

第十九条 在自然灾害应急救助期间，公安、交通运输等部门应当保证运输线路畅通，保证救灾人员、物资、设备和受灾人员优先运输和通行，必要时，可以采取开辟专用通道、实行交通管制等措施。依法经省人民政府批准执行抢险救灾任务的车辆，免交车辆通行费。

第二十条 在自然灾害应急救助期间，减灾委员会可以在本行政区域内紧急征用社会物资、运输工具、设施装备、场地等，应急救助工作结束后应当及时归还，并按照国家有关规定给予补偿。

第二十一条 重大自然灾害灾情稳定前，受灾地区人民政府民政部门应当每日逐级上报自然灾害人员伤亡、财产损失和自然灾害救助工作动态等情况，并及时向社会发布。

灾情稳定后，受灾地区人民政府减灾委员会应当及时组织有关部门会商，评估、核定并发布自然灾害损失情况。

第二十二条 自然灾害发生后，受灾地区人民政府在确保安全的前提下，采取就地安置与异地安置、集中安置与分散安置、政府安置与自行安置相结合的方式，对受灾人员进行过渡性安置。

鼓励受灾人员采取投亲靠友、自行筹建确保安全的临时住所以及其他方式自行安置，民政部门对自行安置的受灾人员应当给予适当补助。

对自行安置确有困难的，受灾地区人民政府应当通过搭建帐篷、篷布房、活动板房或者借用公房、体育场馆、人防工程等作为临时性过渡安置点集中安置受灾人员。

第四章 灾后救助

第二十三条 重大自然灾害灾情稳定后，省减灾委员会应当及时组织评估受灾人员过渡性生活需求，研究制定救助政策和支持措施。

省民政、财政部门根据受灾地区人民政府申请和对受灾人员过渡性生活需求评估情况，及时拨付过渡性生活救助补助资金和物资，指导受灾地区人民政府做好人员核定、资金和物资发放等工作。

第二十四条 自然灾害危险消除后，受灾地区人民政府应当组织农业、林业、水利等有关部门，帮助受灾人员开展生产自救，恢复生产。

第二十五条 自然灾害危险消除后，受灾地区人民政府应当统筹研究制定居民住房恢复重建规划和优惠政策，组织修缮或者重建因灾损毁的居民住房，对恢复重建确有困难的家庭予以重点帮扶。

居民住房恢复重建应当因地制宜、经济实用，避开自然灾害多发、易发区域，确保建设质量并符合防灾减灾要求。

受灾地区人民政府民政等部门按照规定程序，向经审核确认的居民住房恢复重建补助对象发放补助资金或者物资，住房城乡建设等部门为受灾人员修缮或者重建因灾损毁的居民住房提供必要的技术支持。

第二十六条 自然灾害发生后的当年冬季、次年春季，受灾地区人民政府应当为生活困难的受灾人员提供基本生活救助，保障受灾人员吃饭、穿衣、取暖等基本生活需求。

受灾地区人民政府应当统筹做好受灾人员基本生活救助和其他社会救助制度的衔接。对基本生活救助后受灾人员仍有其他特殊困难的，可给予临时救助。对因灾导致长期生活困难，符合低保、特困条件的，及时纳入低保、特困保障范围。对因灾发生疾病的，给予必要医疗防疫救助。

第二十七条 对遭受重大自然灾害的地区，财政、民政部门报经同级人民政府同意后，可按规定程序向省财政、民政部门申请自然灾害生活救助补助资金。省财政、民政部门根据灾情制定自然灾害生活救助补助资金分配方案，按照有关规定拨付资金。

第五章 救助款物管理

第二十八条 县级以上人民政府财政、民政部门负责自然灾害救助资金的分配、管理和监督使用，应当制定本级自然灾害生活救助标准，并建立与物价变动挂钩联动机制。

财政、民政部门应当对自然灾害救助资金实行专账核算，不得挤占、截留、挪用、擅自扩大资金使用范围，确保专款专用，无偿使用。

第二十九条 县级以上人民政府民政部门负责自然灾害救助物资的调拨、分配和管理工作。

省民政部门负责全省自然灾害救助物资的调拨，根据受灾地区紧急需求，可跨区域调拨各地救助物资进行紧急援助。对用于自然灾害救助准备和灾后恢复重建的货物、工程和服务的采购，依照政府采购和招标投标的有关法律规定组织实施。

第三十条 对于重大和特别重大自然灾害，县级以上人民政府应当视情组织开展救灾捐赠活动，并及时公开捐赠款物的数量、使用等情况，接受社会监督。

对定向捐赠的款物，应当按照捐赠人的意愿使用。政府部门接受的捐赠人无指定意向的款物，由民政部门统筹安排用于自然灾害救助；社会组织接受的捐赠人无指定意向的款物，由社会组织按照有关规定用于自然灾害救助。

第三十一条 县级以上人民政府应当建立健全自然灾害救助款物和捐赠款物监督检查制度，及时受理投诉和举报。财政、民政部门应当对下级自然灾害生活救助工作和资金管理情况进行检查。监察机关、审计机关应当依法对自然灾害救助款物和捐赠款物的管理使用进行监督检查，民政、财政等部门和有关社会组织应当予以配合。

第六章 法律责任

第三十二条 行政机关工作人员有下列行为之一的，由任免机关或者监察机关依照法律法规给予处分；构成犯罪的，依法追究刑事责任：

（一）未及时发布突发自然灾害预警、采取预警措施，导致灾害损失严重的；

（二）未及时组织受灾人员转移安置，或者在提供基本生活救助、组织恢复重建过程中工作不力，造成后果的；

（三）不及时归还征用的财产，或者不按照规定给予补偿的；

（四）迟报、谎报、瞒报自然灾害人员伤亡和财产损失情况，造成后果的；

（五）挤占、截留、挪用、擅自扩大资金使用范围的；

（六）其他滥用职权、玩忽职守、徇私舞弊的行为。

第三十三条　骗取自然灾害救助款物或者捐赠款物的，由县级以上人民政府民政部门责令限期退回；构成犯罪的，依法追究刑事责任。

第三十四条　抢夺、哄抢自然灾害救助款物或者捐赠款物的，由县级以上人民政府民政部门责令限期退回；构成违反治安管理行为的，由公安机关依法给予治安管理处罚；构成犯罪的，依法追究刑事责任。

第三十五条　以暴力、威胁方法阻碍救灾工作人员依法执行职务，构成违反治安管理行为的，由公安机关依法给予治安管理处罚；构成犯罪的，依法追究刑事责任。

第七章　附　　则

第三十六条　在本省行政区域内发生事故灾难、公共卫生事件、社会安全事件等突发事件，需要由县级以上人民政府民政部门开展生活救助工作的，参照本办法执行。

第三十七条　法律、法规对防灾、减灾、救灾另有规定的，从其规定。

第三十八条　本办法自 2018 年 2 月 1 日起施行。

来源：河北省人民政府网站

4 山东省自然灾害救助办法（省政府令第310号）

山东省人民政府令

第 310 号

《山东省自然灾害救助办法》已经 2017 年 11 月 17 日省政府第 115 次常务会议通过，现予公布，自 2018 年 2 月 1 日起施行。

省长 龚正

2017 年 12 月 4 日

山东省自然灾害救助办法

第一章 总则

第一条 为了规范自然灾害救助工作，保障受灾人员基本生活，根据《中华人民共和国突发事件应对法》《自然灾害救助条例》等法律、法规，结合本省实际，制定本办法。

第二条 本省行政区域内自然灾害救助准备、应急救助、灾后救助、救助资金和物资管理等活动，适用本办法。

本办法所称自然灾害，包括干旱、洪涝灾害，台风、风雹、低温冷冻、雪等气象灾害，地震灾害，山体崩塌、滑坡、泥石流等地质灾害，风暴潮、海啸等海洋灾害，森林火灾和生物灾害等。

第三条 自然灾害救助工作遵循以人为本、防救并重，政府主导、社会参与，分级负责、属地管理，群众互助、灾民自救的原则。

第四条 自然灾害救助工作实行各级人民政府行政领导负责制。

县级以上人民政府或者其自然灾害救助应急综合协调机构负责组织、协调本行政区域的自然灾害救助工作。

县级以上人民政府民政部门负责本行政区域的自然灾害救助工作；其他有关部门按照各自职责，做好自然灾害救助相关工作。

乡镇人民政府、街道办事处负责本行政区域自然灾害信息报告、先期处置、应急自救、灾后救助等工作的具体实施。

第五条 县级以上人民政府应当将自然灾害救助工作纳入国民经济和社会发展规划，将自然灾害救助资金和自然灾害救助工作经费纳入财政预算，组织制定自然灾害救助标准，建立自然灾害救助资金、物资保障机制。

第六条 县级以上人民政府应当建立自然灾害救助社会动员机制，鼓励、引导、支持社会力量参与灾害防范、灾害救助、恢复重建、救灾捐赠、志愿服务等活动。

村民委员会、居民委员会以及红十字会、慈善会和公募基金会等社会组织，依法协助人民政府做好自然灾害救助相关工作。

第七条　县级以上人民政府或者其自然灾害救助应急综合协调机构应当建立自然灾害信息发布、灾情信息共享会商、灾害救助应急联动等机制，提高自然灾害救助能力。

第八条　县级以上人民政府应当按照政府推动、市场运作的原则，建立自然灾害救助保险机制；鼓励、引导公民、法人和其他组织参加自然灾害保险，增强抵御自然灾害风险能力。

第九条　各级人民政府以及有关部门应当加强防灾减灾知识的宣传教育，提高公民的防灾避险意识和自救互救能力。

新闻媒体和电信运营企业应当无偿开展防灾减灾公益宣传。

第十条　县级以上人民政府应当对在自然灾害救助中作出突出贡献的单位和个人，按照国家和省有关规定给予表彰和奖励。

第二章　救助准备

第十一条　县级以上人民政府应当编制防灾减灾综合规划和专项规划，明确防灾减灾的目标任务、工作要求和重大工程。

城乡建设规划以及重大项目的选址、建设，应当符合国家和省有关防灾减灾标准和要求。

第十二条　各级人民政府应当结合本地实际，制定和完善自然灾害救助应急预案，并报上一级人民政府及其民政部门备案。

乡镇人民政府、街道办事处应当指导村民委员会、居民委员会制定自然灾害救助专项应急预案。

第十三条　机关、团体、企业事业单位和其他社会组织以及村民委员会、居民委员会应当结合实际，定期开展防灾减灾知识宣传普及和应急演练活动。

鼓励、支持建设防灾减灾科普宣传教育基地。

第十四条　县级以上人民政府应当建立自然灾害应急指挥系统和自然灾害信息共享平台，并为自然灾害救助工作配备必要的通信、交通、防护等装备。

第十五条　省人民政府民政部门会同财政、发展改革等部门制定自然灾害救助物资储备库建设规划和物资储备规划，并组织实施。

设区的市、县（市、区）人民政府应当按照布局合理、规模适度的原则，制定本行政区域自然灾害救助物资储备规划，设立救助物资储备库。

乡镇人民政府、街道办事处应当建立救助物资储备场所，并指导自然灾害多发易发的村、社区建立救助物资储备点。

第十六条　县级以上人民政府民政部门应当依法采购、储备救助物资；建立自然灾害救助物资社会化储备制度，通过政府购买服务等方式与相关企业签订自然灾害救助物资代储和紧急供货协议。自然灾害救助物资供应单位应当确保救助物资质量。

鼓励社会力量、村民委员会、居民委员会和家庭储备基本的应急自救物资和生活必需品。

第十七条　设区的市、县（市、区）人民政府应当利用广场、公园、学校、体育场馆、人防工程等公共设施，统筹规划设立自然灾害应急避难场所，明确场所维护管理单位，设置明显规范的场所标志、标识，配备应急供水、供电、消防、卫生防疫等设施，并向社会公布场所名称、具体地址和到达路径。

第十八条　县级以上人民政府国土资源、水利、农业、海洋与渔业、林业和气象、地震等部门应当加强自然灾害监测预警，及时发布预警预报信息，并报告本级人民政府及其自然灾害救助应急综合协调机构。

灾害可能发生地的县（市、区）人民政府和有关部门、乡镇人民政府、街道办事处应当通过新闻媒体，及时发布自然灾害预警预报信息。

第十九条 各级人民政府以及有关部门应当定期组织对易发自然灾害的危险源、隐患区域进行风险排查、登记、评估，并及时整治。

第二十条 县级以上人民政府民政部门应当加强自然灾害救助人员的队伍建设和业务培训，提高防灾减灾和应急救助能力。

村民委员会、居民委员会、企业事业单位应当设立专职或者兼职自然灾害信息员，协助县（市、区）人民政府民政部门和乡镇人民政府、街道办事处开展灾害预警、灾情统计报送和灾害救助等工作。

设区的市、县（市、区）人民政府可以根据工作需要，对村民委员会、居民委员会的自然灾害信息员给予适当补助。

第三章 应急救助

第二十一条 自然灾害可能发生地的县级以上人民政府或者其自然灾害救助应急综合协调机构应当根据自然灾害预警预报及时启动预警响应，采取下列一项或者多项措施：

（一）向社会发布预警响应启动情况和规避自然灾害风险的警告，宣传避险常识和技能，提示公众做好避险自救准备；

（二）向可能受影响的地区人民政府自然灾害救助应急综合协调机构和有关部门通报预警信息，加强应急值守，组织做好应急抢险救援准备；

（三）开放应急避难场所或者做好开放应急避难场所的准备工作；

（四）疏散、转移可能遭受自然灾害危害的人员和财产，情况紧急时，组织避险转移；

（五）加强对易受自然灾害危害的村庄、社区以及公共场所的安全保障；

（六）责成民政等部门做好基本生活救助准备；

（七）责成救助物资储备管理单位做好救助物资调运准备。

第二十二条 自然灾害发生后，受灾地区人民政府和有关部门应当立即查核灾情，紧急转移安置受灾害威胁的人员，根据需要及时下拨救灾资金、调运救助物资，组织开展受灾人员应急救助。

第二十三条 自然灾害发生并达到自然灾害救助应急预案启动条件的，县级以上人民政府或者其自然灾害救助应急综合协调机构应当及时启动相应等级的自然灾害救助应急响应，采取下列一项或者多项措施：

（一）立即向社会发布政府应对措施和公众防范措施；

（二）组织紧急疏散、转移、安置受灾人员；

（三）紧急调拨救灾资金和救助物资，保障受灾人员食品、饮用水、衣被、取暖、临时住所、医疗防疫等基本生活需求；

（四）抚慰受灾人员，处理遇难人员善后事宜；

（五）组织受灾人员开展自救互救；

（六）分析评估灾情趋势和灾区需求并采取相应救助措施；

（七）组织开展救灾捐赠活动，指导社会力量有序参与救灾。

第二十四条 自然灾害救助应急期间，县级以上人民政府或者其自然灾害救助应急综合协调机构可以在本行政区域内依法紧急征用物资、设备、交通运输工具和场地等，应急工作结束后应当及时归还，并按照国家有关规定给予补偿。

救助物资难以满足保障受灾人员基本生活需求时，由民政部门报经本级人民政府同意后组织紧急采购。

第二十五条 自然灾害救助应急期间，交通运输部门及铁路、民航等单位应当保障救灾应急人员和物资优先运输；救灾车辆凭省人民政府批准、交通运输等主管部门制发的统一应急标志，免交车辆通行费。

受灾地区人民政府应当根据需要对灾害现场及相关通道实行交通管制，开设救灾应急绿色通道，保障救灾工作顺利开展。

第二十六条 突发性自然灾害发生后，乡镇人民政府、街道办事处应当组织村民委员会、居民委员会统计灾情信息，并按照规定报送县（市、区）人民政府民政和其他有关部门；县级以上人民政府及其民政等部门应当按照国家和省有关规定，组织做好灾情信息统计、核查、上报工作。

第二十七条 自然灾害遇难人员由受灾地区县（市、区）人民政府民政部门统计、核实和逐级上报，并按照规定向遇难人员亲属发放抚慰金。

乡镇人民政府、街道办事处应当对自然灾害遇难人员亲属给予慰藉、帮扶，村民委员会、居民委员会协助做好相关工作。

第四章 灾后救助

第二十八条 应急救助结束后，受灾地区人民政府应当按照规定，对因灾房屋倒塌或者严重损坏无房可住、无生活来源、无自救能力的受灾人员给予过渡性生活救助。

第二十九条 受灾地区人民政府应当在确保安全的前提下，采取就地安置与异地安置、政府安置与自行安置相结合的方式，对受灾人员进行过渡性安置。

鼓励受灾人员采取投亲靠友、自行筹建临时住所等方式自行安置，县（市、区）人民政府民政部门应当给予适当补助。

受灾人员自行安置确有困难的，受灾地区人民政府应当设立过渡安置点进行集中安置。过渡安置点应当选择在交通便利、便于恢复生产和生活的地点，并避开可能发生次生灾害的区域，不占用或者少占用耕地。

受灾地区人民政府以及有关部门应当加强对过渡安置点的管理，及时修复公共设施，恢复生产、生活和工作秩序，做好安全、卫生防病和受灾人员心理援助等工作。

第三十条 对于因干旱灾害造成饮水困难或者缺粮等基本生活困难的受灾人员，受灾地区人民政府和民政部门应当根据受灾人员的自救能力分类提供基本生活救助，帮助其解决饮水和口粮等基本生活困难。

第三十一条 自然灾害危险消除后，受灾地区县（市、区）人民政府民政部门应当对因灾损毁居民住房情况进行调查、核定、登记，建立居民住房恢复重建台账。

受灾地区人民政府应当统筹制定因灾损毁居民住房恢复重建规划和优惠政策，组织重建或者修缮因灾损毁的居民住房，对恢复重建确有困难的家庭予以重点帮扶。

受灾地区县（市、区）人民政府民政等部门应当及时向经审核确认的居民住房恢复重建补助对象发放补助资金和物资，国土资源、住房城乡建设等部门应当为受灾人员重建或者修缮因灾损毁的居民住房提供必要的技术支持。

第三十二条　自然灾害发生后的当年冬季、次年春季，受灾地区人民政府应当为生活困难的受灾人员提供基本生活救助。

第三十三条　灾后救助对象的确定，由受灾人员本人申请或者村民小组、居民小组提名，经村民委员会、居民委员会民主评议，符合救助条件的，在自然村、社区范围内公示；公示无异议或者经村民委员会、居民委员会民主评议异议不成立的，由村民委员会、居民委员会将评议意见和有关材料提交乡镇人民政府、街道办事处审核后，报县（市、区）人民政府民政等部门审批。

第三十四条　受灾地区人民政府应当统筹做好自然灾害救助与其他社会救助制度的有序衔接，按照规定及时向符合条件的受灾人员提供最低生活保障、专项救助等其他社会救助。

第五章　救助资金和物资管理

第三十五条　县级以上人民政府财政、民政部门负责自然灾害救助资金的分配、管理，并对资金使用情况进行监督。

县级以上人民政府民政部门负责自然灾害救助物资的调拨、分配、回收和管理。

第三十六条　自然灾害救助资金、物资无偿用于下列事项：

（一）受灾人员紧急转移安置；

（二）受灾人员口粮、饮用水、衣被、取暖、临时住所等基本生活救助；

（三）教育、医疗等公共服务设施和居民住房恢复重建；

（四）受灾人员医疗救助；

（五）因灾遇难人员亲属抚慰；

（六）救助物资采购、储存、运输和回收；

（七）法律、法规、规章规定的其他事项。

县级以上人民政府民政、财政部门应当对自然灾害救助资金和物资实行专账管理、专款（物）专用，不得挤占、截留、挪用和擅自扩大使用范围。

第三十七条　定向捐赠的救助资金和物资，应当按照捐赠人的意愿使用。政府部门接受的捐赠人无指定意向的捐赠资金和物资，由县级以上人民政府民政部门统筹安排用于自然灾害救助；具有救灾宗旨的社会组织接受的捐赠人无指定意向的捐赠资金和物资，由接受捐赠的社会组织按照规定用于自然灾害救助。

第三十八条　县级以上人民政府民政、财政等部门和有关社会组织应当通过报刊、广播电视、互联网等媒体，主动向社会公开所接受的自然灾害救助资金、物资和捐赠资金、物资的来源、数量及其使用情况，并接受政府有关部门、捐赠人和社会的监督。

受灾地区村民委员会、居民委员会应当及时公布救助对象及其接受救助资金、物资数额和使用情况。

第三十九条　受灾地区县（市、区）人民政府民政、财政部门应当明确救助资金和物资的发放方式。采取现金救助的，除应急救助、发放因灾遇难人员亲属抚慰金外，应当通过金融机构实行社会化发放；采取实物救助的，应当按照规定采购、发放救助物资。

第四十条　各级人民政府应当建立自然灾害救助资金、物资和捐赠资金、物资的监督检查制度，并及时处理投诉和举报。

县级以上人民政府民政、财政、审计等部门应当依法对自然灾害救助资金、物资的管理和使用情况进行监督。

第六章　法律责任

第四十一条　违反本办法，法律、法规、规章已规定法律责任的，适用其规定。

第四十二条　违反本办法，各级人民政府和有关部门有下列情形之一的，由有权机关责令改正，并对直接负责的主管人员和其他直接责任人员依法给予处分；构成犯罪的，依法追究刑事责任：

（一）未按照规定设立救助物资储备库或者建设救助物资储备场所的；

（二）未按照规定启动自然灾害预警响应、应急响应并采取措施，导致损害发生的；

（三）未按照规定对受灾人员进行安置的；

（四）未按照规定采购、储备救助物资的；

（五）未按照规定发放救助资金、物资，或者擅自扩大救助资金、物资使用范围的；

（六）未按照规定对救助资金、物资和捐赠资金、物资的管理、使用情况进行监督检查，造成严重后果的；

（七）有滥用职权、玩忽职守、徇私舞弊的其他情形的。

第四十三条　自然灾害救助物资供应单位，不按照协议供应物资的，由签订协议的民政部门依法解除协议并追缴支付的资金。

自然灾害救助物资供应单位供应的物资，不符合产品质量要求的，由有关部门依法予以处罚。

第七章　附则

第四十四条　本办法自 2018 年 2 月 1 日起施行。

分送：省委书记、副书记、常委，省长、副省长。各市人民政府，各县（市、区）人民政府，省政府各部门、各直属机构，各大企业，各高等院校。省委各部门，省人大常委会办公厅，省政协办公厅，省法院，省检察院。各民主党派省委。

山东省人民政府办公厅 2017 年 12 月 4 日印发

来源：山东省人民政府网站

5 中共福建省委 福建省人民政府关于推进防灾减灾救灾体制机制改革的实施意见

(闽委发〔2017〕29 号　2017 年 12 月 4 日)

为贯彻落实《中共中央、国务院关于推进防灾减灾救灾体制机制改革的意见》精神，切实做好我省防灾减灾救灾工作，现就推进防灾减灾救灾体制机制改革提出如下实施意见。

一、指导思想

认真学习贯彻党的十九大精神，以习近平新时代中国特色社会主义思想为指导，切实增强"四个意识"，紧紧围绕统筹推进"五位一体"总体布局和协调推进"四个全面"战略布局，牢固树立和落实新发展理念，坚持以防为主、防抗救相结合，坚持常态减灾和非常态救灾相统一，努力实现从注重灾后救助向注重灾前预防转变，从应对单一灾种向综合减灾转变，从减少灾害损失向减轻灾害风险转变，落实责任、完善体系、整合资源、统筹力量，切实提高防灾减灾救灾工作法治化、规范化、现代化水平，全面提升全社会抵御自然灾害的综合防范能力，为"再上新台阶、建设新福建"和全面建成小康社会提供有力保障。

二、基本原则

（一）坚持以人为本、牢记为民宗旨。牢固树立以人为本理念，把确保人民群众生命安全放在首位，保障受灾群众基本生活，增强全民防灾减灾意识，提升公众知识普及和自救互救技能，切实减少人员伤亡和财产损失。

（二）坚持以防为主、防抗救相结合。高度重视减轻灾害风险，切实采取综合防范措施，将常态减灾作为基础性工作，坚持"防、抗、救"有机统一，前后衔接，未雨绸缪，常抓不懈，增强全社会抵御和应对灾害能力。

（三）坚持分级负责、属地管理为主。根据灾害造成的人员伤亡、财产损失、社会影响等因素，及时启动相应应急预案，落实救灾工作分级负责制，强化受灾地区党委和政府指挥协调职能，并在救灾中发挥主体作用、承担主体责任。

（四）坚持综合减灾、统筹灾害防御。认真研究全球气候变化背景下灾害孕育、发生和演变特点，充分认识新时期灾害的突发性、异常性和复杂性，准确把握灾害衍生次生规律，综合运用各类资源和多种手段，强化统筹协调，科学应对各种自然灾害。

（五）坚持党委领导、政府主导、多方参与。坚持党委和政府在防灾减灾救灾工作中的领导和主导地位，发挥组织领导、统筹协调、提供保障等重要作用。组织动员社会力量广泛参与，完善灾害保险制度，加强政府与社会力量、市场机制的协同配合，形成工作合力。

三、主要任务

（一）健全自然灾害管理体制。加强自然灾害管理全过程的综合协调，强化资源统筹和工作协调。充分发挥减灾委员会对防灾减灾救灾工作的统筹指导和综合协调作用，加强减灾委员会办公室在灾情信息管理、受灾群众生活救助、防灾减灾科普宣传和区域交流协作等方面的能力建设，强化防汛救灾救援应急指挥中心、地震应急指挥中心在重大灾害救灾救援工作中的应急指挥作用。健全各级减灾委员会与防汛抗旱指挥部、抗震救灾指挥部、森林防火指挥部等机构之间，以及与军队、武警和民兵预备役部队之间的工作协同机制；探索闽浙赣粤在灾情信息、救灾物资和救援力量等方面的支持协作机制，形成党委领导、政府主导、分工负责、军地协同、区域协作的灾害应急管理体制。

（二）强化应急救灾主体责任。按照分级负责、属地管理为主的原则，明确省、市、县（区）应急救灾的事权和责任。省委省政府对达到启动省级Ⅳ级以上（包括Ⅳ级，下同）应急响应条件的自然灾害，发挥综合协调和指导支持作用；设区市党委和政府（含平潭综合实验区，下同）对达到启动本级Ⅳ以上应急响应条件的自然灾害，发挥统筹协调和支持保障作用；县级党委和政府在本级行政区域内的灾害应对中发挥主体作用，承担主体责任。省、市、县级政府要建立健全统一的防灾减灾领导机构，统筹防灾减灾救灾各项工作，根据自然灾害应急救助预案，统一组织指挥人员搜救、伤员救治、卫生防疫、基础设施抢修、房屋安全应急评估和群众转移安置等应急处置工作。

（三）完善灾情信息管理机制。健全自然灾害情况统计制度，全面实现乡镇（街道）自然灾害信息网络直报；建立灾害损失评估会商和共享机制；加强防灾减灾部门业务协同和互联互通，实现各种灾害风险隐患、预警、灾情以及救灾工作动态等信息共享。重大灾情信息由相关职能部门统一审核发布。

（四）提升灾害风险防范能力。按照《福建省"十三五"综合防灾减灾专项规划》，完善防灾减灾救灾工程建设标准体系，提升灾害风险区域内学校、医院、居民住房、基础设施及文物保护单位的设防水平和承灾能力。改造和建设一批自然灾害避灾点和地震应急避难场所，为受灾群众提供就近就便的安置服务。加快推进海绵城市建设，补齐城市排水防涝设施建设短板，增强城市防洪排涝能力。加强农业防灾减灾基础设施建设，提升农业抗灾能力。发挥气象、水文、地震、地质、林业、海洋等防灾减灾部门作用，提升灾害风险预警能力，加强灾害风险评估、隐患排查治理。加快构建全社会统筹气象观测、天地空一体、"一网专用"的综合气象观测网，建立完善无缝隙精细化气象预报预警业务体系和地震预警发布平台；完善预警信息发布运行保障体系，有序推进市、县（区）预警信息发布平台建设，提高灾害预警信息发布的准确性和时效性，扩大社会公众覆盖面，有效解决信息发布"最后一公里"问题。

（五）健全灾后恢复重建工作制度。认真贯彻落实《中共福建省委、福建省人民政府关于做好灾后恢复重建工作的实施意见》，强化县级、乡镇政府在灾后恢复重建工作中的主体责任和实施责任，加强对重建工作的组织领导，形成统一协调的组织体系、科学系统的规划体系、全面细致的政策体系、务实高效的实施体系和完备严密的监管体系；充分调动受灾群众积极性，发动受灾群众自力更生，重建家园；鼓励社会力量依法有序参与灾后恢复重建。

（六）完善军地协作联动制度。完善军队、武警部队和民兵预备役部队参与抢险救灾的应急协调机制，明确工作程序，细化军队、武警部队和民兵预备役部队参与抢险救灾的工作任务；完善军地灾害预报预警、灾情动态、救灾需求、救援进展等信息通报和联合保障机制，提升军地应急救援水平；加强救灾应急专业力量建设，完善以军队、武警部队和民兵预备役部队为突击力量，以公安消防等专业队伍为骨干力量，以基层应急救援队伍和社会应急救援队伍为辅助力量的灾害应急救援力量体系。

（七）健全社会力量参与机制。坚持鼓励支持、引导规范、效率优先、自愿自助的原则，研究制定我省社会力量参与防灾减灾救灾工作的指导意见。落实税收优惠、人身保险、装备提供、业务培训、政府购买服务等支持措施，搭建社会组织、志愿者等社会力量参与的协调服务平台和信息导向平台；完善救灾捐赠组织协调、信息公开、需求导向等工作机制；鼓励支持社会力量全方位参与常态减灾、应急救援、过渡安置、恢复重建等工作，构建多方参与的社会化防灾减灾救灾格局。

（八）发挥市场机制作用。坚持政府推动、市场运作的原则，强化保险等市场机制在风险防范、损失补偿、恢复重建等方面的积极作用，提高灾害风险保障水平。扎实推进政策性农村住房和公众责任保险制度，制定我省农村住房保险定损评估标准。加快巨灾保险制度建设，逐步形成财政支持下的多层次巨灾风险分散机制。

（九）加强防灾减灾宣传演练。加强防灾减灾国民教育和科普宣传教育基地建设，积极开展创建全国综合减灾示范社区、地震安全示范社区、防震减灾科普示范学校、防震减灾科普教育基地等活动；县级以上人民政府及其减灾委员会要统筹协调推进防灾减灾知识和技能进学校、进机关、进企事业单位、进社区、进农村、进家庭活动；各级各类学校要将防灾减灾知识纳入学校的安全教育基础内容，每年至少组织一次应急疏散演练；报纸、广播、电视、网站等媒体以及移动、电信、联通等运营商要加强防灾减灾新闻宣传，鼓励无偿开展公益宣传活动。

（十）提升综合减灾保障能力。按照国家有关标准，全面建成市、县救灾物资储备库；按照满足本级自然灾害救助Ⅲ级应急响应的需求，确定省、市、县救灾物资储备品种、标准和规模；完善"省应急物资储备信息网"建设，提高储备物资统筹利用水平；建立救灾物资优先通行和收费公路免费通行机制，提高救灾工作时效；加强应急物流体系建设，完善铁路、公路、水运、航空应急运力储备与调运机制；支持重大救灾装备租赁与服务市场发展，提升协同保障能力；建立健全应急救援期社会物资、运输工具、设施装备等征用和补偿机制。修订完善省、市、县《自然灾害救助应急预案》等各类自然灾害专项应急预案和工作规程，贯彻落实《福建省自然灾害防范与救助管理办法》，确保防灾减灾救灾工作依法有序开展。

（十一）提高科技支撑水平。统筹协调防灾减灾救灾科技资源和力量，充分发挥专家学者的决策支撑作用，加强防灾减灾救灾人才培养，建立防灾减灾救灾高端智库，完善专家咨询制度。明确常态减灾和非常态救灾科技支撑工作模式，建立科技支撑防灾减灾救灾工作的政策措施和长效机制。加强基础理论研究和关键技术研发，着力揭示重大自然灾害及灾害链的孕育、发生、发展、演变规律，分析致灾成因机理。推进大数据、云计算、地理信息等新技术新方法运用，提高灾害信息获取、模拟仿真、预报预测、风险评估、应急通信与保障能力。通过省科技计划（专项、基金等）对符合条件的防灾减灾救灾领域科研活动进行支持，加强科技条件平台建设，发挥现代科技作用，提高重大自然灾害防范的科学决策水平和应急能力。完善产学研协同创新机制和技术标准体系，推动科研成果的集成转化、示范和推广应用，开展防灾减灾救灾新材料新产品研发，加快推进防灾减灾救灾产业发展。

四、保障措施

（一）加强组织领导。各级党委和政府要以高度的政治责任感和历史使命感，加大工作力度，落实主体责任，细化实施方案；省减灾委员会要加强统筹协调，对改革推进情况进行跟踪督促检查；各相关部门要加强协作，主动担责，确保本实施意见确定的各项改革举措落到实处。

（二）加强队伍建设。加强业务技能培训，省、市、县级民政部门分别每五年、三年、一年对基层灾害信息员轮训一次。加强防灾减灾专业队伍建设，鼓励有条件的地方通过政府购买服务的方式充实基层防灾减灾救灾力量，提升基层综合减灾能力。

（三）加大资金投入。健全防灾减灾救灾资金多元投入机制，加大防灾减灾基础设施建设、重大工程建设、人才培养、科普宣传和教育培训等方面的经费投入力度。各级财政要继续支持开展应急救灾、灾害风险防范、风险调查与评估、基层减灾能力建设、科普宣传教育和防灾减灾演练等防灾减灾相关工作，建立健全省、市、县救灾预备金和救灾物资采购制度。拓宽资金投入渠道，鼓励社会力量和家庭、个人对防灾减灾救灾工作的投入，提高社区和家庭自救互救能力。

来源：福建省人民政府网站

第三篇　标准篇

中共中央办公厅国务院办公厅印发《关于推进城市安全发展的意见》的通知中指出，要加强城市安全源头治理，完善安全法规和标准。加强体现安全生产区域特点的地方性法规建设，形成完善的城市安全法治体系。完善城市高层建筑、综合交通枢纽、燃气工程、排水防涝等的技术标准，提高安全和应急设施的标准要求，增强抵御事故风险、保障安全运行的能力。

本篇收录介绍了《建筑与市政工程抗震通用规范》《建筑钢结构防火技术规范》《建筑内部装修设计防火规范》《农村危险房屋加固技术标准》等6部国家、行业标准在编或修订情况，主要包括编制或修编背景、编制原则和指导思想、修编内容与改进等方面内容，便于读者在第一时间了解到标准规范的最新动态。

1 《建筑与市政工程抗震通用规范》研编工作简介

罗开海[1]　黄世敏[2]

1.中国建筑科学研究院有限公司　2.建研科技股份有限公司

一、任务来源与工作背景

1.任务来源

根据《住房城乡建设部关于印发 2017 年工程建设标准规范制修订及相关工作计划的通知》（建标 [2016]248 号）的要求，工程建设强制性标准《建筑与市政工程抗震技术规范》列入 2017 研编计划，中国建筑科学研究院为第一起草单位，会同有关单位开展研编工作。

根据《住房城乡建设部标准定额司关于印发〈工程建设规范研编工作指南〉的通知》（建标标函 [2018]31 号）要求，《建筑与市政工程抗震技术规范》的名称变更为《建筑与市政工程抗震通用规范》。

2.工作背景

为落实《中共中央关于全面深化改革若干重大问题的决定》《国务院机构改革和职能转变方案》和《国务院关于促进市场公平竞争维护市场正常秩序的若干意见》（国发〔2014〕20 号）关于深化标准化工作改革、加强技术标准体系建设的有关要求，国务院于 2015 年 3 月 11 日发布了《国务院关于印发深化标准化工作改革方案的通知》（国发〔2015〕13 号），对全面深化标准化工作改革的必要性和紧迫性作出了全面、深刻的论述，并对改革的总体要求、改革措施、组织实施方案等作出了明确的规定。

为落实《国务院关于印发深化标准化工作改革方案的通知》（国发〔2015〕13 号），进一步改革工程建设标准体制、健全标准体系、完善工作机制，住房和城乡建设部于 2016 年 8 月 9 日发布了《关于深化工程建设标准化工作改革的意见》（建标〔2016〕166 号），对工程建设领域的标准化工作改革作出了统筹安排，并对改革的总体要求、任务、保障措施等作出规定。按照住房和城乡建设部有关标准化改革工作的安排，城乡建设部分拟设强制性标准 38 项（后期变更为 39 项），以代替目前散落在各本标准中的强制性条文，其中，《建筑与市政工程抗震技术规范》属于通用技术类强制性标准之一。

二、研编工作简况

1.研编组成立暨第一次工作会议

研编组成立暨第一次工作会议于 2016 年 12 月 27 日在北京召开。参加会议的有住房和城乡建设部标准定额司标准规范处、工程质量安全监管司抗震防灾处、住房和城乡建设部标准定额研究所的主管领导，中国建筑科学研究院和住房和城乡建设部建筑结构标准化技术委员会有关领导等。研编组全体成员参加了会议。研编负责人黄世敏研究员代表编制组介绍了研编大纲（草案），并就立项背景、研编单位与研编组的组成、《规范》框架草案、工作分工以及进度安排等方面作了详细介绍。与会代表对研编大纲（草案），进行了认真的讨论，经过修改完善，形成并通过了国家标准《建筑与市政工程抗震技术规范》研编大纲，对研编工作的思路、要求、任务分工和进度控制作出了明确规定和安排。

2. 第二次工作会议

2017 年 6 月 7 日，研编组第二次会议在北京召开，与会的有住房和城乡建设部标准定额研究所的主要领导和全体研编组成员。会上，黄世敏研究员代表研编组作了《国家标准〈建筑与市政抗震技术规范〉研编工作交流汇报》报告，从国家标准化工作改革的形势需求和欧洲标准化统一进程两个方面对规范草案的编制原则作了说明，并对规范的覆盖范围和初稿的章节安排作了详细介绍。罗开海研究员作了《国家标准〈建筑与市政抗震技术规范〉初稿编制说明》的报告，逐条介绍了条文设置的目的、必要性以及与现行相关标准的关系等。会议对规范草案的编制原则和章节安排进行了重点讨论并形成了一致意见。

3. 相关规范研编协调会

2017 年 6 月 20 日和 8 月 3 日，住房和城乡建设部标准定额司先后于银龙苑宾馆和中国建筑科学研究院组织召开了建筑结构相关技术规范研编工作会议，就《结构作用与可靠性设计》《建筑与市政工程抗震技术规范》《混凝土技术规范》《钢结构技术规范》《木结构技术规范》《组合结构技术规范》《砌体结构技术规范》《既有建筑鉴定与加固技术规范》等 8 本规范的编写体例和主要技术内容进行协调部署。根据两次会议研讨结果，关于《建筑与市政工程抗震技术规范》的决定有：（1）关于任务分工，《建筑与市政工程抗震技术规范》主要以抗震共性规定、结构体系以及构件构造原则性要求为主，构件层面的细部抗震构造要求则由相关专业技术规范进行具体规定；（2）关于章节体例进行如下调整，有关抗震措施的规定，按照建筑工程和市政工程进行归类，增加城镇抗震防灾规划相关内容，术语和符号统一纳入附录。调整后，《建筑与市政工程抗震技术规范（草案）》共 7 章、1个附录。

4. 中期评估

2017 年 12 月 12 ~ 14 日，住房和城乡建设部标准定额研究所在北京组织召开了住房城乡建设领域工程建设规范编制、研编工作中期评估会议，对规范结构、编写体例、规范内容以及各规范之间的协调性进行评估，并根据评估结果对后续研编工作安排进行适当调整。按照中期评估后的工作安排，通用技术类规范的名称统一为《×××通用规范》，关于《建筑与市政工程抗震技术规范》的具体意见是：1）章节体例编排基本合理；2）第 3的城镇抗震防灾规划部分应纳入第二章的基本规定；3）第 6.9 节的房屋隔震与减震应纳入第 6.1 节的一般规定；4）第 6 章增加组合结构、木结构的专门规定；5）第 7.3 节的地下建筑应并入第 6 章建筑工程。调整后，《建筑与市政工程抗震通用规范》（草案）共 6 章、1个附录。

5. 征求意见

2018 年 4 月 20 日 ~ 5 月 25 日，住房和城乡建设部标准定额司组织开展了城乡建设领域 39 项工程规范集中函审和征求意见工作，《建筑与市政工程抗震通用规范》共收到各研编 / 编制组或个人反馈意见和建议 369 条，经研编组逐条分析、研究，采纳 209 条，部分采纳 54 条，不采纳 106 条。根据函审反馈意见，对《建筑与市政工程抗震通用规范》（征求意见稿）进行了修改和完善，形成了《建筑与市政工程抗震通用规范（草案）》（验收稿）。

6. 验收会议

2018 年 9 月 6 日，住房和城乡建设部标准定额研究所在北京组织召开了《建筑与市政工程抗震通用规范》研编工作验收会议。会议对《建筑与市政工程抗震通用规范》研编组的工作和成果给予了充分的肯定，研编工作通过验收。同时，会议对《建筑与市政工程抗震通用规范（草案)》(验收稿）提出了若干意见和建议。

7. 成果报送

2018 年 9 ~ 11 月，研编组根据验收会议的意见和建议，并与各相关《规范》协调，对《建筑与市政工程抗震通用规范（草案)》(验收稿）进行了修改和完善，形成了《建筑与市政工程抗震通用规范（草案)》(报送稿），并于 2018 年 11 月 30 日前将《建筑与市政工程抗震通用规范（草案)》《研编工作报告》《研编专题报告》等成果资料报送住房和城乡建设部标准定额司。

三、《规范》（草案）的编制原则

1. 原则性要求和底线控制

按照《工程建设规范研编工作指南》要求，《规范》的条文属性是保障人身健康和生命财产安全、国家安全、生态安全以及满足社会经济管理基本需要的技术要求。《规范》的具体条文均是由以下两个基本类型条款或其组合构成：其一是原则性要求类条款，即有关建筑与市政工程抗震设防基本原则和功能性要求的条款；其二是底线控制类条款，即涉及工程抗震质量安全底线的控制性条款。

2. 现行强条全覆盖

按照国务院标准化工作改革方案、新《标准化法》修订方案的原则要求以及住房和城乡建设部相关文件精神，《规范》（草案）的编制是在梳理和整合现有相关强制性标准的基础上进行的，要求《规范》（草案）应能对现行强制性条文全覆盖。

3. 避免交叉与重复

为了避免与相关工程建设规范之间的交叉与重复，经分工协调，《建筑与市政工程抗震通用规范》主要以抗震共性规定、结构体系以及构件构造原则性要求为主，构件层面的细部构造要求由相关专业规范具体规定。

四、《规范》（草案）的主要内容

本《规范》是抗震设防烈度 6 度及以上地区各类新建、改建、扩建建筑与市政工程抗震设防的基本要求，是全社会必须遵守的强制性技术规定。内容涵盖了规划、勘察、设计、施工以及使用等工程抗震设防的全过程，包括总则、基本规定、场地与地基基础抗震、地震作用与结构抗震验算、建筑工程抗震措施、市政工程抗震措施等，共 6 章、23 节。条文总数 172 条，由现行工程建设相关标准的 336 条（或节）精简改编而来，其中纳入了现行强制性条文 78 条（重复强条未计入），除混凝土、钢结构、砌体等结构构件细部构造部分的强制性条文，全面覆盖了现行强制性条文的内容。

2 《建筑钢结构防火技术规范》GB 51249-2017 制订简介

史毅

中国建筑科学研究院有限公司建筑防火研究所

一、修订背景

1. 任务来源

根据（原）建设部《关于印发〈2007 年工程建设标准规范制订、修订计划（第一批）〉的通知》（建标 [2007]125 号文），同济大学、中国钢结构协会钢结构防火与防腐分会为主编单位，会同有关单位编制国家标准《建筑钢结构防火技术规范》GB 51249-2017。

2. 技术背景

钢结构已在我国工业建筑、大型公共建筑、超高层建筑中广泛应用。钢结构耐火性能差，无防火保护时极易在火灾下破坏。为了防止和减少钢结构建筑的火灾危害，保护人身和财产安全，必须对钢结构进行科学的防火设计，采取安全可靠、经济合理的防火保护措施。

1980 年代以前，国际上主要采用基于建筑构件标准耐火试验的方法来进行钢结构防火设计、确定防火保护。由于该方法不能反映钢构件的截面大小与形状、受荷水平以及不同火灾升温、结构整体性等因素的影响，不能确保结构耐火安全和结构防火设计的经济性。

1970 年以来，国际上采用结构分析的方法对钢结构的耐火性能进行了大量的研究，取得了大量成果，形成了完整的防火设计理论体系。欧盟、英国、美国等均制定了基于结构分析与耐火验算的钢结构防火设计规范。

为了保证建筑钢结构的防火安全，适应工程建设需要，公安部消防局决定组织编制国家标准《建筑钢结构防火技术规范》（以下简称《规范》）。该规范的制订不仅有利于进一步完善我国建设工程消防技术规范体系，而且使建筑钢结构工程的防火设计与监督审核有据可依、有章可循，对于保障建筑钢结构的防火安全，减小火灾危害，保护人身财产安全，具有重要意义。

二、工作简况

1. 2007 年 6 ~ 9 月，筹备工作阶段

2007 年 9 月，公安部消防局在北京市组织召开了《规范》编制组成立暨第一次工作会议。会议听取了《规范》编制工作准备情况的报告，宣布了《规范》的主编单位、参编单位及编制组成员，确定了《规范》编制工作计划，明确了工作分工和需要解决的重点问题。

2. 2007 年 10 月 ~ 2008 年 1 月，初稿阶段

根据第一次工作会议的要求，编制组整理、分析了国内外相关文献资料以及钢结构防

火工程中的问题，于 2008 年 1 月提出了《规范》初稿。

3. 2008 年 1 ~ 9 月，征求意见稿阶段

2008 年 1 月，编制组在上海市召开了第二次工作会议。会议总结了前一阶段规范编制工作情况，讨论了《规范》初稿和有关专题研究内容初稿。会后，对规范条文作了修改并补充了条文说明，于 2008 年 6 月形成《规范》征求意见稿，在 2008 年 6 ~ 8 月期间，向全国消防部门及科研院校、设计、施工、生产单位征求意见。

4. 2008 年 10 月 ~ 2010 年 12 月，送审稿阶段

2008 年 10 月，在上海市召开了编制组第三次工作会议，对征求反馈意见进行了认真研究和吸纳，并针对相关标准协调问题进行了 2 次专题研讨。在前述工作的基础上，对《规范》征求意见稿作了全面修改、完善，于 2010 年 12 月形成《规范》送审稿。

5. 2011 年 1 月 ~ 2012 年 4 月，报批稿阶段

2011 年 8 月，公安部消防局在上海市组织召开了国家标准《规范》送审稿审查会。与会专家一致通过了《规范》送审稿的审查，总体达到国际先进水平，部分达到领先水平，并就规范适用范围、基本规定、防火保护措施、防火保护工程现场判定等内容提出意见和建议。

会后，规范编制组认真研究了会议提出的意见和建议，进一步修改完善《规范》送审稿的条文及条文说明，形成《规范》报批稿初稿。

6. 2012 年 5 月 ~ 2016 年 9 月，报批稿完善阶段

公安部消防局对《规范》报批稿初稿进行了认真审阅，并就部分条文及条文说明提出反馈意见和建议。规范编制组认真研究了这些意见和建议，修改完善了相关条文。

2016 年 4 月，公安部消防局组织专家对《规范》进行了书面审查。编制组对专家意见、建议进行了讨论、研究，并对规范作了进一步修改完善。

2016 年 6 月，公安部消防局在北京市组织召开了专家审查会，重点讨论了与《钢管混凝土技术规范》的协调问题。编制组按照专家意见、建议对规范进行了修改完善。

三、主要内容

《规范》共 9 章、25 节、146 条、7 个附录。根据工程建设标准强制性条文的确定原则，经讨论确定 4 条为强制性条文，约占全部条文的 3%。

规范的主要技术内容是：1 总则；2 术语和符号；3 基本规定；4 防火保护措施与构造；5 材料特性；6 钢结构的温度计算；7 钢结构耐火验算与防火保护设计；8 组合结构耐火验算与防火保护设计；9 防火保护工程的施工与验收等。

四、与国外规范的比较

《规范》采用基于结构分析与耐火验算的钢结构防火设计方法，在总体上与英国规范 BS 5950 Part 8、欧洲规范 ENV 1993-1-2、美国规范 ANSI/AISC 360-05 等规范所采用的方法相同。与国外规范相比，本《规范》还在以下方面作了规定，并领先于国外规范。

1. 《规范》除了给出钢构件升温增量计算公式外，还通过对钢构件升温计算结果的拟合，给出了 ISO 834 标准火灾下有保护钢构件升温的简化计算方法，极大地方便了构件升温计算以及防火保护层厚度的设计计算。

2. 《规范》给出了轻质防火保护层的等效热阻定义及计算方法，以及非膨胀型防火涂料、膨胀型防火涂料的等效热传导系数定义及计算方法。

3.《规范》对钢结构防火保护工程的方法、构造、选用原则和施工、验收等作了清晰、具体的规定。

五、与现行国家标准、行业标准的关系

《规范》与相关的现行国家标准、行业标准的关系见下表。

《规范》与相关现行国家、行业标准的关系

序号	相关的现行国家标准、行业标准	本《规范》的关系	
		本规范引用的内容	本规范中的有关条文
1	《建筑结构荷载规范》GB 50009	荷载取值、荷载效应组合	第3.2.2条
2	《建筑设计防火规范》GB 50016	构件设计耐火极限	第3.2.1条
3	《钢结构设计规范》GB 50017	钢材设计指标、构件设计参数（稳定系数等）	第5.1节、第7.1节、第7.2节、第8章
4	《混凝土结构设计规范》GB 50010	混凝土设计指标	第5.2节、第8章
5	《建筑构件耐火试验方法》GB/T 9978	耐火试验方法	第5.3节、6.1.1条、第9.2节
6	《钢结构防火涂料》GB 14907	钢结构防火涂料分类耐火试验及试验报告	第9.2节、第5.3节
7	《建筑工程施工质量验收统一标准》GB 50300	施工质量验收	第9章
8	《消防产品现场检查判定规则》GA 588	市场准入检查、产品一致性检查、现场产品性能检测	第9.2节

六、结语

《规范》总结了《建筑钢结构防火技术规程》DG/TJ 08-008-2000、《建筑钢结构防火技术规范》CECS 200：2006工程实践经验，吸收了近年来国内外钢结构防火研究成果，借鉴了国际相关标准，为建筑钢结构防火设计与施工提供了依据，以防止和减少建筑钢结构的火灾危害，保护人身和财产安全。

3 《建筑地基基础工程施工质量验收标准》
GB 50202-2018 修订简介

李耀良　王理想

上海市基础工程集团有限公司，上海，200433

一、引言

《建筑地基基础工程施工质量验收标准》GB 50202-2018 是根据住房和城乡建设部《关于印发 2012 年工程建设标准规范制订、修订计划的通知》（建标 [2012]5 号文）的要求，由上海市基础工程集团有限公司、苏州嘉盛建设工程有限公司为主编单位，联合国内知名的设计、科研及施工单位共计 15 家单位组成规范修订编制组，在《建筑地基基础工程施工质量验收规范》GB 50202-2002 的基础上，结合规范施行过程中存在的问题以及现有成熟的新技术修订而成。

二、修订背景及指导思想

近年来，随着我国城市化、城镇化进程的逐步加快，城市和城镇建设快速发展，高层建（构）筑物越来越多，越来越高，越来越大，地下空间也越来越受到重视。随着建筑业的持续发展和建筑市场形势的变化，2002 版规范在执行规范的过程中也存在许多问题，已经不能很好地满足我国建筑地基基础工程施工质量验收的需要。具体如：1. 存在一些意见较为集中，执行较为困难的条款。如钻孔桩的混凝土试样留取、单一地基的质量检验数量、多节预制桩焊接接头的质量检验方法等；2. 随着建筑工程发展，基坑工程近几年来型式越来越多，规模越来越大而本规范从内容到质量检验均满足不了现在的要求，基坑方面的内容需作较大范围的修订；3.2002 年在编制本规范时，强调了工程结果，对工艺过程的控制强调得不够，而实际反映出来的问题，正是过程控制不严格导致问题频发，本次修订适当增加过程控制的要求；4.2002 版规范执行以来出现了很多新技术、新工艺，本次修订将已成熟应用的技术放入。因此，结合当前建筑业发展新形势，开展相关专题研究，在借鉴国外先进标准的基础上，对 2002 版规范进行全面修订是十分必要的。

《建筑地基基础施工质量验收规范》GB 50202-2002 是按照"验评分离、强化验收、完善手段、过程控制"的十六字方针制定的，该规范执行近 10 多年来，较好地规范了建筑地基基础工程从材料进场、施工工艺控制、施工质量控制及工程质量验收的全过程管理，对保证我国建筑地基基础工程的施工质量起到了积极的作用。为更好地发挥标准规范对经济发展的保障作用，规范建筑地基基础施工质量的验收，住房和城乡建设部于 2012 年将《建筑地基基础工程施工质量验收规范》GB50202-2002 列入修订计划，以上海市基础工程集团有限公司和苏州嘉盛建设工程有限公司为主编单位的共 15 家单位、34 位专家组成的修订组于 2012 年 7 月成立,历经 3 年多的努力,2015 年 12 月规范送审稿通过专家组审查。审查会后编制组经多次修改后完成报批稿。根据中华人民共和国住房和城乡建设部公告 2018 年第 23 号,《建筑地基基础工程施工质量验收标准》GB 50202-2018(以下简称"《标准》")正式批准发布,自 2018 年 10 月 1 日起实施。

三、修订内容与改进

标准编制组在深入调查研究,认真总结国内大量实践经验和新的科研成果,并在广泛征求意见的基础上,修订了本标准。相比较规范 2002 版,此次修订的主要技术内容有:1. 调整了章节的编排;2. 删除了原规范中对具体地基名称的术语说明,增加了与验收要求相关的术语内容;3. 完善了验收的基本规定,增加了验收时应提交的资料、验收程序、验收内容及评价标准的规定;4. 调整了振冲地基和砂桩地基,合并成砂石桩复合地基;5. 增加了无筋扩展基础、钢筋混凝土扩展基础、筏形与箱形基础、锚杆基础等基础的验收规定;6. 增加了咬合桩墙、土体加固及与主体结构相结合的基坑支护的验收规定;7. 增加了特殊土地基基础工程的验收规定;8. 增加了地下水控制和边坡工程的验收规定;9. 增加了验槽检验要点的规定;10. 删除了原规范中与具体验收内容不协调的规定。原版本规范中执行较为困难的条款在此次修订中也做了调整,同时对近几年渐渐成熟的新工艺、新设备在条款中也有所体现,以满足当今施工和验收的需要。

本标准在编制过程中,充分考虑建筑地基基础工程施工质量验收过程中的节能减排效应,"节能减排"的思想不仅贯穿于本标准的编制过程,在条文内容中也处处体现着:

1. 素土、灰土地基、砂和砂石地基、土工合成材料地基、粉煤灰地基、强夯地基、注浆地基、预压地基的承载力的检验数量相比原规范有所减少。在保证施工质量验收的基础上,减少了检验数量,不仅为施工质量验收提供依据,保证安全性,同时避免了不必要的浪费,降低了验收成本。

2. 基坑支护工程验收必须以保证支护结构安全和周围环境安全为前提。提出了基坑支护工程必须以工程质量安全和环境安全并重的原则,这一验收条文的规定,从本质上避免了一味追求施工质量而对工程周边环境的破坏,以规范的形式提出对环境安全的保护。

3. 规定了地下连续墙施工中对循环泥浆指标的测定,对泥浆的循环使用提出标准,避免施工材料的浪费及对周边环境造成污染,循环使用泥浆既节能又环保。

4. 回灌管井封闭时,应检验封井材料的无公害性,并检验封井效果。验收回灌管井封闭效果时不仅检验其封井效果,对封井材料的环境危害性也提出检验,提出了施工所用材料的环境保护要求。

四、强制性条文

标准审查会后规范的强制性条文有 3 条,后经过多次讨论、斟酌以及标委会的意见,最后强制性条文经过强条委的审查,2016 年 8 月 16 日给出了审查意见,最终确定下来《标准》共设置 1 条强制性条文,必须严格执行。简要介绍如下:

5.1.3 灌注桩混凝土强度检验的试件应在施工现场随机抽取。来自同一搅拌站的混凝土,每浇筑 50m³ 必须至少留置 1 组试件;当混凝土浇筑量不足 50m³ 时,每连续浇筑 12h 必须至少留置 1 组试件。对单柱单桩,每根桩应至少留置 1 组试件。

条文说明:本条是在原规范 2002 版强制性条文 5.1.4 条的基础上修改而成。虽然目前灌注桩的直径和深度均有所增加,但是也会出现短桩数量非常多的情况,按照原规范的要求，混凝土试块的留置数量偏多，此次修订将"小于 50m³ 的桩，每根桩必须有 1 组试件"改为"当混凝土浇筑量不足 50m³ 时，每连续浇筑 12h 必须至少留置 1 组试件"，即对于单桩不足 50 m³ 的桩无需一桩一试件，数量有所减少。检测单位根据混凝土灌注的体积，结合本条对混凝土试块留置数量的要求进行检验，检验的质量应符合设计要求。可以根据检测单位提供的检测报告对混凝土强度进行验收，满足要求后方可进行后续施工。

五、修订的意义及进一步工作

本标准在编制过程中，总结了我国近年来建筑地基基础工程的施工经验，借鉴了国外相关地基基础技术标准，将成熟的、先进的施工技术纳入规范，同时充分考虑建筑地基基础工程施工质量验收过程中的节能减排效应，已经落后的、需淘汰的验收方法不在本规范中提及为原则；同时提倡节能型、可再生资源的使用，对规范建筑地基基础工程检验与验收，以及贯彻国家低碳经济政策有重要意义。

本标准编制工作虽由国内有丰富经验的单位参与，但毕竟有限，不够全面。地基基础专业内容面广点多，本标准发布实施后，尚应继续进行工程质量验收经验的总结和其中一些新型验收方法的研究，特别是适用的地域范围以及施工质量验收的参数指标，不断完善，以期与国家经济发展的步伐相协调。

参考文献

[1] 国家标准《建筑地基基础工程施工规范》编制组 . 建筑地基基础工程施工规范 GB 51004-2015 应用指南 [M]. 中国建筑工业出版社，2015.

[2] 桂业琨 .《建筑地基基础施工质量验收规范》GB 50202-2002 内容简介 [J]. 施工技术，2002（2）：31-32.

4 《建筑内部装修设计防火规范》GB 50222-2017 颁布实施

王金平

中国建筑科学研究院有限公司建筑防火研究所

一、背景

由中国建筑科学研究院会同有关单位修订的国家标准《建筑内部装修设计防火规范》GB50222-2017 经住房和城乡建设部批准发布,自 2018 年 4 月 1 日起实施。原国家标准《建筑内部装修设计防火规范》GB 50222-1995 (2001 版)同时废止。

规范是根据原建设部《关于印发〈2007 年工程建设标准规范制订、修订计划(第一批)〉的通知》(建标〔2007〕125 号)的要求,由中国建筑科学研究院会同公安部四川消防研究所等单位对国家标准《建筑内部装修设计防火规范》GB 50222-95 进行修订而成。

规范在修订过程中,规范编制组遵循国家有关消防工作方针,深刻吸取火灾事故教训,深入调研工程建设发展中出现的新情况、新问题和规范执行过程中遇到的疑难问题,认真总结工程实践经验,吸收借鉴国外相关技术标准和消防科研成果,广泛征求意见,最终经审查定稿。

二、主要修订内容

规范共分 6 章,主要内容有:总则、术语、装修材料的分类和分级、特别场所、民用建筑、厂房仓库。

本次规范修订的主要内容是:

1. 增加了术语;

2. 将民用建筑及工业建筑中的特别场所进行合并,单列一章;

3. 对民用建筑及场所的名称进行调整和完善,补充、调整了民用建筑及场所的装修防火要求,新增了展览性场所装修防火要求;

4. 补充了住宅的装修防火要求;

5. 细化了工业厂房的装修防火要求;

6. 新增了仓库装修防火要求。

规范中以黑体字标志的条文为强制性条文,必须严格执行。

规范由住房和城乡建设部负责管理和对强制性条文的解释,由公安部负责日常管理,由中国建筑科学研究院负责具体技术内容的解释。

三、标准执行中需要注意的几个重点

《建筑内部装修设计防火规范》GB 50222-2017 批准实施以来,在建筑、消防领域得到普遍的关注,目前正广泛应用于工程实践当中。规范执行中易被忽略的几点简介如下。

1. 适用时间

新《规范》适用于 2018 年 4 月 1 日之后开工设计的各项建筑工程，在此前完成的工程项目，以有资质的专业施工图审查机构或消防机构受理这类建设工程项目的受理时间为基准，受理时间在 2018 年 4 月 1 日以后的，应按新规范执行。

工程能够满足新《规范》的要求，可按新《规范》执行相应的检测项目。

2. 适用范围

《规范》适用于建筑内部所有的装修设计，不适用于建筑外部的装修设计。

例如，在冷库项目中较为常见的内保温工程，其功能上以保温为主，应用位置属建筑内部，应按《规范》执行；而商业建筑的外墙装饰比较常见，火灾隐患较多，不属于规范的规定范围。

3. 检测方法的变化

选定材料的燃烧性能测试方法和建立材料燃烧性能分级标准是规范的基础，建筑内部装修材料种类繁多，新型材料也是花样百出，各类材料的测试方法和分级标准也不尽相同，有些只有测试方法标准，而没有制定燃烧性能等级标准，有些测试方法还未形成国家标准或测试方法不完善，不系统。

此次《规范》的修订删除了附录中的检测方法，内装修材料要完全遵循《建筑材料及制品燃烧性能分级》GB 8624 进行检测，因此部分材料的检测内容发生了改变。

如原 B1 级材料的难燃性试验方法已经删除，不能继续用来作为材料性能的防火测试方法；大部分材料的检测方法比原来要更为复杂，如 A 级材料，应采用不燃试验、热值试验、SBI 试验进行综合试验，以确定材料的阻燃性能。

4. 材料使用的变化

根据修订过程中的调研和试验确认，原《规范》中规定可以使用的大部分材料，不会因为此次修订受到使用限制，如岩棉、玻璃棉、纸面石膏板、橡塑材料、木挂板、胶合板、墙布等；部分材料通过工艺处理也可满足《规范》要求，如电加热供暖系统中所使用的装修材料；只有一小部分易燃材料会被限制使用，甚至在某些地方被禁止使用，如原《规范》中规定顶棚或墙面局部采用的多孔或泡沫材料的使用条款已经删除，应严格按照《规范》对于材料使用位置的规定，进行试验确定燃烧等级。

5. 特别场所的适用范围

特别场所适用于所有的建筑类型，包括民用、工业建筑，这些场所的要求也是作为通用的规定，当这类场所与《规范》表格中场所的燃烧等级规定有重复时，按特别场所一章中的规定执行。

6. 无窗房间

房间内如果安装了符合下列全部条件的窗户，则不能被当作是无窗房间：

（1）火灾时能够被击破；

（2）外部人员能够通过窗户观察到房间内部。

对于建筑内部的小空间房间能否被认定为 GB 50222-2017 第 4.0.8 条所规定的无窗房间，可根据具体情况按照上述原则处理。

例如，电影院的观众厅属于高大的室内空间场所，且一般设置有放映窗，不属于本规范规定的无窗房间范畴。

另外，规范所规定的无窗房间内，同时装有火灾自动报警装置和自动灭火系统时，装修材料的等级不允许降级。

7. 工业厂房装修内容

随着社会的进步和工业的发展，厂房内也有相应的装修，从现实情况出发，将固定家具、装饰织物和其他装修装饰材料这三大类装修材料做了相应的补充，亦即包括了规范中规定的 7 类装修材料。

8. 放宽条文

（1）对单层、多层和高层民用建筑的放松条件是不一样的；而对地下建筑不存在有条件放宽的问题。

（2）执行放宽条文时，必须是放宽装修防火等级那个空间有另外的消防系统设备时，该条文才是有效的。

（3）规范中的放宽条文，不适用特别场所中明确给定装修材料等级的那些部位，以及条文中明确指出的存放文物、纪念展览物品、重要图书、档案、资料的场所，歌舞娱乐游艺场所，A、B 级电子信息系统机房及装有重要机器、仪器的房间。

9. 条文中的几个原则

（1）对重要的建筑物比一般建筑物要求严；对地下建筑比地上建筑严；对 100m 以上的建筑比对一般高层建筑的要求严。

（2）对建筑物防火的重点部位，如公共活动区、楼梯、疏散走道及危险性大的场所等，其要求比一般建筑部位要求严。

（3）对顶棚的要求严于墙面，对墙面的要求又严于地面，对悬挂物（如窗帘、幕布等）的要求严于粘贴在基材上的物件。

这几条原则是《规范》编制的基础，《规范》条文基本是依据这几条准则而定，可以在《规范》执行中用做指导依据。这些原则来自于建筑的火灾现状调研和分析，从本质上拒绝装修材料引发的火灾，减少火灾损失，控制建筑消防安全。

四、结论

新规范的颁布实施，解决了目前大量存在的多功能建筑防火设计及审查难题，适应了装修防火材料技术的发展需求，可指导内装修材料的使用，促进我国材料企业的技术改造，促进我国内装修防火行业发展，装修防火材料的设计与监督，应在工程实践中不断完善，进一步防止并减少建筑火灾的发生，保护人们的生命财产安全。

5 《工程结构通用规范》研编情况简介

肖从真　陈凯

中国建筑科学研究院有限公司

根据国家标准改革的总体要求，住房城乡建设部于 2014 年启动了强制标准的研编工作。2016 年 11 月，《住房城乡建设部关于印发 2017 年工程建设标准规范制修订及相关工作计划的通知》，将 30 项工程建设强制性（全文）国家标准列入了 2017 年的工作计划，《结构作用与工程结构可靠性设计技术规范》（后改名为《工程结构通用规范》，以下简称"本规范"）名列其中。本规范由中国建筑科学研究院有限公司牵头，组织开展研编工作。

一、主要任务和总体思路

根据《住房城乡建设部分技术规范研编工作要求》（建标标函〔2016〕156 号）的精神，本规范的研编工作是技术规范制定的前期工作。主要包括"研究重要问题，论证制定技术规范的可行性，编制技术规范草案"。据此，研编工作主要任务包括：

1. 调查研究国家相关法律法规、政策措施对结构作用和可靠性设计的相关要求，包括公共安全、环保、节能和防灾减灾等；

2. 收集整理本规范所涉及的全部现行相关工程建设标准和强制性条文，研究论证相关内容纳入技术规范的必要性、可行性和相应的政策法规依据；

3. 调研总结国外相关法规规范的构成要素、术语内涵和各项技术指标，并比较与我国的差异；

4. 研究本标准的编制原则、适用范围、技术内容、表达方式以及与其他技术标准的关系等。

规范条文编写的总体思路是：

1. 标准体系要相对完整、逻辑关系明确。全文强制性标准不是现行规范强制性条文的汇编，应当保证其体系的相对完整性，而其条文体例应当符合强制性条文的编写规范。规范各部分的逻辑关系应当明确，不能出现含混不清的表述。

2. 反映结构设计过程中需要强制的共性问题。本规范作为结构设计基础性规范，适用于包括混凝土、钢结构、砌体、组合结构等各种材料的结构设计，因此规范应当反映结构设计所面临的共性问题，以避免在各种材料设计规范中出现重复规定。

3. 着重点在提要求，而非具体的操作方法。本规范具有强制性的特点，而工程情况千差万别。因此在标准编制过程，应当着眼点放在提要求上，重点在于要求结构设计实现预设的目标，而不宜过多地规定具体操作方法。

4. 具体取值标准区别对待，有充分把握的做明确规定。作为强制性标准，标准中的所有条文都要求结构设计强制执行，因此制定具体的取值标准必须慎之又慎，避免出现安全隐患或者过于保守的情况。

二、研编过程

2016年12月27日，研编组成立暨第一次工作会议在中国建筑科学研究院召开。研编组以国家标准《建筑结构荷载规范》《工程结构可靠性设计统一标准》和《建筑结构可靠性设计统一标准》的编制组成员为基础构成，共有19家单位的28名成员。研编组充分考虑了研编单位的地域、行业和单位性质的因素，使研编工作具有广泛的代表性。工作会议讨论了工作大纲的主要内容，对研编工作的适用范围、主要内容达成共识，并讨论了下一步需要开展的工作和具体分工。

各研编小组从2017年1月到4月，开展了不同领域行业的专题研究。完成了《建筑结构安全度设置水平与荷载取值水平国内外对比研究》《铁路工程结构特殊荷载取值国内外规范调研报告》、《港口工程结构荷载调研报告》《中美水工荷载规范对标报告《中外公路工程作用相关规定汇编》等专题研究报告。收集整理了欧洲标准、ISO标准等国内外相关标准规范的规定。拟定了规范的章节条文形成规范初稿。

2017年5月4日，研编组召开第二次工作会议。研编组各专业组别的负责人分别介绍了永久荷载、活荷载、雪荷载、地震作用、风荷载、温度作用和偶然荷载相关条文的编写思路，并提出了需要重点关注和讨论的内容。会议还听取了广东省荷载规范以及公路、铁路、港工和水工领域工程结构荷载相关调研工作的介绍。之后，会议重点针对本规范的具体编写内容和编写方式展开了深入充分的讨论。

2017年5月到7月，各研编小组根据第二次工作会议精神，分头修改初稿条文，于2017年7月底之前提交研编牵头单位。

2017年6月20日，住建部召开结构领域强制标准协调会，会议要求各牵头单位和参编单位提高认识，充分认识到强制标准研编工作的重要性，在考虑全覆盖的前提下，各强制标准应加强协调，避免矛盾重复。2017年8月3日，住建部再次召开强制标准协调会，包括本规范在内的8本结构领域全文强制标准的牵头单位、研编单位参加会议。会议强调，各强制标准之间应厘清关系、明确规则，保证体系的完整性和统一性，结构衔接、内容协调；规范条文应仔细甄别是否需要强制，只纳入必须强制的内容。

根据住建部强制标准协调会的精神，研编组对规范初稿进行了修改，调整了规范的整体框架和章节安排。8月21日形成了内部征求意见稿，上报住建部标准定额研究所，并下发各研编单位讨论修改。

2017年9月到11月，研编组通过电子邮件和网络讨论群等方式，反馈了修改意见，经进一步整理完善，形成了规范草案。

2017年12月12~14日，住房和城乡建设部标准定额司组织召开了住房城乡建设领域工程建设规范编制、研编工作中期评估工作会议。会议对38本规范进行了集中评估。中期评估会后，标准定额司对本规范的章节安排、条文内容以及和其他规范的协调等方面反馈了若干修改意见。

2018年1~4月，根据中期评估反馈意见，研编组成员按照各自分工，对规范草案进行了修改。对原有章节重新编排，梳理了设计方法的逻辑层次，并纳入了其他设计方法的规定。按照标准定额司统一安排，研编组于4月12日提交了修改后的征求意见稿草案。4月下旬，标准定额司将所有强制标准发送给各研编组进行交叉函审。5月底至6月初，研编组对收到的对本规范的函审意见进行整理汇总，并逐项进行处理，最终形成了规范草案的验收稿。

9 月 6 日，住房和城乡建设部标准定额司组织召开规范研编工作验收会议。住房和城乡建设部标准定额司巡视员田国民在会上讲话，充分肯定了研编工作，并强调了全文强制规范编制的四个协调：一是与现行有关法律、法规的协调；二是与政策文件的协调；三是与其他规范的衔接协调；四是规范自身章节的衔接协调。规范牵头人肖从真研究员对规范研编工作的过程、草案、专题研究工作及成果和重点难点问题等内容进行了汇报。与会领导和专家对规范草案进行审查并提出意见，认为研编成果符合工作要求，同意通过验收。

三、规范草案验收稿的技术内容

本规范的主体内容分为两大部分：设计的基本原则和作用规定。设计的基本原则共有 2 章，包括：基本规定和结构设计方法。

基本规定分 5 节：

1. 设计要求：对结构设计的基本内容、结构性能和使用要求作出规定。

2. 安全等级和设计工作年限：对结构设计中这两个重要参数作出规定。

3. 结构分析和试验：包含了对结构分析和试验的基本要求。

4. 作用和作用组合：规定了作用分类、作用组合。

5. 材料和岩土的性能及几何参数：规定了结构设计中的其他设计变量。

结构设计方法分 4 节：

6. 一般规定：明确了采用不同设计方法应当遵循的不同要求。

7. 极限状态的分项系数设计方法：规定了分项系数设计法的基本要求。

8. 其他设计方法：规定了采用其他类型设计方法时应当遵守的规定。

9. 这两章共同构成了结构设计的基本原则。

结构的作用分 11 节，分别规定了：

1. 永久作用；

2. 楼面和屋面活荷载；

3. 人群荷载；

4. 吊车荷载；

5. 雪荷载；

6. 风荷载；

7. 地震作用；

8. 温度作用；

9. 偶然作用；

10. 水流力和冰压力；

11. 其他作用。

规范条文主要来源于《工程结构可靠性设计统一标准》《建筑结构可靠性设计统一标准》《建筑结构荷载规范》和铁路、公路、港工、水利水电行业的相关标准，涵盖了这些标准的全部强制条文。为保证规范体系的科学性和完整性，并考虑强制标准的要求，对部分原非强制条文的内容进行了修改，以符合本标准的定位，满足实施要求。

条文还借鉴了欧洲标准（EN 1990 和 EN 1991）以及 IBC 2015 相关内容，增强本标准的国际化程度。尤其是在结构设计原则部分，参考 EN 1990 的相关规定，对章节安排进行了调整。

此外，按照"提高安全度"的总体要求，根据相关课题的研究成果，提高了部分作用的取值。与荷载组合、分项系数取值等相关的条文也和已经批准发布的《建筑结构可靠性设计统一标准》GB 50068-2018 的规定保持一致。

6 《农村危险房屋加固技术标准》JGJ/T 426-2018 编制简介

雷丽英

住房和城乡建设部标准定额研究所

一、编订背景

1. 任务来源

根据中华人民共和国住房和城乡建设部建标 [2014] 第 189 号文《关于印发 2015 年工程建设标准规范制订、修订计划的通知》的要求，《农村危险房屋加固技术标准》列入行业工程建设标准（以下简称《标准》），主编单位为河南省建筑科学有限公司和湖北长安建筑股份有限公司。

2. 技术背景

我国农村房屋的发展与现状具有整体水平低、抗震性能差、单位面积造价低、区域差异明显等特点，面对地震、水灾、火灾等自然灾害，危房的存在严重威胁农户的生命财产安全。为了保证农村困难群众居住安全、推进城乡统筹协调发展，中央启动了农村危房改造试点工作，但是，由于农村区域地理、经济条件的差异较大，从不同试点地区的实践来看，当前农村危房改造试点工作在实践中仍存在诸多问题，致使该项工作进展缓慢，除了资金不足外，一个最重要、关键的问题是缺少相应的、务实的、统一的技术标准、规范的技术支持。它的缺少直接影响着农村危房的设计、施工、监督管理等各个环节，成了该项工作道路上一道急于填平的鸿沟。

农村危险房屋改造的方式，分为拆除重建和维修加固两种。重建耗时、耗力、耗费用，除了整体安全性极差建议拆除重建外，实施维修加固是最好的选择。但在实际改造过程中，农村危房重建的多，改造的少，加固更少。其主要原因之一是缺少一部针对性强、易用性强的、图文并茂、经济实用的、统一的农村危房加固技术规范。目前，在房屋加固改造方面，我国先后编制了《建筑抗震加固技术规程》《混凝土结构加固技术规范》《砌体结构加固技术规范》《钢结构加固技术规范》《古建筑木结构维护与加固技术规范》以及相关图集。但到目前为止，在关于农村危险房屋的加固改造上，我国尚未出台一部相关规范标准。如果以现有的加固技术规范要求实施当前农村危房的加固设计、施工、监管，最终会因为难度大、费用高而终止。为了加快农村危险房屋改造加固工程的步伐，当前急需制定专门的农村危房加固技术规范，对后续农村危房改造加固项目具体实施给以及时指导、监督，使农村危险房屋加固工作有章可依，有规可循，逐步实现标准化、制度化、规范化。因此，有必要编制我国《农村危险房屋加固技术标准》，用于指导当前我国广大农村危房的加固设计、施工、验收工作。该规范的编制和推广实施，可以使农村危房安全改造工作得以顺利进行，推动我国农村房屋建设的全面发展，并进一步完善我国结构加固标准规范体系。

二、工作简况

1. 编制组成立暨第一次工作会议

编制组成立暨第一次工作会议于 2015 年 6 月 18 日在湖北武汉召开。主编人栾景阳代表编制组介绍了《标准》编制大纲（草案），并就立项背景、编制单位与编制组的组成、主要编制内容、工作分工以及进度安排等方面作了详细介绍。与会代表对编制大纲（草案）进行了认真的讨论，经过修改完善，形成并通过了《标准》编制大纲。

2. 编制组第二次工作会议

编制组第二次工作会议于 2015 年 12 月 23 日在福建泉州召开。与会代表对本规范初稿认真地进行逐条探讨，经过修改完善，形成并通过了《标准》的初稿，并确定了下一步的工作计划。

3. 其他编制工作

除了编制工作会议外，主编单位还召开了多次小型会议，针对规范中的专项问题进行研讨。

除了召开会议，还通过电子邮件、传真、电话等方式探讨了农村危险房屋加固的技术和验收等问题，力求使规范更加科学、合理。

4. 征求意见稿的编制及征求意见情况

2015 年 12 月，主编单位完成规范的征求意见稿。2016 年 1 月编制组正式征求对规范的意见。除了在网上公开征求意见外，还向全国建筑设计、施工、科研、检测和高校等 20 余家相关单位和专家发出了《标准》（征求意见稿）文本和书面征求意见函。回收到 20 多位专家的 300 多条意见。编制组对返回的这些珍贵意见逐条进行审议和讨论，修改了征求意见稿中的部分内容，完成了《标准》送审稿及其他送审文件。

5. 标准送审稿审查

2016 年 3 月，编制组对收集到的意见逐条进行审议，形成了规范送审稿初稿，随后主编单位按照工程建设标准编写的有关要求完成了送审稿。

6. 标准报批稿审查

经住房城乡建设部标准定额司同意，住房城乡建设部建筑维护加固与房地产标准化技术委员会于 2016 年 3 月 18 日在郑州市组织召开了《标准（送审稿）》审查会。审查专家听取了《标准》编制组的工作汇报，并对《标准（送审稿）》进行了逐章逐条审查和修改，形成了规范报批稿初稿，随后主编单位按照工程建设标准编写的有关要求完成了报批稿。

三、编订原则

《标准》的编制遵循以下基本原则：

1. 技术先进、经济合理、安全适用和可操作性强；

2. 标准编制要符合按照《标准化工作导则　第 1 部分：标准的结构和编写规则》GB/T 1.1-2009 和《标准化工作导则　第 2 部分：标准中规范性技术要素内容的确定方法》GB/T 1.2-2002 的规定。在考虑与国际接轨，借鉴发达国家先进标准的同时，尽可能引用现行的国家及行业标准，要符合国家现行的方针、政策、法律、法规，与行业发展技术水平相协调。

3. 本标准应与工程实际情况紧密结合，充分体现工程实践的需要和科学性的原则。在规范的编制中应做到内容完整、用词准确、条理清晰、逻辑严谨无歧义，充分考虑最新技术水平并能为未来技术发展提供框架，且易于理解，并充分遵循以下基本原则：(1) 统一性；

（2）协调性；（3）适用性；（4）一致性；（5）规范性。

四、主要内容

该标准内容主要包括加固材料、地基基础加固、砌体结构构件加固、混凝土结构构件加固、木结构构件加固。具体目录为：（1）总则；（2）术语；（3）基本规定；（4）材料；（5）地基基础；（6）砌体结构；（7）石砌体结构；（8）混凝土结构；（9）木结构；（10）本标准用词说明；（11）引用标准名录；（12）条文说明。分项加固项目均分为一般规定、加固方法、施工要求、施工质量检验四个部分。

五、结语

编制组在调研农村房屋现状及加固技术的基础上，针对主要结构类型和缺陷，进行了加固方法的实用技术研究，形成了农村房屋加固的技术体系，完成了《标准》的编制，专家一致认为该《标准》结构合理、层次清晰，技术配套，适应了我国农村房屋加固的技术需求；符合科学性、实用性、先进性的要求，具有重要的应用价值；填补了我国农村房屋加固标准的空白，总体上达到国内领先水平。

《标准》的编制和发布，能为当前及后续农村危房改造加固项目具体实施给以及时指导、监督，使农村危险房屋加固工作有章可依，有规可循，逐步实现标准化、制度化、规范化。相信该标准的编制和推广实施，可以使农村危房安全改造工作得以顺利进行，推动我国农村房屋建设的全面发展，进一步完善我国结构加固标准规范体系。

第四篇 科研篇

　　近年来，我国的防灾减灾工作取得了一定成效，但在重大工程防灾减灾等基础性科学研究方面距世界先进水平还有一定的差距，尤其是灾害作用机理和工程防御技术方面的原创性科学研究极度匮乏。随着中央政府对建筑防灾减灾能力的重视和人们对建筑安全要求的不断提高，全国各地众多的科研单位和企业的研发人员积极投身防灾减灾的科研中，成功地解决了建筑防灾减灾领域中遇到的一些技术难题，并将其以论文的形式共享。本篇选录了在研项目、课题的研究进展、关键技术、试验研究和分析方法等方面的文章8篇，集中反映了建筑防灾的新成果、新趋势和新方向，便于读者对近年来建筑防灾减灾领域的研究进展有较为全面的了解和概要式的把握。

1 基于数字化技术的城市建设多灾害防御技术体系构建

张靖岩[1,2]　李引擎[1,2]　朱立新[1,2]　于文[1,2]　韦雅云[1,2]　王图亚[1]
1. 中国建筑科学研究院有限公司，北京，100013；
2. 住房和城乡建设部防灾研究中心，北京，100013

一、引言

我国是世界上受到灾害影响最为严重的国家之一，灾害种类繁多，分布地域广泛，发生频率也较高[1]。随着我国经济和社会的快速发展，城市化进程发展迅猛，城市呈现出规模不断扩张、人口日益密集，建筑物、构筑物种类繁多、形式各异，基础设施交错复杂，重点工程集聚等特征。然而，在城市化进程不断加快的大背景下，我国城市建设面临的灾害形势却愈发严峻，防灾减灾能力明显落后于城市经济发展的迫切需求，已成为制约城市发展的主要矛盾之一[2]。切实提高城市建设多灾害防治能力对于实现城市的可持续健康发展具有重大的现实意义[3]。

二、我国防灾减灾政策的发展

人类自诞生以来，一直饱受各种灾害的威胁和侵袭。当前我们还无法控制自然灾害的发生，甚至不能对各种灾害进行精准的预报和预警，因此对灾害进行风险评估，并采取防灾减灾策略和措施极为重要。我国的防灾减灾事业历经几十载的艰辛探索，走过了一条曲折发展的道路，对于保护人民群众的生命财产安全及维护国家政治经济稳定发展的大局都起到了重要的作用。但同时应清醒地认识到，我国防灾减灾策略同发达国家相比还有一定差距。

1. 初步形成时期（1949—1978 年）

在古代，人们对自然灾害的认识有限，虽有建立部分防灾避震的吏政，但对遇到灾害大多以"听天由命"的心态为主。尽管如此，中华几千年的文明史中以巨大牺牲为代价积累的灾害的时空分布规律仍能为当前研究灾害提供史料和依据[4]，极为宝贵。

新中国成立后，党中央和政务院高度重视救灾减灾工作，逐步建立了专业性和兼业性的国家减灾机构，战乱年代弃置的灾害应急管理得以重拾。1949 年 12 月，中央人民政府政务院发文《关于生产救灾的指示》："救灾是严重的政治任务，必须引起各级人民政府及人民团体更高度的注意，决不可对这个问题采取漠不关心的官僚主义态度。"为加强对全国各地救灾工作的指导，1950 年 2 月政务院成立中央救灾委员会加强对救灾工作的领导，并首次确立新中国救灾工作方针："生产自救，节约度荒，群众互助，以工代赈，并辅之以必要的救济"。1956 年底，我国社会主义改造基本完成，中央根据新的国情适时提出新的救灾方针："依靠群众，依靠集体，生产自救为主，辅之以必要的国家救济"。新中国成立初期我国在各种条件十分困难的情况下仍坚持发展减灾事业，取得了瞩目的成就。

这一时期形成的中央政府主导的举国救灾体制当前仍在特大灾害的应急救灾工作中实施。但是由于后期"左"倾主义错误以及后续的十年"文革"，我国的防灾减灾政策没有继续发展。

2. 缓慢发展时期（1978—1998 年）

1978 年党的十一届三中全会决议揭开了改革开放的序幕，全党工作重点转移到社会主义现代化建设上来，防灾减灾工作也因此进入了新的发展时期。民政部连续发布系列防灾减灾工作文件，我国防灾减灾事业得以重新恢复。1983 年 4 月，第八次全国民政会议在确定民政部负责包含救灾救济等工作的基础上，修订新的救灾方针为："依靠群众，依靠集体，生产自救，互助互济，辅之以国家必要的救济和扶持"。同时，防灾减灾法律法规建设也开始起步，全国人大及其常委会、国务院也相继出台了并实施了《环境保护法》《防洪法》和《防震减灾法》等十几部相关的重要法律法规。另外，我国开始打开国门，积极同各国际组织和其他国家进行防灾减灾的国际交流与合作，并有条件地接受国际援助。政府开始按计划向联合国救灾署等国际组织通报灾情和相关工作进展，做到了"走出去"；1989 年成立的中国国际减灾十年委员会积极向联合国开发计划署、联合国救灾署、国际减灾委员会等国际组织借鉴学习防灾减灾工作的先进经验，服务于国民，做到了"请进来"[5, 6]。

这一时期我国减灾政策的发展顺应社会主义市场经济体制改革这一时代潮流，积极同国际接轨，取得了很大的成绩。

3. 制度化时期（1998—2011 年）

1998 年夏季，我国长江、松花江和珠江等主要河流流域遭遇百年不遇的特大洪涝灾害，给人民群众的生命和财产带来了巨大损失[7]，同时暴露了当时我国防灾减灾政策的不足。

1998 年 4 月，国务院颁布实施《中华人民共和国减灾规划（1998-2010）》，第一次以专项规划的形式提出了国家减灾的指导方针、发展目标、主要任务和具体措施，标志着我国防灾减灾工作开始朝着规范化和制度化的方向前进，意义重大。2005 年 4 月，经国务院批准，原中国国际减灾委员会更名为国家减灾委员会，主要负研究制定国家减灾工作的方针、政策和规划，协调开展重大减灾活动，指导地方开展减灾工作，推进减灾国际交流与合作。2007 年 8 月，国务院办公厅印发《国家综合减灾"十一五"规划》，明确要求各级政府把防灾减灾纳入国民经济发展规划，同时强调了科学技术在减灾工作中的重要作用。2007 年 8 月第十届人大常委会通过《突发事件应对法》，其制定并实施是国家应对包括自然灾害在内的突发事件工作走向法制统一的标志，也为灾害应急管理提供了整体指导。

4. 不断完善时期（2012 年至今）

党的十八大以来，我国积极推进防灾减灾救灾体制机制改革，切实提高防灾减灾救灾工作法治化、规范化、现代化水平，健全完善防灾减灾救灾体制机制和制度体系、强化灾害应急处置和风险防范能力、提高灾情管理和灾害损失评估水平、构建防灾减灾救灾多元参与格局、推进防灾减灾救灾国际务实合作等方面均取得了重大进展，全社会抵御自然灾害的能力稳步提升。为提高国家应急管理能力和水平，提高防灾减灾救灾能力，确保人民群众生命财产安全和社会稳定，第十三届人大一次会议表决通过《国务院机构改革方案》，组建应急管理部，作为国务院组成部门。此外还印发了《关于推进防灾减灾救灾体制机制改革的意见》《国家综合防灾减灾规划（2016-2020 年）》等一批重要文件。自然灾害应对工作也更加高效有序，物资储备、装配体系不断健全；灾情信息管理更加精细，灾害损失评估制度逐步形成；防灾减灾救灾多元参与格局初步形成，并推动社会力量有序高效参与救灾工作，搭建社会力量参与救灾协调服务平台；巨灾保险制度建设不断向前，推动发挥灾害保险等市场机制作用，并出台了《建立城乡居民住宅地震巨灾保险制度实施方案》。防灾减灾救灾国际交流合作也更加深入，我国政府积极响应国际防灾减灾倡议、履行国际减灾义务，务实推进减灾国际交流合作，充分展示了负责任的大国形象。

三、新时期防灾减灾技术体系的建立

党的十九大对提升防灾减灾救灾能力做出新部署，提出"两个坚持"（即"坚持以防为主、防抗救相结合，坚持常态减灾和非常态救灾"）和"三个转变"（即"努力实现从注重灾后救助向注重灾前预防转变，从应对单一灾种向综合减灾转变，从减少灾害损失向减轻灾害风险转变"），从而全面提高防灾减灾整体工作能力，明确了防灾减灾救灾的新定位、新理念和新要求。

我国城市建设的防灾减灾工作在近些年取得了很大的进步。这些进展和成绩，很多都具有开创性和突破性，既有实效，又管长远，值得肯定。然而，现阶段灾害监测、预警、评估及控制等技术仍跟不上经济社会快速发展的需求，信息化防灾减灾能力相对薄弱，技术发展偏慢且有效应用偏少，对实际工程减灾指导效果有限，并缺少综合化、集成化与系统化的防灾减灾科技平台[8]。我国目前正处于城市快速发展的进程中，亟须充分发挥数字化技术的优势，通过分析、模拟、监控等手段提升防灾减灾技术，采用信息化手段加强灾害管理能力，增强城市整体防灾减灾水平。

为突破我国当前城市建设防灾减灾工作中的难点问题，针对城市防灾减灾工作的薄弱环节，本文以数字化技术为手段，在城市建设多灾害防御技术研究基础上，初步构建了城市综合防灾减灾技术理论体系。整体框架分为三个层面：首先，从单体建筑抗震、防火、抗风角度出发，为重要和特殊单体建筑进行性能化防灾设计；其次，在区域防灾规划方面，以火灾、地震、地质灾害和地震次生火灾为主要研究对象，应用城市区域多灾害风险评估分析方法，通过区域评估确定高风险脆弱区和重点单体建筑，为脆弱区和单体建筑的防灾改造对策提供指导；最后，运用前期各灾种基础研究成果，搭建城市宏观层面的风险评估系统，应用安全监控和管理平台等信息化的技术手段提高灾害预防和应灾管理能力。

整个体系是在传统防灾减灾技术基础上的拓展，其将综合防灾减灾理念与信息化的技术手段相结合，有利于提高建筑工程防灾设计和评估、城市区域防灾规划和灾害管理水平[9]，为全面增强国家综合防灾减灾能力提供技术支撑，推动我国综合防灾减灾工作向实用化、信息化、系统化发展迈进。

四、基于性能化分析的建筑防灾设计理论和实用方法

如果把区域防灾分析视作解决城市防灾"面"的问题，那么针对"面"上重要的点，即重要单体分析，则是体系建立的基础。体系的基础层次面向对建筑影响最大的地震、火灾和风灾，整合基于数值分析的结构抗震性能分析方法，建筑火场蔓延、人员疏散和结构安全的耦合数值分析方法，以及风致响应分析及风荷载计算等分析方法，为重要超限建筑的多灾害防御提供系统性的解决方案，给建筑加上防灾设计的"金钟罩"。

1. 基于数值优化技术的结构抗震性能分析方法

当前超限建筑结构在多遇地震、设防地震、预估罕遇地震作用下的抗震性能分析方法存在着指标数据不直观、关联性不显著等问题，同时无法对不同使用状态下的建筑提出统

一并具有关联性的性能指标。为解决这一难题，针对超限建筑各阶段地震作用下的计算，采用对应的数值优化分析方法，通过各种抗震措施来主动控制结构的抗震性能，再根据结构在相应强度地震作用下的变形需求，对构件截面进行变形能力设计，使结构具备达到预期性能水平的能力[10, 11]。

具体来说，首先通过数字化方法采集建筑结构关键数据，建立数据化模型；然后根据建筑物高度、结构规则性和确定的建筑结构抗震性能目标，采用等效弹性方法或弹塑性分析方法，分别对"关键构件""普通竖向构件"及"耗能构件"等按不同性能水准进行分析、校核；接下来编制地震反应信息化分析系统，选取地面运动加速度数字记录，对结构进行非线性地震反应分析，计算结构在设定地震时的受力和变形状态，描述结构物在地震作用下实际的受力和变形状态，揭示结构中的薄弱环节，定量评估结构和构件达到的性能目标；最后可形成数字化成果加以展现，直观显示结构和构件所达到的性能目标。

此方法可提高地震反应分析的计算精度和工作效率，使得抗震性能指标数据直观化，增强指标的数据关联性，可为城市超限建筑抗震性能评估和设计提供理论指导。

2. 基于性能化分析的超限建筑防火设计技术

对于人员密集、功能多元的超限建筑，传统防火设计方法存在不灵活、不合理、不系统的缺点，难以对疏散路线优化、救援方案制定等关键问题开展量化分析。而基于性能化分析的超限建筑防火设计技术可为解决传统设计方法中存在的不足提供思路。

基于火灾科学、计算流体动力学和人员疏散理论[12]，体系整合火灾下烟气、温度、毒性气体等火灾场与人员疏散的耦合分析方法，根据人员密集建筑人员疏散安全分析的需要，在充分考虑人的社会属性的基础上，进行基于社会力模型的人员疏散分析[13]。针对人员密集建筑的火灾结构安全需求，采用计算流体力学（CFD）和有限元法（FEM）相结合的分析手段，在建筑火场模拟和结构分析一体化的集成仿真方法的基础上，进行火场变化和结构反应的耦合动力全过程模拟，可为结构防火性能化设计提供更加准确、先进的计算方法。针对地震次生火灾，采用历史数据回归模型和概率模型，将建筑单体的起火概率的时空分布计算方法，同基于建筑信息模型 BIM 的建筑震后火灾数值模拟方法相结合，可较为真实地模拟发生地震后建筑物可能出现的失火情形，为人员疏散分析、探究消防薄弱环节和城市震后应急处置提供重要参考依据。综合以上步骤，结合性能化设计目标，即形成一套完整的超限建筑的消防性能化设计方法，可为我国大型超限公共建筑的消防设计提供科学的解决方案。

3. 建筑风致动力响应仿真分析技术及抗风设计方法

高层建筑及大跨空间结构的风致振动是典型的非均匀随机荷载场多点激励下的复杂多自由度系统动力响应问题，传统分析方法难以准确地对区域建筑（群）的风致响应作出有效评估[14]。体系整合建筑风致动力响应仿真分析技术及抗风设计方法来解决这一问题。

基于大跨空间结构及高层建筑的风荷载特点及结构响应特征，可采用超高层建筑和大跨空间结构等效静力荷载确定方法，其不但计算量相对较小、分析结果直观形象、物理意义明确，同时还可解决频域计算时很难同步考虑竖向和水平向相关性的难题，计算精度与效率相比传统方法均有提高；基于大量的风洞试验研究，针对风敏感的超高层建筑及大跨空间结构，整合试验测量修正、数据分析及响应分析，基于建筑外形参数的高层建筑三维风荷载的确定方法及理论公式，以及根据高层建筑横风向响应特点而研究提出的高层建筑横风向风振响应的反应谱法，在以上研究的基础上，对结构风振进行响应分析，从而为结构抗风安全性提供有效的分析手段。

五、基于多灾害耦合和量化评估的城市综合防灾减灾规划理论和数字化技术

体系针对城市灾害综合防御的迫切需求，对可能发生灾害的威胁，从风险评估入手，在研究灾害的致灾机理基础上，分析可能造成的后果，整合涵盖地震、火灾等主要灾种的综合防灾规划量化评估方法，以及基于地理信息系统（GIS）的地震及次生灾害耦合的综合防灾规划技术，为城市综合防灾减灾技术理论体系添砖加瓦，是为城市建设灾害防御总体方向的"指南针"。

1. 基于风险管理理论的城市综合防灾减灾能力评估指标体系

当前城市防灾减灾能力评估中，多以单一灾种为主，不能反映城市整体的综合防灾减灾能力[15]。为此，需要构建基于风险管理理论的城市综合防灾减灾能力评估指标体系，为城市综合防灾管理提供全面依据。

体系以自然灾害理论为基础，根据承灾体的不同特征，将城市承灾体划分为四大类研究对象。以风险管理理论为基础，结合灾害历史大数据分析，梳理城市重点灾害问题。再综合运用事故树和事件树理论，依据灾害时空演变规律，建立城市综合防灾减灾能力评估指标体系[16]。最后基于层次分析法，结合历史灾害数据和专家经验[17]，研究确定各指标的权重系数，从而形成城市综合防灾减灾能力评估指标体系。

此体系的构建可为城市综合防灾减灾规划编制和灾害风险管理提供科学、量化的指标体系。

2. 基于灾害链理论的城市多灾耦合影响的动态、量化评估方法

现有衡量城市灾害间相互影响的评估方法只能评估一种灾害引起另一种灾害的可能性，而无法量化评估实际灾害过程中各种灾害耦合产生的复杂叠加效应和时空演变过程，存在低估城市灾害风险的可能性。体系基于灾害链理论，采用城市多灾耦合影响的动态、量化评估方法，为此问题寻求解决方案。

该方法在基于灾害链理论的主次灾害迁移模型和时变影响分析框架的基础之上，应用多自由度非线性结构地震时程分析模型与热物理模型支持的地震-火灾耦合分析方法，基于流体力学和地理信息系统的地震-危险化学品事故-火灾耦合分析方法，以及水力学与数字三维地形 DEM 相结合的地震-水灾耦合分析方法，实现多灾害耦合影响的动态分析。其在做出单一灾害引起的多种灾害的时空过程分析和影响量化评估的基础上，使充分考虑多灾害耦合影响成为可能，为综合防灾体系的构建提供了理论支撑。

六、城市灾害数字化统一管控平台

针对目前国内缺乏城市多灾害综合管理手段的现状，在 GIS、云计算、网络通信、多媒体等多项现代技术手段的支持下，构建多维度、全过程的城市灾害数字化统一管控平台，实现从单体建筑、到局部区域再到城市不同维度的灾害风险分析和管理，为灾害应急处置决策提供技术支撑，可谓整体把控城市多灾害防御的"天眼"。

1. 多灾害信息管理与耦合分析系统

目前城市多灾害信息综合管理与耦合分析平台建设滞后，灾害数据共享水平低，致灾因子耦合分析不充分，导致防灾决策研判不及时、不准确，难以为城市防灾规划的编制和应灾辅助决策提供有力支撑。构建城市多灾害信息管理与耦合分析系统可为解决这一难题

提供技术支撑。

针对地震、火灾等常见灾害，结合地理信息系统，构建数据库和图形管理一体化平台，应用灾害风险矩阵、可靠性分析、功能性分析、空间区域拓扑关系分析、仿真模拟等技术手段，建立覆盖单体 - 区域 - 城市的多维度、多灾种信息管理与辅助决策系统，从而实现灾害与承灾体信息采集与处理、灾害风险评估、避难疏散模拟、防灾空间布局等防灾信息管理和应灾辅助决策功能。

该分析系统的建立可在灾害的防御、评估、应对等方面实现信息共享，为防灾决策的实施提供科学、及时的依据。

2. 城镇灾害防御与应急处置协同工作平台

在灾后应急救援工作实施中，通常存在以下问题：应急救援信息渠道不通畅，应急资源调配效率不高，应急救援过程中生成的救援方案、处置方案、保障方案速度较慢，且方案的合理性和有效性不能得到保障，难以实现应急处置过程中资源的合理配置和有效的辅助决策支撑。体系中城镇灾害防御与应急处置协同工作平台的构建可逐步解决上述难题，提高灾后应急救援工作开展效率。

在平台构建的过程中，结合云计算、网络、通信、多媒体等多项现代技术手段，利用超图 GIS iServer 平台技术[18]，后台使用 JAVA 开发，前端使用 silverlight 和 JS 展示，通过构建数据分析系统、灾害风险评估及监测分析系统、基于 GIS 及远程可视化技术的应急指挥系统[19]，搭建城镇灾害防御与应急处置协同工作平台，可覆盖平时监测管理和灾时救援处置的全过程，实现集应急资源的信息采集、信息发布、动态监测、分析、管理、决策与空间信息管理于一体的应急救援信息化管理，以及各种应急救援力量及服务资源的资源共享[20]。

平台的构建可提高应急救援方案的科学性和合理性，可为预防和提升城镇各类灾害应急救援效率提供科学支撑。

七、结语

本文构建的多灾害防御技术体系发挥数字化技术的优势，通过分析、模拟、监控等方式提高灾害信息采集和快速处理水平，采用信息化手段加强灾害管理能力，为提高综合减灾能力提供有力的技术支持，驱动综合防灾减灾工作向实用化、信息化、系统化发展前行。另外，该体系的构建与应用可有效降低城市综合灾害风险，也为我国灾害保险产业的发展奠定了重要的技术基础，逐步实现灾害风险转移，完善国家综合灾害风险防范结构体系。

大力发展综合防灾减灾技术，是建设智慧城市不可分割的一部分，也是构建韧性城市的核心工作。在未来的城市建设中，本文倡导各类建设项目进行全生命周期管理，包括项目立项、规划、审批、设计、施工建设、运行、检测、维护、报废、档案信息等，充分利用物联网、大数据、云计算、移动互联等"互联网+"技术，实现管理的实时化、集成化、智能化、精细化，持续构建项目数据共享开放体系，为防灾减灾救灾工作提供全面的数据支撑，从而为智慧韧性城市可持续与创新发展提供技术保障。

参考文献

[1] 高庆华，张业成，刘惠敏. 灾害·社会·发展——中国百年自然灾害态势与 21 世纪减灾策略分析 [M].

北京：气象出版社，2000.

[2] 陈贵平.论我国城市的防灾减灾 [J].山西建筑，2004（23）：1-3.

[3] 张翰卿，戴慎志.城市安全规划研究综述 [J].城市规划学刊，2005（02）：38-44.

[4] 国家科委全国重大自然灾害综合研究组.中国重大自然灾害及减灾对策 [M].北京：科学出版社，1994.

[5] 蒋积伟.1978 年以来中国救灾减灾工作研究 [D].北京：中共中央党校，2009.

[6] 孙绍骋.中国救灾制度研究 [M].北京：商务印书馆，2004.

[7] 钱刚，耿庆国.二十世纪中国重灾百录 [M].上海：上海人民出版社，1999.

[8] 何振德，金磊.城市灾害概论 [M].天津：天津大学出版社，2005.

[9] 王江波.我国城市综合防灾规划编制方法研究 [D].上海：同济大学，2006.

[10] 程绍革，史铁花，戴国莹.现有建筑抗震鉴定的基本规定 [J].建筑结构，2010（5）：1-3+7.

[11] 王亚勇等.现代地震工程进展 [M].南京：东南大学出版社，2002.

[12] 廖曙江.大空间建筑内活动火灾荷载火灾发展及蔓延特性研究 [D].重庆：重庆大学，2002.

[13] 黄维章，张锁春，雷光耀，王贻仁.城市火灾蔓延的数学模型和计算机模拟 [J].计算物理，1993（1）：9-19.

[14] 舒新玲，周岱，王泳芳.风荷载测试与模拟技术的回顾及展望 [J].振动与冲击，2002（3）：8-12+27+91.

[15] 刘海燕.基于城市综合防灾的城市形态优化研究 [D].西安：西安建筑科技大学，2005.

[16] 樊运晓，罗云，陈庆寿.区域承灾体脆弱性评价指标体系研究 [J].现代地质，2001（1）：113-116.

[17] 王威，田杰，王志涛，郭小东.城市综合承灾能力评价的分形模型 [J].中国安全科学学报，2011（5）：171-176.

[18] 高晓红.基于 GIS 的城市防震减灾信息系统研究 [D].长春：吉林大学，2005.

[19] 马彦力.三维 GIS 大数据量场景快速可视化关键技术研究 [D].杭州：浙江大学，2013.

[20] 宋健.基于云计算的信息管理系统研究与设计 [D].南京：南京邮电大学，2013.

2 基于动力弹塑性分析和实测地面运动的地震破坏力速报

陆新征[1*] 程庆乐[2] 孙楚津[2] 顾栋炼[2] 许镇[3]

1. 土木工程安全与耐久教育部重点试验室，清华大学土木工程系，北京 100084；
2. 清华大学北京市钢与混凝土组合结构工程技术研究中心，北京 100084；
3. 北京科技大学土木与资源学院，北京 100083

一、引言

地震后准确快速地评估建筑的破坏情况对抗震救灾有着重要意义。近年来数次重大地震灾害的经验表明，对于灾区实际震损的评价能力有待进一步完善[1]。地震发生后，灾区往往通信不通畅，现场缺乏组织，短时间内难以有足够的专业人员对建筑震损进行评价，同时网络上不实言论的传播可能干扰正常救灾信息的获取和决策。因此，需要提出科学、客观、及时的震损评价方法。

目前近实时震损评价系统可以根据服务范围分为：（1）全球范围的系统；（2）局部的系统[2]。全球范围的震损评价系统主要有 Prompt Assessment of Global Earthquakes for Response（PAGER）[3]、Global Disaster Alert and Coordination System（GDACS）[4]、World Agency of Planetary Monitoring and Earthquake Risk Reduction（WAPMERR）[5]、Earthquake Loss Estimation for the Euro-Med region（NERIES-ELER）[6]，局部的系统主要包括 Earthquake Rapid Reporting System in Taiwan、USGS-Shake Cast、Istanbul Earthquake Rapid Response System 和 Rapid Response and Disaster Management System in Yokohama，Japan[7]。这些震损评价系统一般由地震输入参数、建筑信息和易损性、直接经济损失和人员伤亡三个部分组成。地震输入参数根据地震台网实时监测数据（一般包括地震的震级、震中位置和震源深度）和地面运动预测方程（GMPE）得到，建筑信息可通过宏观与微观统计信息结合的方法获得，建筑的破坏情况则根据易损性关系和能力需求方法推算，经济损失和人员伤亡主要依据经验公式求得。但现有系统存在的问题主要有：（1）单一的地震动参数输入较难全面地考虑地震动的动力特性；（2）基于易损性的震害分析方法对于缺乏实际震害数据的地区较难给出准确的震害预测结果；（3）基于静力推覆的能力 - 需求分析方法难以考虑地震动的持时、速度脉冲等特性[8]。此外，中国地震局开发了较为完善的地震速报程序[9]，可在短时间内给出地震发生的时间、地点、震源深度和震级的报告，并提供震中周边城市乡镇、震中天气和区域历史地震等相关信息，但是，地震局提供的速报信息中没有包含建筑震害的预测信息。

针对上述问题，本文基于动力弹塑性分析和实测地面运动记录，提出了一套近实时的地震破坏力分析评价方法并开发了相应的系统，以下将进行详细介绍。

二、地震破坏力分析评价方法

本文基于实测地面运动记录和动力弹塑性分析，提出了一套近实时的地震破坏力分析评价方法。该方法：（1）通过地震台站获取发震地区实测地面运动记录；（2）将实测地面运动记录输入典型单体建筑的有限元模型中，进行动力弹塑性分析，根据计算模型的分析结果评价本次地震对典型单体建筑的破坏情况；（3）建立发震区域典型的区域建筑数据库，运用城市动力弹塑性分析方法，将实测地面运动记录输入目标区域建筑分析模型中，根据区域分析结果评价本次地震对该地区建筑的破坏情况。

以下将对这三个部分进行具体的介绍。

1. 地震动记录

地震动记录的获取是时程分析的关键。我国现有数以千计的正式运行的测震台站，测震台站所测数据均以实时数据的方式进行全国范围内的交换[10]。地震发生后，中国地震台网能够及时获取震中周边的地面运动记录，连同台站经纬坐标、记录时间和仪器参数等信息记录在数据文件中。对所获取的实测地面运动记录进行处理，就可以为动力弹塑性分析提供输入地震动。

2. 单体结构分析

单体结构震害分析主要针对典型类型结构。不同结构在地震动作用下的响应不同，呈现出不同的变形特点和破坏机制，产生不同程度或不同类型的破坏。特别是一些典型单体建筑曾经经历过详细的振动台试验或拟静力试验，其抗震性能已经通过试验手段进行准确标定。通过对典型建筑进行动力弹塑性分析，可以详细地获取单体建筑各个位置的结构响应情况，分析其损伤机制和安全储备，同时更好地理解地震对于不同结构的破坏能力和破坏机理，为科学研究和结构设计提供参考。

本文对于钢筋混凝土结构，采用基于材料的纤维梁模型来建模。对于砌体结构，则采用基于构件的滞回模型加以模拟[11]。以下将对单体结构分析方法和本系统所选取的典型单体结构进行介绍。

（1）单体结构分析方法

1）基于材料的纤维梁和分层壳模型

采用基于杆系结构力学方法和一维材料本构的纤维模型可以对长细比较大的杆系结构（例如框架梁柱或桥墩）进行数值模拟[12]。纤维模型将杆件截面划分成若干纤维，如图 4.2-1 所示，每个纤维均为单轴受力，并用单轴应力应变关系来描述该纤维材料的特性，纤维间的变形协调则采用平截面假定，可根据计算的需要调整截面混凝土纤维或钢筋纤维的数量。纤维量模型中混凝土材料本构在 Légeron & Paultre 模型[13] 的基础上加以改进，考虑了约束效应、裂面效应、滞回效应等影响，其单轴应力应变关系曲线如图 4.2-2 所示，可以较好反映约束效应、软化行为，以及反复受力下的滞回和刚度退化的特性；钢筋材料本构采用汪训流等[14] 提出的模型，该模型可反映钢筋单调加载时的屈服、硬化和软化现象，并合理考虑了钢筋的 Bauschinger 效应（如图 4.2-3）。大量计算结果表明，该纤维模型和钢筋混凝土杆系构件试验结果吻合良好[14-16]。基于该纤维模型在通用有限元平台 MSC.Marc 上开发了应用于框架非线性分析程序 THUFIBER[17]，方便运用该模型建立框架结构分析模型。

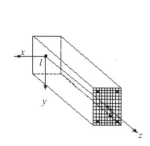
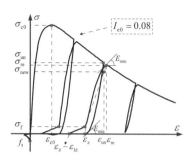
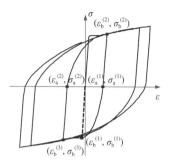

图 4.2-1　纤维梁单元　　　　图 4.2-2　混凝土往复加载曲线　　　图 4.2-3　钢筋的应力 - 应变曲线

2）基于构件的十参数滞回模型

基于构件的模型一般是根据试验的荷载 - 位移关系加以简化，模型一般隐含考虑了钢筋滑移、塑性内力重分布等影响，且计算过程比较简单。因此，本文采用十参数滞回模型对砌体构件进行建模。该模型由十个参数控制：初始刚度 K_0；正向屈服强度 F_y；强化模量参数 η；损伤累计耗能参数 C；滑移捏拢参数 γ；软化参数 η_{soft}；极限强度和屈服强度的比值 α；负向屈服强度和正向屈服强度之比 β；卸载刚度参数 α_{kk}；滑移段终点参数 ω[11]，模型参数含义如图 4.2-4 所示。通过调整模型中的系数的取值，就可以考虑构件的屈服、强化、软化、滑移捏拢、损伤累积、正反向屈服强度不同、卸载刚度退化等特性，且该滞回模型和试验结果吻合良好[18]。

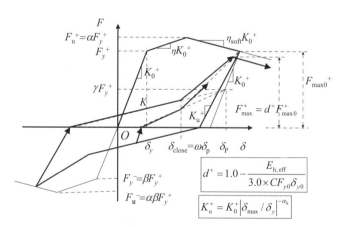

图 4.2-4　十参数滞回模型

以上单体结构分析方法在很多结构分析中得到应用[18-20]，为建筑抗震弹塑性分析提供了有力手段。

（2）典型单体结构有限元模型

目前本系统所选取的典型单体结构包括钢筋混凝土框架结构和砌体结构。随着系统的开发与完善，更多的典型单体结构将会加入其中，为地震破坏力评价提供更为丰富的信息。以下将对典型单体结构进行简单介绍。

1）多层钢筋混凝土框架

钢筋混凝土框架结构广泛应用于城市和乡镇的建筑中，尤其是学校、医院等重要建筑，在分析建筑震害时具有很好的代表性。

本文采用的典型钢筋混凝土框架结构选取施炜等[21]设计的3个6层RC框架模型。3个RC框架按照II类场地、设计地震分组第二组的丙类结构进行设计，抗震设防烈度分别为6度、7度和8度，以对比地震动对不同抗震设防烈度的RC框架的破坏情况。该RC框架设计采用常用于学校和医院等建筑的典型平面和立面布置（图4.2-5），选取中间榀框架（图中阴影部分）进行设计配筋，混凝土等级均为C30，纵筋种类均为HRB335。采用基于材料的纤维梁模型建立其有限元分析模型，为分析典型框架结构地震下的响应提供基础。详细的建模方法可以参考陆新征等[17]。

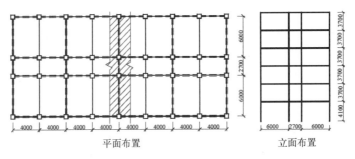

平面布置　　　　　　立面布置

图4.2-5　六层RC框架结构布置（单位：mm）

2）砌体结构

砌体结构广泛存在于乡镇房屋建筑中，而且砌体结构在遭遇地震时容易发生破坏。特别是未设防砌体结构，其破坏可能成为震后直接经济损失的主要来源。因此，有必要在地震破坏力速报系统中关注砌体结构的震害情况。本方法所选取的砌体结构包括单层未设防砌体、五层简易砌体和四层设防砌体。

①单层未设防砌体结构

纪晓东等[22]开展了砖木结构的振动台试验，试验以北京市的一栋单层三开间农村住宅砖木结构为原型，以砖柱、砖墙和木梁砌筑搭建，模型照片如图4.2-6所示。试验通过振动台输入实测地面运动加速度时程记录和人工波，得到该单层结构的加速度-位移滞回曲线。本文采用图4.2-4所示滞回模型，根据上述试验的结果对模型屈服点、峰值点和软化段参数进行了标定，作为层间剪切滞回关系，以此建立该单层砌体结构分析模型，用以反映地震对于典型自建农村住宅房屋的破坏力。

②五层简易砌体结构

朱伯龙等[23]开展了五层简易砌体结构的足尺拟静力试验。模型由粉煤灰密实砌块砌筑而成，有圈梁但没有构造柱，其结构布置图如图4.2-7所示。试验通过对各层施加水平荷载，得到反复荷载作用下的基底剪力-顶点位移关系。与单层未设防砌体结构相同，采用图4.2-4所示滞回模型依据试验结果进行参数标定，建立了该多层砌

图4.2-6　单层三开间农村住宅砖木结构振动
台试验

体结构的分析模型，用以分析多层低设防水平砌体结构的震害。

③四层设防砌体结构

许浒等[24]采用图4.2-4所示滞回模型，提出了一个4层设防砌体的模型，该砌体结构每层两个开间，前后纵墙开有门窗洞（图4.2-8），材料为MU10烧结实心砖和M5砌筑水泥砂浆。建立该模型的具体技术细节参见许浒等[24]，本文采用该模型分析多层设防砌体结构的震害。

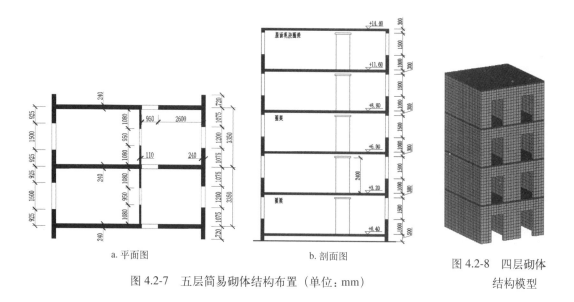

a. 平面图　　　　　　　　　　b. 剖面图　　　　　　图 4.2-8　四层砌体

图 4.2-7　五层简易砌体结构布置（单位：mm）　　　　　　结构模型

3. 区域建筑分析

区域建筑地震破坏力评价的关键问题为区域建筑震损分析方法和区域建筑数据库的建立。

（1）区域建筑动力弹塑性分析方法

本文采用城市地震动力弹塑性分析方法进行目标区域建筑震害分析，该方法基于多自由度非线性集中质量层模型，其中单层、多层建筑采用多自由度剪切层模型，高层建筑采用多自由度弯剪耦合层模型（图4.2-9所示）。城市地震动力弹塑性分析方法基于有限的建筑属性信息（结构类型、高度、层数、建造年代、楼层面积），即可建立区域内每栋建筑的分析模型，详细的模型说明和参数标定方法可以参考文献[18]。该方法针对结构的完好、轻微破坏、中等破坏、严重破坏、倒塌五种不同破坏状态提出了相应的破坏状态判别准则，具体的损伤判定准则可以参考文献[25、26]。

（2）目标区域建筑数据库建立

建筑基本属性信息数据库是建立目标区域分析模型的基础。本文基于《第六次全国人口普查》[27]等数据，通过求解线性规划问题构建了大陆地区主要城市的虚拟建筑模型数据库。

其实现方法是：根据《第六次全国人口普查》可以获得大陆主要城市建筑按照层数、承重类型和建造年代分类的各个类别建筑的总数，但这些分类之间是彼此独立的。本文将建筑按照层数、承重类型和建造年代一共分成33类，比如"1990年以前，砌体结构，平

RC框架结构和砌体结构   框架剪力墙结构

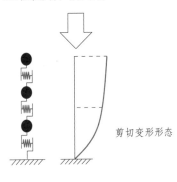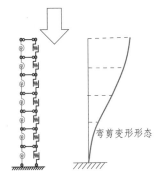

剪切变形形态   弯剪变形形态

MDOF 剪切层模型   MDOF 弯剪耦合模型

图 4.2-9 城市地震动力弹塑性分析中的建筑分析模型

房""1990 年以前，砌体结构，2-3 层"等，求解此问题构成的 N 元一次不定方程组即可获得这 33 类建筑的比例。在获得 33 类建筑的比例之后，就可以建立各个区域的建筑模型数据库，服务于后续的地震破坏力评价。需要说明的是，如果目标区域已经有每栋建筑的统计信息，则可以直接采用这些信息建立分析模型。

三、系统开发

根据上述方法，本文开发了相应的地震破坏力评价系统，该系统共由五个功能模块组成，分别为地震动模块、单体计算模块、区域计算模块、后处理模块和报告生成模块，系统设计流程图如图 4.2-10 所示。各模块主要功能介绍如下：

1. 地震动处理模块：读取指定格式的地震动文件，处理并展示地震动的时程和加速度反应谱，生成计算模块所需的标准格式地震动文件。

2. 单体计算模块：读取地震动文件，进行指定典型单体的计算分析，得到单体建筑的响应计算结果。

3. 区域计算模块：读取地震动文件，进行目标区域的计算分析，并以清华校园为对比算例，得到目标区域内每栋建筑的破坏状态。

4. 结果后处理模块：读取单体计算和区域计算的结果文件，提取单体建筑响应数据和目标区域不同结构类型建筑的破坏情况比例，生成用于交换的数据文件。

5. 自动生成报告模块：读取后处理模块生成的数据文件，完成数据整理和可视化，将震害结果自动生成地震破坏力报告和其他展示形式。

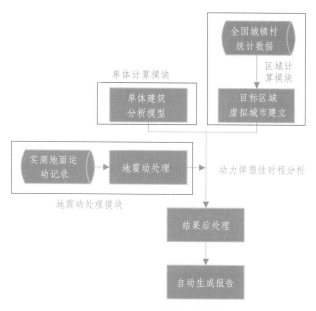

图 4.2-10　系统设计流程图

四、应用案例

根据本文所提出的近实时的地震破坏力分析评价方法，可以对每次地震的破坏力进行分析评价，结合所开发的速报系统可以在震后短时间内（<5h）完成分析，分析结果将反馈给地震应急部门和发布到网络平台，为地震的应急响应和普及公众防震减灾知识提供参考。本文所提出的方法在多次地震中得到运用，如表 4.2-1 所列，其中，2017 年 8 月 8 日九寨沟 7.0 级地震破坏力分析为典型的应用案例[28]，以下对其进行介绍。

地震破坏力评价方法应用案例　　　　　　　　　　　　　表 4.2-1

序号	地震名称	序号	地震名称
1	2016-12-08 新疆呼图壁 6.2 级地震	13	2018-09-12 陕西宁强 5.3 级地震
2	2016-12-18 山西清徐 4.3 级地震	14	2018-10-16 新疆精河县 5.4 级地震
3	2017-03-27 云南漾濞 5.1 级地震	15	2018-10-31 四川西昌市 5.1 级地震
4	2017-08-08 四川九寨沟 7.0 级地震	16	2016-04-16 日本熊本 7.3 级地震
5	2017-09-30 四川青川 5.4 级地震	17	2016-08-24 意大利 6.2 级地震
6	2018-02-12 河北永清 4.3 级地震	18	2016-11-13 新西兰 8.0 级地震
7	2018-05-28 吉林松原 5.7 级地震	19	2017-09-20 墨西哥 7.1 级地震
8	2018-08-13 云南玉溪 5.0 级地震	20	2017-11-23 伊拉克 7.8 级地震
9	2018-08-13 云南通海 5.0 级地震	21	2018-02-06 台湾花莲 6.5 级地震
10	2018-08-14 云南通海 5.0 级地震	22	2018-06-18 日本大阪 6.1 级地震
11	2018-09-04 新疆伽师县 5.5 级地震	23	2018-09-06 日本北海道 6.9 级地震
12	2018-09-08 云南墨江 5.9 级地震	24	2018-10-26 日本北海道 5.4 级地震

2017 年 8 月 8 日，北京时间 21 时 19 分 46 秒，四川省北部阿坝州九寨沟县发生 7.0 级

地震（震中北纬 33.20 度，东经 103.82 度）。从国家强震动台网中心获取了 17 组强震动观测记录。其中，九寨百河强震台（51JZB）震中距最小，震中距为 30.50km，台站位置为北纬 33.2°，东经 104.2°。九寨百河强震台地震动记录的东西、南北以及垂直向加速度峰值分别为 –129.5cm/s^2、–185.0cm/s^2 和 –124.7cm/s^2，其地震动时程曲线如图 4.2-11 所示。对九寨百河强震台地震动记录的三个分量（东西方向，南北方向和竖直方向）求加速度反应谱（阻尼比 5%），并将加速度反应谱与我国 8 度 II 类场地设计反应谱和我国近年来震中附近强震记录对比，如图 4.2-12 所示。可见，与我国近年来记录到一些强震记录相比，此次九寨沟地震的反应谱值明显较低。

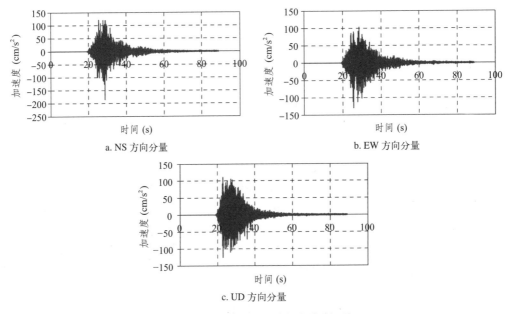

a. NS 方向分量　　　　　　　　　　b. EW 方向分量

c. UD 方向分量

图 4.2-11　九寨百河强震台地震动记录

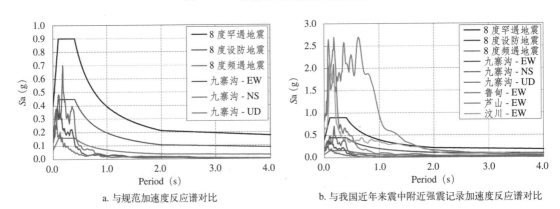

a. 与规范加速度反应谱对比　　　　b. 与我国近年来震中附近强震记录加速度反应谱对比

图 4.2-12　九寨百河强震台记录加速度反应谱

将九寨百河强震台记录输入典型框架结构中，得到结构的层间位移角包络如图 4.2-13a 所示。可以看出，8 度框架基本无损伤，6 度和 7 度框架层间位移角刚刚超过《建筑抗震设计规范》GB 50011-2010 规定的弹性层间位移角限值 1/550，损伤程度较轻，故此地震动对上述框架的破坏力较弱。

将记录分别输入单层未设防砌体、五层简易砌体和四层设防砌体模型中，对比模型分析结果和文献中试验或模拟的破坏状态限值可以得到：单层未设防砌体结构发生中等破坏；五层简易砌体结构由于周期较长，避开了地震动的主要频率，所以基本完好；四层设防砌体结构的底层层间位移角超过弹性层间位移角限值，尚未达到峰值承载力对应的变形，其层间位移角包络如图 4.2-13b 所示。

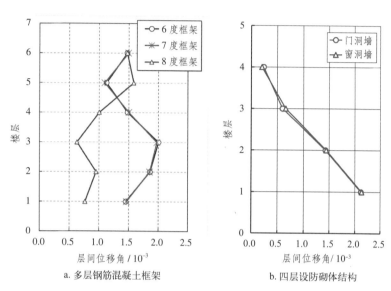

a. 多层钢筋混凝土框架　　　　　　　b. 四层设防砌体结构

图 4.2-13　九寨百河强震台记录下典型结构层间位移角包络

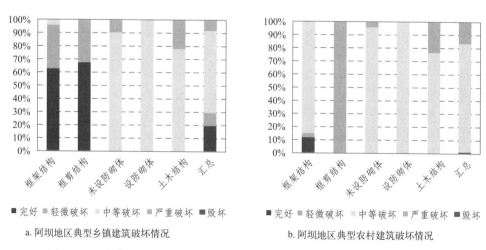

a. 阿坝地区典型乡镇建筑破坏情况　　　　　b. 阿坝地区典型农村建筑破坏情况

图 4.2-14　九寨百河强震台记录下阿坝地区典型乡镇和典型农村建筑破坏情况

将记录输入目标区域中，得到不同结构类型建筑的破坏状态比例如图 4.2-14 所示。可以看出：阿坝地区典型乡镇的中等以上破坏率约为 70%，典型农村的中等以上破坏率约为 98%，农村建筑破坏情况较为严重。但是未见倒塌建筑。从图中可以看出，阿坝地区破坏较严重的建筑类型为未设防砌体、设防砌体和土木结构，而框剪结构破坏程度较轻，农村的框架结构受到一定程度的破坏。进一步分析框架结构的破坏情况可以得出：发生中等破坏的框架结构多为 6 层以下低矮短周期框架，而 6 层及 6 层以上框架破坏程度较轻。总体说来，灾区建筑可能受到一定的破坏，但是发生倒塌的可能性较小。

根据灾后实际震害调查结果，灾区不同程度受损房屋 73671 间，实际倒塌 76 间[29]，倒塌率只有 0.1% 左右。可见本文方法预测的倒塌概率和实际震害较为一致。之所以得到这样的结果，是因为本文分析是基于实测地震动进行的计算，可以更好地考虑实际地震的破坏能力。该分析结果在获取地震动后 2 小时内完成，并发布到网络平台，得到了广泛的关注。提供的分析结果为本次地震的应急响应和普及公众防震减灾知识提供了参考。

五、结论

本文基于实测地面运动记录和动力弹塑性分析，提出了近实时地震破坏力分析方法并开发了相应的系统，该方法在多次地震中得到应用，主要结论如下：

1. 本文建议的方法基于实测地面运动记录，能较好地解决地震输入的不确定性；

2. 该方法基于动力弹塑性分析，可以充分考虑地震动的幅值、频谱和持时特征以及不同建筑物的刚度、强度和变形特征；

3. 本文建议的方法对典型单体建筑物和目标区域进行分析，可以评价不同地震动对典型建筑物和目标区域建筑群的破坏能力；

4. 本文所建议的地震破坏力分析方法及相应的速报系统，在地震发生后短时间内给出地震破坏力评估结果，为科学制定抗震救灾决策和普及公众防灾减灾知识提供了有力手段。

感谢中国地震台网中心为本研究提供数据支持，感谢国家自然科学基金（No. 51578320）对本研究的资助。

参考文献

[1] 国家发展改革委，中国地震局. 国家防震减灾规划（2006-2020 年）[EB/OL]. http：//www.ndrc.gov.cn/zcfb/zcfbghwb/201612/t20161202_829097.html，2016.

[2] Erdik M，Şeşetyan K，Demircioğlu M B，et al. Rapid earthquake loss assessment after damaging earthquakes [J]. Soil Dynamics & Earthquake Engineering，2011，31（2）：247-266.

[3] Wald D J，Jaiswal K，Marano K D，et al. PAGER-Rapid assessment of an earthquake's impact [R]. U.S. Geological Survey Fact Sheet 2010–3036，2010.

[4] GDACS. Global Disaster Alert and Coordination System [DB/OL]. http：//www.gdacs.org/，2018.

[5] Trendafiloski G，Wyss M，Rosset P. Loss estimation module in the second generation software QLARM[M]// Human Casualties in Earthquakes. Springer Netherlands，2011：95-106.

[6] European Commission. Network of research infrastructures for European seismology（NERIES）[DB/OL]. https://www.neries-eu.org. 2016.

[7] Erdik M，Fahjan Y. Damage scenarios and damage evaluation [M]// Assessing and managing earthquake risk. Springer Netherlands，2008：213-237.

[8] Lu，XZ，Han，B，Hori，M，et al. A coarse-grained parallel approach for seismic damage simulations of urban areas based on refined models and GPU/CPU cooperative computing [J]. Advances in Engineering

Software, 2014, 70: 90-103.

[9] 中国地震台网中心. 中国地震台网 [EB/OL]. http: //news.ceic.ac.cn/index.html?time=1528878360, 2018.

[10] 杨陈, 郭凯, 张素灵, 等. 中国地震台网现状及其预警能力分析 [J]. 地震学报, 2015, 37 (3): 508-515.

[11] 陆新征. 工程地震灾变模拟: 从高层建筑到城市区域 [M]. 科学出版社, 2015: 39-47.

[12] 陆新征, 林旭川, 叶列平, 等. 地震下高层建筑连续倒塌数值模型研究 [J]. 工程力学, 2010, 27 (11): 64-70.

[13] Légeron F, Paultre P. Uniaxial confinement model for normal and high-strength concrete columns [J]. Journal of Structural Engineering, ASCE, 2003, 129 (2): 241-252.

[14] 汪训流, 陆新征, 叶列平. 往复荷载下钢筋混凝土柱受力性能的数值模拟 [J]. 工程力学, 2007, 24 (12): 76-81.

[15] 叶列平, 陆新征, 马千里, 等. 混凝土结构抗震非线性分析模型、方法及算例 [J]. 工程力学, 2006, 23 (增刊 II): 131-140.

[16] 陆新征, 李易, 叶列平, 等. 钢筋混凝土框架结构抗连续倒塌设计方法的研究 [J]. 工程力学, 2008, 25 (增刊 II): 150-157.

[17] 陆新征, 蒋庆, 缪志伟, 等. 建筑抗震弹塑性分析（第二版）[M]. 中国建筑工业出版社, 2015: 179-197.

[18] Lu, XZ, Guan, H. Earthquake disaster simulation of civil infrastructures: from tall buildings to urban areas [M]. Springer Singapore, 2017: 46-50 260-290.

[19] Lu X, Lu XZ, Guan H, et al. Collapse simulation of reinforced concrete high-rise building induced by extreme earthquakes[J]. Earthquake Engineering & Structural Dynamics, 2013, 42 (5): 705-723.

[20] Lu, X, Lu, XZ, Zhang, WK, et al. Collapse simulation of a super high-rise building subjected to extremely strong earthquakes [J]. Science China Technological Sciences, 2011, 54 (10), 2549-2560.

[21] 施炜, 叶列平, 陆新征, 等. 不同抗震设防 RC 框架结构抗倒塌能力的研究 [J]. 工程力学, 2011, 28 (3): 41-48.

[22] 纪晓东, 马琦峰, 赵作周, 等. 北京市既有农村住宅砖木结构加固前后振动台试验研究 [J]. 建筑结构学报, 2012, 33 (11): 53-61.

[23] 朱伯龙, 蒋志贤, 吴明舜. 上海五层砌块试验楼抗震能力分析 [J]. 同济大学学报, 1981 (04): 7-14.

[24] 许浒, 赵世春, 叶列平, 等. 砌体结构在地震下的非线性计算模型 [J]. 四川建筑科学研究, 2011, 37 (6): 170-175.

[25] Xiong C, Lu XZ, Lin XC, et al. Parameter determination and damage assessment for THA-based regional seismic damage prediction of multi-story buildings[J]. Journal of Earthquake Engineering, 2017, 21 (3): 461-485.

[26] 熊琛, 许镇, 曾翔, 等. 适用于区域震害模拟的混凝土高层结构损伤预测方法 [J]. 自然灾害学报, 2016, 25 (6): 69-78.

[27] 国务院人口普查办公室, 国家统计局人口司. 中国 2010 年人口普查资料 [M]. 中国统计出版社, 2012.

[28] 陆新征, 顾栋炼, 林旭川, 等. 2017.08.08 四川九寨沟 7.0 级地震震中附近地面运动破坏力分析 [J]. 工程建设标准化, 2017 (8), 68-73.

[29] 戴君武, 孙柏涛, 李山有, 等. 四川九寨沟 7.0 级地震之工程震害 [M]. 地震出版社, 2018: 19.

3 圆钢管再生混凝土柱抗震性能试验研究

董宏英 谢翔 曹万林 郭晏利

北京工业大学建筑工程学院，北京 100124

一、引言

随着我国经济的深入发展，各类建筑物和基础设施的拆迁、改建，产生了大量建筑垃圾，严重污染环境。将建筑垃圾中的废弃混凝土经过破碎、筛分、清洗后形成的再生骨料，可以部分或全部替代混凝土中的天然骨料，大量节省建筑材料[1]。由于再生混凝土具有上述优点，近年来世界各国都对其基本性能进行了一系列的研究[2-6]。早期，再生混凝土的应用局限于道路工程的垫层和基层等受力较小的结构中[7]。为了真正意义上在主体结构中推广使用再生混凝土，国内外学者提出在钢管内填充再生混凝土[8-9]，利用钢管对核心再生混凝土的约束作用，使再生混凝土处于三向受压状态，充分发挥钢管和再生混凝土的优势，二者协同工作，扬长避短。目前国内学者陆续开展了对钢管再生混凝土柱的研究，主要集中在轴心受压和偏心受压性能，而对于其抗震性能的研究较少，特别是对足尺钢管试件抗震性能的研究还未见报道。我国处在两大地震带之间，地震多发，研究足尺钢管再生混凝土柱的抗震性能，对于其在实际工程中的推广使用，无疑具有重要意义。

目前，国内一批学者对圆钢管再生混凝土柱的抗震性能作了初步的研究。黄一杰[10]以再生粗骨料取代率、混凝土强度为试验变量，研究了6个钢管再生混凝土柱的抗震性能；吴波[11]以取代率、钢管壁厚、轴压比为试验变量，研究了钢管再生混凝土柱的抗震性能，并进行了有限元分析；张向冈[12]以再生粗骨料取代率、轴压比、长细比和含钢率为变量，设计了10根圆钢管柱进行低周反复试验，分析了其抗震性能，用各国规范进行了承载力计算。以上研究的主要结论是：圆钢管再生混凝土柱的抗震性能和普通钢管混凝土柱的性能相近或者稍弱，钢管再生混凝土柱有广阔的应用前景。但由于试验设备、试验环境等条件的影响，以上试验均采用的是缩尺模型，为了更好地模拟和探究钢管再生混凝土柱在实际工程中的抗震性能，在课题组前期钢管再生混凝土柱轴压和偏压性能研究的基础上[13, 14]，笔者进行了7个足尺圆钢管再生混凝土柱的拟静力试验研究，以再生粗骨料取代率、剪跨比、轴压比为变化参数研究其抗震性能，为钢管再生混凝土柱在实际工程中的应用提供参考和依据。

二、试验概况

1. 材料性能

采用强度等级为32.5的普通硅酸盐水泥、粒径为5～25mm的连续级配再生粗骨料、山碎石、普通机制砂、水、粉煤灰和矿粉等材料配制试件所需混凝土。再生粗骨料采用北京市某建筑物拆除废弃混凝土，其物理性能见表4.3-1，参照课题组再生混凝土配合比的相关研究[15]，经过多次验证和调整，本试验混凝土配合比见表4.3-2，表中 γ 表示再生粗骨料取代率。

再生粗骨料物理性能　　　表 4.3-1

骨料类型	骨料粒径 /mm	吸水率 /%	针片状颗粒 /%	压碎指标 /%	表观密度 /(kg·m⁻³)	含泥量 / (kg·m⁻³)
再生粗骨料	5 ~ 25	3.00	3	13	2575	2.25

再生混凝土配合比　　　表 4.3-2

γ / %	材料用量 / (kg·m⁻³)							
	水泥	粉煤灰	矿粉	机制砂	山碎石	再生粗骨料	水	减水剂
0	434	54	54	757	926	0	175	10.8
50	434	54	54	757	463	463	175	10.8
100	434	54	54	757	0	926	175	10.8

钢管为无缝圆钢管，采用 Q345 钢材，实测钢管屈服强度 f_y 和极限抗拉强度 f_u 分别为 405MPa 和 459MPa，弹性模量 E_s 为 207GPa。

2. 试件设计与制作

设计制作了 7 个圆钢管再生混凝土柱足尺试件，圆钢管截面尺寸一致，均为 508mm × 9mm，立面图见图 4.3-1，试件设计以再生粗骨料取代率（γ）、剪跨比（λ）、轴压比（n）为变化参数。柱身高度 L 分别为 762mm 与 1270mm，试验仪器球铰高度为 250mm。计算剪跨比时，柱高 H 取球铰高度与柱身高度之和。试件具体参数见表 4.3-3，其中 f_{cu} 为预留混凝土试块 28d 立方体抗压强度，E_c 为混凝土弹性模量，N 为试验加载轴力。

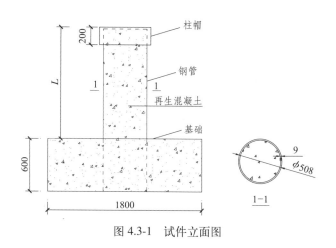

图 4.3-1　试件立面图

试件参数　　　表 4.3-3

试件编号	γ / %	λ	f_{cu} / MPa	E_c / GPa	n	N / kN
RCFST1	0	2	63.75	3.75	0.8	7600
RCFST2	50	2	66.56	3.84	0.8	7800
RCFST3	100	2	60.76	3.61	0.8	7400

续表

试件编号	γ / %	λ	f_{cu} / MPa	E_c / GPa	n	N / kN
RCFST4	0	3	63.75	3.75	0.8	7600
RCFST5	50	3	66.56	3.84	0.8	7800
RCFST6	100	3	60.76	3.61	0.8	7400
RCFST7	100	3	60.76	3.61	0.5	4600

3. 试验方案及测点布置

试验采用北京工业大学结构试验中心 4000t 多功能电液伺服加载系统。进行悬臂式加载，柱顶铰接，通过水平作动器推动与基础连接的滑动小车进行加载。加载装置和测量仪器布置如图 4.3-2 所示。根据《建筑抗震试验方法规程》[16]，试验时，首先依据轴压比施加竖向轴力 N，并在整个试验过程中保持 N 恒定；水平方向采用位移控制的加载方式，先进行位移角为 0.125% 的预加载，再按每级位移角增量为 0.25% 进行正式加载，每级循环 2 次；位移角到达 2% 后，增量变为 0.5%，并且之后每级变为加载 1 次；位移角到达 4% 后，增量变为 1%，加载历程如图 4.3-3。由于仪器顶部球铰转动限制，试验加载的最大位移角为 8%。位移角 $\theta = \Delta / H \times 100\%$，其中，H 为柱基础顶部至仪器球铰顶部距离，$\Delta$ 为加载点水平位移。

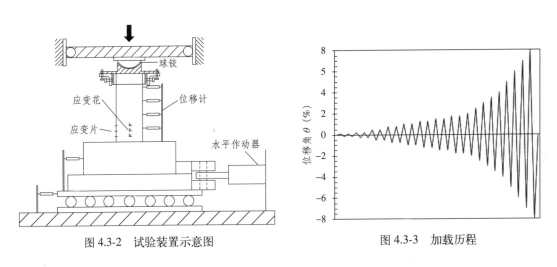

图 4.3-2 试验装置示意图   图 4.3-3 加载历程

在加载点和基础底部分别布置位移计，来测量柱子的水平最大位移，并在沿柱身高度间隔 254mm 处分别布置位移计，以测量柱身位移。在柱子两侧和前后面底部分别布置应变片和应变花来测量钢管应力变化。

三、试验结果及分析

1. 破坏特征

钢管再生混凝土柱的破坏现象与普通钢管混凝土柱的类似，随着加载位移角的增大，钢管底部喷漆逐渐脱落，在试件屈服后钢管开始发生鼓曲，破坏时在距钢管底部约 60 ～ 120mm 处形成一圈环状鼓曲波，应变片数据表明钢管早已屈服，并发生弹塑性变形。剪跨比为 2 的试件 RCFST1、RCFST，钢管在加载后期受拉一侧突然发生断裂，此时拉力已超过钢材的极限强度，钢管被拉断，试验后用锤子敲击钢管外部，声音并无明显变化，说明钢管与混凝土之间的黏结性能良好。试验现象如图4.3-4所示。

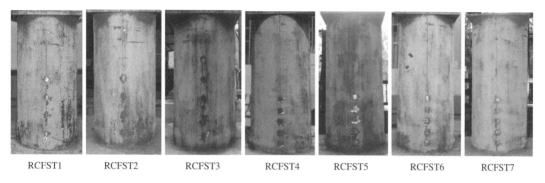

| RCFST1 | RCFST2 | RCFST3 | RCFST4 | RCFST5 | RCFST6 | RCFST7 |

图4.3-4　试件破坏形态

2. 滞回性能

试件的$P–\Delta$滞回曲线如图4.3-5所示，其中，P代表水平荷载，Δ代表柱端的水平位移，由滞回曲线可以看出：

（1）加载初期，滞回曲线呈线性变化，试件的刚度基本不变，残余变形很小，试件处在弹性阶段；（2）随着加载位移角的增大，试件开始进入弹塑性阶段，到达屈服点后，试件的刚度开始减小，残余变形比较明显，到达峰值点后，刚度减小的程度加快，残余变形越来越大，滞回环越来越饱满，耗能能力逐渐变强；（3）所有试件的滞回环都比较饱满，形状基本呈梭形，没有明显的捏缩现象，峰值过后，试件水平承载力下降缓慢，延性较好，耗能性能优越；（4）试件RCFST1和RCFST2在加载后期承载力突然下降，原因是在加载过程中受拉一侧钢管发生断裂，钢管达到了极限强度被拉断；（5）再生粗骨料取代率的变化对试件的滞回曲线影响不大，其形状和变化规律基本一致；（6）剪跨比的变化对试件的滞回曲线有明显影响，剪跨比越大的试件，初始刚度越低，试件的承载力显著下降，滞回环更为饱满，耗能能力更强；（7）轴压比的变化对试件的滞回曲线影响不大，比较试件RCFST6和RCFST7可以看出，轴压比较低的试件延性较好，承载能力更强。

试件的骨架曲线如图4.3-6所示，分别以再生粗骨料取代率、剪跨比、轴压比为单变量参数进行对比，由骨架曲线可以看出：

（1）再生粗骨料取代率的变化对试件的骨架曲线影响不大，除了粗骨料全取代的试件外，试件的初始刚度基本相同，骨架曲线轨迹基本一致，承载能力接近；而对于粗骨料全取代试件，试件承载能力稍差，刚度退化速率变快，延性稍差。其原因是试件全部采用了再生粗骨料，其表面附有破碎前混凝土的部分水泥砂浆，其孔隙率较大，在相同配合比下，用其配置的再生混凝土强度和弹性模量较低，表现为其承载力较低且下降较快。

（2）剪跨比的变化对试件的骨架曲线有较大影响，剪跨比大的试件初始刚度明显减小，承载能力显著降低，峰值点后，承载力下降变慢，变形能力更好。

（3）轴压比的变化对试件的骨架曲线影响不大，轴压比大的试件峰值承载能力略有下降，下降段变陡，承载能力下降加快。在较高轴压比下钢管再生混凝土柱仍有较好的承载能力。

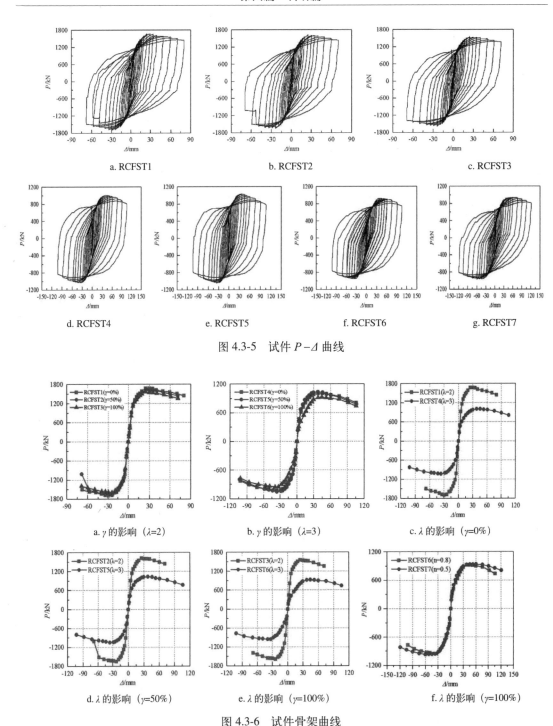

图 4.3-5　试件 $P-\Delta$ 曲线

图 4.3-6　试件骨架曲线

3. 承载力及延性

屈服位移 Δ_y 采用能量等值法确定。由于加载仪器球铰的影响，本试验加载最大位移角为 8%，试件承载力下降较慢，大部分试件在加载到最大位移角时，承载力仍然没有下降到峰值荷载的 85%，为了比较各试件的延性，统一取下降段中峰值荷载 P_m 的 90% 为

破坏点 P_u，其对应位移为破坏位移 Δ_u，延性系数 $\mu = \Delta_u / \Delta_y$，按本方法计算的延性，比按 85% 峰值荷载计算的延性系数要低。通过计算求得屈服点、峰值点、破坏点的特征值如表 4.3-4 所示。

由表 4.3-4 可以看出，试件的平均延性系数都大于 4，大部分都在 5 左右，试件的延性性能很好，粗骨料取代率对试件的承载力及延性影响不大，试件的各特征点接近，再生粗骨料取代率为 100% 的试件峰值点和延性系数略有下降，原因是在相同配合比下，再生粗骨料配置的混凝土强度和弹性模量较低；剪跨比对试件的承载力及延性有明显影响，剪跨比为 2 的试件 RCFST1 和 RCFST2 在加载后期钢管底部受拉一侧被拉断，剪跨比大的试件，承载力明显下降，延性显著增强；轴压比对试件的承载力及延性影响较不大，轴压比低的试件，峰值荷载略有上升，其延性显著增强。在较高轴压比下，所有试件仍有较好的承载能力和延性。

试件各特征点 P-Δ 实测值

表 4.3-4

编号	加载方向	屈服点		峰值点		破坏点		$\mu = \Delta_u / \Delta_y$
		Δ_y (mm)	P_y (kN)	Δ_m (mm)	P_m (kN)	Δ_u (mm)	P_u (kN)	
RCFST1	正向	12.66	1432.08	29.61	1679.29	68.40	1511.36	——
	反向	−12.34	−1440.49	−29.55	−1696.63	——	——	
	平均	12.50	1436.29	29.58	1687.96	——	——	
RCFST2	正向	12.57	1365.31	25.41	1627.08	67.19	1464.37	
	反向	−12.22	−1419.75	−23.10	−1646.92	——	——	
	平均	12.40	1392.53	24.26	1637.00	——	——	
RCFST3	正向	11.59	1329.51	24.18	1561.54	62.96	1405.39	5.43
	反向	−11.89	−1354.64	−24.12	−1590.41	−61.57	−1431.37	5.18
	平均	11.74	1342.08	24.15	1575.98	62.27	1418.38	5.30
RCFST4	正向	16.43	829.71	37.76	1004.04	85.75	903.64	5.22
	反向	−15.95	−857.24	−36.42	−1028.63	−80.82	−925.77	5.07
	平均	16.19	843.48	37.09	1016.34	83.29	914.70	5.14
RCFST5	正向	14.58	874.58	37.43	1034.18	72.70	930.76	4.99
	反向	−14.45	−884.20	−36.22	−1049.66	−72.44	−944.69	5.01
	平均	14.51	879.39	36.83	1041.92	72.57	937.73	5.00
RCFST6	正向	22.62	776.32	43.94	922.60	86.82	830.34	3.84
	反向	−20.04	−801.05	−39.36	−952.42	−84.51	−857.18	4.22
	平均	21.33	788.69	41.65	937.51	85.67	843.76	4.03
RCFST7	正向	19.99	778.74	60.14	938.65	109.21	844.79	5.46
	反向	−20.46	−805.54	−59.76	−967.39	−103.28	−870.65	5.05
	平均	20.23	792.14	59.95	953.02	106.25	857.72	5.26

注：横线部分为钢管被拉断。

4. 刚度退化

通过骨架曲线，求得割线刚度 K，用以表示试件的刚度退化情况，其表达式为：

$$K = \frac{|+P_i| + |-P_i|}{|+\Delta_i| + |-\Delta_i|}$$ (1)

其含义为试件第 i 次加载的割线刚度 K 等于试件第 i 次加载中正反向水平承载力绝对值之和与水平位移绝对值之和的比值。

为了进行单变量参数刚度退化的对比，对试件刚度和位移进行了归一化处理，如图 4.3-7 所示，根据曲线可知：1）粗骨料取代率的变化对试件的刚度退化影响较小，试件刚度退化曲线的轨迹基本一致，全再生粗骨料取代率的试件 RCFST6 退化速率稍快，再生粗骨料表面附有破碎前混凝土的部分水泥砂浆，降低了试件的弹性模量和初始刚度，加快了核心混凝土压碎和破坏的趋势；2）剪跨比的变化对试件的刚度退化有较大影响，剪跨比大的试件刚度退化速率更快；3）轴压比的变化对试件的刚度退化影响不大，试件刚度退化曲线的轨迹基本一致，轴压比大的试件刚度退化速率略快。

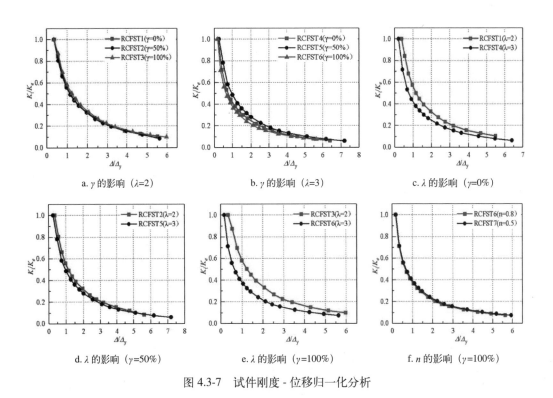

a. γ 的影响（$\lambda=2$）   b. γ 的影响（$\lambda=3$）   c. λ 的影响（$\gamma=0\%$）

d. λ 的影响（$\gamma=50\%$）   e. λ 的影响（$\gamma=100\%$）   f. n 的影响（$\gamma=100\%$）

图 4.3-7 试件刚度 - 位移归一化分析

5. 耗能

本文选择每级循环滞回环第一圈的面积来计算累积耗能，表示试件耗能能力的等效粘滞阻尼系数 h_e 按下式计算：

$$h_e = \frac{1}{2\pi} \frac{S_{(ABC+CDA)}}{S_{(OBE+ODG)}}$$ (2)

式中，S 表示面积，计算简图如图 4.3-8 所示，各试件的累计耗能和粘滞阻尼系数对比见图 4.3-9，图中 A 代表累积耗能值。

由图 4.3-9 可知：再生粗骨料取代试件的累积耗能和粘滞阻尼系数曲线与普通混凝土试件都比较接近，取代率对其耗能性能影响不大，全粗骨料取代试件的耗能能力略低；剪跨比对试件累积耗能有较大影响，在加载前期相同位移下，由于水平承载力更大，剪跨比低的试件累积耗能更大，但由于其最大位移较小，总耗能能力小于剪跨比大的试件；轴压比对试件耗能性能有一定影响，轴压比大的试件等效粘滞阻尼系数有所增大，耗能能力

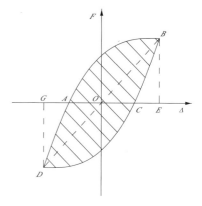

图 4.3-8　变形滞回环

增强。所有试件的粘滞阻尼系数在试件破坏时均在 0.4 以上，远远高于圆截面钢筋混凝土柱，圆截面钢筋混凝土柱的粘滞阻尼系数为 $0.15 \sim 0.25$[17]，说明圆钢管再生混凝土柱具有较好的耗能能力。

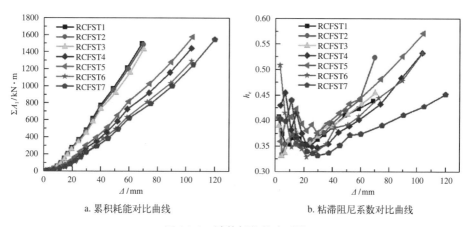

a. 累积耗能对比曲线　　　　　　　b. 粘滞阻尼系数对比曲线

图 4.3-9　试件耗能能力对比

四、承载力计算

目前对于圆钢管再生混凝土柱的研究较少，没有相关的规范规程，由于其受力性能与普通圆钢管混凝土柱相似，我国现行计算钢管混凝土承载力的主要依据有 GB 50936-2014 和 DBJ/T 13-51-2010 等，本文分别用以上两种规范和规程计算了在复杂受力状态下圆钢管再生混凝土柱的水平承载力，并与试验结果进行对比分析。

GB 50936-2014 规范考虑压、弯、剪共同作用时，按下列公式计算：

当 $\dfrac{N}{N_\mathrm{u}} \geq 0.255\left[1-\left(\dfrac{V}{V_\mathrm{u}}\right)^2\right]$ 时，

$$\frac{N}{N_\mathrm{u}} + \frac{\beta_\mathrm{m} M}{1.5 M_\mathrm{u}(1-0.4N/N'_\mathrm{E})} + \left(\frac{V}{V_\mathrm{u}}\right)^2 \leq 1 \tag{3}$$

当 $\dfrac{N}{N_u} < 0.255\left[1-\left(\dfrac{V}{V_u}\right)^2\right]$ 时，

$$-\frac{N}{2.17N_u}+\frac{\beta_m M}{M_u(1-0.4N/N'_E)}+\left(\frac{V}{V_u}\right)^2 \leqslant 1 \tag{4}$$

其中 N、M、V 为实际作用于试件的轴力、弯矩和水平剪力，N_u、M_u、V_u 为钢管轴压、受弯承载力和受剪承载力设计值，N'_E 为系数，β_m 为等效弯矩系数。

福建省地方规程 DBJ/T 13-51-2010 与前一个规范计算方法类似，公式如下：

当 $N/N_u \geqslant 2\varphi^3\eta_0\ \sqrt[2.4]{1-(V/V_u)^2}$ 时，

$$\left(\frac{N}{\varphi N_u}+\frac{a}{d}\frac{M}{M_u}\right)^{2.4}+\left(\frac{V}{V_u}\right)^2 \leqslant 1 \tag{5}$$

当 $N/N_u < 2\varphi^3\eta_0\ \sqrt[2.4]{1-(V/V_u)^2}$ 时，

$$\left[-b\left(\frac{N}{N_u}\right)^2-c\left(\frac{N}{N_u}\right)+\frac{1}{d}\frac{M}{M_u}\right]^{2.4}+\left(\frac{V}{V_u}\right)^2 \leqslant 1 \tag{6}$$

其中 η_0、a、b、c 都为与套箍系数有关的系数，d 为与欧拉临界力 N_E 和加载轴力 N 有关的系数，为稳定系数。

用以上公式进行计算可得出受弯承载力 M，由于在实际加载过程中 $N\text{-}\varDelta$ 效应也会产生一部分弯矩，且加载轴力和位移越大，效应越明显，不可忽略，故水平承载力 p^d 计算公式为：

$$P^d = (M-N\cdot\Delta)/H \tag{7}$$

通过计算可得出试验值与计算值，其对比结果见表 4.3-5，可以看出，两种规范的计算结果都比较保守，试验值和理论计算值的比值在 1.5 左右。为了分析产生此种现象的原因，笔者对黄一杰 [4]、吴波 [5]、张向冈 [6] 等人的共 31 根圆钢管再生混凝土柱的水平承载力的试验结果分别用以上两种规范进行计算，得到的试验值与计算值的对比结果如表 4.3-6 所示。可以看出，两者的比值的均值分别为 1.01 和 1.28，试验值与理论值比较接近。进行小尺寸圆钢管再生混凝土柱承载力计算时，公式较为吻合。实际上，目前的规范或规程中给出的圆钢管混凝土水平承载力计算公式是在国内外大量的试验基础上提出的，主要的试验数据来源于缩尺试件，试件直径集中在 100～300mm，尺寸较小，而对于足尺试件的相关研究较少，在推导公式时没有考虑尺寸效应，所以在计算足尺圆钢管再生混凝土柱承载力时，我国的相关规范规程的计算公式偏于安全，较为保守。范重对于普通钢管混凝土柱的承载力研究也有类似结论 [20]。

试验值与计算值结果对比　　　　　　　　　　　　　　　　　　表 4.3-5

序号	试件编号	试件直径 D	试验值 p^t	GB 50936-2014		DBJ/T13-51-2010	
				计算值 p^d	p^t/p^d	计算值 p^d	p^t/p^d
1	RCFST1	508	1687.96	944.37	1.79	1052.60	1.60
2	RCFST2	508	1637.00	1023.42	1.60	1123.16	1.46
3	RCFST3	508	1575.98	971.19	1.62	1065.97	1.48
4	RCFST4	508	1016.34	657.17	1.55	676.38	1.50
5	RCFST5	508	1041.92	676.28	1.54	694.42	1.50
6	RCFST6	508	937.51	617.82	1.52	636.17	1.47
7	RCFST7	508	953.02	849.01	1.12	718.13	1.33
均值					1.53		1.48
标准差					0.20		0.08
变异系数					13%		6%

参考文献试验值与计算值结果对比　　　　　　　　　　　　　　　表 4.3-6

序号	试件编号	试件来源	试件直径 D	试验值 p^t	GB 50936-2014		DBJ/T13-51-2010	
					计算值 p^d	p^t/p^d	计算值 p^d	p^t/p^d
1	Z-1		166.2	54.32	48.83	1.11	51.50	1.05
2	Z-2		166.2	53.3	50.72	1.05	53.45	1.00
3	Z-3		166.2	52.03	47.79	1.09	49.86	1.04
4	Z-4		166.2	54.95	50.57	1.09	53.41	1.03
5	Z-5	张向冈	166.2	63.52	60.41	1.05	63.67	1.00
6	Z-6		166.2	78.96	74.25	1.06	78.08	1.01
7	Z-7		166.2	39.83	41.49	0.96	26.03	1.53
8	Z-8		166.2	42.03	42.02	1.00	29.37	1.43
9	Z-9		166.2	39.08	40.39	0.97	29.70	1.32
10	Z-10		166.2	67	37.73	1.78	28.59	2.34
11	H-1		220	69.05	68.05	1.01	68.36	1.01
12	H-2		220	68.83	62.93	1.09	65.40	1.05
13	H-3	黄一杰	220	64.63	63.47	1.02	65.92	0.98
14	H-4		220	65.15	66.48	0.98	66.74	0.98
15	H-5		220	65	65.05	1.00	65.91	0.99
16	W-1		220	72	106.12	0.68	69.09	1.04
17	W-2		300	68.9	106.79	0.65	69.48	0.99
18	W-3		300	65.2	102.91	0.63	65.34	1.00
19	W-4	吴波	300	86.1	101.62	0.85	73.30	1.17
20	W-5		300	92.6	97.57	0.95	69.79	1.33
21	W-6		300	74.2	106.33	0.70	77.15	0.96
22	W-7		300	117.8	127.87	0.92	99.15	1.19

序号	试件编号	试件来源	试件直径 D	试验值 p^t	GB 50936-2014		DBJ/T13-51-2010	
					计算值 p^d	p^t / p^d	计算值 p^d	p^t / p^d
23	W-8	吴波	300	113	128.53	0.88	99.68	1.13
24	W-9		300	114.2	129.06	0.88	100.22	1.14
25	W-10		300	130.1	129.13	1.01	98.17	1.33
26	W-11		300	123.5	125.47	0.98	94.39	1.31
27	W-12		300	122.9	127.22	0.97	96.17	1.28
28	W-13		300	162.7	137.04	1.19	113.85	1.43
29	W-14		300	161.9	142.54	1.14	119.45	1.36
30	W-15		300	160.4	138.32	1.16	115.27	1.39
均值						1.01		1.28
标准差						0.12		0.11
变异系数						12%		8%

五、结论

通过 7 个足尺圆钢管再生混凝土柱的抗震性能试验研究和分析，可以得出以下结论：

（1）试件的破坏形态与普通圆钢管混凝土柱相似，主要表现为在钢管底部形成一圈完整连续的鼓曲波，剪跨比为 2 的钢管受拉一侧被拉断；所有试件的平均延性系数均大于 4，大部分在 5 左右，表明圆钢管再生混凝土柱有良好的抗震变形能力；

（2）所有试件的滞回曲线都呈梭形，比较饱满，捏缩现象不明显，所有试件破坏时的等效粘滞阻尼系数均在 0.4 以上，远远高于普通钢筋混凝土柱的 0.1 ~ 0.2，表明圆钢管再生混凝土柱具有良好的耗能能力；

（3）再生粗骨料取代率对试件的抗震性能影响不大，其各项抗震性能随着取代率升高基本保持一致或略有下降，剪跨比对试件的抗震性能有较大影响，剪跨比大的试件承载力明显下降，延性变好，轴压比对试件的抗震性能影响不大，轴压比大的试件承载力略有下降，延性较差，在较高轴压比下，试件的各项抗震性能良好；

（4）对于足尺圆钢管再生混凝土柱，在复杂受力状态下时，我国的相关规范和规程用于压弯承载力计算时结果偏于安全。

本文原载于《天津大学学报（自然科学与工程技术版）》2018 年第 10 期

参考文献

[1] 杨显钱 . 再生混凝土组合柱研究现状 [C]. 第十六届全国现代结构工程学术研讨会，中国山东聊城，2016，7：1456-1463.

[2] S Achtemichuk，J Hubbard，R Sluce，et al. The utilization of recycled concrete aggregate to produce controlled low-strength materials without using Portland cement [J]. Cement and Concrete Composites，2009，31（8）：564-569.

[3] SW Tabsh，AS Abdelfatah. Influence of recycled concrete aggregates on strength properties of concrete[J]. Construction and Building Materials，2009，23（2）：1163-1167.

[4] AK Padmini，K Ramamurthy，MS Mathews. Influence of parent concrete on the properties of recycled aggregate concrete [J]. Construction and Building Materials，2009，23（2）：829-836.

[5] L Evangelista，J Brito. Mechanical behavior of concrete made with fine recycled concrete aggregates[J]. Cement and Concrete Composites，2007，29（5）：397-401.

[6] 肖建庄，雷斌，袁鹰. 不同来源再生混凝土抗压强度分布特征研究 [J]. 建筑结构学报，2008，29（5）：94-100.

[7] L Butler，JS West，SL Tighe. The effect of recycled concrete aggregate properties on the bond strength between RCA concrete and steel reinforcement[J].Cement and Concrete Research.2011，41（10）：1037-1049.

[8] YF Yang，LH Han. Experimental behavior of recycled aggregate concrete filled steel tubular columns[J]. Journal of Constructional Steel Research，2006，62（12）：1310-1324.

[9] 韩林海. 钢管混凝土结构—理论与实践 [M]. 第 2 版北京：科学出版社，2007：1-30.

[10] 黄一杰，肖建庄. 钢管再生混凝土柱抗震性能与损伤评价 [J]. 同济大学学报（自然科学版），2013，41（3）：330-335+35.

[11] 吴波，赵新宇，张金锁. 薄壁圆钢管再生混合柱的抗震性能试验研究 [J]. 土木工程学报，2012，45（11）：1-12.

[12] 张向冈，陈宗平，薛建阳，等. 钢管再生混凝土柱抗震性能试验研究 [J]. 土木工程学报，2014，47（9）：45-56.

[13] 牛海成，曹万林，董宏英，等. 钢管高强再生混凝土柱轴压性能试验研究 [J]. 建筑结构学报，2015，36（6）：128-136.

[14] 曹万林，牛海成，周中一，等. 圆钢管高强再生混凝土柱重复加载偏压试验 [J]. 哈尔滨工业大学学报，2015，47（12）：31-37.

[15] 曹万林，朱可睿，姜玮，等. 高强再生混凝土应力-应变全曲线试验研究 [J]. 自然灾害学报，2016，25（2）：167-172.

[16] 建筑抗震试验方法规程 JGJ 101-2015[S]. 北京：中国建筑工业出版社，2015.

[17] M J Kowalsky. Deformation limit states for circular reinforced concrete bridge columns[J]. Journal of Structural Engineering，ASCE，2000，126（8）：869-878.

[18] 钢管混凝土结构技术规范 GB 50936-2014[S]. 北京：中国建筑工业出版社，2014.

[19] 钢管混凝土结构技术规程 DBJ/T 13-51-2010[S]. 福州：2010.

[20] 范重，王倩倩，李振宝，等. 大直径钢管混凝土柱抗震性能试验研究及承载力计算 [J]. 建筑结构学报，2017，38（11）：34-41.

4 BIM 和 FEMA P-58 的公共建筑地震次生火灾模拟
——以石家庄国际展览中心为例

魏炜　张宗才　许镇

1. 北京科技大学 土木与资源工程学院，北京，100083

引言

地震往往会引发次生火灾，造成了严重的人员伤亡和巨大的经济损失[1-3]。其中，对公共建筑的地震次生火灾问题应给予高度重视。尽管公共建筑一般消防设施完备，但地震会破坏消防设施，而且公共建筑往往人员和财产高度聚集，地震后一旦失火可能造成极为惨重的后果。因此，需要研究考虑消防设施震害的公共建筑火灾模拟方法，来评估其震后消防能力。

当前，针对城市级别的地震次生火灾研究已经有了一定进展[4]，但针对公共建筑的研究并不充分，尚缺乏可考虑消防设施震害的公共建筑地震次生火灾模拟方法。

本文提出了基于 BIM 和美国下一代性能评估方法 FEMA P-58[5] 的地震次生火灾模拟方法。该方法通过 BIM 快速创建火灾数值分析模型，并基于 FEMA P-58 方法评估消防设施震害。在此基础上，实现了石家庄国际展览中心地震次生火灾模拟。

一、模拟方法

公共建筑地震次生火灾模拟，需要解决两个关键问题：（1）如何建立精细化的火灾数值分析模型；（2）如何准确评价消防设施的震害。图 4.4-1 为本文模拟方法的技术路线图，本文将基于 BIM 和 FEMA P-58 解决以上两个关键问题，然后使用火灾动力学模拟软件 FDS 模拟地震次生火灾。

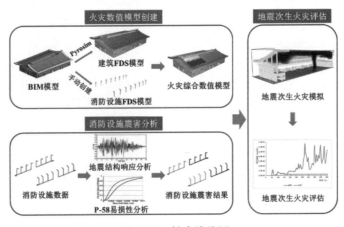

图 4.4-1　技术路线图

1. 火灾数值模型的建模方法

大体量的公共建筑，建筑构件繁多，手动创建火灾数值模型的工作量巨大，而且难以保证建模精度。本方法涉及的火灾数值模型主要包括两部分：建筑 FDS 模型与消防设施 FDS 模型。

（1）针对建筑 FDS 模型的创建问题，提出了基于 BIM 的高效建模方法。近年来 BIM 技术由于其自身的优势和政府的推广，在公共建筑项目中得到了很好的应用。BIM 模型可以提供精细到构件级别的建筑模型数据，只需将模型进行适当转换即可导入火灾分析软件 FDS，再进行一定的预处理之后，即可快速得到高精度的火灾数值分析模型。

目前 BIM 到 FDS 模型的转换主要有两种方式，如表 4.4-1 所示。

BIM 到 FDS 模型的转换方法统计表　　　　　　　　　　　　　　　　　表 4.4-1

转换方法	方法评价
基于 IFC 标准转换 [6-9]	实现难度高，容易造成信息的丢失
基于 Revit API 转换 [10-15]	实现难度高，开发工程量大，且过程繁琐

由于以上两种转换方法实现难度高，都存在一定的局限性，本文采用 fbx 文件为中介，通过 PyroSim 软件实现了模型的准确转换。PyroSim 是一款基于 FDS 的火灾模拟软件，具有图形化的操作界面，支持导入 fbx 格式文件，并且可以直接调用 FDS 程序进行火灾模拟，或者生成 FDS 文件 [16-18]。

本研究首先将建筑 BIM 模型导出为 fbx 格式的文件；然后将其导入 PyroSim 软件，该软件可以准确读取 fbx 格式的模型文件，并自动按照构件类别进行分组；导入之后的模型需要补充构件的材料属性，并设置合适的网格参数；最后通过运行 PyroSim 的模拟分析功能，可以自动生成 FDS 模型。

为了验证该转换方法的准确性，本文通过图 4.4-2 所示的标准模型进行了验证。

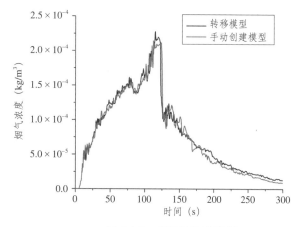

图 4.4-2　用于验证的 BIM 模型　　　　　　　　　图 4.4-3　烟气浓度曲线图

首先根据 BIM 模型，分别采取手动建模和 PyroSim 转换的方式获取 FDS 模型，然后进行火灾数值模拟。图 4.4-3 是根据模拟结果得到的同一位置的烟气浓度曲线图，从图中可以看出两种方式得到的模拟结果结果基本一致，说明本文采用的转换方法具有较高的准确性。

（2）针对消防设施，本文开发了消防水炮与排烟系统的数值模型。这两种消防设施在公共建筑中很常用，但无法采用 PyroSim 软件进行直接转换，FDS 也没有提供专有模型，因此需要开发模型。

对于消防水炮系统，在 FDS 中仅需对水炮末端进行建模。虽然 FDS 没有提供专门的水炮末端模型[19]，但是可以通过调整喷淋头模型的参数来模拟水炮。需要调整的参数主要包括：

1）出射水流的形状。喷淋头喷洒出的水流一般呈锥形分布，但是水炮一般为较聚合的水柱，所以需要将水流的散射角度设为 0°。

2）水流速度。水炮的水流速度一般显著高于喷淋头，常见消防水炮的流量一般为 5 ~ 200L/s，需要根据实际情况对该参数进行调整。

3）出射方向。喷淋头的出射方向一般为垂直向下，而水炮的出射方向一般为倾斜向下，所以需要对方向参数进行调整。

本文消防水炮模型可调整射程、出射角度、流速等参数，满足不同水炮型号的模拟需求。水炮喷射效果如图 4.4-4 所示。

在 FDS 中，可以将消防排烟系统的每个排烟风口简化为一组风机系统来考虑。每组排风系统包括两个通风口、两个基于通风口的连接点、两个连接点之间的通风设备（排烟风机），如图 4.4-5 所示。

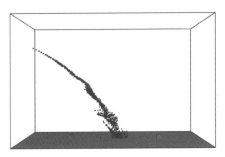 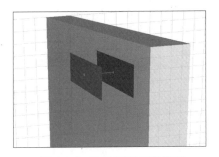

图 4.4-4　水炮系统模拟效果　　　　图 4.4-5　FDS 风机系统模型

图 4.4-6 为在 FDS 中模拟的风机排烟效果，左侧房间着火弥漫烟气之后，风机能够将左侧房间烟气排至右侧房间。本排烟风机模型可调整功率、排风口面积等参数，满足排烟系统设计需求。

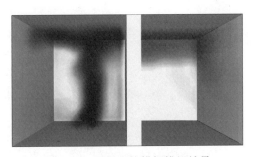

图 4.4-6　风机系统排烟模拟效果

2. 消防设施震害的预测方法

本文提出基于 FEMA P-58 的消防设施震害预测方法。FEMA P-58 提供了建筑绝大部分结构构件和非结构构件的易损性数据库，包括易损性曲线和破坏状态的说明。消防水炮系统主要由输水管道、末端水炮组件构成，消防排烟系统主要由排烟风机、风管、末端的百叶风口组成。表 4.4-2 是 P-58 方法中与消防设施相关的部分易损性数据统计表，其中 P-58 没有提供水炮的易损性曲线，本文采用了其相似构件喷淋头的易损性曲线代替，其余构件 P-58 均提供了准确的易损性曲线。

消防设施易损性数据统计表　　　　　　　　　　　　　　表 4.4-2

构件	工程需求参数	破坏状态
输水管道	楼层峰值加速度	DS1：管道出现轻微滴漏
		DS2：管道出现严重泄漏
水炮		DS1：终端出现轻微滴漏
		DS2：终端出现严重泄漏
排烟风机		DS1：风机失效
风管		DS1：个别支撑失效
		DS2：多个支撑失效，部分管道脱落
百叶风口		DS1：风口脱落

如图 4.4-7 所示的易损性曲线中，部分构件有多种破坏状态，每种破坏状态对应一条曲线，横坐标为结构地震响应数据（楼层峰值加速度），纵坐标为每种破坏状态所对应的超越概率。该曲线为对数正态分布累积密度曲线，每个横坐标值 x 对应的超越概率 p 可以通过公式（1）计算得到，其中 μ 为标准值，σ 为方差，P-58 易损性数据库中均已给出。

通过对结构进行地震响应时程分析，可以得到不同楼层的峰值加速度等。利用公式（1），即可计算出消防设施中每类构件的震损概率，从而得到消防设施的震害情况。

$$p = F(x \mid \mu, \sigma) = \frac{1}{\sigma\sqrt{2\pi}} \int_0^x \frac{\exp(\frac{-(\ln(t)-\mu)^2}{2\sigma^2})}{t} \mathrm{d}t \tag{1}$$

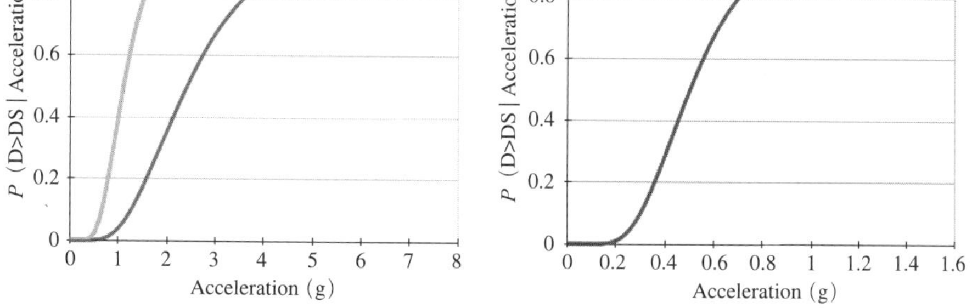

a. 输水管道　　　　　　　　　　　b. 排烟风机

图 4.4-7　P-58 易损性曲线

二、实例

1. 项目简介

石家庄国际展览中心由3组标准展厅、1组大型展厅及核心区会议中心组成,是集展览、会议于一体的大型会展中心。展厅屋面采用了双向悬索体系,是目前世界上最大的悬索结构展厅。

本项目选取标准展厅作为研究对象,其BIM模型如图4.4-8、图4.4-9所示。该展厅最大高度大于30m,长度大于120m,宽度大于70m,高度方向上没有隔断性分层,因此属于高大空间建筑。一方面高大空间建筑一旦失火,火势蔓延迅速,是消防设计的难点和重点。另一方面,该项目作用为展览中心,属于人员密集场所,一旦发生火灾,极易导致严重人员伤亡。而且悬索结构相对偏柔,地震下结构地震响应可能较大,对消防设施造成更大的损害。因此,对该项目进行地震次生火灾模拟具有重要意义。

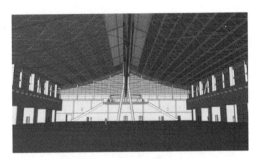

图 4.4-8　标准展厅 BIM 模型　　　　　图 4.4-9　标准展厅内部空间

2. 火灾数值模型创建

将如图4.4-8所示的标准展厅BIM模型导出为fbx文件,将其导入PyroSim软件,然后补充缺失信息之后即可完成模型转换,转换完成的建筑模型如图4.4-10a所示。

标准展厅采用了固定式消防水炮作为主要灭火设备,出水量为20L/s,保护半径为50m。在主展厅的东、西两侧各设置了4个水炮,标高均为10.95m。排烟系统的主要排烟设备采用了设置在四个角落的8台消防排烟混流风机,在东、西两侧的立柱上各设置了8个尺寸为3000×500 mm的排烟风口,底标高为13.9m,每台排烟风机连接2个排烟风口,单个风口的排烟速率为10.42 m³/s。针对以上4个水炮和16个排烟风口创建了FDS模型,如图4.4-10b所示。

a. 建筑模型　　　　　　　　　b. 消防设施模型

图 4.4-10　FDS 模型

3. 消防设施震害预测

根据石家庄特点，选取可能的地震动数据。结合结构地震时程分析结果和 P-58 构件易损性数据对消防设施进行震害预测，震害结果如表 4.4-3 所示。

消防设施震害预测结果　　　　　　　　　　　　　　　　表 4.4-3

构件类型	消防水炮系统			消防排烟系统			
	供水设备	输水管道	水炮	排烟风机		风管	排烟风口
				锚固	未锚固		
破坏概率	<1%	<1%	<1%	<1%	20%～73%	<1%	<1%
破坏数量	0	0	0	0	2-6 台	0	0

4. 地震次生火灾模拟

本算例中，可燃物假设为展厅中央位置 6 个相邻的标准展位。在模拟中使用了 6 个尺寸为 3m×3m×2m 的方块代替，材质设置为聚氨酯（海绵、塑料泡沫），点火源是设置在中间展位的 6 个点火粒子，其表面温度为 1000℃。

根据以上消防设施震害预测结果，通过综合考虑建筑布局和火源位置，从而可以确定最不利破坏状态。水炮系统各构件虽然在分析中没有发生显著破坏，但是它属于消防设计中的重要系统，且供水管道复杂，有一定可能性发生系统整体失效，所以在部分模拟场景中假设水炮系统完全失效。以下是本算例设置的三种地震次生火灾模拟场景，分别在 FDS 中进行了模拟计算。

模拟场景设置　　　　　　　　　　　　　　　　　表 4.4-4

场景编号	场景描述
1	水炮系统完好，排烟风机锚固安装，排烟系统完好
2	水炮系统失效，排烟风机非锚固安装，北侧所有风机发生破坏，导致北侧 8 个排烟口失效
3	水炮系统失效，排烟风机锚固安装，排烟系统完好

5. 模拟结果分析

在场景 1 中，地震次生火灾发生 10s 之后，4 个消防水炮同时开始启动，火势得到迅速控制，第 20s 时即将火灾扑灭，仅在屋顶聚集了少量烟气，对人员疏散无任何影响，如图 4.4-11 所示。

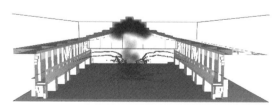

图 4.4-11　场景 1 第 20s 时火灾状态

场景 2 和场景 3 由于水炮系统失效，地震次生火灾没有得到有效控制，火灾迅速蔓延到了相邻展台。两个场景的烟气首先竖直向上运动；遇到顶棚后，横向扩散；1200s 时，火源自然熄灭，最后烟气聚集在顶棚。图 4.4-12 是 1200s 时三个场景的烟气扩散情况，由于场景 2 的部分排烟风机失效，所以其烟气层高度明显低于场景 3，且烟气浓度较高，但是烟气层始终在 18 米以上，不会对人员疏散造成实质性影响。

图 4.4-13 是北侧 10m 标高处的烟气浓度曲线图，从图中可以看出，场景 1 的烟气浓度一直维持在较低水平，由于场景 2 的部分排烟风机失效，所以场景 2 的烟气浓度后期明显高于场景 3。

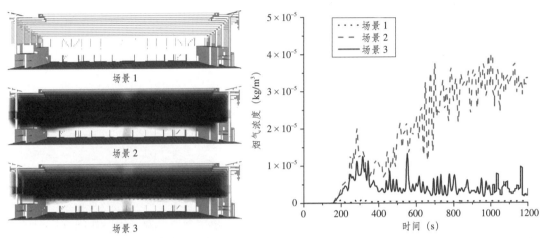

图 4.4-12　火源自然熄灭时各场景烟气扩散情况　　　　图 4.4-13　北侧 10m 标高处烟气浓度曲线图

模拟结果表明该展厅在发生地震次生火灾之后，烟气层一直保持在一个较高水平，能够保证室内人员的安全疏散。建议将排烟风机进行锚固处理，可以提高消防设施的抗震性能，从而进一步降低地震次生火灾的危险性。

三、结论

本研究提出了基于 BIM 和 FEMA P-58 的公共建筑地震次生火灾模拟方法，并应用于石家庄国际展览中心，相关结论如下：

1. 提出了基于 BIM 的建筑火灾数值模型快速建模方法，开发了水炮和排烟风机两种典型消防设施的火灾数值模型，实现了公共建筑的高效、准确的火灾建模；

2. 提出了基于 FEMA P58 的消防设施震害预测方法，可以给出在可能地震下公共建筑消防设施的震害概率；

3. 模拟了公共建筑地震次生火灾过程，评估了震后消防性能，为公共建筑震后火灾安全性评估提供了重要方法。

参考文献

[1] 周福霖，崔鸿超，等. 东日本大地震灾害考察报告 [J]. 建筑结构，2012（4）：1-20.

[2] Sekizawa A. Post-Earthquake Fires And Performance Of Firefighting Activity In The Early Stage In The 1995 Great Hanshin Earthquake[J]. Fire Safety Science，1997，5：971-982.

[3] 张志华. 城市区域地震次生火灾危险性评估 [J]. 消防科学与技术，2008（08）：602-605.

[4] 赵思健，任爱珠，熊利亚 . 城市地震次生火灾研究综述 [J]. 自然灾害学报，2006，15（2）：57-67.

[5] Hamburger R，Bachman R，Heintz J，et al. Seismic performance assessment of buildings，Volume 1，Methodology[J]. 2011.

[6] Sun C L，Liu C，Shi D. Construction and Application of Integration under IFC Standard Based on BIM Database[J]. Advanced Materials Research，2014，926-930：1894-1897.

[7] 陈勇鑫，史健勇，陈明 . 基于 IFC 的 BIM 火灾建模技术研究 [J]. 消防科学与技术，2017（10）：1371-1373.

[8] Eastman C M，Jeong Y S，Sacks R，et al. Exchange Model and Exchange Object Concepts for Implementation of National BIM Standards[J]. Journal of Computing in Civil Engineering，2009，24（1）：25-34.

[9] Nour M. Performance of different（BIM/IFC）exchange formats within private collaborative workspace for collaborative work[J]. Electronic Journal of Information Technology in Construction，2012，14.

[10] Choi J，Choi J，Kim I. Development of BIM-based evacuation regulation checking system for high-rise and complex buildings [J]. Automation in Construction，2014，46（10）：38-49.

[11] 杨春蕾，屈红磊，郑慧美 . Revit 软件二次开发研究 [J]. 工程建设与设计，2017（19）．

[12] Bai S. Secondary Developments Based on BIM Virtual Technology[M] Information Computing and Applications. Springer Berlin Heidelberg，2013：165-173.

[13] Kensek K M. Integration of Environmental Sensors with BIM：case studies using Arduino，Dynamo，and the Revit API[J]. Informes De La Construccion，2014，66（536）：pp. 31–39.

[14] 王跃强 . 基于 BIM 的建筑防火信息交互平台探讨 [J]. 消防科学与技术，2017，36（5）：736-738.

[15] Glasa J. Use of PyroSim for Simulation of Cinema Fire[J]. International Journal on Recent Trends in Engineering & Technolo，2012.

[16] Valasek L. The use of PyroSim graphical user interface for FDS simulation of a cinema fire[J]. International Journal of Mathematics & Computers in Simulation，2013，7（3）：258-266.

[17] Codescu S，Panaitescu V，Popescu D，et al. Study and Improvement of Road Tunnels Fire Behavior Using Pyrosim[J]. Applied Mechanics & Materials，2014，657：790-794.

[18] 谢志超 . 基于 CFD 的消防水炮水力性能研究 [D]. 哈尔滨工程大学，2012.

[19] Xin Y，Thumuluru S，Jiang F，et al. An Experimental Study of Automatic Water Cannon Systems for Fire Protection of Large Open Spaces[J]. Fire Technology，2014，50（2）：233-248.

5 基于脆弱性和灾害潜势的机场航站楼固有风险研究

陈一洲[1]　王树祎[2]　袁沙沙[1]　周欣鑫[1]　王志伟[1]

1. 中国建筑科学研究院有限公司，北京，100013；
2. 北京科技大学金属矿山高效开采与安全教育部重点实验室，北京，100083

一、引言

航站楼是机场安全管理的关键对象。近年来，民用机场航站楼突发事件屡有发生，单次事故造成的潜在经济损失量级显著增长[1]。现代化航站楼因规模庞大、设备复杂、功能多样而事故高发。

近年来，国内外学术界对突发事件的风险给予了越来越多的关注，联合国减灾大会提出将以往减轻灾害的战略调整为减轻灾害风险，并对致灾因子、灾害与风险进行综合研究[2]。国外对机场风险的研究起始于航空安全中的地面保障，1992年Oster Jr等[3]首次指出机场保障问题是空难频发的原因之一。目前国内学者对机场风险评估的研究集中在机场整体和机场飞行区。刘洪伟等[4]基于熵权法对机场运行风险进行了评价。2014年，王永刚等[5]首次采用人工智能技术建立了Multi-Agent机场安全风险管理模型，实现了风险源实时监控。潘丹等[6]采用最优分割法对停机坪风险预警阈值进行了研究。针对航站楼的风险研究较少且偏重于火灾场景[7-8]及不停航改造施工过程[9-10]，针对航站楼在多灾种耦合作用下的风险分析较少。在风险分析指标体系中安全管理因素所占权重较大，未对由评价系统自身属性造成的固有风险进行着重考量。

灾害系统理论认为，区域灾害风险是致灾因子危险性、承灾体脆弱性和防灾减灾应对能力综合作用的结果[11]。致灾因子用以描述灾害的危险性，体现其自然属性；而脆弱性和防灾减灾应对能力用以衡量承载体的抗灾能力，前者偏重于承载体本身，后者突出管理因素，二者能够体现灾害的社会属性。基于此理论，本文通过致灾因子危险性和承载体脆弱性指标对机场航站楼发生突发事件的固有风险进行评估，以此作为安全管理的依据。首先根据统计结果初步判断事故及灾害的可能性和严重度。其次全面收集机场所在地灾害信息和航站楼应对突发事件的抗灾不利因素，对灾害潜势和脆弱性进行分析计算。最后用突变级数法对灾害潜势和脆弱性指标因子进行运算，得出航站楼的固有风险。

二、航站楼脆弱性和灾害潜势分析

我国民航业主要从航线和航站两方面进行统计分析，前者主要用以衡量航线的运载能力，后者表征机场的运营情况，包括航线平均客座利用率、航班正常率、旅客吞吐量等指标。根据已发布的年鉴报告数据[12]，绘制2011～2017年机场事故征候和事故数量及航站楼事故占民航事故总数百分比的折线图，见图4.5-1。

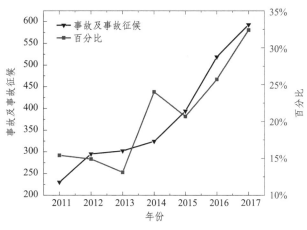

图 4.5-1　2011～2017 年民航安全性数据统计

事故征候是航空器运行阶段或机场活动区内发生的与航空器有关的、不构成事故但影响或可能影响安全的事件[13]，为衡量航空安全的重要指标。从图 4.5-1 可以看出，近 7 年机场事故和事故征候数量逐年上升，尤其近 3 年上升趋势显著；航站楼事故在民航事故中所占比重稳定，且有增大趋势。这表明在世界经济发展增速、人们出行方式日益高效的今天，飞机作为一种重要的交通工具，其安全性应引起人们的足够重视，保证机场航站楼的安全运营是民航安全管理中尤为重要的组成部分。

1. 航站楼事故分析

本文统计分析了全球 43 个国家和地区从 20 世纪 70 年代至 2018 年 6 月 30 日的 186（非完全统计）起中外机场航站楼突发事件案例（只统计第一时间发生在航站楼区域内的事故，不包括各类航空事件所导致的相关事故），对其类型及后果严重程度进行了分析，详见表 4.5-1。

航站楼突发事件统计　　　　　　　　　　　　　　表 4.5-1

事故归类	事故类型	事故起数	事故后果		
			扰乱秩序/次	受伤/人	死亡/人
自然灾害	气象灾害	8	8	5	0
事故灾难	火灾	35	31	95	33
	爆炸	13	8	55	4
	高处坠落	8	0	4	6
	坍塌	5	3	37	13
	交通	3	0	28	10
社会安全	人员冲突	13	6	16	1
	恐怖袭击	31	31	703	241
	恐吓	32	29	12	1
	发现不明物	22	20	158	0
其他		16	13	6	2
合计		186	149	1 119	311

注：另有 3 起突发事件发生在航站楼施工期间，未列入统计。

航站楼是为飞机乘客提供转换陆上交通与空中交通的设施，承担着服务旅客、生活保障、行李处理、内部交通和行政办公等功能。由于其功能复杂，内部人流密集，危险源较多，因而突发事件频发。对收集到的事故案例进行统计分析，其类型分为 4 个。1）自然灾害 8 起，占比 4.3%，本文只统计了由气象灾害引起的航站楼人员冲突事件和航站楼损坏导致的人员伤亡事件，航站楼受灾严重程度与机场所在地理位置有密切关系。2）事故灾难 64 起，占比 34.4%，包括非人为蓄意造成的火灾、爆炸、高处坠落、坍塌、交通事故等。3）社会安全事件 98 起，占比 52.7%，航站楼属于人员密集场所，其内部人员身份复杂、流动性大，暴恐事件高发，包括恐怖袭击（如枪击或非法持枪、机械伤害、化学腐蚀、黑客攻击）、释放毒气、蓄意携带易燃易爆品及发布恐吓信息扰乱公共秩序等。4）其他事件 16 起，占比 8.6%，包括除气象灾害、火灾、爆炸、高处坠落、坍塌、交通、人员冲突、恐怖袭击、恐吓、发现不明物等以外的机场航站楼突发事件，如机场航站楼内部系统故障、停电、不明无人机造成的干扰、未定性的疑似事件（包括发现可疑人员及物品等）、食物中毒、疫情扩散等。在我国全力打造"一带一路"经济圈、机场进出口人数大幅攀升的背景下，尤其应该注意航站楼内社会安全和事故灾难的监测和防治。

参照《生产安全事故报告和调查处理条例》中对特大、重大、较大、一般事故的划分依据，将这些突发事件按照人员伤亡严重度从高到低分为很严重、严重、较严重、一般 4 级，划分标准见表 4.5-2。

航站楼突发事件严重度划分 表 4.5-2

级别	严重程度	描述
1	一般	部分人员疏散，未影响机场正常运营或短暂排查后恢复正常，或 9 人（含）以下受伤
2	较严重	人员全部疏散或航站楼关闭，或 1 ~ 2 人死亡，或 10 ~ 49 人受伤
3	严重	3 ~ 9 人死亡，或 50 ~ 99 人受伤，造成不良社会影响
4	很严重	10 人（含）以上死亡，或 100 人（含）以上受伤，造成极恶劣社会影响

4 个等级突发事件的数量百分比见图 4.5-2。在航站楼突发事件中，超过 75% 的事故后果为一般或较严重。从严重性上看，过半的严重突发事件会造成群死群伤。而大量航空器相关事故不仅发生在飞行途中也发生在机场内，因而机场航站楼的固有风险尤其应该引起重视。

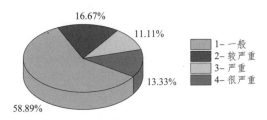

图 4.5-2 航站楼突发事件后果统计

2. 脆弱性分析

美国应急能力评估（State Capability Assessment for Readiness，CAR）将危险识别和评估认定为一级指标，危险识别是辨识潜在的危害情况，包括对人群造成潜在危害、导致财产损失和环境破坏等的情形及因素，之后从暴露性和危害性两方面评估事故发生的可能性、危害程度和承灾体的脆弱性[14]。

脆弱性的相关概念由自然灾害研究中衍生而来[7]。对机场航站楼进行脆弱性分析，首先要确定特定类型的突发事件可能影响到的具体对象，考虑到人的易伤性、社会财产的易损性及周边环境的不稳定性[15]，所选取的对象应包括航站楼内的工作人员和旅客、硬件设施、系统软件及自然环境因素等。然后基于机场和航空公司获取的工作人员及旅客信息进行大数据分析，并对航站楼内部软硬件和外部环境条件的详细情况进行调研统计，具体项目如下：

（1）航站楼内人员的数量和类型，据此分析其自然属性（年龄结构、暴露密度、密度分布等）和社会属性（文化背景、教育培训、应急能力等）。航站楼内主要有不同职务的机场工作人员和往来旅客，根据机场员工资料和航空公司旅客资料提取这些人员的年龄、性别、职业、受教育程度、身体健康状况（有无残疾、是否怀孕或病弱）等信息，判断人员是否面临作业风险，是否具有采取恰当保护行为的能力和临时准备的应急能力等，据此判定具有脆弱性特征的人群。此外，无法用主流语言沟通（如说少数民族语言）、需要食用特殊食物、长期依赖药物者，也需要得到特殊关注[16]。人员的这些特征信息与发生突发事件时的反应速度、自救能力、事故伤亡大小息息相关，甚至在一定程度上决定了社会安全事件发生的可能性。

（2）航站楼硬件设施，即重要基础设施的数量及分布，包括主体建筑、商业设施、交通设施、医疗设施、公共事业基础设施（水、电、供暖和通信管线及消防设施等）。调研航站楼建筑的结构特性及耐火性；由于航站楼要满足多种功能，其内部不同分区基础设施种类多样，所要清点的基础设施主要是在突发事件发生时，楼内存在的为人员生命安全提供保障的基础设施。

（3）航站楼软件系统，即楼内通信网络、预警系统等的功能特性、密度分布、抗外力能力、可恢复性及配套设施的安全性。在突发事件发生时保证通信网络畅通对维持现场秩序、加快救援速度至关重要，同时软件系统也决定了航站楼抵抗黑客攻击的能力。

（4）水、大气、土壤、生物、地形等环境因素的暴露比例、区域位置和恢复能力。如水、大气、土壤、生物、地形等对风险的承受力，包括水的 pH 值、水中溶解氧、年均降水量、年均温度、土壤质地、有机质含量、生物的多样性、地形地貌、地质条件等，这些因素对航站楼抵抗地震、台风、洪水等自然灾害有着潜在影响。

基于对航站楼的资产清点、旅客吞吐量和环境情况调研，提取指标进行数据计算和处理[17]。

（1）人员密度指数。

航站楼内人员密度指数计算公式为

$$C_1 = \frac{P}{S} \tag{1}$$

式中 P 为航站楼旅客吞吐量，S 为大楼的总面积。

（2）人员年龄结构指数。

人员年龄结构对突发事件发生后的疏散有很大影响，其数据获取可参照航空公司乘客信息，计算公式为

$$C_2 = \frac{P_{elder} + P_{child}}{P} \tag{2}$$

式中 P_{elder} 为航站楼内老年（$\geqslant 65$ 岁）人数，P_{child} 为楼内儿童（$\leqslant 14$ 岁）人数。

（3）生命线工程密度指数。

航站楼内部生命线（水、电、气、热）越密集，则脆弱性越高，其计算公式为

$$C_3 = \frac{L_{length}}{S} \tag{3}$$

式中 L_{length} 为航站楼内生命线总长度。

3. 灾害潜势分析

所谓灾害潜势，是指在特定的气象、水文等自然地理条件下，通过对指定区域内各种灾害潜源和防灾薄弱环节进行调研，得出各地点发生灾害的几率或规模，并划分等级，进而利用地理空间方式呈现该地区的潜势分布[18]。

由于灾害潜势分析所需资料量和电脑运算都相当庞大，无法即时线上（on-line）模拟分析。因而在完成脆弱性分析的基础上，采集灾害潜势信息十分必要。

建立航站楼灾害潜势数据库是建设基于 GIS 的数字化机场的关键[19]。信息采集应基于常见突发事件种类，囊括自然和人为灾害潜势分析要素，见图 4.5-3。

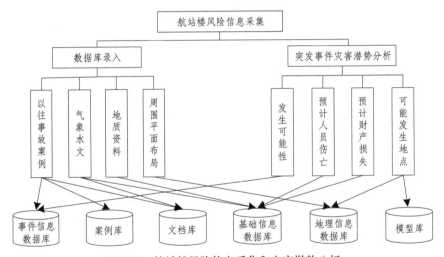

图 4.5-3 航站楼风险信息采集和灾害潜势分析

灾害潜势指标计算如下[20]：

（1）致灾因子多度。

其反映了航站楼内致灾因子数量多少，计算公式为

$$C_4 = \frac{n}{N} \tag{4}$$

式中 n 为待评价航站楼内存在致灾因子数，N 为灾害潜势分析中致灾因子的总数。

（2）突发事件发生频率。

对各种突发事件发生的总次数进行统计，计算公式为

$$C_5 = \frac{m}{Y} \tag{5}$$

式中 m 为待评价航站楼发生突发事件的总次数，Y 为统计的总年份数。

（3）致灾因子被灾指数。

航站楼内各种致灾因子影响面积总和与航站楼面积的比值为致灾因子被灾指数，其计算公式为

$$C_6 = \frac{\sum\limits_{i=1}^{n} S_i}{S} \tag{6}$$

式中 $i = 1，2，\cdots，n$；S_i 为各类致灾因子的影响面积。

三、航站楼风险度计算

1. 风险评估指标体系

基于航站楼以往事故案例、周围自然水文资料、航站楼建筑结构和强度等相关资料，将脆弱性和灾害潜势指标进行综合，得出固有风险指标体系，见图4.5-4。

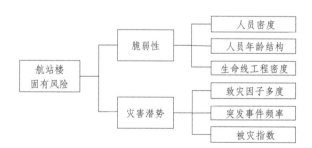

图 4.5-4　航站楼固有风险指标体系

2. 突变级数法

20世纪70年代法国数学家雷内·托姆（Rene Thom）创立了突变理论，该理论用具体的数学模型描述了连续性量变演化为跳跃式质变的过程[21]。Rene Thom 证明了初等突变现象的基本类型主要由控制变量的个数 r 决定：当 $r \leq 4$ 时，只有折叠、尖点、燕尾、蝴蝶、椭圆、双曲、抛物型7种突变模型，且每个模型都有其对应的势函数。

突变级数法（Catastrophe Progression Method，CPM）在突变理论的基础上发展而来，其应用动态系统拓扑理论构建出非连续性变化的数学模型，在不牵涉现象内在机理的情况下，用以研究非线性质变的过程。其数据处理过程如下[22–23]。

（1）数据的无量纲化处理。

各评价指标具有不同的量纲，为使之可以进行运算，应进行标准化处理。使用极差变换法将数据化入 [0，1] 区间，得到初始隶属函数值，有以下两种类型。

对于数值越大风险越低的评价指标，数据处理公式为

$$y_i = \frac{x_i - x_{\min(i)}}{x_{\max(i)} - x_{\min(i)}} \tag{7}$$

对于数值越小风险越低的评价指标，数据处理公式为

$$y_i = \frac{x_{\max(i)} - x_i}{x_{\max(i)} - x_{\min(i)}} \tag{8}$$

式中 x_i 为计算得出的原始指标值，$x_{\max(i)}$ 为第 i 行数据中的最大值，$x_{\min(i)}$ 为第 i 行数据中的最小值，y_i 为经极差变换后的数据。

（2）变量的归一化。

对于突变函数 $f(x)$，用 $f'(x) = 0$ 确定平衡凸点的方程。该方程有若干解，这些解的集合构成了对应势函数的平衡曲面。再用 $f''(x) = 0$ 确定其平衡凸点方程的奇点方程，该方程所得解即为平衡曲面的奇异集。联立两方程，消去其中的状态变量，即可求出分歧点方程。当全部控制变量均满足分歧点方程时，对应的模型发生突变。状态变量为一维时，有 4 种模型，见图 4.5-5。

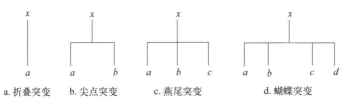

a. 折叠突变　　b. 尖点突变　　c. 燕尾突变　　　d. 蝴蝶突变

图 4.5-5　突变模型示意图

由分歧点方程可推导得到归一化公式，即突变模糊隶属函数。

折叠突变模型的归一化公式为

$$X_a = a^{\frac{1}{2}} \tag{9}$$

尖点突变模型的归一化公式为

$$X_a = a^{\frac{1}{2}}, \quad X_b = b^{\frac{1}{3}} \tag{10}$$

燕尾突变模型的归一化公式为

$$X_a = a^{\frac{1}{2}}, \quad X_b = b^{\frac{1}{3}}, \quad X_c = c^{\frac{1}{4}} \tag{11}$$

蝴蝶突变模型的归一化公式为

$$X_a = a^{\frac{1}{2}}, \quad X_b = b^{\frac{1}{3}}, \quad X_c = c^{\frac{1}{4}}, \quad X_d = d^{\frac{1}{5}} \tag{12}$$

3. 上层评价指标的选取原则。

根据多目标模糊理论，确定上层评价指标值有 3 种选取原则：互补原则、非互补原则、过阈值后互补原则。其中，互补原则是指如果下层评价指标间无条件互补而使上层指标达

到较高水平，则上层指标值应取归一化后各值的平均数；非互补原则是指如果下层指标之间是不可互相替代的，则上层指标应取其中的最小值；过阈值后互补原则是指如果系统规定要达到一定阈值条件，然后指标相互补充不足而使上层指标达到较高水平，则上层指标应取过阈值后的平均值[24]。

运用突变级数法对脆弱性和灾害潜势指标值进行运算，数据直接来源于统计和实际测量，这解决了 Delphi 法带有主观性、评估结果受评价者个人素质影响的问题。同时，引入现代数学混沌理论中的突变级数法处理数据，而不再是简单的因子乘除得出计算结果，能够应对现实系统中的不确定性，并反映出突发事件由安全隐患量的积累到发生事故质的突变的过程。

四、应用实例

墨西哥城国际机场是墨西哥航空的主要运营基地，2014 年，机场年旅客吞吐量达到 1150 万人次。其建成至今已有 90 年历史，共有两条沥青跑道，跑道两侧有两个轻型玻璃和钢材结构航站楼。T1 航站楼启用于 1958 年，先后经历 5 次改扩建工程，占地面积 542000m²，内设 5500 个停车位、33 个登机桥和 22 条行李传送带。T2 航站楼于 2007 年正式投入使用，总面积为 288000m²，共 3000 个停车位、23 个登机桥和 15 条行李传送带。墨西哥城为填湖建造而来，地质不稳，地震高发。

依照上述机场航站楼固有风险评估体系，对墨西哥城机场进行脆弱性和灾害潜势分析及固有风险评估。

1. 航站楼固有风险计算

根据航站楼固有风险评价指标体系，先计算各项指标值，再用突变级数法进行综合运算。

（1）脆弱性和灾害潜势计算。

计算过程和依据见表 4.5-3 和表 4.5-4。

航站楼脆弱性计算   表 4.5-3

指标因子	计算与说明	取值
P / 人次	根据年统计数据计算日平均值	31 507
S / m^2	建筑概况	830 000
P_{elder}	约为总人数的 1%	315
P_{child}	约为总人数的 9%	2 836
L_{length} / m	内部设施概况	15 604 000
C_1 / （人次·m^{-2}）	式（1）	0.038
C_2	式（2）	0.1
C_3 / m^{-1}	式（3）	18.8

航站楼灾害潜势计算   表 4.5-4

指标因子	计算与说明	取值
n	自然水文、社会历史、建筑施工因素	5
N	灾害潜势数据库	20

指标因子	计算与说明	取值
m	统计资料	3
Y	统计资料	20
S_1/m^2	候机区面积	50 000
S_2/m^2	商业区面积	30 000
S_3/m^2	交通区面积	200 000
C_4	式（4）	0.25
C_5	式（5）	0.15
C_6	式（6）	0.34

（2）固有风险计算。

①数据归一化处理。

6个三级指标均为数值越小风险越低型指标，按式（8）进行处理。

$$C_{y1} = \frac{C_3 - C_1}{C_3 - C_1} = 1, \quad C_{y2} = \frac{C_3 - C_2}{C_3 - C_1} = 0.9967$$

$$C_{y3} = \frac{C_3 - C_3}{C_3 - C_1} = 0, \quad C_{y4} = \frac{C_3 - C_4}{C_3 - C_1} = 0.9887$$

$$C_{y5} = \frac{C_3 - C_5}{C_3 - C_1} = 0.9940, \quad C_{y6} = \frac{C_3 - C_6}{C_3 - C_1} = 0.9839$$

②由三级指标推算二级指标。

C_1、C_2、C_3 构成燕尾突变模型，依照互补原则，有 $a_{C_1} = \sqrt{C_{y1}} = 1$，$b_{C_2} = \sqrt[3]{C_{y2}} = 0.9989$，

$c_{C_3} = \sqrt[4]{C_{y3}} = 0$，则 $X_{B_1} = \frac{a_{C_1} + b_{C_2} + c_{C_3}}{3} = 0.6663$。

C_4、C_5、C_6 构成燕尾突变模型，依照互补原则，有 $a_{C_4} = \sqrt{C_{y4}} = 0.9943$，$b_{C_5} = \sqrt[3]{C_{y5}} = 0.9980$，

$c_{C_6} = \sqrt[4]{C_{y6}} = 0.9960$，则 $X_{B_2} = \frac{a_{C_4} + b_{C_5} + c_{C_6}}{3} = 0.9961$。

③由二级指标推算一级指标。

B_1、B_2 构成尖点突变模型，依照非互补原则，有 $a_{B_1} = \sqrt{X_{B_1}} = 0.8163$，$b_{B_2} = \sqrt[3]{X_{B_2}} = 0.9987$，

则 $X_A = \min\{a_{B_1}, b_{B_2}\} = 0.8163$。

计算结果表明，机场航站楼固有风险值为 0.816 3，总体风险较高，表明需要严加管理以抵消自身风险。其中脆弱性指数为 0.666 3，灾害潜势指数为 0.996 1，这表明航站楼固有风险主要来源于自然地理环境等外部因素。对三级指标因子的计算表明，航站楼脆弱性主要来源于楼内人员密度大，而生命线布置并不密集，这与灾害潜势指标中被灾指数因子不大互相印证。

2. 方法可靠性分析

墨西哥当地时间 2017 年 9 月 19 日 13 时 14 分发生 7.1 级地震，造成墨西哥城机场关

闭数小时，180 个航班受到影响，未造成航站楼内人员伤亡。由于墨西哥机场设备老化、运载力不足，目前新机场正在建设中，建成后原机场将关停。这为以上固有风险评估结果提供了佐证，进而证明了突变级数法运用于脆弱性和灾害潜势指标值计算的固有风险评估方法体系具有合理性、可行性和准确性。

五、结论

1. 根据机场航站楼事故统计结果，对各类突发事件的可能性和严重度进行分析有助于识别高频突发事件类型，进而重点防控，实现对机场系统、科学、全面的管理，有效地提高突发事件应急救援效率。

2. 综合考虑航站楼脆弱性和灾害潜势，用突变级数法对指标值进行运算，定量计算各项风险指标值，使风险评估客观公正，避免主观因素影响。从人员和生命线工程密度、致灾因子数量等方面对机场航站楼的固有风险进行基础性研究，能够指导后期安全管理工作，有的放矢地提升机场整体的备灾、御灾、应灾能力。

3. 机场航站楼固有风险评估体系可进一步细化为数据库管理，录入航站楼各项风险因素数据，实现系统动态风险管控及 PDCA 闭环管理，使航站楼乃至整个机场的防灾减灾、应急救援工作科学有序高效地展开。

参考文献

[1] WU Liyun（巫丽芸），HE Dongjin（何东进），HONG Wei（洪伟），et al. Research advances and prospects of natural disaster risk assessment and vulnerability assessment[J]. Journal of Catastrophology（灾害学），2014，29（4）：129–135.

[2] YE Jinyu（叶金玉），LIN Guangfa（林广发），ZHANG Mingfeng（张明锋）. A review of natural disaster risk assessment[J]. Journal of Institute of Disaster Prevention（防灾科技学院学报），2010，12（3）：20–25.

[3] OSTER JR C V，STRONG J S，ZORN C K. Why airplanes crash：aviation safety in a changing world[M]. New York：Oxford University Press，1992.

[4] LIU Hongwei（刘洪伟），ZHENG Fei（郑飞），CAI Yamin（蔡亚敏）. Risk assessment of the airport operation based on entropy weight[J]. Journal of Chongqing University of Technology：Natural Science（重庆理工大学学报：自然科学），2016，30（11）：177–184.

[5] WANG Yonggang（王永刚），YANG Chuanxiu（杨传秀）. Study on the management model of airport safety risk based on multi-agent[J]. Safety and Environmental Engineering（安全与环境工程），2014，21（3）：76–79.

[6] PAN Dan（潘丹），LUO Fan（罗帆）. Defining of the early-warning safety risk threshold in the civil aviation airport apron[J]. Journal of Safety and Environment（安全与环境学报），2018，18（3）：853–859.

[7] PENG Hua（彭华）. Study on fire risk evaluation method of large airport terminal[J]. Building Science（建筑科学），2016，32（1）：108–113.

[8] DONG Yao（董尧）. The study on fire risk evaluation for one international airport station（某国际机场航站楼火灾风险评估研究）[D]. Xi'an：Xi'an University of Science and Technology，2006.

[9] WANG Jintao（王金涛）. Risk management on the non-stop flight expansion project of airport terminals[J].

Urban Construction Theory Research（城市建设理论研究），2017（28）：71–73.

[10] YU Xiangjun（于向军）. Risk identification of large airport terminals during non-stop flight expansion[J]. Project Management（建设监理），2015（8）：49–52.

[11] XU Zhen（许珍），GUO Xiaomei（郭晓梅），LI Hang（李航），et al. A research on integrated disasters vulnerability assessment of civil airports in China[J]. Insurance Studies（保险研究），2015（6）：47–61.

[12] Civil Aviation Administration of China（中国民用航空局）. Statistical bulletin of civil aviation industry development（2011—2017 年民航行业发展统计公报）[R]. Beijing：Civil Aviation Administration of China，2011–2017.

[13] MH/T 2001—2015 Civil aircraft incident（民用航空器事故征候）[S]. Beijing：Civil Aviation Administration of China，2015.

[14] ZHANG He（张荷）. Risk assessments of LNG filling stations based on vulnerability[C]//China University of Petroleum（中国石油大学（华东）），China Chemical Safety Association（中国化学品安全协会），American Chemical Engineers Association Chemical Process Safety Center（美国化学工程师协会化工过程安全中心）. Proceedings of the 4th CCPS China Conference on Process Safety（第四届 CCPS 中国过程安全会议论文集）. Qingdao：China University of Petroleum，2016.

[15] CHEN Hua（陈华）. Study on the evaluation methods of underground department store fire vulnerability and capacity（地下商场火灾脆弱性与能力评估方法的研究）[D]. Beijing：China University of Geosciences，2014.

[16] LU Dandan（卢丹丹），SONG Wenhua（宋文华），ZHANG Guichuan（张桂钏），et al. Evaluation on vulnerability of hazard bearing body in petrochemical enterprises based on AHP-entropy weight method[J]. Journal of Safety Science and Technology（中国安全生产科学技术），2015，11（12）：180–185.

[17] Federal Emergency Management Agency. FEMA 386 State and local mitigation planning how to guide. Understanding your risks：identitying hazards and estimating losses[S]. Washington，D.C.：FEMA，2001.

[18] YUAN Hongyong（袁宏永），HUANG Quanyi（黄全义），SU Guofeng（苏国锋），et al. Theory and practice of key technologies of emergency platform system（应急平台体系关键技术研究的理论与实践）[M]. Beijing：Tsinghua University Press，2012：102–108.

[19] KAPLAN S. The general theory of quantitative risk assessment in risk based decision making in water resources[M]. New York：American Society of Civil Engineers，1991.

[20] WANG Housu（王厚苏）. Small and medium-size airport aviation emergency rescue research based on GIS（基于 GIS 民航中小机场应急救援研究）[D]. Guanghan：Civil Aviation Flight University of China，2015.

[21] LING Fuhua（凌复华）. Catastrophe theory and its application（突变理论及其应用）[M]. Shanghai：Shanghai Jiao Tong University Press，1988.

[22] YUAN Feng（袁峰），CHEN Junting（陈俊婷）. Evaluation on the development level of China's regional modern service industry in the "Belt and Road" area—an analysis based on the panel data and catastrophe progression method[J]. East China Economic Management（华东经济管理），2016，30（1）：93–99.

[23] JIA Jinzhang（贾进章），DONG Mingxin（董铭鑫）. Fire risk probability evaluation for the grandiose shopping malls based on the catastrophe progression method[J]. Journal of Safety and Environment（安全

与环境学报），2018，18（1）：61–65.

[24] YU Shengwen（余升文），LI Linjun（李林军），QIU Guoyu（邱国玉）. Evaluation of the eco-civilization construction of Shenzhen based on catastrophe progression method[J]. Ecological Economy（生态经济），2015，31（12）：174–195.

6 工业厂房金属屋面风致易损性分析

冀骁文[1] 黄国庆[2] 唐意[3] 张博雨[1]

1. 北京工业大学 城市与工程安全减灾省部共建教育部重点实验室，北京，100124；

2. 重庆大学 土木工程学院，重庆，400044；

3. 中国建筑科学研究院有限公司 风工程研究中心，北京，100013

一、引言

我国每年遭受 10 次左右的台风袭击，台风灾害是我国东南沿海地区主要的自然灾害之一。由台风灾害统计数据可知，容易在风灾中严重损坏甚至倒塌的建筑物主要包括老旧民房、工业厂房、户外广告牌以及高层建筑的玻璃幕墙等[1]。我国是制造业大国且大部分制造业集聚在东南沿海地区，降低甚至避免工业厂房的风灾损失对于我国防灾减灾具有重要意义。文献 [2] 中调查了台风"云娜"对浙江省台州市工业厂房的破坏，台州市工业厂房的受损面积达 247 万 m²。灾后调查结果表明，强风灾害中轻型钢结构的主体结构倒塌的情况较少，以维护结构破坏为主（图 4.6-1），而维护结构破坏大多是从屋面破坏开始的。

图 4.6-1　强风作用下建筑物屋面破坏

目前国内外有关轻型钢结构金属屋面风灾易损性的研究成果比较有限，这与此类结构广泛应用的局面不相称。宋芳芳等[1]运用台风观测数据，通过 CFD 数值模拟预测台风过程中轻型钢结构的破坏。Lee 等[3]及赵明伟等[4]根据规范 ASCE 7 以及 GB 50009-2001 中提供的风压参考值，通过模拟方法分别估算了轻型木结构和轻型钢结构的风致破坏概率。Huang 等[5]、[6]利用风洞试验数据建立了沥青屋面板和轻型木结构屋面板的风灾评估方法。黄国庆等[7]进一步考虑了风速的变异性对风灾损失的影响，发现风速的变异性会提升屋面的平均破坏率。

已有研究通常以民用住宅为研究对象，对金属屋面的工业房屋则研究较少，且未考虑到荷载的关联性影响。文中基于风洞试验数据，提出一种针对金属屋面风致损失的概率分析方法，并利用 Copula 函数研究风荷载相关性对屋面损失结果的影响。

二、风洞试验

本文所用风压数据由加拿大西安大略大学（UWO）大气边界层风洞试验室所测得[8]。试验中建筑物原型尺寸为 19.05m×12.2m×3.66m，屋顶坡度 1∶12，模型缩尺比为 1∶100，共布置 335 个风压测点于屋面表面，具体布置见图 4.6-2 蓝点。试验采样频率 500Hz，采样时间 100s，模拟的大气边界层流场为郊区地貌风场，地表粗糙长度为 0.3m。参考高度处（10m）风速为 13.7m/s，换算到屋顶处风速为 6.12m/s，试验风向 α 为 5°～90° 以及 270°～360°，每 5° 选取一个风向工况。

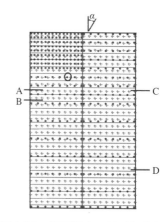

图 4.6-2　屋面测点及屋面板布置图

三、金属屋面板模型

基于风洞试验中的房屋原型，采用低波压型钢板 YX-35-125-750，尺寸为 750mm×6096mm，板厚 0.6mm，波峰高 35mm，相邻波峰间距 125mm，如图 4.6-3 所示。钢板用 G550 钢制成，屈服强度为 690MPa。选用自攻螺钉作为钢板与房屋檩条间的连接构件，每间隔一个波峰设置一个螺钉，一块板上共有 4×4 个螺钉。相邻板采用搭接方式相连，即板与板在边缘波峰处搭接，共用螺钉与檩条连接。共有 50 块彩钢板布置在屋面表面（图 4.6-2 中虚线矩形所示）。

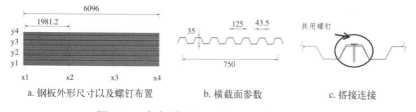

a. 钢板外形尺寸以及螺钉布置　　　b. 横截面参数　　　c. 搭接连接

图 4.6-3　钢板外形、尺寸以及板间连接方式

四、螺钉内力以及极值内力

作为屋面板与建筑结构的主要连接构件，螺钉失效会引起屋面破坏，所以需确定螺钉内力。根据已有的风压数据，建立屋面的有限元模型，求解螺钉内力。由于屋面上的测点分布稀疏，有的屋面板上没有分配到风压测点，求解内力精确度不高；要想获得较精确螺钉内力，需对整体屋面建模，并且分析过程耗时。为解决以上问题，文中首先采用本征正交分解（POD）技术对屋面上风压进行插值以得到更多测点的风压，然后选用简化影响面模型快速求得螺钉内力，最后利用转换过程方法确定极值内力。

1. 屋面风压 POD 插值

如图 4.6-2 所示，许多板上没有对应的风压测孔。为了合理地计算螺钉内力，统一在每块板的中心线上均匀地分配 10 个测压点，即图 4.6-2 中红色"+"。这些测压点处的风压通过对已有测压孔处风压进行 POD 插值而得出，具体过程如下。

假设 $\boldsymbol{C_P}(t)=\{C_{P_1}(t),C_{P_2}(t),\cdots,C_{P_N}(t)\}^{\mathrm{T}}$ 为零均值的脉动风压系数向量，N 为风洞试验中测压孔的数量。需要注意的是，需要移除平均风压系数。利用 POD 可以找到一组最优正交基 $\boldsymbol{\Theta}=[\Theta_1,\Theta_2,\cdots,\Theta_N]$，则 $C_P(t)$ 可展开为：

$$\boldsymbol{C_P}(t)=\boldsymbol{\Theta a}(t)=\sum_{i=1}^{N}\Theta_i a_i(t) \tag{1}$$

式中，$a_i(t)$ 为 $C_P(t)$ 在基向量 Θ_i 上的投影，$i=1,2,\cdots,N$。基向量组 $\boldsymbol{\Theta}$ 通过下列特征值方程确定：

$$\boldsymbol{R_{\mathrm{p}}A\Theta}=\boldsymbol{\Theta\Lambda} \tag{2}$$

式中，$\boldsymbol{R_{\mathrm{p}}}$ 为 $C_P(t)$ 的协方差矩阵；面积矩阵 $A=\mathrm{diag}(A_1,A_2,\cdots,A_N)$，其中 A_i 为第 i 个风压测孔所对应的贡献面积；对角矩阵 $\Lambda=\mathrm{diag}(\lambda_1,\lambda_2,\cdots,\lambda_N)$。

当测压孔分布不均匀时，可以将上式乘以 $A^{1/2}$，则其等效为[9]

$$\boldsymbol{R_{\mathrm{p}}^{*}\Theta^{*}}=\boldsymbol{\Theta^{*}\Lambda} \tag{3}$$

其中，$\boldsymbol{R_{\mathrm{p}}^{*}}=A^{1/2}\boldsymbol{R_{\mathrm{p}}}A^{1/2}$，$^{*}=A^{1/2}\boldsymbol{\Theta}$。由于特征值矩阵 Λ 并未改变，此时转换矩阵 $\boldsymbol{R_{\mathrm{p}}^{*}}$ 为一个实对称矩阵，可进行 Cholesky 分解，进而可得特征向量矩阵 $\boldsymbol{\Theta^{*}}$。正交基向量组则可以通过求逆得到，即

$$\boldsymbol{\Theta}=\,^{*}A^{1/2}\boldsymbol{\Theta} \tag{4}$$

利用线性插值、三次样条插值等方法，可得到新测压孔处新基向量的分量，再乘以投影 $a_i(t)$ 可以得到这些测压孔处的脉动风压。为了检验屋面风压的 POD 插值效果，将一个原有测压点（图 4.6-2 中圈内点）去掉，并选用风向 $\alpha=315°$（最不利工况），采用上述方法对其进行 POD 插值，所得风压与其真实风压进行对比，包括时程对比和功率谱对比见图 4.6-4。可以观察到，两者在时程上基本一致，在功率谱低频（主频）段上吻合，在其他测压点处也有相同结论。对于平均风压，同样可通过插值确定。

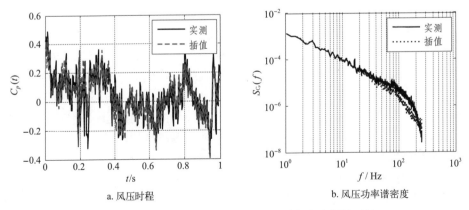

a. 风压时程　　　　　　　　　　b. 风压功率谱密度

图 4.6-4　风压系数、功率谱密度插值结果与实测值对比

2. 螺钉内力影响面

由于屋面板上螺钉对称分布，只需要求 4 颗螺钉（如图 4.6-3a 中，x_1–y_4、x_1–y_3、x_2–y_4 和 x_2–y_3 处螺钉）的影响面。建立单块板的有限元模型（文中采用 ANSYS 有限元分析软件，选用 SURF154 作为单元类型，螺钉处设置为铰接），循环施加单位荷载得到螺钉内力的影响面。图 4.6-5 给出了 4 颗螺钉的影响面俯视图。国外学者通过加载试验发现，金属屋板上单个螺钉的有效影响面积十分有限，主要集中在相同肋上相邻螺钉之间，且近似呈线性分布 [10]。这一结论与有限元分析结果一致。根据此结论，可以将图 4.6-5 非线性影响面（有限元分析结果）简化为线性影响面，出于方便和保守的考虑，可以采用棱锥式的影响面，影响系数在螺钉位置处为“1”，并以棱锥形向外扩展（图 4.6-6）。经过检验，简化计算模型对最终结果影响不大。

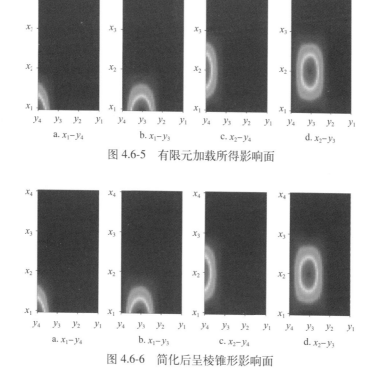

a. x_1–y_4　b. x_1–y_3　c. x_2–y_4　d. x_2–y_3

图 4.6-5　有限元加载所得影响面

a. x_1–y_4　b. x_1–y_3　c. x_2–y_4　d. x_2–y_3

图 4.6-6　简化后呈棱锥形影响面

3. 基于 HPM 转换过程

具有非高斯性的风压必然会导致螺钉内力呈非高斯分布，并且可能存在较强的非高斯性。对于非高斯过程极值估计，转换过程是一种常用并且有效的途径，通过建立非高斯与标准高斯过程的联系，从而得到非高斯过程的极值。其中，基于 Hermite 多项式（HPM）的转换过程方法已被证明具有较强的适用性 [11]，以下叙述具体过程。

假设螺钉内力时程为 $Y(t)$，对其进行归一化后有 $X(t)=[Y(t)-r_1]/r_2$，其中 r_1、r_2 分别表示过程 $Y(t)$ 的均值和标准差。$U(t)$ 为标准高斯过程，根据 HPM，有下列关系：

$$X=H(u)=\kappa[U+h_3(U^2-1)+h_4(U^3-3U)] \tag{5}$$

式中系数 κ、h_3 和 h_4 通过 Newton-Raphson 迭代求解非线性方程组确定[12]。

式（5）的逆变换形式以及 $X(t)$ 与 $U(t)$ 的单调递增关系（或 HPM 有效区间）可参考文献[13]，可得 $X(t)$ 的概率密度分布为

$$f_X(x) = \varphi[u(x)]\frac{\mathrm{d}u(x)}{\mathrm{d}x} \tag{6}$$

其中，$\varphi(\cdot)$ 为标准高斯概率密度函数。则 $Y(t)$ 的概率密度分布可相应得到。

对于标准高斯过程 $U(t)$，其对应于周期 T 的极值分布可表示为

$$F_{U_{pk}}(u) = \exp[-\nu_{0,u}T \cdot \exp(-u^2/2)] \tag{7}$$

其中，$\nu_{0,u}$ 为过程 $U(t)$ 的平均超零率。

由于极值对超零率不敏感，$\nu_{0,u}$ 可由下式近似得出：

$$\nu_{0,u} \approx \sqrt{\int_0^\infty f^2 S_X(f)\mathrm{d}f} \Big/ \sqrt{\int_0^\infty S_X(f)\mathrm{d}f} \tag{8}$$

式中 f 为自然频率，$S_x(f)$ 为 $X(t)$ 的功率谱密度函数。

根据已知的高斯过程极值分布，通过等概率转换，便可得到非高斯过程的极值以及对应的累积分布概率值[14]。一般地，可认为极值服从 Gumbel 分布，通过对极值与其累计分布概率值，并以 Gumbel 分布为目标函数拟合，即可得到如下形式的 $Y(t)$ 极值分布：

$$F_Y(y) = \exp\left[-\exp\left(-\frac{y-\mu}{\sigma}\right)\right] \tag{9}$$

式中 μ、σ 分别是 Gumbel 分布的位置、尺度参数。

为了检测上述方法的效果，以 315° 风向工况为例，图 4.6-2 中 A 板上 x_2-y_4 处螺钉与 D 板上 x_3-y_3 处螺钉在基本风压作用下内力的概率密度函数如图 4.6-7 所示。在 315° 风向下，前者受力具有较强的非高斯性，而后者非高斯性较弱。从结果上看出，HPM 对于强（弱）非高斯过程的概率估计在整体以及尾部都有着很好的效果。文中平均风速时距选用 10min。通过转换过程，可以求得其极值，并用 Gumbel 分布拟合。图 4.6-8 给出了 A 板上 x_2-y_4 处螺钉与 D 板上 x_3-y_3 处螺钉内力的极值概率密度函数。因计算中尚未涉及风速及基本风压，故图 4.6-7 和图 4.6-8 中的单位应为 m^2。

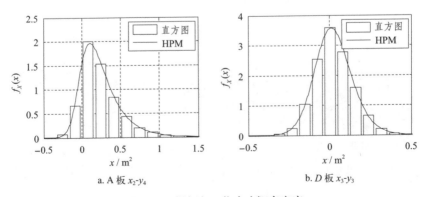

a. A 板 x_2-y_4　　　　b. D 板 x_3-y_3

图 4.6-7　螺钉归一化内力概率密度

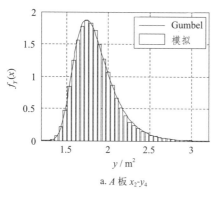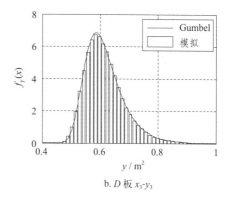

a. A 板 x_2-y_4 b. D 板 x_3-y_3

图 4.6-8 螺钉内力极值概率密度

五、螺钉内力相关性

风压在空间上通常存在相关性，尤其当风向垂直于屋脊时，这种相关性会增强。风压间的相关性必然导致螺钉受力在空间上的相关，而相关性会对屋面破坏造成一定的影响[6]。文献 [15] 中已证明极值之间的相关性小于原风压数据间的相关性，故文中偏保守地假设螺钉极值内力之间的相关性等同于内力之间的相关性。以 A 板 x_2-y_4 处螺钉为例，表 4.6-1 中给出了其与其他螺钉内力间的相关系数。同一板上或相邻板上螺钉间内力相关性较强，较远螺钉间内力相关性较弱，如与 D 板 x_3-y_3 处螺钉内力的相关系数较小，但也达到了 0.6229。

A 板 x_2-y_4 螺钉与其他螺钉内力相关系数   表 4.6-1

螺钉位置	A 板 x_2-y_3	B 板 x_3-y_3	C 板 x_1-y_1	D 板 x_3-y_3
相关系数	0.9970	0.8576	0.7350	0.6229

Copula 函数是描述变量相关结构的一种工具，通过 Copula 函数，螺钉内力的极值联合分布 $F_Y(y)$ 与边缘分布 $F_{Y_i}(y_i)$ ($i = 1, 2, \cdots, n$，n 为屋面螺钉数量）的关系如下[16]：

$$F_Y(y) = C(F_{Y_1}(y_1), F_{Y_2}(y_2), \cdots, F_{Y_n}(y_n)) \tag{10}$$

当 $F_{Y_i}(y_i)$ 连续时，Copula 函数 $C(\cdot)$ 唯一确定。根据上式，有：

$$C(v) = F_Y(F_{Y_1}^{-1}(y_1), F_{Y_2}^{-1}(y_2), \cdots, F_{Y_n}^{-1}(y_n)) \tag{11}$$

式中，$v = \{v_1, v_2, \cdots, v_n\}$，且 $v = F_{Y_i}(y_i)$，$i = 1, 2, \cdots, n$。因此，Copula 函数可看作边缘分布为 [0, 1] 上均匀分布的联合分布函数。

Copula 函数主要分为两类：椭圆 Copulas 和阿基米德 Copulas。相比椭圆 Copulas，阿基米德 Copulas 推广到多元情况时存在一定困难，且参数数量有限，难以有效描述多元极值的相关结构。因此这里采用椭圆 Copulas 进行分析。椭圆 Copulas 中，高斯 Copula 应用较广泛，且便于推广到多元情况，故中文选用高斯 Copula 做相关性分析。此时有：

$$F_Y(y) = \Phi_n(z_1, z_2, \cdots, z_n; R_Z) \tag{12}$$

式中 $y_i = F_{Y_i}^{-1}[\Phi(z_i)]$，$i = 1, 2, \cdots, n$；$\Phi_n$ 为 n 维高斯联合分布函数；R_Z 为高斯变量的相关系

数矩阵,其中任意两个标准高斯变量 Z_i 与 Z_j 间的相关系数 ρ_g 和 Y_i 与 Y_j 间的相关系数 ρ 满足:

$$E[Y_i]E[Y_j] + \sqrt{D[Y_i]D[Y_j]}\rho = \int_{-\infty}^{\infty}\int_{-\infty}^{\infty} F_{Y_i}^{-1}\left[\Phi(z_i)\right]F_{Y_j}^{-1}\left[\Phi(z_j)\right]\varphi_2(z_i,z_j;\rho_g)\mathrm{d}z_i\mathrm{d}z_j \tag{13}$$

式中,φ_2 为二维联合高斯密度函数;$E[\cdot]$、$D[\cdot]$ 表示期望、方差。

当非高斯变量服从 Gumbel 分布时,下述经验公式[17]可采纳。

$$\rho_g = \rho(1.064 - 0.069\rho + 0.005\rho^2) \tag{14}$$

六、基于蒙特卡洛模拟的屋面损失估计

1. 螺钉失效判定

研究表明,由于螺钉连接处应力集中的存在,金属屋面板通常在该位置开始破坏[10],[18]。然而,屋面板的破坏机理十分复杂,破坏形式主要包括:(1)螺钉被拔出,板连同螺钉一起破坏;(2)板从螺钉处破坏,而螺钉保持嵌入。当然还有其他的破坏形式,如檩条破坏、飞掷物破坏等。为了便于表述所提的方法,假设螺钉处连接牢固,屋面板从螺钉处破坏。破坏模式通常表现为板在螺钉位置处被上升的风力拉出。基于有限元模型分析以及参数研究,文献[18]中得到了梯形断面金属板螺钉处的承载强度公式。对于 G550 钢材,抗拉强度 R 服从变异系数 0.12 的正态分布,其均值为:

$$\mu_R = 0.04 \times \left(4.7 - \frac{20f_y d_h}{E}\right)^2 \times \left(\frac{h_c}{h_p}\right)^{3/4} \times \left(\frac{W_t}{W_c}\right)^{1/5} \times \left(12 + \frac{1500t^2}{Ld_h}\right)^{1/3} \times d_h t f_y \tag{15}$$

式中,屈服强度 f_y=690MPa;螺钉帽直径 d_h=11mm;弹性模量 E=200GPa;波峰高度 h_c=35mm;波峰间距 h_p=125mm;波谷宽度 W_t=81.5mm;波峰宽度 W_c=43.5mm;板厚 t=0.6mm;檩条间距 L=1981.2mm。若所研究的破坏形式为其他形式时,则需要更改为相应的强度计算公式。

螺钉的失效概率可以表示为 $P(Y \geqslant R)$。对于屋面存在较多螺钉的情况,依次求其失效概率非常繁琐、耗时;利用蒙特卡洛模拟方法可以模拟出所有螺钉的极值内力和承载力样本,并对各螺钉进行失效判断,进而得到其失效概率。具体步骤为:(1)通过蒙特卡洛模拟得到独立的标准高斯向量 $U=\{u_1, u_2, \cdots, u_n\}$;(2)通过式(13)或(14)求得相关矩阵 $\boldsymbol{R_Z}$,相关的高斯向量 $\boldsymbol{Z}$ 根据下述公式得到:

$$\boldsymbol{R_Z} = \boldsymbol{LL}^{\mathrm{T}};\ \boldsymbol{Z} = \boldsymbol{LU} \tag{16}$$

(3)根据关系 $y_i = F_{Y_i}^{-1}\left[\Phi(z_i)\right]$ (i=1, 2, $\cdots$, n),可以求得非高斯向量 $\boldsymbol{Y}=\{y_1, y_2, \cdots, y_n\}$;同样地,可以模拟得到承载力向量 $\boldsymbol{R}=\{r_1, r_2, \cdots, r_n\}$,则此时所有螺钉的失效情况可以确定;(4)重复上述模拟过程 m 次,第 j 次模拟中第 i 个螺钉的失效状况可以表示为 $w_{i,j}$,当 $y_{i,j} \geqslant r_{i,j}$ 有 $w_{i,j}$=1,否则 $w_{i,j}$=0;则第 i 个螺钉的失效概率为:

$$p = \frac{1}{m}\sum_{j=1}^{m} w_{i,j} \tag{17}$$

在模拟过程中,可能出现矩阵 $\boldsymbol{R_Z}$ 非正定的情况,这是由于大量螺钉的内力完全相关。例如,同一块板上 x_2-y_2 和 x_2-y_3 处螺钉受力完全相同。因此在模拟中,不计内力重复的

螺钉，并将矩阵 $\boldsymbol{R}_z$ 特征值矩阵中的负值用较小的正值（如 0.001）代替。为了说明模拟方法的有效性，A 板 x_2-y_4 处螺钉与 D 板 x_3-y_3 处螺钉内力的模拟样本直方图在图 4.6-8 中给出，与边缘分布函数曲线高度吻合；两者样本间的相关系数为 0.6158，也与表 4.6-1 中结果基本一致。

2. 屋面板破坏判定

以往的研究表明，当一个螺钉失效后，90% 的荷载将重新分配到同波峰上相邻的螺钉[10]，造成该螺钉内力显著增加，直至破坏。随着螺钉的相继破坏，屋面板失去可用性并破坏，并且该过程十分短暂，因此可以认为一个螺钉失效将导致整个金属板破坏。

同样地，通过蒙特卡洛模拟，确定了每个螺钉的失效情况后，可以判断每块板的破坏情况。令 $f_{k,j}$ 表示第 k 块屋面板在第 j 次模拟中的破坏状况，当该板上的螺钉均有 $w_{i,j}=0$（$i=1,2,\cdots,n_s$，n_s 为板上螺钉数量）时有 $f_{k,j}=0$，否则 $f_{k,j}=1$；则第 k 块屋面板的失效概率为：

$$p_k = \frac{1}{m}\sum_{j=1}^{m} f_{k,j} \tag{18}$$

3. 屋面整体损失

除了定义单块板的破坏外，屋面损失率被用来描述屋面整体的破坏程度，通过下式定义：

$$D = M / n_b \tag{19}$$

式中，M 为失效金属板的数量；n_b 为屋面金属板总数量。类似地，可得到在第 j 次模拟中，屋面损失率：

$$d_j = \frac{1}{n_b}\sum_{k=1}^{n_b} f_{k,j} \tag{20}$$

根据中心极限定理，随机变量 D 可近似为高斯分布，其均值和标准差分别为：

$$\mu_D = \frac{1}{m}\sum_{j=1}^{m} d_j \ ;\quad \sigma_D = \sqrt{\frac{1}{m}\sum_{j=1}^{m}(d_j - \mu_D)^2} \tag{21}$$

通过所述方法，多个风向工况、不同风速下屋面损失率的均值与标准差如图 4.6-9 所示。其中，风速 V 取为 10m 参考高度处风速。为了展示螺钉内力相关性对分析结果的影响，

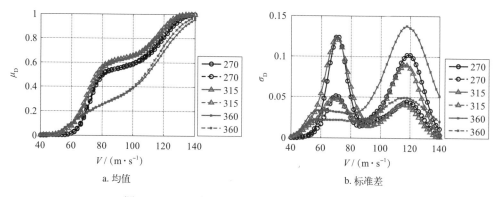

a. 均值 b. 标准差

图 4.6-9 多风向风速下屋面损失率均值、标准差

考虑相关性（实线）的结果与螺钉内力独立时（虚线）的结果在图中对比给出。可以看到内力相关性对整体屋面平均损失率影响不大，但屋面损失率标准差相对增大不少，即考虑螺钉内力相关性（风荷载相关性）会增大屋面破坏的变异性。

4. 屋面破坏超越概率

我国涉及屋面结构设计中，一般规定了不同的屋面破坏等级[1], [4]。如，轻微破坏（$D \leqslant 5\%$）、中等破坏（$5\% < D \leqslant 15\%$）、严重破坏（$15\% < D \leqslant 30\%$）以及完全破坏（$D > 30\%$）。利用之前所得结果，可以得到各风速下屋面损失率超越（超过某损失率）概率，根据文献[3]，多风速下屋面破坏超越概率可用对数正态函数拟合。设风速为 V，则屋面破坏超越概率可表示为：

$$F_{S}(V) = \Phi\left(\frac{\ln V - \alpha}{\beta}\right) \tag{22}$$

其中，α、β 分别为对数正态分布位置、尺度参数；对于某一固定风速 V^* 及破坏等级 D^*，应满足：

$$F_{S}(V^*) = 1 - \Phi\left(\frac{D^* - \mu_{D}^*}{\sigma_{D}^*}\right) \tag{23}$$

其中，μ_{D}^*、σ_{D}^* 为风速 V^* 下随机变量 D 的均值、标准差。

图 4.6-10 中给出 315° 风向下破坏程度 $D > 5\%$，$D > 15\%$ 以及 $D > 30\%$ 的屋面破坏超越概率，并给出了风荷载相关性的影响。从图中可以看出，当房屋处于较低风速下时，如 50m/s，当认为风荷载独立时，屋面仅有发生轻微破坏的可能，而考虑风荷载相关性下的屋面此时存有发生中等破坏的可能性；在较高风速下（如60m/s），风荷载独立时屋面发生中等破坏的概率大于风荷载相关时的情形，但两者发生的概率均达到了较高值，并且在考虑风载相关性时，屋面有可能发生严重破坏。可见风荷载相关性使屋面破坏变异性增大，并导致房屋可能发生的破坏等级提升。

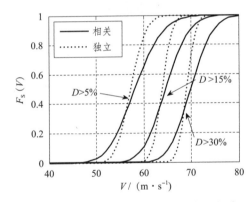

图 4.6-10　不同破坏等级屋面破坏超越概率

七、结论

基于风洞试验实测数据，提出一种针对轻钢工业厂房金属屋面的风致损失概率评估方法，并可以得出以下结论：（1）利用 POD 插值技术可以弥补风洞试验中测点数不足这一缺点；（2）采用线性影响面模型可避免较复杂的有限元分析，提高屋面结构响应分析效率，同时保证结果精度；（3）基于 Copula 函数，并通过蒙特卡洛模拟，可以描述出连接构件内力的边缘概率特征以及彼此间的相关性结构；（4）风荷载相关性的考虑使屋面整体损失的变异性增大，提高屋面破坏的不确定性，令房屋可能遭受更大程度的破坏。

参考文献

[1] 宋芳芳，欧进萍. 轻钢结构工业厂房风灾损伤估计与预测 [J]. 土木建筑与环境工程，2009，31（6）：71-80.

[2] 潘赛军，施月中，耿晓清，卢善正. 浙江台州工业厂房 0414 号台风受损的原因剖析与对策探讨 [J]. 钢结构，2005，20（82）：52-57.

[3] Lee K H, Rosowsky D V. Fragility assessment for roof sheathing failure in high wind regions [J]. Engineering Structures，2005，27（6）：857-868.

[4] 赵明伟，顾明. 轻型钢结构风灾易损性概率分析 [J]. 中南大学学报（自然科学版），2012，43（9）：3609-3618.

[5] Huang G, He H, Mehta K.C., Liu X. Data-based probabilistic damage estimation for asphalt shingle roofing [J]. Journal of Structural Engineering，2015，141（12）：04015065.

[6] Huang G, Ji X, Luo Y, Gurley K R. Damage estimation of roof panels considering wind loading correlation [J]. Journal of Wind Engineering and Industrial Aerodynamics，2016，155：141-148.

[7] 黄国庆，罗颖，郑海涛，刘晓波，何华. 考虑风速变异性的风致屋面覆盖物损失评估 [J]. 土木工程学报，2016，49（9）：64-71.

[8] Ho T C E, Surry D, Morrish D P. NIST/TTU cooperative agreement-windstorm mitigation initiative：wind tunnel experiments on generic low buildings [R]. Tech. Rep. BLWT-SS20-2003. London，Ontario，Canada：The Boundary Layer Wind Tunnel Laboratory，The University of Western Ontario，2003.

[9] Jeong S H, Bienkiewicz B, Ham H J. Proper orthogonal decomposition of building wind pressure specified at non-uniformly distributed pressure taps [J]. Journal of Wind Engineering and Industrial Aerodynamics，2000，87（1）：1-14.

[10] Henderson D J. Response of pierced fixed metal roof cladding to fluctuating wind loads [D]. Townsville，Australia：James Cook University，2010：108-109.

[11] Huang G, Luo Y, Gurley K R, Ding J. Revisiting moment-based characterization for wind pressures [J]. Journal of Wind Engineering and Industrial Aerodynamics，2016，151：158-168.

[12] Ditlevsen O, Mohr G, Hoffmeyer P. Integration of non-Gaussian fields [J]. Probability Engineering Mechanics，1996，11：15-23.

[13] Yang L, Gurley K R, Prevatt D O. Probabilistic modeling of wind pressure on low-rise buildings [J]. Journal of Wind Engineering and Industrial Aerodynamics，2013，114：18-26.

[14] Sadek F, Simiu E. Peak non-Gaussian wind effects for database-assisted low-rise building design [J]. Journal of Engineering Mechanics，2002，128（5）：530-539.

[15] Luo Y, Huang G. Characterizing dependence of extreme wind pressures [J]. Journal of Structural Engineering，2016：0.1061/（ASCE）ST.1943-541X.0001699，04016208.

[16] Nelsen R B. An introduction to copulas [M]. Springer Science & Business Media，2006：46-47.

[17] Liu Pei-Ling, Der Kiureghian A. Multivariate distribution models with prescribed marginal and covariances [J]. Probabilistic Engineering Mechanics，1986，1（2）：105 ~ 112.

[18] Mahaarachchi D, Mahendran M. Wind uplift strength of trapezoidal steel cladding with closely spaced ribs [J]. Journal of Wind Engineering and Industrial Aerodynamics，2009，97（3）：140-150.

7 古建筑防雷设计与防火

胡登峰　厉守生

中国建筑科学研究院有限公司 / 住房和城乡建设部防灾研究中心，100013

一、引言

中国古代建筑的发展大致可分为七个阶段：原始社会时期，商周，秦汉，三国两晋南北朝，隋唐五代，宋辽金元，明清及民国初期，现遗存的古建筑实例最早不过唐代，是华夏民族文化的瑰宝。随着国民经济的发展，国家越来越重视文化遗产的保护。截至2017年，国务院已公布七批全国重点文物保护单位，总数为4296处。全国重点文物保护单位很多均与古建筑的遗存相关，其中约1882处为古建筑（群），这些古建筑（群）均由国家统筹实施文物保护的"三防"工程（安防、消防、防雷）。笔者有幸参与西藏三大重点文物保护工程的"三防"工程的设计工作，其中安防、消防工程的施工均已于2007年完成，但防雷部分一直没有实施，相关单位还是基于对文物的万全保护，对实施防雷工程持谨慎态度。因此古建筑的防雷方案如何匹配文物保护并形成适度有效的防护确实值得谨慎、科学的实施。

古建筑防雷工程实施现状：

（1）全国重点文物保护单位的古建筑均参照《建筑物防雷设计规范》GB 50057—2010按第二类防雷建筑物实施。

（2）《古建筑防雷工程技术规范》GB 51017—2014已在2014年发布，但尚未真正执行实施，目前不少古建筑已做的防雷装置与该规范的技术要求相差甚远。

（3）古建筑引入现代化系统与设备，如电源、安防系统、消防系统等，改变了古建筑原有电磁环境，增加了雷击风险。

（4）目前开展的古建筑三防工程基本均未同期同步实施，防雷系统的设计不能全面统一考虑。

（5）目前进行的不少雷电风险评估与防雷设计方案脱节，实际指导意义不大。

二、古建筑自身的避雷功能

雷电是自然界经常发生的一种天气现象，对于雷电现象我们先人早在远古就有一定的认知；在一些古籍中有记载，如《易经》描述雷电为"大壮"，意为"天上电闪雷鸣，声音大，气势盛"；唐代《炙毂子》记载，汉朝的柏梁殿遭到火灾，有人建议将一块鱼尾形状的筒瓦放在屋顶上，就可以防止雷电所引起的天火。关于雷电的记载还有很多，当然也需要后人进一步的仔细考证和研究。屋顶鱼尾形状的筒瓦就是当时建筑的鸱尾（脊饰）。中国古建筑屋顶脊饰作为大屋顶不可缺的装饰构件已有两千余年的历史了，脊饰不仅有着丰富的文化内涵，也承载着防水、防火（雷电引起的天火）、抗震及稳固结构等功能。

现存古建筑多为庑殿顶、歇山顶、悬山顶、攒尖顶等形式（图4.7-1）。在屋顶的正脊（最高点）两端头均设置有正吻，在屋顶的各条垂脊上均设置垂脊兽，在屋顶翘起的戗脊上安装仙人等各种小兽，即"戗兽"（图4.7-2）。依据地闪雷击建筑物的特性，所有这些屋顶脊兽的安装位置，均是建筑物最易受雷击的部位，特别是正脊上两端头的吻兽（最高点）。根据古建筑的营造法式，正吻正下方即是雷公柱，雷公柱为木柱。虽然屋顶正脊的吻兽在雷云对地的强电场作用下也可能被击穿形成放电，但实际发生的案例很少。多为脊兽被雷电击坏或击落。这正符合地闪雷电的放电规律。依据现有的人们对地闪的认识，雷击建筑物是雷暴中心对建筑物的放电现象，脊兽的形状有很多的尖端凸起，在雷云的电场作用下容易形成电荷的聚集，产生局部电场畸变，容易与空气中的游离离子形成放电通道，从而形成雷击。一次直接雷击，在通过强大雷电流的部位，可产生冲击性电动力，这种电动力可达到500至600kg；通过脊兽（脊饰）对雷击点动力的吸收，从而使一次雷击的能量得到了释放。避免古建筑主体（如屋面）的破坏，可以达到"失小保大"的目的；而被破坏的脊饰本身就是作为古建筑屋顶的一个部件可以被替换，重新装配一组新的脊兽。

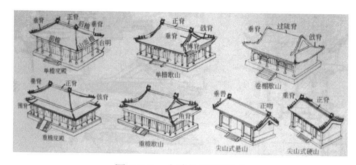

图4.7-1　古建筑屋顶形式

图4.7-2　古建筑屋顶脊饰（正吻、垂兽）

另一类具有代表性的古建筑屋顶应为藏传佛教寺庙的屋顶。屋顶的脊饰具有浓厚的宗教意义，且都采用了金属材质，如金顶、法轮、法幢等（图4.7-3）。最具代表的藏传佛教寺庙为布达拉宫，屹立在海拔3600m的高原上，其历史上两次雷击记录，一次须追溯到公元9世纪，雷击造成了火灾；一次是在2001年7月29日，雷电击中布达拉宫屋面东北角的五彩金幢，没有发生火灾，仅造成了一定的经济损失。

不论是中国传统的屋顶脊饰，还是藏传佛教寺庙屋顶的金幢等饰物，在实际雷电闪击的过程中，往往是第一个被击中的，使建筑物主体免遭了损失。这是否可称为古建筑具备"避雷"作用，还是古人"失小保大"的智慧，确实值得好好研究和思考。

从现代防直击雷的三要素（屋顶接闪、雷电流引下、雷电流入地泄放）来分析，脊饰仅具备屋顶接闪的功能，其他两个要素没有，但这些脊饰均起到了保护古建筑的作用，这一点与现代的防雷装置的目的，功能是一致的。雷击脊饰是否可理解雷电先导通过饰物与大地形成电容性放电。

图 4.7-3　布达拉宫金顶及金幢

三、古建筑的雷电风险评估

2018 年 1 月参加湖北省当阳市玉泉寺防雷设计的踏勘工作。玉泉寺为第二批国家文物保护单位。玉泉寺大雄宝殿始建于南宋，殿高 21m，七开间，重檐歇山庑殿顶，整个屋顶由 72 根金丝楠木支撑。按《古建筑防雷工程技术规范》GB 51017—2014，需按一级防雷古建筑设防。在与寺院的管理方交流得知，大雄宝殿自建成至今无雷击记录；对于国家出资对其进行防雷保护，管理方很支持。但从文物原状保护的角度上，在上面加装防雷设施确实值得慎重思考一下。整个玉泉寺坐西朝东，除东面开阔外（有很多古树），其他三面均是大山，这种先天的地理环境是玉泉寺的天然屏障。因此怎样结合自然条件、气象条件等各种因数对古建筑进行雷电风险评估，确定契合的防雷措施，确实是一个急需解决的课题。

目前开展的不少古建筑防雷工程招投标中，都包括雷电风险评估和防雷工程设计，但从中标单位的防雷设计方案看，雷电风险评估对设计方案几乎没有指导作用，古建筑防雷设计则按现行规范分级采取相应措施，两者是脱离的。另外现行规范的风险评估体系仔细研究也存在一定问题。现行风险评估主要参考《雷电防护 第 2 部分：风险管理》GB/T 21714-2015/IEC62305，2010，该规范采用各风险分量合成求总风险的方法来确定是否采取防雷措施，将建筑物受直击雷电风险与电力、电子线路的受雷电灾害合并起来考虑。这与防雷工程设计中将雷击建筑物的防护和电力、电子信息系统的防护分开来，各自采取防雷措施是不适应的。防直击雷只是防建筑物遭直击雷的风险，对电力、电子信息系统失效风险的防护应根据不同的损害成因进行核实的防护，如：雷击建筑物时，对电力、电子信息系统的失效风险；雷击建筑物附近，对电力、电子信息系统的失效风险；雷击线路，对电力、电子信息系统的失效风险；雷击线路附近，对电力、电子信息系统的失效风险。参考 R.H.Colde《雷电》，根据畠山（1958 年）和菲特利斯（Feteris，1952 年）的观测数据可知两个相继落雷电之间的平均距离约为 3km；这说明在一很小的范围内，比如一座古建筑及其周围附近，同一时刻发生地闪，受到雷击几乎是不可能的。因此在古建筑雷电风险评估中将四个雷击损害源（雷击建筑物、雷击建筑物附近、雷击线路、雷击线路附近）合并起来考虑风险是不合适的。

建议将古建筑雷电灾害的风险评估分成两部分，一是雷击古建筑物产生的风险评估，确定是否设置防直击雷装置；另外一部分，对雷击古建筑物、雷击古建筑物附近、雷击线路（电力、电子信息系统线路）、雷击线路附近这四种情况分别评估对内部系统产生的失效风险，以确定合适的防护措施保证在四种雷击情况下，内部系统均不会失效。

四、古建筑的防雷设计

古建筑屋顶脊饰的"避雷"作用，按现在的认知可能认为不合理或不完善，但不排除随着科学的进步以及对古建筑的深入研究对其作用的认同。古建筑建造时，均未设置现代系统和设施，由于这些系统的引入，如电力系统、火灾自动报警系统、安全防范系统、消防水系统管道等，肯定增加了古建筑的雷电灾害风险。因此对古建筑进行合理的雷电风险评估，指导古建筑的防雷设计，使其方案更加合理可行，做到对古建筑原状最大的保护是十分重要的。

古建筑的防雷设计应整体全面的考虑，不应只限于屋顶接闪、引下线和接地的设计，还应考虑引入电力、消防、安防线路及金属管道时的闪电侵入，以及线路管道与防雷装置的安全隔离距离及等电位联结。古建筑三防工程的设计往往是安防、消防、防雷不同步，各自为政，缺少系统全面的综合设计，而其他管线系统设计很少考虑古建筑防雷的要求。

1. 古建筑现场踏勘及评估

古建筑在进行防雷设计前，应进行现场踏勘，充分了解相关情况，如古建筑特性、类别、外形尺寸及与周围建筑群的关系，屋面形式、形状及坡度，屋顶外露设施及特性，室内陈列品的特性，所处位置的地理、气象、水文资料，古建筑内及其周围的现代系统、设置、管道情况等等；综合踏勘资料及管理需求，进行古建筑雷电风险评估，确定相应的防雷措施。

2. 防直击雷设计

（1）接闪器设计

古建筑接闪器选择应遵循不改变古建筑原状，不影响景观风貌为基本原则，优选考虑在古建筑本体之外独立安装，如设置独立接闪杆或结合周边高大古树设置接闪杆。有些文物古建筑的屋顶基本不具备安装接闪器的条件，如国家文物局正在实施的国保单位的古村寨、古村落的三防工程项目，这些项目的屋面铺装的基本是青瓦（图4.7-4），接闪装置在上面根本无法安装固定，也不能承受人员在其上面进行施工操作。此种项目如确需设置防雷保护，建议考虑在雷雨季节的主导风向上设置独立接闪杆，以保护建筑原状。当接闪杆在高大古树上安装时，其古树应距离古建筑需大于3m，接闪器需要延伸至树木的最高部位，不仅满足保护古建筑，也需满足保护树冠的主要部分。

当接闪杆方案不能满足要求时，可在古建筑屋顶安装"接闪带＋接闪短杆"，"接闪带＋接闪短杆"应配合古建筑艺术的美观要

图4.7-4 湖南涧岩头周家大院子岩府（国家文物保护单位）

图4.7-5 接闪器安装

求，充分利用古建筑坡屋顶的独特形式，计算"接闪带＋接闪短杆"的保护范围，在保护范围满足要求的前提下，减少屋面接闪装置的安装。如重檐庑殿顶，在很多时候其上层屋面檐口接闪器的保护范围可以保护下层檐口（图4.7-5），可以不需在下层檐口设置接闪带。对于传统的屋面均由青瓦、琉璃瓦等不可燃的材料建成，接闪带可考虑贴临安装。

（2）防雷引下线设计

引下线的材质、截面规格和数量直接影响雷电流的分流效果。引下线越多，流过每根引下线的雷电流越小，则由雷电流经过引下线产生闪络或电磁效应的危险性越小，所以在有条件的情况下，多设置引下线是有益的。但传统古建筑柱多，前后墙（正面和后面）多为门、窗及柱子，只有两侧有山墙（图4.7-6）。山墙处相对容易设置引下线。为了保持古建筑原状和减少防雷装置对古建筑原状的影响，在一些情况下，按规范要求间距均匀布设防雷引下线不允许、不可能、不适合，需要加大引下线的布设间距，但保证古建筑引下线的平均间距满足规范要求。当在一些位置引下线布置间距增大时，需要数量不减少，从而使雷电流通过总引下线导体的阻抗不变，保持通过各导体的电流值基本不变。目前对于重要的古建筑防雷装置均采用铜材，笔者认为如果投资允许，也可采用铜芯电缆，可方便引下线更好地随形敷设，与古建筑原貌更好地协调；而且也可采用多根电缆拼接替代每处引下线，从而减少闪络的危害，即相同的电流经多根拼接电缆的分流，降低了雷电流在引下线上的压差。

图4.7-6　当阳玉泉寺大雄宝殿正面

（3）防雷接地设计

接地效果的好坏是防雷安全的重要保证。常用的接地形式放射型接地体（A型）和环型接地体（B型）两种。如古建筑室外位置空间足够，所在场地地面保护要求不严格时，应优先采用环型接地极。环型接地极可使各引下线在地面形成电位均衡，而且也能保证环路中一点断开连接时，仍能保留接地体原有功能。

对于位置受限，不允许大范围开挖施工的古建筑以及地面不允许破坏的古建筑只能采用放射型（A型）独立接地体，每条引下线各自接到一个接地极上，各接地极不相互连接，各自的接地电阻不同。独立接地体在古建筑防雷工程中应用最多。

为达到规范要求的接地电阻值，独立接地极以钻孔深埋接地极的效果最好，深孔接地极容易达到地下水位，可节省接地极的数量。对于山石地区，很难打入接地装置时，可采用物理降阻措施或采用水平接地带，加大接地带与土壤的接触面积，加大降阻。不建议采用对土壤、环境有污染的化学降阻剂；电解离子接地极价格昂贵，应谨慎使用，应对产品性能、使用寿命进行详细了解，以免失效。

古建筑防雷接地体安装位置应不破坏古树、地下管线、排水道、地宫及甬道，接地体距离古建筑基础或台基的距离不应小于1m。接地极的埋深应尽可能使腐蚀、土壤干燥和冰冻的影响减到最小，以使接地电阻值保持稳定。通常认为垂直接地极处于冻土层部分在结冰情况下是无效的。

3. 防闪电电涌侵入

古建筑均是已有建筑，由于现代系统的引入才带来了闪电电涌侵入的危害。如果有可能，禁止古建筑引入现代系统应该是对古建筑的一种很好保护。因此对于重要的古建筑，任何时候均应避免采用架空线的方式引入电源、通信（安防、消防、电信等）等线路，如需引入应采用埋地敷设方式。入户处应将电缆金属外皮或穿电线电缆的金属导管与防雷装置作等电位连接，或通过浪涌保护器实现就地的等电位连接。现阶段文物保护工作如火如荼地开展，古建筑引入的照明、电源线路、安防及火灾自动报警系统线路十分普遍，但这些系统的引入没有在防雷层面上进行一个统一全面的设计，很多仅从自身系统设计出发，没有考虑系统线路引入时防闪电电涌侵入的措施。

4. 等电位及安全隔离

古建筑与现代建筑防雷工程不同的是，古建筑结构主要以木结构、砖木结构为主，建筑内所有导体系统均处在完全没有电磁屏蔽的空间。当雷电流流经接闪器、引下线等防雷装置时，在其上产生阻抗压降，由于没有屏蔽结构，此压降对附近的金属管道（如消防水管、电线管）、装置（配电箱柜、火灾探测器、视频安防摄像机等）及内部系统（电力、电子信息系统）等导体的影响要比有钢筋混凝土墙隔离时大得多。为防止防雷导体上雷电流产生的过电压击穿绝缘间隙，发生危险火花放电，将雷电流分流至附近非防雷导体上，要求这些导体、装置与防雷装置要么采取等电位连接或则保持安全隔离距离。比如，在已完成的文物三防工程中，很多火灾烟感探测器就贴装在正脊下方的木梁上，很多视频安防摄像机就靠近引下线所在的木柱上安装，这些火灾报警线路、安防线路的导体与接闪导体、引下线很靠近，是否满足安全隔离要求，需要按规范计算其安全隔离距离进行确定。

对于古建筑内陈列或安装的金属物体（如镀金佛像、金属梯、金属栏杆）当不能与防雷装置作绝缘隔离时，应与防雷装置作等电位连接。当不便与防雷装置进行等电位连接时，应就近与地连接，从而可避免雷电静电感应和防雷装置通过雷电流电磁感应产生危险电压，可保证就近人和物的安全。

五、防雷与防火

古建筑火灾原因主要包括电气故障造成的火灾、日常生活用火不当、古建筑维护管理不当以及雷电造成的二次灾害。现阶段雷电根本不是古建筑火灾的主要原因。如果古建筑雷击风险低，那么在这方面的火灾隐患也是很低的；如果雷击风险高，做好防雷设计工作，也可以大大降低雷电引起火灾的隐患。

根据国建文物局2011年至2016年文物安全监管情况通报文件，对文物建筑火灾及雷击统计情况如下表：

年度	全国文物、博物馆单位火灾数量	其中国保单位火灾数量		雷电次数及描述
2011 年	16	2	0	
2012 年	16	4	1	河南阳台宫玉皇阁：7 月 14 日，王屋山地区突降暴雨，雷电击中济源市阳台宫玉皇阁正脊，西侧近 2m 高的大吻、后檐垂脊 3 节脊筒被击碎，西侧博脊北段约 2m 被击毁，多处瓦件破碎，木质神龛上方一横梁被击劈裂，在神台上击出三个大小不一的不规则圆坑
2013 年	11	6	0	
2014 年	18	6	1	广西恭城古建筑群：5 月 31 日，雷击导致文庙部分受损。屋檐卷草、西庑与乡贤祠卷草交接位置遭受雷击而受损，卷草及部分山墙脱落
2015 年	23	6	0	
2016 年	14	5	1	辽宁北镇庙：8 月 12 日晚，北镇庙鼓楼发生火灾事故。过火后，鼓楼一层砖石结构墙体基本完好，抱头梁少部分被烧，碳化面积 10% ～ 20%。二层烧毁非常严重，以木结构为主的二层全部被烧，过火面积达 100%。门窗和护栏全部烧毁不存；梁、枋、椽、飞、望板、阑替等炭化面积 70% ～ 80%；二层只有柱子还在支撑，柱子炭化面积 60% ～ 70%。一层通向二层的楼梯也已经失去承载能力。鼓楼周边建筑未过火，无人员伤亡。起火原因为雷击起火

如上表统计，全国文物、博物馆单位发生火灾共计 98 起，其中发生雷击事故 3 件，2 起造成了火灾（值得深入调查研究）。其他火灾情况除人为用火不当之外，剩余均是电气事故火灾。因此，对于古建筑的防火，应健全文物保护单位的安全管理制度，并严格排查电气系统的火灾隐患，规范化电气系统的引入。在上述基础上，加强文物建筑（古建筑）雷电风险评估，实事求是的开展防雷系统的设计工作。

六、结束语

由于人们对雷电的认识有限，现未能掌握雷电的全部规律，对古建筑实施防雷保护，只是减少雷击几率，并不能完全避免建筑物遭受雷击。因此对古建筑实施雷电风险评估，意义重大。另外，随着科学技术的不断发展，特别是雷电预警技术的出现，对古建筑雷电防护工作的研究提供了便利条件，并且方案可以配合预警技术同时实施。目前西藏的布达拉宫和北京故宫均实施了雷电预警系统，其中布达拉宫的雷电预警系统可以提前 0.5 ～ 1h 进行雷电预警。

参考文献

[1] 中国建筑科学研究院，中国建筑标准设计研究院有限公司 . 15D505 古建筑防雷设计与安装 [M]. 北京：中国计划出版社，2015.

[2] 中国建筑科学研究院，中国建筑标准设计研究院有限公司，等 . 古建筑防雷工程技术规范 GB 51017-2014[S]. 北京：中国建筑工业出版社，2015.

[3] 广东省防雷中心 . 雷电防护 第 2 部分：风险管理 GB/T 21714.2-2015[S]. 北京：中国标准出版社，2016.

[4] 工业和信息化部通信计量中心. 雷电防护 第 3 部分：建筑物的物理损坏和生命危险 GB/T 21714.3-2015[S].
北京：中国标准出版社，2016.

[5] 机械工业部设计研究院. 建筑物防雷设计规范 GB 50057-2010[S]. 北京：中国计划出版社，2011.

[6] 中国建筑标准设计研究院，四川中光防雷科技股份有限公司. 建筑物电子信息系统防雷技术规范 GB
50343-2012[S]. 北京：中国建筑工业出版社，2012.

[7] 王时煦等. 建筑物防雷设计. 北京：中国建筑工业出版社，1985

[8] R.H.Golde. 雷电. 北京：水利电力出版社，1983.

[9] （日）冈野大祐. 雷电之书. 北京：人民邮电出版社，2016.

8 绿化屋顶对城市内涝减灾效应影响分析

郑建春[1]　朱伟[1]　周德民[2]
1.北京城市系统工程研究中心燃气、供热及地下管网运行
安全北京市重点实验室，北京，100035
2.首都师范大学，北京，100048

一、引言

城市化进程的演进使得城市用地类型发生了很大的转变，城市的不透水面占比极大地增加，改变了城市下垫面环境。相较于绿地，不透水面丧失了植被截流能力，洼地截留和雨水下渗过程受到限制，而气候变化增加了短强降雨发生的频率，使得城市地表径流以及洪峰流量增加，导致城市面临严峻的内涝风险。基于海绵城市理念的设计城市应对洪涝风险的系统工程，能够在预防城市洪涝灾害中发挥作用且能够充分利用资源控制成本，因此对于雨水设施的水文功能评价十分关键。本文研究重点关注城市环境下绿化屋顶的水文功能，因此选择北京五环以内区域作为研究区，研究区面积为 674km²。

二、城市潜在可绿化屋顶提取研究

1.绿化屋顶削减内涝的原理

绿化屋顶通过植被截留、基质层在降雨初期存储雨水，从而具有削减径流、减少洪峰流量等水文功能。实验数据表明，屋顶绿化可以减少屋顶雨水径流量，使屋顶径流系数减少到非屋顶绿化的 0.3，屋顶被植被覆盖后，对雨水有一定截流的作用，屋顶绿化可以使排水强度降低 70%，大大减少屋顶的排水，缓解城市管网的排水压力[1-6]。绿化屋顶减少径流原理图如图 4.8-1 所示。

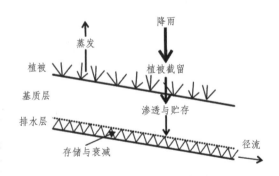

图 4.8-1　绿化屋顶减少径流原理图

2.屋顶绿化的建设要素

（1）北京城市建筑特点

本文以北京市五环内区域作为研究区，研究区包括朝阳区、海淀区、丰台区、西城区、东城区、大兴区和石景山区 7 个行政区，总面积为 674km²（图 4.8-2）。当前，北京市屋顶绿化工作在政府的大力支持下，正在逐步推进[7]。从 2004 年起，北京市的屋顶绿化得到迅速发展。在 2005—2008 年年间，共完成屋顶绿化 47 万 m²，至 2008 年底，北京市共完成屋顶绿化面积约 100 万 m²，占北京市屋顶总面积的 1%，而当时北京建成区可绿化屋顶面积约为 7000 万 m²。

2014年，从北京市规划委员会公布的各区县绿化屋顶的完成情况来看，西城区和朝阳区已经超额完成10万 m² 的屋顶绿化，其余五环内各区未来都将继续推广屋顶绿化。因此，本研究选择北京五环以内区域作为研究区开展屋顶绿化潜力评价。

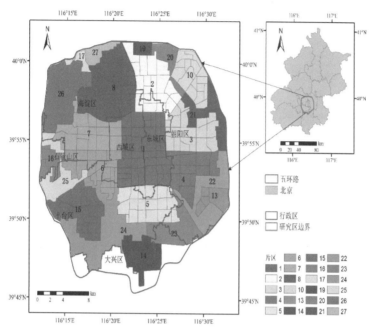

图 4.8-2　研究区及片区和街区划分图

（2）潜在可绿化屋顶定义

考虑到城市大范围内的屋顶改造条件，本研究中提取的潜在可绿化屋顶为具备拓展型（粗放型）绿化屋顶改造潜力的建筑屋面。本文主要从建筑年代和承重结构两个方面来确定屋面的绿化潜力。

依据专家知识，结合北京市五环内建筑物类型和空间分布的主要特征，以及遥感技术的解译要求，作者对不同类型建筑物的特征进行总结，来提取本研究定义的潜在可绿化屋顶（表 4.8-1）。不同类型屋顶的影像特征见表 4.8-2。由于影像分辨率的限制及基础统计数据的缺乏，本文未考虑建筑高度及屋顶小结构等因素，同时忽略面积小于100m² 的建筑屋面[8-9]。

研究区主要适建和不适建建筑物类别　　　　　　　　　　　　　　　　　　　表 4.8-1

类别	类型／功能	特征			绿化潜力
		结构	建筑年代	其他	
公共建筑	政府机关、学校、医院等	钢筋混凝土结构	较新	多为平顶，建筑高度多小于30m	具备
商业建筑	商场、办公楼、酒店等	钢筋混凝土结构	较新	平顶和斜顶均有，屋面小结构多且较复杂，多高层建筑	具备
居民住宅	住宅类1	钢筋混凝土结构	较新	多为斜顶，建筑高低不等	具备
	住宅类2	砖结构	年代久	多为平顶，建筑十分低矮	不具备

类别	类型／功能	特征			绿化潜力
		结构	建筑年代	其他	
工业建筑	仓储、车间	桁架结构	较新	弧形屋面，建筑高度较低	不具备
		钢筋混凝土结构	—	平顶，建筑高度较低	具备
	临建房	钢结构	—	—	不具备
文体娱乐	体育、文化场馆	桁架结构	较新	弧形屋面	不具备
		钢筋混凝土结构	较新	平顶或斜顶	具备
	文物古迹	—	十分久远	—	不具备

屋顶类别、特征及其影像示例　　　　　　　　　　　　　　表 4.8-2

影像	真实	特征	屋顶绿化潜力
		古建筑，明黄色	否
		棚房，蓝色，形状规则	否
		场馆，亮度值极大	否
		低矮老旧房屋	否
		新水泥，亮度大，形状规则	是
		暗褐色，亮度值低	是
		红色，规则排列，长条状	是

3. 潜在可绿化屋顶的遥感提取

本研究采用面向对象分割分类的方法，通过有效利用基于矢量掩膜的分割获得屋顶的最佳分割效果（图 4.8-3），通过在屋顶提取过程中分步将非屋面地物及不适宜绿化屋面排除的方法，最终得到潜在可绿化屋顶。

通过对遥感影像进行 Soil adjusted vegetation index-SAVI 计算（SAVI 大于 0.2），作者提取了北京市五环内植被分布数据，基于道路面状数据和植被区域形成的矢量掩膜对影像进行多尺度分割，通过反复尝试确定两次分割的参数，尺度、形状、紧致度分别为 90、0.1、0.5 以及 16、0.5、0.5，得到与屋顶边缘契合较好的分割结果。根据不适宜绿化屋面的特征和遥感的技术要求，选择不同的分类方法进行提取和剔除。

不适宜绿化屋面中的历史文物建筑、桁架结构的场馆以及年代久远的老旧房屋数量少，且老旧房屋光谱特征比较复杂、分布较集中，将此三类屋面归为 A 类，进行手动分类；临建房屋面数量多，光谱特征较单一，因此采用监督分类的方法选出。利用最邻近监督分类方法，将研究区分为临建房屋面，适宜绿化屋面（潜在可绿化屋顶），裸地，水体和阴影和其他分割及分类在 Ecognition8.9 中完成。

通过反复选择样本和配置参与分类的特征使分类结果达到一定的精度。针对屋面与裸地、阴影的误分现象，依据它们在形状特征等的差异，编写规则，进行分类结果优化。通过 GIS 拓扑检查等功能和手动编辑来消除由屋面光谱特征不均一造成的部分适宜绿化屋面存在的洞以及与水泥等的误分。

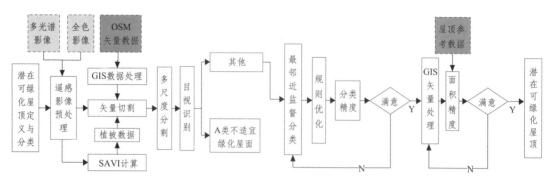

图 4.8-3　潜在可绿化屋顶提取流程图

4. 潜在可绿化的空间分布特征分析

根据潜在可绿化屋顶提取结果（图 4.8-4），北京市五环内潜在可绿化屋顶面积为 131.92km²，占研究区土地总面积的 19.6%，说明研究区内具有相当大的屋顶绿化潜力。

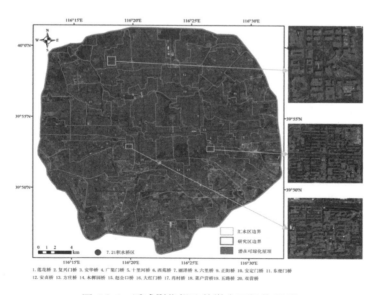

图 4.8-4　遥感影像提取的潜在可绿化屋顶

（1）行政区尺度潜在可绿化屋顶的空间分布特征

对研究区内各行政区的潜在可绿化屋顶空间分布进行统计发现，潜在可绿化屋顶的空间分布在各行政区内具有一定差异（图 4.8-5）。朝阳区与海淀区潜在可绿化屋顶面积相当且最大，超过 35km²，丰台区次之，西城区、东城区、大兴区和石景山区依次减小（五环内仅包含大兴区和石景山区的小部分）。潜在可绿化屋顶比例在各行政区之间差异较大，西城区、海淀区和东城区比例较高，高于区域平均潜在可绿化屋顶比例（19.6%），而大兴区表现出明显低值，仅略高于 10%。

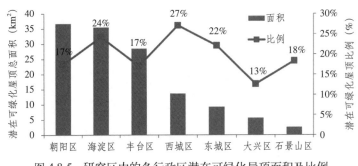

图 4.8-5　研究区内的各行政区潜在可绿化屋顶面积及比例

（2）汇水区尺度潜在可绿化屋顶的空间分布特征

各区内汇水区潜在可绿化屋顶占比变化范围均较大（除石景山区仅有小部分位于研究区内其绿化占比变化较小），有完全无法实施屋顶绿化的汇水区，以及潜在可绿化屋顶的比例最大值在 35% 左右的汇水区，而大兴和石景山区的可绿化比例最大值在 20%（图 4.8-6）。

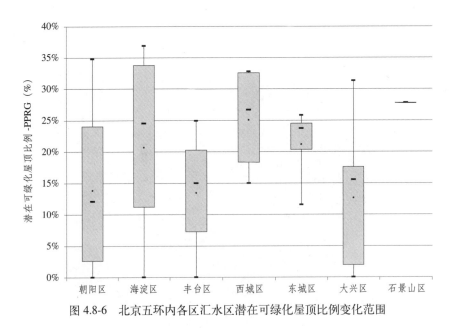

图 4.8-6　北京五环内各区汇水区潜在可绿化屋顶比例变化范围

（3）街区尺度潜在可绿化屋顶的空间分布特征

进一步对街区尺度的潜在可绿化屋顶的面积和比例进行统计发现，街区尺度的潜在可绿化屋顶比例较片区尺度显示了更多的空间差异（图 4.8-7）。各街区潜在可绿化屋顶的面积在之间 0 ~ 1.9km²，平均面积 0.5km²。潜在可绿化屋顶比例在 0 ~ 48% 之间，平均值为 26%。比例小于 10% 的街区占街区总面积的 9.8%，高于 30% 的街区占比为 38.1%，且主要分布在中心地区。

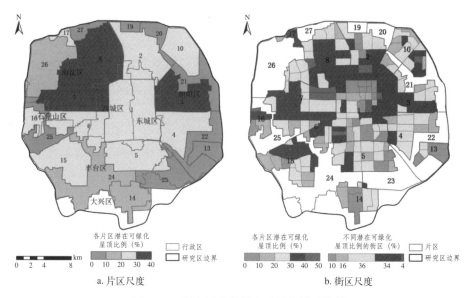

a. 片区尺度 　　　　　　　　　　　 b. 街区尺度

图 4.8-7　研究区内的潜在可绿化屋顶比例

三、屋顶绿化技术实施对城市内涝积水的削减效应定量评价

1. 产流模型建立

为评价实施屋顶绿化改造对北京五环内暴雨条件下径流的影响以及空间分异性，因此本文基于前人的研究结论和研究区情况，选择 Soil Conservation Service Curve Number (SCS-CN) 模型评价实施屋顶绿化后不同降雨条件下区域径流量变化[10]。

SCS-CN 模型计算见式（1）、（2）、（3）。式中：P 为累计降雨量（mm）；I_a 为地表径流生成前降雨量初损值，包括地面填注、截留、表层蓄水和下渗的初损量（mm）；S 为最大可能储水量，是后损的上限（mm）；Q 为地表径流量（mm）。由于式中 I_a 数据不易获取，通常引入参数初损率 λ，从而建立 I_a 与 S 的线性关系式，且一般取 $\lambda=0.2$，CN 是径流曲线数，是地表产流能力的综合反映，取值区间在 0 到 100 之间（无量纲）。

$$Q=\begin{cases} \dfrac{(P-I_a)^2}{P-I_a+S}, & P \geqslant I_a \\ 0, & P < I \end{cases} \tag{1}$$

$$S=\frac{25400}{CN}-254 \tag{2}$$

$$I_a = \lambda S \tag{3}$$

2. 下垫面参数获取

本研究中对预处理过的影像进行两次面向对象的多尺度分割，得到与地物边缘契合较好的分割结果。利用最邻近监督分类方法，对研究区内的土地覆被进行分类，分为不透水面、林地、草地、裸地、农田和水体6种类型。反复选择样本、配置分类特征，并对分类结果中存在的部分草地与农田和林地的误分，利用他们在形状等空间信息的差异，采用编写规则和手动编辑的方法去除，直到分类结果满意。随机选择342个样本生成混淆矩阵对分类结果的精度进行评价，最终得到的分类精度为86%，kappa系数为81%。不同土地利用类型CN值见表4.8-3。

北京中心城区各土地利用类型比例及CN取值　　　　　　　　　　表4.8-3

土地利用类型	面积		CN
	km²	%	
不透水面	489.24	72.5%	98
潜在可绿化屋顶	133.96	19.8%	86
其他不透水面	355.29	52.6%	98
林地	135.31	20.0%	58
草地	27.96	4.1%	61
农田	1.25	0.2%	78
裸地	13.65	2.0%	86
水体	7.48	1.1%	0
总面积	674.93	100.0%	-

3. 减灾评价指标

（1）径流削减模型建立

本研究通过评价潜在可绿化屋顶在暴雨产流过程中的径流削减作用和对内涝积水的消减作用，来实现对潜在可绿化屋顶的水文功能定量评价。由此建立了2个定量评价指标。

首先，径流削减比例（ΔC_i）是指研究单元上屋顶绿化后的径流相对于绿化前变化的比例，表示绿化屋顶对研究单元的径流削减效果，其计算方法参考Palla和Gnecco（2015）如式（4）。

$$\Delta C_i = \frac{(Q_i - Q_i')}{Q_i} \times 100\% \qquad (4)$$

式中：Q_i与Q_i'分别为研究单元i屋顶绿化前后在某一重现期降雨条件下产生的径流。

其次，径流削减量ΔV_i（Retention volume）是指研究单元上屋顶绿化前后的径流量的差异，通过与研究单元内的积水量做对比来初步推断绿化屋顶潜在的消减内涝积水能力。其计算见式（5）。

$$\Delta V_i = (Q_i - Q_i') \cdot A_i \qquad (5)$$

式中：Q_i与Q_i'含义同上，A_i为汇水区单元i内积水桥区的排水面积。对于仅存在一个积水桥区的汇水区来说，这些积水桥区大都接近汇水区的出水口，因此将其所在汇水区的面积作为该桥区的排水面积；对于一个汇水区存在两个积水桥区的情况，利用泰森多边形将该汇水区进行划分，得到每个积水桥区的排水范围。

（2）径流迟滞时间模型建立

在区域尺度上，Versini 和 Palla 的研究结果均表明绿化屋顶可以延迟洪峰时间，在不同重现期的单峰降雨中，径流曲线表现为洪峰前径流流速均小于绿化前，洪峰后（此时降雨强度较小）流速稍大于未绿化情况，直至流速为 0。基于绿化屋顶的径流过程，本研究绿化屋顶在降雨持续期间的径流过程概化为两个阶段，降雨初期绿化屋顶未饱和对流量具有削减效应和降雨累积到一定程度后绿化屋顶持水量达到饱和不再发挥作用，本研究设计的降雨绿化屋顶均能达到饱和条件。

利用径流迟滞时间 Δt 来表示实施屋顶绿化后对汇水区径流流速的减缓作用，定义为绿化屋顶前后每一汇水区达到相同径流量所用时间之差。其中式（6）表示绿化前以流速 v 产生流量 V_i 所用时间为 t，屋顶绿化后产生相同的流量 V_i 所用时间为 t_1 与 t_2 之和，时间 t_1 为实施屋顶绿化后降雨初始阶段，绿化屋顶对子汇水区的径流存在削减效应流速为 v_1，当绿化屋顶达到最大储水量后削减流量的效应消失，流速与实施屋顶绿化前流速一致为 v。

$$V_i = \begin{cases} vt, & \text{绿化前} \\ v_1 t_1 + v t_2, & \text{绿化后} \end{cases} \tag{6}$$

$$v_1 t_1 = v t_1 - V_{gi} \tag{7}$$

$$V_{gi} = v(t_1 + t_2 - t) \tag{8}$$

$$\Delta t = (t_1 + t_2) - t \tag{9}$$

$$v \Delta t = V_{gi} \tag{10}$$

式（7）为实施绿化屋顶后汇水区在 t_1 阶段产生的流量，为实施前 t_1 时间的流量减掉绿化屋顶的储水量 V_{gi}，由式（6）与式（7）可得式（8），而时间 t_1 和 t_2 之和与时间 t 的差值即为径流迟滞时间 Δt（式（9）），故可得式（10）。汇水区单元 i 内绿化屋顶的滞水量计算见上式（4）。绿化屋顶实施前流速 v 概化为一场降雨产生的径流量 Q_i 在降雨持续时间 t_d 内的平均流速（式（11）），由上式得到径流迟滞时间 Δt，见式（12）。

$$v = \frac{Q_i \cdot A_i}{t_d} \tag{11}$$

$$\Delta t = \frac{\Delta V_i}{v} = t_d \frac{(Q_i - Q_i')}{Q_i} \tag{12}$$

式中：Q_i，Q_i' 和 A_i 含义同上，t_d 为从降雨开始到径流结束的时间。

四、未来情景下绿化屋顶削减径流的效果评价

1. 不同降雨条件下绿化屋顶的径流削减效果分析

100% 屋顶绿化的情境下，研究区下渗条件明显变好，CN 值由 88 变为 86，产流条件接近于裸地。随着降雨重现期的增加，各汇水区的平均径流削减比例逐渐减小，降雨条件由 2 年重现期增加至 20 年重现期时，平均径流削减比例由 9.38% 减少到 6.13%。在 2 年重现期降雨条件下，有 44% 的汇水区径流削减比例在 10% 以上，而在 20 年重现期情景下，仅 17% 的汇水区径流削减比例在 10% 以上（图 4.8-8）。

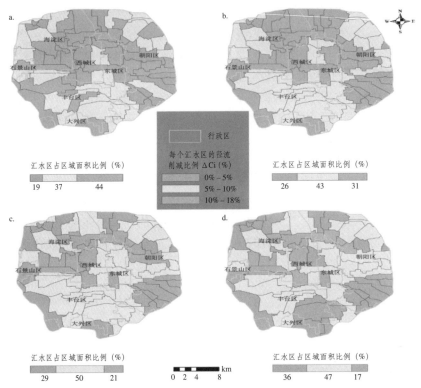

图 4.8-8 100% 屋顶绿化后汇水区单元在不同重现期降雨条件下的径流削减比例。
a.b.c.d 分别表示 2 年、5 年、10 年和 20 年重现期的降雨条件

2. 不同绿化情境下径流削减效果对比

对比 100% 和 50%、20% 三种绿化情景下（2 年重现期的降雨条件），绿化屋顶的径流削减效果，结果表明，三种绿化情景下径流削减比例的范围由 0% ~ 17.52% 减至 0% ~ 3.7%（图 4.8-9）。按照 20 年重现期降雨条件下，径流削减比例的范围 0% ~ 5%、5% ~ 10%、10% ~ 18% 将汇水区分为 Level Ⅰ（汇水区编号 1-13）、Level Ⅱ（汇水区编号 14-49）、Level Ⅲ（汇水区编号 50-77）三个等级的区域，不同等级的汇水区在不同的绿化情景下径流削减比例具有一定差异。如图 4.8-8 所示，在 2 年重现期降雨条件下，较好的Ⅲ区域完成 100% 绿化时，径流削减比例超过 15%，50% 的绿化时径流削减比例接近

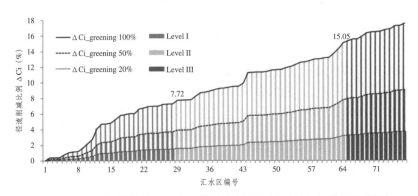

图 4.8-9 不同绿化情景下汇水区的径流削减比例（以 2 年重现期为例）

10%，20% 的绿化情景径流削减效果小于 5%。效果中等的 Ⅱ 区域对全部潜在可绿化屋顶绿化后径流削减效果均值为 11%。效果最差的 Ⅰ 区域，即使进行 100% 的绿化屋顶绿化，多数汇水区的径流削减比例也在 5% 以下。

五、未来情境下绿化屋顶削减积水的效果

本研究以北京 2012 年 7 月 21 日的暴雨事件为例，评估绿化屋顶对研究区内 20 处下凹式立交桥积水的消减功能（表 4.8-4）。分析结果表明，三种绿化情景下绿化屋顶能消除大部分汇水区内的桥区积水。

100% 绿化时，研究区内绿化屋顶径流削减量为 362 万 m^3。积水桥区所在的汇水区潜在可绿化屋顶的面积在 $0.51km^2 \sim 3.87km^2$ 之间，平均面积为 $2.01km^2$，平均径流削减量 5.53 万 m^3。100% 绿化的情景下，除双营桥和肖村桥所在汇水区外，绿化屋顶可完全消除其余桥区积水。

50% 绿化时，5 处积水超过 2m 的桥区积水量超过了绿化屋顶的削减量；完成 20% 的绿化工程后，20 处积水桥区中有 13 处绿化屋顶削减的径流量大于积水量，屋顶绿化后这些桥区的积水可完全避免。

绿化屋顶消减桥区暴雨积水的效果（以 7·21 暴雨为例） 　　　　表 4.8-4

积水桥区	积水深度 (m)	潜在可绿化屋顶面积 (km²)	100% 绿化屋顶径流削减量 Δv_i（万 m³）	100% 径流削减量/积水量	50% 径流削减量/积水量	20% 径流削减量/积水量
莲花桥	2.5	3.10	8.52	1.81	0.90	0.36
双营桥	2.5	0.84	2.31	0.49	0.24	0.10
广渠门桥	2	2.35	6.47	1.92	0.96	0.38
肖村桥	2	0.51	1.41	0.42	0.21	0.08
十里河桥	2	1.86	5.10	1.51	0.76	0.30
方庄桥	0.8	0.93	2.56	3.00	1.50	0.60
安华桥	0.75	1.59	4.37	5.64	2.82	1.13
五路桥	0.7	2.77	7.60	10.88	5.44	2.18
木樨园桥	0.6	1.96	5.38	9.70	4.85	1.94
复兴门桥	0.6	3.87	10.64	19.20	9.60	3.84
赵公口桥	0.6	0.82	2.25	4.07	2.03	0.81
大红门桥	0.5	1.36	3.73	8.85	4.43	1.77
六里桥	0.5	2.16	5.94	14.09	7.04	2.82
正阳桥	0.5	3.35	9.20	21.83	10.91	4.37
菜户营桥	0.5	2.89	7.93	18.80	9.40	3.76
东便门桥	0.5	2.50	6.86	16.27	8.14	3.25
安贞桥	0.3	2.47	6.78	34.59	17.29	6.92
安定门桥	0.3	1.86	5.11	26.08	13.04	5.22
丽泽桥	0.3	2.16	5.92	30.22	15.11	6.04
西苑桥	0.1	0.94	2.57	68.14	34.07	13.63

六、结论

1. 潜在可绿化屋顶全部进行绿化改造后北京市五环内将有 26% 的不透水面转变为绿化屋顶，整体上绿化屋顶改造对城市径流具有一定的削减效果。根据本研究结果，2 年到 20 年重现期的降雨中，全部绿化后的屋顶可削减 9.38% ~ 6.13% 的径流，表明推广屋顶绿化能有效应对高频暴雨产流过多的问题，但在极端降雨条件下效果较差。

2. 根据本研究，北京五环内如果有接近一半的区域能够实现全部潜在屋顶绿化，即可防止 2 年重现期以内等高频的暴雨产流过多。位于西城区、海淀区以及朝阳区北部靠近城市中心的汇水区，在这些高度城市化的区域对绿化潜力进行灵活开发以发挥不同暴雨径流控制效果，是城市管理者屋顶绿化策略制定中应重点关注的区域。

3. 7.21 事件中积水超过 2m 的桥区全部位于城市南部。完成 20% 绿化时，20 个积水点中绿化屋顶径流削减量小于桥区积水量的 7 个点全部位于城市南部，因此，不能过高估计屋顶绿化用以解决城市南部内涝问题的潜在能力。消减城市内涝的绿化屋顶在北京市存在资源与功能的空间错配矛盾，应当特别值得市政规划部门关注。

本文受到国家重点研发计划项目（2018YFC0809900）、国家自然科学基金（7177030217）、北京市科技计划课题（Z181100009018009）资助，部分内容摘自《城市典型基础设施内涝灾害风险评估与应急演练技术支撑体系建设》项目研究报告。

参考文献

[1] 孙挺，倪广恒，唐莉华等. 绿化屋顶雨水滞蓄能力试验研究 [J]. 水利发电学报，2012，31（3）：44-48

[2] 孙喆. 北京中心城区内涝成因 [J]. 地理研究，2014，33（9）：1668-1679.

[3] 唐莉华，倪广恒，刘茂峰等. 绿化屋顶的产流规律及雨水滞蓄效果模拟研究 [J]. 水文，2011，31（4）：18-22.

[4] 吴庆洲. 论北京暴雨洪灾与城市防涝 [J]. 中国名城，2012（10）：4-13.

[5] 许萍，车伍，李俊奇. 屋顶绿化改善城市环境效果分析 [J]. 环境保护，2004（7）：41-44.

[6] 叶超凡，张一驰，程维明等. 北京市区快速城市化进程中的内涝现状及成因分析 [J]. 中国防汛抗旱，2017，28（2）：19-25.

[7] 王静，苏根成，匡文慧等. 特大城市不透水地表时空格局分析——以北京市为例 [J]. 测绘通报，2014（4）：90-94.

[8] 张书亮，干嘉彦，曾巧玲等. GIS 支持下的城市雨水出水口汇水区自动划分研究 [J]. 水利学报，2007，38（3）：325-329.

[9] 周亚男，沈占锋，骆剑承. 阴影辅助下的面向对象城市建筑物提取 [J]. 地理与地理信息科学，2010，26（3）：37-40.

[10] 王瑾杰，丁建丽，张成. 普适降雨 - 径流模型 SCS-CN 的研究进展 [J]. 中国农村水利水电，2015（11）：43-47.

第五篇　成果篇

　　"十二五"和"十三五"期间，国家、地方政府和企业都加大了防灾减灾的科研投入力度，形成了众多具有推广价值的科研成果，推动了我国建筑防灾减灾领域相关产业的不断进步。通过对科技成果的归纳总结，一方面可以正视自己取得的成绩并进行准确定位，另一方面可以看出行业发展轨迹，确定未来发展方向。本篇选录了包括城市内涝减灾、防护工程在内的 10 项具有代表性的最新科技成果，通过整理、收录以上成果，希望借助防灾年鉴的出版机会，能够和广大科技工作者充分交流，共同发展、互相促进。

1 建筑结构体系抗火设计理论研究及火灾后评估关键技术与应用

一、成果名称
建筑结构体系抗火设计理论研究及火灾后评估关键技术与应用

二、完成单位
中国建筑科学研究院有限公司

三、主要完成人
李引擎、李磊、王广勇等

四、成果简介
近二十年来，中国新建了大量的超大、超高建筑，如国家体育馆、北京南站、国家大剧院、北京新机场等高大空间结构，央视大楼和中国尊等超高层建筑结果。而上述工程建设时期，中国的抗火设计缺乏相关规范规定。国内外现有设计规范针对混凝土和钢结构的抗火设计一般都是单根构建展开的，缺乏整体结构火灾下的安全性要求。

1. 建立了基于建筑整体空间的火灾荷载评定和火场再现技术体系。

对不同类型建筑的火灾荷载进行了调研和分析，提出了不同类型建筑火灾荷载的计算模型；基于火灾荷载的现场调查结果，对建筑体系的火场进行模拟，得到了着火位置不同时整个建筑的火灾蔓延规律，确定了不同火场下的结构温度 - 时间关系，为进行结构抗火分析和火灾后评估分析奠定了基础。

2. 提出了全过程火灾作用下建筑结构关键构件和节点的精细化分析方法。

采用试验研究和数值模拟相结合的方法对混凝土和钢结构关键构件和节点的耐火性能进行研究，建立了可实现材料不同阶段本构关系的自动识别和转换，以及考虑混凝土高温徐变、瞬态热应变、高温爆裂、钢材热蠕变及界面粘结滑移的精细化有限元模型，为结构体系的抗火设计和火灾后评估的精细化分析创造了条件。

3. 建立了建筑结构体系抗火安全设计的理论分析体系。

考虑整体结构中楼板的膜效应和梁的悬链线效应，建立了基于结构体系的精细化抗火计算有限元模型，结合国家体育场和中国尊等典型工程结构的抗火设计，给出了定量化分析结果，形成了考虑火灾荷载、火场分析和结构体系抗火安全设计的成套技术，为高大空间和超高层建筑结构等的抗火设计提供了可靠依据。

4. 提出了建筑结构体系火灾后力学性能的评估方法。

将火灾现场调查及检测、火灾试验、火场模拟和结构热力耦合计算等一系列关键技术有机地结合，形成了可综合考虑火灾荷载、火场分析和结构体系火灾后力学性能评估的成套技术。

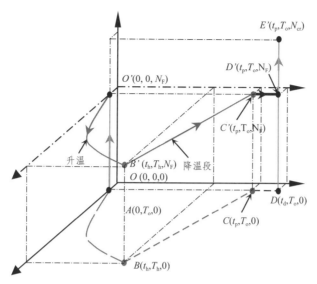

图 5.1-1 考虑力（N）、温度（T）和时间（t）耦合的全过程火灾路径

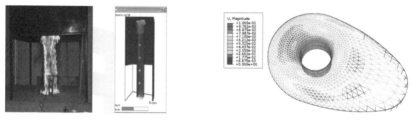

图 5.1-2 建筑结构构建火场再现有限元模型   图 5.1-3 建筑构建整体抗火模拟精细化模型

经行业内知名专家组成的专家组鉴定，该研究成果达到国际领先水平。

总体上看，成果被成功应用于国家体育场、国家游泳中心、首都机场 T3 航站楼、北京第二机场和中国尊等典型工程的抗火设计以及央视大楼的火灾后评估和设计，还被 GB 50016-2014 和 GB 50067-2014 等 8 部国家规范和行业标准采纳，实质性地推动了行业科技进步。

2 城镇突发事件趋势分析与应急决策支持系统

一、成果名称

城镇突发事件趋势分析与应急决策支持系统

二、主要完成单位

应急管理部通信信息中心、清华大学、北京辰安科技股份有限公司

三、主要完成人

房玉东、孙占辉、杨继星、刘碧龙、李振平、黄玉钏

四、成果简介

城镇突发事件趋势分析与应急决策支持系统（以下简称应急决策系统）在对应急辅助决策技术充分调研的基础上，通过分析其应急辅助决策流程，提出了典型城镇突发事件趋势分析及应急决策模型。城镇突发事件发生后，通过事件趋势分析模型，分析突发事件不同时刻的可能影响区域，经决策支持模型进行决策，根据决策结果指定有效的应急行动方案并进行调度跟踪。本系统与城市基础数据、事发点环境、危险源特性数据密切相关，同时可与其他应急处置相关系统的风险管理与预警发布平台、物联网监控平台、预案管理系统、案例管理系统等联动应用。通过分析其应急辅助决策流程，提出了应急决策支持平台的功能设计要点，该平台可以快速实现二维 GIS 和三维仿真的有效结合，通过图层叠加功能，实现三维实景构建、事故趋势预测以及事故影响范围分析等功能，为决策者提供直观可视化的信息展现平台；根据系统设计的需要，对系统基础数据进行了标准化研究，标准主要对基础数据格式、数据采集原则、数据采集内容及要求、数据采集计划和数据更新进行了规范，为系统采集、管理和利用企业基本信息、安全生产信息、应急资源信息等安全生产相关数据提供依据。

应急决策系统进行应急处置决策分析主要采用定量与定性相结合的方法，建立涉及多专业领域的城镇突发事件趋势快速分析模型，为城镇突发事件预测预警提供支撑；利用复杂系统分析评价技术，研究建立应急决策分析模型和量化评价方法，为智能分析决策提供支撑；针对城镇典型突发事件（危险化学品泄漏事故、火灾、爆炸事故），研发趋势分析系统及决策支持系统并进行示范应用。

通过应急决策系统研究，显著提高安全生产应急救援的效率、加强应急救援资源的管理，使应急救援信息渠道畅通，救援方案更加合理，决策更加科学，减少人民群众生命财产损失，有助于推动城镇主要灾害监测预防及应急救援水平的提高。应急决策系统对我国城镇化进程中出现的各类突发事件具有借鉴意义，对提高城镇突发事件应急水平，提高决策科学性与准确性具有重要意义。

图 5.2-1 泄漏扩散模型决策分析

图 5.2-2 决策支撑功能

3 大跨度无柱地铁车站建造关键技术

一、成果名称

大跨度无柱地铁车站建造关键技术

二、主要完成单位

建研地基基础工程有限责任公司、中国建筑科学研究院有限公司、北京市轨道交通建设管理有限公司、大连理工大学

三、主要完成人

宫剑飞、刘明保、乐贵平、郑文华、聂永明、万征、康富中、施晓栋、李翔宇、孟达、李宏、唐小微、薛丽影、王洋、葛楚

四、成果简介

目前，明挖地铁车站优先采用三跨双层外墙内柱的钢筋混凝土结构，站台层柱距为5～10m，柱距较小，离人们对大跨度地铁车站的需求有一定距离，离建设资源节约型、环境友好型、技术创新型和安全便捷型的新型轨道交通要求有一定的差距。为解决跨度不大带来的系列问题，近年来国内开始实践大跨度无柱地铁车站。其中，广州地铁二号线采用了大跨度无柱地铁车站，最大净跨达15.8m，覆土厚约1m，主体为钢筋混凝土结构。

由建研地基基础工程有限责任公司主要完成的大跨度无柱地铁车站建造关键技术，利用各参加单位多年来的工程实践和科研成果，提出并形成了内张拉预应力密排框架箱形结构体系，可作为建造跨度不低于18m、明挖无柱地铁车站的关键技术，适用最大跨度与常规预应力框架梁基本相同。内张拉预应力密排框架箱形结构，在平行其断面方向设置密排框架，形成箱形断面，在框架内部设置预应力筋，将张拉槽预留在结构内部受力较小、施工较为方便的框架侧面，混凝土达到强度要求后，在张拉槽处通过中间锚具将同一预应力筋束的各段首尾顺序连接，然后张拉中间锚具、封堵张拉槽即可。

大跨度无柱地铁车站建造关键技术课题组通过方案优化、构造设置、静动力模型试验、基础模型试验、节点模型试验、穿束试验、弹塑性时程分析、示范工程及现场监测等设计研究，结果表明：由该关键技术建成新结构的抗震性能和防倒塌能力可控，构件的承载能力、裂缝、挠度和耐久性可控，施工方法和材料设计较为成熟，各控制指标性能不比常规结构差，按照国家现有相关规范进行设计及施工是可行的。当周边环境不具备常规预应力要求的张拉锚固条件时，可采用内张拉预应力密排框架箱形结构进行大跨度无柱地铁车站的设计和施工，可为同类大跨度地铁车站及地下结构建设提供技术支撑。

与一般预应力结构相比，内张拉预应力密排框架箱形结构不再要求构件端部预留张拉条件，解决了地铁结构长期因为没有张拉条件而无法采用预应力技术的难题，可实现大跨度无柱地铁车站，各控制指标性能不低于常规结构，按照现行国家标准《地铁设计规范》GB 50157等设计及施工是可行的，同时符合建设资源节约型、环境友好型、技术创新型

和安全便捷型的新型轨道交通要求，符合国家创新驱动发展战略和绿色建筑政策要求，可为大跨度地铁车站及地下结构建设提供技术支撑。该技术已成功应用于北京地铁亦庄线宋家庄站—肖村桥站明挖区间建设项目。

2017年5月，大跨度无柱地铁车站建造关键技术课题通过了验收。验收专家认为：课题组完成了任务书所规定的研究内容，一致同意通过验收，课题研究成果达到国际先进水平。建议课题组在现有研究成果基础上，进一步完善技术体系，尽快推广应用。

4　基于 BIM 的建筑消防数字化技术及其示范应用研究

一、成果名称

基于 BIM 的建筑消防数字化技术及其示范应用研究

二、完成单位

北京市公安局消防局、中国建筑科学研究院、北京建筑大学

三、完成人

李磊、詹子娜、蔡娜、顾广悦

四、成果简介

传统 BIM 行业的模式是一人一机，大量采用高配 PC 的方式来运行 BIM 软件，数据固定，发布和变更软件和设备效率低下。一方面，BIM 对机器的硬件要求较高，每三年左右就需要更新换代，软、硬件投入较大；另一方面，现有的 BIM 模式无法满足多终端，尤其是移动终端，对 BIM 使用的需求。而三维可视化、数据集成化是未来的发展趋势。

防火所在课题三大系统的研究中，与北京建筑大学负责完成三大系统核心技术的攻关：

1.研发"三维建筑消防设计图纸审查系统"

在研发系统的过程中，防火所研究了 BIM 软件如 Revit、Bentley 的数据集成模式，为有关《建筑防火规范》GB 50016 建筑分类、耐火等级、平面布局、防火分区等消防关键点接入 BIM 模型提供了关键知识依据及指导，同时研究了国内外相关系统的做法与现状，提供了借鉴。

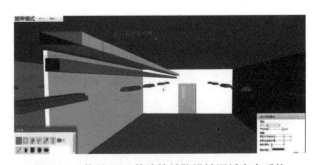

图 5.4-1　基于 BIM 的建筑消防设计图纸审查系统

2.开发"数字化智能建筑防火监督检查系统"

以往的消防安全运维管理系统，往往采用 2D 平面显示，只反馈故障信号至主机，没有三维的视觉效果。工作人员接到信息后，往往需核对关键点位和设备，有着工作量大、信息反馈不明确的缺点。

防火所根据以往消防检测出现的问题、原有的运维管理系统的局限性，对建筑防火智

能监督系统的搭建进行了技术指导，同时对系统中所需建筑、设备信息进行了量化，为开发工作奠定了基础。

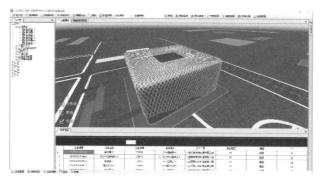

图 5.4-2　基于 BIM 的数字化智能建筑防火监督检查系统

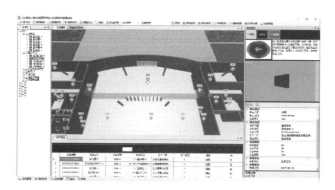

图 5.4-3　监督检查系统中设备定位与设备属性

3. 开发"建筑消防灭火救援演练系统"

防火所在开发消防灭火救援演练系统的过程中，根据以往交流的资料和经验，提供了部分火场救援的难点、救援预案的制定方针等，为系统的研发提供了数据支撑。

同时，由于防火所在人员疏散模拟软件的使用上有丰富的经验，因此开展了人员路径算法的研究，提供了消防疏散路径集成数据库的依据和支持。

图 5.4-4　人员疏散路径引导

图 5.4-5　灭火救援路径引导

通过消防疏散集成的数据库，选择确定子模型视图（可根据 IDM 或其他子模型视图等方法建立），导出 IFC 文件，通过对建筑内空间信息、设备信息和人员信息之间的关系式：

$H=\{K, S, R\}$ 进行整合，将建筑空间单元采用拓扑结构进行平面处理，建立三维空间数学模型。

经专家委员会审查：研究成果达到了国内先进水平。

课题成果低成本、低投入、低门槛，可快速进行推广应用。项目开发的"数字化智能建筑防火监督检查系统""建筑消防灭火救援演练系统"，成果获 Building SMART 2015 年香港国际 BIM 大奖赛（Building SMART International Hongkong BIM Awards）"最佳 BIM 应急应用项目大奖"。北京建筑大学新校区图书馆云平台系统已建立完毕，图书馆 BIM 模型直接在云系统上运行。示范应用项目通过了两大系统的考核指标内容，实现了课题三大系统的所有功能，具有较好的工程应用价值。

5 城镇灾害防御与应急处置协同工作平台

一、成果名称

城镇灾害防御与应急处置协同工作平台

二、主要完成单位

应急管理部通信信息中心、中国建筑科学研究院有限公司、南京安元科技有限公司

三、主要完成人

李爱平、房玉东、王三明、王大鹏、李振平

四、成果简介

城镇灾害防御与应急处置协同工作平台（以下简称协同工作平台）致力于提高城镇建筑与脆弱群体抵御灾害的能力，通过城镇重大自然灾害条件下的要害系统灾害防御关键技术研究，构建应急处置协同工作平台，主要成果如下：

1.在面向地震、火灾、风灾等多灾害的城镇要害系统评估、设计、管理等一系列关键技术研究的基础上建设了城镇灾害风险评估系统，为城镇要害系统多灾害防御提供有力的技术支持。主要包括：城市地下空间基础选型安全性评价及防倒塌设计技术、重要建筑工程抗震鉴定及加固技术、高层建筑密集区域震害综合损失快速评估技术、城镇重要功能节点防火性能设计与处置技术、老旧建筑密集区域的火灾蔓延模拟技术及基于智能终端的火灾应急响应技术、城镇重要功能节点的抗风性能分析与处置技术、城镇区域地质灾害防治与土地工程利用控制技术、城镇区域应急避难场所配置效能评估及优化技术等。

2.建立了"灾前、灾中、灾后"全过程一体化的多灾种、多尺度城镇灾害应急处置数字化平台。采用云计算、网络、通信、多媒体等多项现代技术，搭建集灾害评估、灾害监测分析、应急救援于一体的城镇灾害防御与应急处置信息化平台，覆盖平时监测管理和灾时救援处置的全过程，形成纵向到底、横向到边，上下贯通、左右衔接的数字化集成平台，为相关部门开展城镇多灾害预防和处置工作提供了有效手段，实现了多种应急救援力量的资源共享，提高了城镇综合风险防控水平。

协同工作平台一方面可以在灾害发生前为防灾规划、应急预案制定等提供决策支持，有效提高城镇的防灾能力，将可能的灾害损失降到最低；另外，也可以为灾害发生后的应急管理提供关键数据支持和具体防灾应急措施，使得城镇应急管理达到准确、快速、高效的要求，是城镇安全的重要技术保障。协同工作平台为我国城镇综合防灾减灾工作从理论到实践、从点到面的推广提供了体系性、完整性的技术支撑，对我国特大城镇的可持续发展以及城镇化进程中的中小城镇的健康发展都具有重要意义。

图 5.5-1 城镇灾害防御与应急处置协同工作平台界面

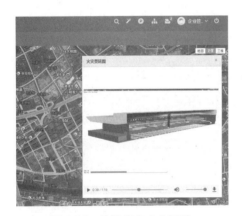

图 5.5-2 关键节点火灾评估

图 5.5-3 脆弱区火灾评估

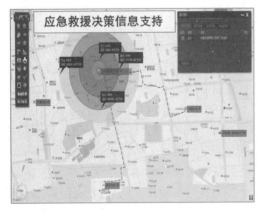

图 5.5-4 应急决策信息支持

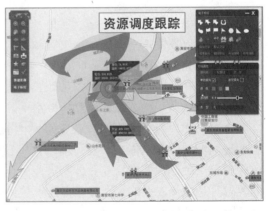

图 5.5-5 应急资源调度跟踪

6 综合管廊消防安全研究

一、成果名称

综合管廊消防安全研究

二、完成单位

中国建筑科学研究院有限公司

三、主要完成人

李磊、相坤、李宏文、刘海静、端木祥玲、顾广悦、宋云龙、李龙、南化祥、王靖波、于帆、蔡娜、张成、陈健、钱禹丰

四、成果简介

综合管廊内敷设的都是当地生活、生产的重要管线，一旦发生火灾，将影响到社会的经济秩序和生活秩序，也必将带来严重的社会影响和重大的经济损失，因此综合管廊内应采取必要的措施降低火灾的发生概率、控制火灾的影响范围。

当前，在综合管廊消防安全方面，对火灾危险性的认识集中在燃气舱、电力舱、电信舱和热力舱。资料显示，当前建设完成的综合管廊里，电力管线和通信管线是纳入管廊次数最多的管线。因此对于综合管廊的消防安全，当下迫切需要解决的是电力舱的消防系统设计问题。

图 5.6-1　试验管廊实体图

1. 火灾危险研究

通过构建综合管廊火灾数值模型以及进行电缆燃烧性能试验，开展了不同因素作用下电缆廊道空间温度分布特性研究以及火灾烟气蔓延规律研究，明确综合管廊电力舱的火灾危险以及火灾蔓延特性，为后续研究内容提供试验基础和理论依据。

2. 防火分隔及防火封堵措施研究

结合管线类型和敷设方式，通过开展不同防火分隔方式在管线穿越防火分区处等场所的试验，完成不同防火分隔部位的防火封堵措施有效性试验，优选满足严密性、长效性并保证结构稳定性的防火封堵方式，提出综合管廊防火分隔方式设计要求。

图 5.6-2　实体火灾试验

3. 火灾自动报警系统

结合不同电缆类型、电缆敷设方式、起火位置、管廊环境特点，通过实体试验，开展

不同类型火灾探测器选择与设置方式研究等，为电力舱的火灾自动报警系统及联动控制方式提供设计依据，提出适用于综合管廊的火灾自动报警系统设计原则。

4. 自动灭火系统

针对不同类型的自动灭火系统以及设计参数开展实体灭火试验，开展不同电缆类型、不同火灾报警系统以及外界环境条件下，验证不同灭火系统和关键设计参数的灭火效果、控制方式在综合管廊应用的科学性和适用性，提出综合管廊自动灭火系统选择及关键参数设置原则，为工程设计和验收提供依据。

图 5.6-3　灭火系统实体试验

5. 应急逃生设计研究

通过火灾数值模拟，建立人员逃生模型，进行应急逃生系统的研究分析，根据火源位置和规模的不同，从人员逃生安全角度，提出逃生距离、逃生方向等的设计要求；根据火灾危险和火灾蔓延特性研究结果，基于火灾烟气蔓延规律和可能的蔓延路径，优化火灾发生时的逃生路径、提供应急逃生预案。

经专家委员会审查：研究成果达到了国内先进水平。

该研究通过构建综合管廊火灾数值模拟研究、实体火灾试验研究等方法开展课题研究，研究方法科学、合理。研究内容涵盖火灾危险研究，防火分隔及防火封堵、火灾自动报警、自动灭火系统、应急逃生系统等研究内容，针对综合管廊消防研究的体系、框架全面、合理，符合当前实际工程需要。国内综合管廊的消防研究处于起步阶段，该研究在课题研究内容缺乏标准、文献资料的支撑条件下，解决了电缆火灾危险认识、不同防火封堵有效性研究、火灾自动报警系统选型和自动灭火系统的选型等关键技术难题，为工程设计提供了有效支撑。研究成果应用于北京城市副中心综合管廊工程的消防设计，具有较强的工程实用价值。研究成果为综合管廊的消防安全保障能力提供了有力的技术支撑，并促进了北京市乃至我国综合管廊的消防设计向规范化、科学化发展迈出了坚实的一步。该研究可为后续综合管廊消防设计提供了标准性、示范性和推广性的研究成果。

7 电气防火监测技术研究

一、成果名称
电气防火监测技术研究

二、完成单位
中国建筑科学研究院有限公司、北京海博智恒电气防火科技有限公司、北京建筑大学

三、主要完成人
李宏文、沈金波、王靖波、董卫国、岳云涛、张燕杰、陈一民、冉鹏、张昊、吕振纲、李磊

四、成果简介
我国的电气火灾发生率多年来居高不下，无论发生起数还是造成的损失，都居各类火灾之首。关于电气防火，我国在这方面的研究起步较晚，因此关于电气防火的系统研究非常少，主要集中在实际案例的分析上。我国部分省市已经制定了电气防火方面的相关技术标准，大多基于现行的国家和国际的相关技术标准，实际操作性不强。电气火灾监控系统在预防低压线路电气火灾方面发挥着愈来愈重大的作用。现有的剩余电流电气火灾监控系统一般采用固定阈值的方式进行报警，由于其报警阈值固定，而目前的剩余电流探测器检测到的是正常剩余电流和异常剩余电流之和，这就严重影响了电气火灾监控系统报警的可信程度，急需对其报警技术和装置进行改进和提高。

本项目旨在研究配电线路剩余电流的在线监测技术。主要研究成果如下：

1. 提出了高精度在线监测及影响因素分析技术

对配电系统负荷电流和剩余电流数据进行了高精度在线监测，获得了重要结论，即配电系统正常情况下的剩余电流与负荷电流之间有着密切的联系，仅从剩余电流的大小无法确定异常剩余电流，必须考虑同时刻的负荷电流大小。

2. 提出了智能优化随动阈值技术

对剩余电流与电气火灾的关系进行了深入分析，针对电气火灾在国内外首次提出了早期探测思想，分析了通过剩余电流来探测电气火灾的有效性和合理性，明确了现有系统频繁误报警的本质原因在于固定报警阈值算法未考虑负荷电流对剩余电流的影响，必须智能优化随动阈值。

3. 提出了异常剩余电流辨识技术

通过剩余电流数据的统计学分析，在国内外首次提出了基于正态分布理论的异常剩余电流辨识方法，该方法的最大优点是动态确定报警阈值，而且误报率和报警可靠性可

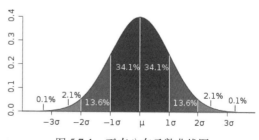

图 5.7-1　正态分布函数曲线图

以控制，实测数据的计算结果显示该方法有效性高，同时保证了较好的报警灵敏度。

4. 研发出新一代剩余电流电气火灾监控系统

开发出了基于异常剩余电流准确辨识的新一代剩余电流电气火灾监控系统及探测控制器，该系统及装置在国内属于先进水平，并取得了发明专利和实用新型专利。

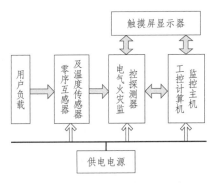

图 5.7-2　电气火灾监控系统示意图

图 5.7-3　新一代剩余电流电气火灾监控主机

本研究项目开发了基于异常剩余电流准确辨识的新一代剩余电流电气防火监控系统，大大提高了现有电气防火监控系统的性能，凭借该技术优势已取得良好的经济收益。目前，新一代剩余电流电气防火监控系统已经应用于 300 多个公司及企业项目中。产品性能可靠、质量稳定，市场反应良好，取得了明显的社会效益。

8 火灾下玻璃承重楼板构造的安全性研究

一、成果名称

火灾下玻璃承重楼板构造的安全性研究

二、完成单位

中国建筑科学研究院有限公司

三、完成人

南化祥、李磊、端木祥玲、李龙、詹子娜、顾广悦

四、成果简介

玻璃具有透明性、耐久性和优良的力学性能，在建筑内作为楼板得到了广泛的应用。虽然玻璃楼板荷载能满足正常环境下的承重要求，但其火灾下耐火性和承重性无法得到保障，目前尚无相关规范可依，也无相关研究基础可循。

为保障火灾下玻璃楼板的安全，课题开展火灾下玻璃楼板构造系统的安全研究，主要包括以下几个方面：

1.高温时钢化玻璃楼板的承载性研究

在研究过程中，研究小组采用试验和数值模拟的方法，分别开展研究钢化玻璃试件在常温及高温下，在承受荷载时的耐火性及抗弯性能研究，为承重楼板构造的防火技术提供技术基础依据。

2.高温时防火玻璃的耐火性能分析

通过对国内防火玻璃资料的整理分析，研究不同类型防火玻璃耐火时间与温度、热通量的关系，优化其关键因素及边界条件，开展受限空间内玻璃和楼板构造的火灾下温度场分析，为防火玻璃类型、尺寸的选取提供设计依据。

3.高温时玻璃承重楼板构造安全性研究

在研究过程中，研究小组研究不同类型的玻璃及各种类型玻璃优化组合，分析框架龙骨、密封材料以及其他配件的耐火性能，开展承重楼板构造的热 - 结构耦合模拟，综合分析承重楼板构造在不同约束、承重荷载、火灾条件下的整体抗火能力，提出玻璃承重楼板的构造做法。开展玻璃承重楼板构造整个体系的实体试验，验证火灾下受限空间内玻璃楼板的安全性。

图 5.8-1 玻璃承重楼板试验构件

图 5.8-2　玻璃承重楼板试验构件试验过程

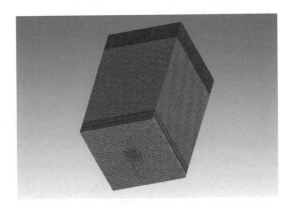

图 5.8-3　玻璃承重楼板试验构件有限元分析

　　经专家委员会审查：研究成果达到了国内先进水平。

　　总体上看，本研究在推动玻璃材料在建筑领域的应用，对于玻璃在火灾领域的材料基础数据、基础火灾理论的研究等方面有一定的意义；项目提出的玻璃承重楼板的构造做法，已通过了试验验证，满足一定的使用需要，且完成了某些项目的消防性能化设计工作，具有较好的工程和研究价值。

9 中国山洪灾害调查评价关键技术及应用

一、成果名称

中国山洪灾害调查评价关键技术及应用

二、完成单位

中国水利水电科学研究院

三、主要完成人

郭良、丁留谦、匡尚富、汪小刚、孙东亚、李昌志、解家毕、刘昌军、何秉顺、刘荣华、张晓蕾、刘启、姚秋玲、刘云、常清睿

四、成果简介

1. 立项背景

受特殊的自然地理环境、极端灾害性天气以及经济社会活动等多种因素的共同影响，我国山洪灾害事件频发多发，群死群伤事件时有发生。据统计，20世纪90年代以前，全国每年山洪灾害死亡人数约占洪涝灾害死亡总人数的2/3，21世纪以来已上升到80%左右。针对我国防洪减灾领域山洪灾害防治这一薄弱环节，为扭转人员和灾害经济损失逐年升高的被动局面，党中央、国务院决定在全国山洪灾害易发区实施全国山洪灾害防治项目建设。

依据2006年国务院批复的《全国山洪灾害防治规划》和2011年国务院常务会议审议通过的《全国中小河流治理和病险水库除险加固、山洪地质灾害防御和综合治理总体规划》，水利部、财政部于2010—2015年组织开展全国山洪灾害防治项目建设，累计投入建设资金260亿元，主要建设内容包括山洪灾害调查评价、非工程措施建设和重点山洪沟（山区河道）防洪治理试点。项目范围涉及全国29个省（自治区、直辖市）和新疆生产建设兵团的2058个县，涉及700多万km²国土面积。全国山洪灾害调查评价是山洪灾害防治项目建设的重要内容，按照《全国山洪灾害防治项目实施方案（2013—2015年)》，要求从山丘区人员分布、社会经济、水文气象、地形地貌及山洪灾害范围、威胁程度、防御现状等方面进行山洪灾害调查，围绕现状防洪能力、临界雨量和预警指标、危险区划定等核心内容进行分析评价。

项目资金由全国山洪灾害调查评价专项资金和中央本级管理专项资金组成。截至2015年年底，全国山洪灾害调查评价项目累计投入资金32.92亿元，其中中国水利水电科学研究院完成的任务资金1.83亿元，用于制订调查评价技术要求、小流域划分及基础属性提取、小流域产汇流特征参数分析、数字正射影像加工、工作地图制作、现场数据采集终端软件开发及服务、质量过程控制软件开发及服务、数据审核汇集系统软件开发及服务、全国数据融合汇集和数据库建设、成果数据的挖掘分析等。

2. 建设目标

山洪灾害调查评价是科学防御山洪灾害的基础工作，其主要任务目标是基本查清我国

山洪灾害的区域分布、灾害程度、主要诱因等;在全国山洪灾害防治区,以小流域为单元,深入调查分析暴雨特性、小流域特征、社会经济和历史山洪灾害情况;分析小流域洪水规律,评价重点沿河村落防洪现状,具体划定山洪灾害危险区,明确转移路线和临时安置地点,科学确定山洪灾害预警指标和阈值,为及时准确预警和灾害防御提供支撑。

项目按照2010—2015年全国山洪灾害防治项目建设近期目标,针对全国范围首次全面开展山洪灾害调查评价的技术需求,提出广泛适用、技术可行、专业特点突出的技术路线,攻克基础数据获取、小流域划分及属性分析、调查和分析评价方法、成果质量控制及应用等关键环节的核心技术问题,提出系统的解决方案,完成全国山洪灾害调查评价的基本任务,掌握山洪灾害人员分布、区域分布和灾害程度,形成山洪灾害调查评价"一个库"和"一张图"。通过集成和挖掘分析,形成系统的调查评价成果,应用于各级山洪灾害监测预警平台,支撑山洪灾害防御理论技术体系建设,推进调查评价成果共享,服务相关行业或部门,为山洪灾害防治区内的经济社会管理、水土保持、城乡规划和基础设施建设以及运行管理等提供支撑。

3. 建设内容

山洪灾害调查评价是科学防御山洪灾害的基础工作,主要内容包括前期基础工作、山洪灾害现场调查、山洪灾害分析评价、成果审核汇集、数据库建设和集成应用等。为了实现山洪灾害调查评价目标,达到科学、合理、规范、完整要求,在项目组织方法上采用总体设计、统一组织、分散实施、逐级审核汇集、最终形成全国山洪灾害调查评价成果"一个库、一张图"的总思路。即在中央层级组织完成调查评价指标和技术方法体系的制订,小流域划分及产汇流特征分析、工作底图和通用工具软件的开发,调查评价成果数据的质量控制、融合汇聚、分析挖掘和集成应用等任务;地方负责组织完成山洪灾害现场调查、测量、分析评价和审核汇集任务;以最大限度地减少现场调查工作量,保障调查评价成果的一致性、科学性、规范性和完整性,解决地方技术力量薄弱问题,实现资源共享,降低调查评价工作总成本,确保实现项目预定目标。

本项目紧密围绕调查评价关键技术问题及工作需求,开展系统研究:一是揭示小流域特征、暴雨洪水响应主控因子和产汇流参数空间分布特征,构建大规模小流域划分及产汇流特征分析技术。二是研究调查评价指标体系和成套技术方法,研发智能化工具软件,提高调查评价成果质量。三是发展临界雨量和预警指标计算方法,创新风险评估理论技术,提高山洪灾害预警及风险识别的精准度。四是研究调查评价数据组织模型和集成技术,构建全国山洪灾害调查评价数据库,研发调查评价成果管理及信息服务系统,高效推广应用调查评价成果。全国山洪灾害调查评价总体技术路线见图5.9-1。

4. 项目成果

(1) 建立了山洪灾害调查评价技术体系。构建了山洪灾害调查评价指标体系。设计了山洪灾害调查评价的基本框架与技术流程。设计了小流域下垫面条件和产汇流特性的技术路线和方法。建立了基础数据处理、现场数据采集、各类对象调查测量、现状防洪能力评价与危险区划分、临界雨量和预警指标分析、成果审核汇集及质量控制、数据建模与数据库建设等方面的技术要求和标准规范。提出了海量调查评价成果逐级差异化审核汇集方法和质量控制体系。编制完成《山洪灾害调查技术要求》《山洪灾害分析评价技术要求》等22项规范性文件,形成了系统的山洪灾害调查评价技术体系,有力支撑了全国调查评价项目实施。

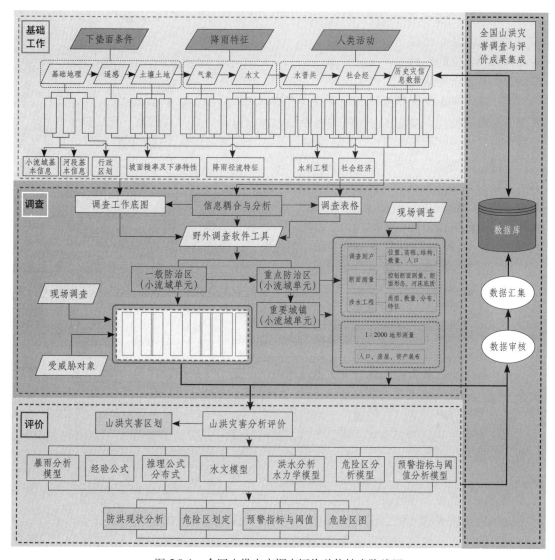

图 5.9-1　全国山洪灾害调查评价总体技术路线图

（2）首次构建了小流域划分成套技术。以 1 : 50 000 数字高程模型（DEM）为基础，结合 DLG（Digital Line Graphic）、DOM（Digital Orthophoto Map）等数据，基于 D8 算法进行网格流路分析和分水岭划分，按照 10 ～ 50km² 集水面积系统划分了 53 万个小流域单元，提取了 75 项小流域基础属性和产汇流参数。在 DEM 填洼的基础上，发展了 DEM 筑墙与刻划技术，创造性地提出虚拟河道的概念，采用先提取其边缘线作为虚拟主河道的方式，完成了特殊区域小流域的提取，解决了流域拆分与合并问题，形成了大范围小流域精细划分的成套技术。

（3）建立了全国全尺度流域水系编码和空间拓扑关系。在《中国河流代码》的基础上拓展制定了流域水系编码体系标准，按各类对象的汇流关系，提出一套完整的流域水系空间拓扑关系构建方法。系统地编制了全国七大流域片、60 个水系、291 条主要干流、12500 条主要河流、37169 条一般河流、162946 条沟道、347 万条 0.5km² 以上沟道和 53

万个小流域的流域水系（最高 13 级）编码和空间拓扑关系，定量描述了流域水系的汇水关系，并建立了小流域与行政区划的关联关系。实现全国山丘区任意河流的溯源和追踪，满足任意河段上游汇流及下游影响分析的需要，夯实了基于流域水系要素进行空间推理、查询与关联分析的基础，支撑了全国山洪灾害防御信息组织体系的系统创建。

（4）发展了小流域非线性汇流单位线方法。应用高精度地形地貌数据，充分考虑流域内空间分布异质性，发展了"流域内各点到达流域出口汇流时间的概率密度分布等价于瞬时单位线"的思路，提出基于 DEM 网格单元、考虑雨强影响汇流非线性特征的标准化单位线方法，完整分析了小流域坡面综合流速参数，提取了 53 万个小流域 15 组不同雨强、不同时段的标准化单位线；提出了小流域单位洪峰模数、流域汇流时间和平均流速指标，以综合反映小流域下垫面汇流特征。使用不同地貌类型区 330 个水文站 11 000 多个场次实测暴雨洪水资料，采用分布式水文模型进行检验，取得很好效果，为无资料地区暴雨洪水计算、预警指标和山洪风险分析开辟了新途径。

（5）创建了海量基础数据集和调查评价工作底图。应用现代信息技术手段，创建全国山洪灾害防治基础数据集，包括基础地理信息数据集、行政区划数据集、全国小流域基础数据集、涉水工程数据集、卫星遥感数据集、土地利用和植被类型数据集、土壤类型和土壤质地数据集。制作了省、县级工作底图 2 168 套，并采用非线性地形图几何精度处理技术进行了保密技术处理。

（6）研发了山洪灾害调查评价关键技术方法。提出了经济社会主导要素指标分类统计调查方法，大规模推广先进实用 CORS+RTK 技术开展山丘区河道断面和房屋宅基高程测量，提出了临界雨量逆向分析法，提出山洪灾害危险等级划分的三要素双线对照法。

（7）形成了完整的调查评价成果数据质量控制技术方法。建立了面向数据模型和空间分析的成果数据质量控制方法，提出了海量山洪灾害调查评价数据分层差异化审核汇集方法，构建了一套山洪灾害调查评价数据质量评价规则与指标体系。研发了基于柔性规则引擎的调查评价成果 审核汇集软件，运用在线、离线、整库、增量形式，实现据采集终端—县—市—省—中央的 4 级数据审核汇集，解决了各级各地差异化审核问题。

（8）建立了小流域山洪灾害风险评估模型。提出全国范围以小流域为单元的山洪灾害 3 级风险等级划分方法，进行 3 级风险等级划分。采用短历时强降雨和流域地形地貌主导标志牵引的预警区划方法，编制了山洪灾害预警区划图。构建了基于实时降雨数据规则化处理和空间归一化方法进行全国大范围山洪灾害实时风险的精准识别技术，快速识别全国范围内山洪灾害高风险区域。

（9）建成了全国山洪灾害防御全要素数据库。基于面向对象建模技术，构建了山洪灾害调查评价成果二元多维数据组织模型和时空数据模型。在时空数据模型支撑下，以行政区划、流域水系、实体对象和时间序列 4 个主轴，通过 OLAP（Online Analytical Processing）技术构建了多维数据立方体，进行多维度的属性综合、分析、挖掘，形成成果数据库。开发了全国山洪灾害调查评价成果管理系统，形成了全国山洪灾害防御一套图、一个数据库，为我国山洪灾害防御以及水土保持等其他水利专业领域和铁路交通、石油化工等行业，提供了有力的数据和技术支撑。

（10）研发了 9 项专业软件，覆盖调查评价小流域下垫面条件和产汇流特征分析、调查评价工作底图制作、人机交互图形化现场数据采集、山洪灾害分析评价、调查评价成果数据审核汇集与质量控制、调查评价成果管理及信息服务全流程，获得软件著作权 8 项。

基于全国山洪灾害调查评价成果数据库统计，全国共调查了 2 138 个县级单位，3.25 万个乡（镇），46.8 万个行政村，156.5 万个自然村，涉及国土面积 756 万 km²，总人口 9.1 亿人。调查行政村占 2014 年统计年鉴行政村总数的 98%，基本达到了山洪灾害防治区调查全覆盖。划定山洪灾害防治区面积 386 万 km²，其中重点防治区面积 120 万 km²；确定防治区行政村 19.68 万个（其中，一般防治村 13.74 万个，重点防治村 5.94 万个），占调查行政村数的 42%，防治区自然村 56.35 万个（其中，一般防治村 40.28 万个，重点防治村 16.06 万个）占调查自然村数的 36%，调查防治区企事业单位 15.19 万个；防治村人口 3 亿人，占山洪灾害防治区县总人口的 33%。划定危险区 51.88 万处，占防治区自然村数的 92%，危险区人口 5836 万人、户数 1537 万户、房屋 1497 万座；调查历史山洪灾害 5.34 万场次，历史洪水 1.3 万场次；调查桥梁、路涵、塘（堰）坝等涉水工程 24.98 万座；调查自动监测站 8.91 万个，简易雨量站 23.64 万个，简易水位站 4.72 万个，无线预警广播站 20.15 万个；调查需治理山洪沟 3.14 万条；测量重点沿河村落河道断面 17.19 万组，居民宅基高程 373.79 万户；拍摄村貌、涉水工程、河道断面等 14 类现场调查照片 1122 万张；收集 27 个省水文气象资料，1475 个水文站点实测资料。全国共分析了 53 万个小流域设计暴雨、17 万个控制断面设计洪水，分析评价了 17 万个重点沿河村落的防洪现状；计算了 17 万个控制断面的水位—流量—人口关系、14.98 万个沿河村落的临界雨量，确定了 14.33 万组雨量预警指标和 3.49 万组水位预警指标；绘制了现状防洪能力低于 100 年一遇的沿河村落危险区图 10.5 万幅。

5. 项目主要创新点

本项目在理论、方法和技术应用等方面均取得了重大突破，主要创新点归纳如下：

（1）首次建立山洪灾害调查评价技术体系，包括完整实用的调查评价指标和质量控制指标体系（图 5.9-2、图 5.9-3），规模要素指标差异化调查和经济社会主导要素指标分类统计调查方法，临界雨量逆向分析法和危险区等级划分三要素双线对照法海量数据多尺度检测的元数据法和地理相关法等调查评价技术方法，建立了山洪预警指标概念模型。编制规范性技术文件 22 项，保障了全国调查评价项目顺利实施。

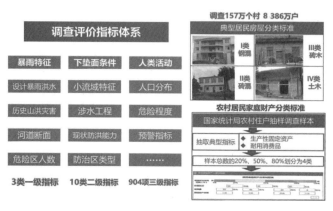

图 5.9-2　调查评价指标体系示意图

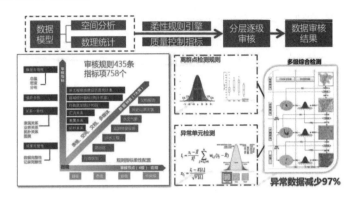

图 5.9-3　调查评价成果质量控制体系示意图

（2）首次系统构建了大范围小流域精细划分和属性分析技术系统，包括小流域属性和产汇流特征的系统分析（图 5.9-4），流域水系拓扑关系（图 5.9-5），小流域基础数据集，以及小流域单位洪峰模数和汇流时间两个反映下垫面汇流特征的关键因子，山丘区小流域产汇流参数空间分布特征，为我国山丘区小流域预报预警技术的发展奠定了基础，填补了国内空白。全国划分了 53 万个小流域单元，提取了 75 项属性和 15 组标准化单位线。

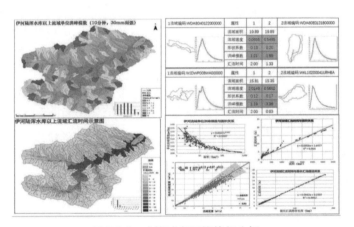

图 5.9-4　小流域产汇流特征分析

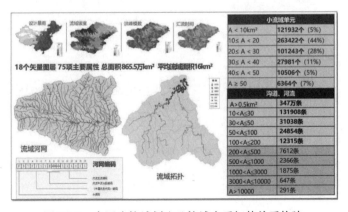

图 5.9-5　全国小流域划分及流域水系拓扑关系构建

（3）构建了大数据驱动的山洪灾害风险评估叠积模型（图5.9-6）。基于小流域和自然村调查评价大数据，凝练了小流域山洪风险评价的关键因子，评估全国小流域尺度的山洪灾害风险，揭示了山洪灾害区域分布和主要诱因，实现了小流域山洪风险的精准识别。

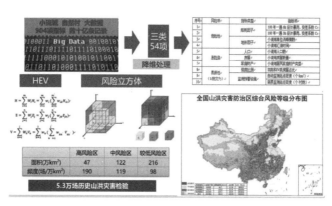

图 5.9-6　山洪灾害风险评估及模型

（4）首次建成了全国标准统一的山洪灾害调查评价成果数据库和山洪灾害防御"一张图"（图5.9-7），特别是创造性提出了基于我国国情的山洪灾害临界雨量与临界水位，应用于各级监测预警平台，全面提高了我国山洪灾害防治技术水平，也为相关行业应用提供了坚实数据支撑。

图 5.9-7　全国山洪灾害防御信息"一张图"及信息服务平台

6. 项目推广应用情况

（1）中国山洪灾害调查评价关键技术应用。项目成果应用于全国30个省（自治区、直辖市）、305个地市和2 138个县等防汛单位，600个设计、科研、高校和企业单位，有力指导了各地开展小流域洪水分析和水利工程的设计工作。

（2）全国山洪灾害调查评价成果应用。数据成果在全国山洪灾害防治项目中得到全面应用，数据成果部署应用于全国30个省级监测预警平台、305个地市及2 138个县的市（县）

级监测预警平台。应用于《全国山洪灾害防治项目实施方案（2017—2020 年)》和《加快灾后水利薄弱环节建设实施方案》，为确定 2017—2020 年项目建设目标、建设范围、建设内容与投资概算等提供基础数据支撑。详见水利部部长专题办公会议会议纪要、国家防汛抗旱总指挥部办公室（以下简称防办）、流域机构、20 个省级防办及相关水利设计院出具的应用证明。

（3）山洪灾害调查评价标准规范应用。编写完成了 22 项范性技术文件，由国家防办下发，规范、指导 29 个省（自治区、直辖市）和新疆生产建设兵团山洪灾害调查评价项目顺利实施（基础底图、外业与内业调查、分析评价、审核汇集），使用人员超过 12 万人。

（4）山洪灾害调查评价工具软件应用。组织开发了现场数据采集终端软件（10 640 套）、数据审核汇集系统软件（省、市级版 30 套，县级版 2 138 套）、评价成果质量过程控制软件（省级版 30 套），应用于省、市、县，提高了工作效率，确保了成果质量。现场数据采集终端软件集成了 CORS+RTK 测量方法，有效节约了人力和物力，缩短了工作时间，提高了测量成果精度。

（5）应用于国家防办防汛值班和会商。国家山洪灾害监测预警信息管理及服务系统、山洪灾害监测预警信息移动查询系统，已部署至国家防办，辅助防汛值班和会商，有助于及时掌握全国山洪灾害防御态势，了解各地监测预警响应情况，为指挥决策和突发应急响应提供服务。

（6）推广至水土保持领域。2015—2017 年，应用于北京市水土保持工作总站水土保持监测、清洁小流域建设及水土保持动态监管，显著提高了监管成效，取得了重大社会、经济和环境效益。

（7）推广至生态环境保护领域。2015—2016 年间，调查成果数据在原环境保护部"易灾地区生态环境功能评估"项目得到应用，论证生态保护措施对于防洪减灾的作用。

（8）推广至国家防汛抗旱指挥系统项目。调查评价成果数据已部分共享至国家防汛抗旱指挥系统二期平台，将国家防汛抗旱指挥系统延伸至基层，为全国防汛抗旱指挥系统运行和应急决策制定提供数据支持，节约重复建设资金约 1.7 亿元。

10 面向致灾过程的淮河流域旱灾风险定量评估技术

一、成果名称

面向致灾过程的淮河流域旱灾风险定量评估技术

二、完成单位

安徽省（水利部淮河水利委员会）水利科学研究院、合肥工业大学、水利部水利水电规划设计总院、南京水利科学研究院等

三、主要完成人

曹秀清、金菊良、周玉良、蒋尚明、袁宏伟、沈瑞、何君、程亮、徐佳、高振陆、崔毅、张虎。

四、成果简介

1. 立项背景

淮河流域是我国重要的商品粮生产基地，平均每年向国家提供商品粮约占全国商品粮的 1/4，在我国农业生产中的地位举足轻重。但由于地处南北气候、高低纬度和海陆相 3 种过渡带的交叉重叠地区，受季风及地形地貌的影响，降水时空分布极不均衡，加之人类活动的影响，淮河流域历史上干旱灾害频繁，严重威胁着流域粮食生产安全与社会稳定。据历史资料统计，淮河流域从 16 世纪至新中国成立的 500 年间，共发生旱灾 260 多次，平均 1.7 年发生一次。新中国成立后，虽然经过数十年的建设与发展，新建了大量的水利工程，初步构建了比较完善的防洪、除涝、灌溉、供水等工程体系，流域各地的水利面貌也发生了巨大的变化，但淮河流域旱灾仍频繁发生。据统计，新中国成立以来，淮河流域各地共发生大小旱灾 52 年（次），局部性干旱几乎年年发生。尤其是 20 世纪 90 年代以来，干旱的发生越来越频繁，并随着经济社会的发展，干旱所造成的损失越来越严重。1949—2010 年的 62 年间，全流域累计受旱面积 1.67 亿 hm^2，成灾面积 8 730 万 hm^2，粮食损失 1.39 亿 t，平均每年农作物受旱面积 269.8 万 hm^2、农作物成灾面积 140.8 万 hm^2，造成大面积农业减产、歉收，甚至绝收。旱灾已成为制约流域农业经济持续发展的瓶颈。

目前，淮河流域旱灾管理工作基本处于被动抗旱的局面，采用的是危机管理方式，该管理方式重点在研究和确定旱灾发生时的临时应急措施和对策，缺乏统一的灾害风险管理体系和系统化、制度化的训练机制，无法及时进行人力和物力的调配，也无法对可能的干旱灾害影响作出评估，已愈发不能适应新时期流域应对干旱灾害的管理需求。旱灾风险评估是进行旱灾风险管理的重要过程和核心内容，但由于受自然和社会各种因素的影响，区域旱灾风险评估的过程非常复杂，其评估方法和途径一直以来都是自然灾害学界的重大前沿。目前，针对旱灾风险定量评估的研究仍处于起步阶段，旱灾风险的概念、内涵及形成机制尚不明晰，现有的旱情模拟及受旱损失评估多偏于历史灾情资料统计，而从作物受旱试验出发，基于旱灾成灾物理机理的旱情模拟与受旱损失评估的成果鲜有报道，导致目前

259

旱灾风险评估多为定性或半定量的分析方法，难以反映旱灾风险系统的形成、演化机理，难以定量揭示旱灾形成过程中的薄弱环节，在支撑区域旱灾风险管理"由被动抗旱向主动防旱，由单一抗旱向全面抗旱转变"中已日显困难与不足，这严重阻碍了区域抗旱减灾工作的有效开展，大大降低了旱灾风险管理在抗旱减灾实践中应有的关键支撑作用。为此，亟须基于物理成因的干旱灾害风险定量评估方法来支撑旱灾风险管理在防灾减灾工作中巨大指导作用的发挥，然其存在干旱致灾机理、干旱重现期计算、干旱强度与旱灾损失间定量关系的旱灾脆弱性及旱灾损失风险评估等科学问题亟须解决。

针对上述重大科学问题，本研究以淮河流域为研究背景，以安徽省淮北平原区为典型研究区域，依托新马桥农水综合试验站开展多尺度、多组合、长序列作物受旱胁迫专项试验，研发受旱胁迫下作物生长动态仿真模拟与损失评估技术，揭示作物受旱胁迫响应规律与干旱致灾机理，开展区域干旱重现期计算研究，构建基于受旱胁迫试验的旱灾敏感性曲线、基于试验与模拟的旱灾脆弱性曲线，创建基于链式传递的农业旱灾风险评估技术体系，提出旱灾风险图谱编制方法，绘制满足各类应用需求的旱灾风险图谱，为区域旱灾风险管理提供技术支持与理论依据。

2. 建设目标

本研究面向旱灾风险评估与抗旱减灾的重大需求，总体目标是：依托作物受旱胁迫试验与作物生长动态仿真模拟，提出 Angstrom 公式、作物系数 Kc、作物地下水利用公式的智能优化技术，创建受旱胁迫度指数，识别干旱致灾阈值，揭示作物受旱胁迫响应规律与干旱致灾机理；构建区域适宜的干旱指标，提出基于游程理论、单变量频率曲线适线法与 Copula 函数相结合的干旱重现期识别技术，创建干旱重现期的实用计算方法；构建基于试验与模拟的作物旱灾脆弱性曲线，揭示干旱强度与相应作物生长损失之间的定量关系；提出基于不同来水频率水量供需平衡分析的区域抗旱能力系数，创建抗旱能力定量评估方法；集成上述方法，构建基于"干旱危险性—旱灾脆弱性—旱灾损失风险"链式传递的旱灾损失风险曲线，提出区域旱灾风险图谱编制方法，形成基于链式传递的旱灾损失风险定量评估技术体系；培养面向致灾过程的旱灾风险研究团队，提升变化环境条件下应对旱灾风险的抗旱减灾能力；促进水文学、系统科学等学科进行交叉与融合，发展旱灾风险评估及其相关的基础理论与方法。

3. 建设内容

研究按照"试验与模拟—响应规律与致灾机理—干旱重现期计算—旱灾脆弱性识别—旱灾损失风险评估—旱灾风险图谱—工程实践"的总体思路开展工作，具体技术方案为：依托新马桥农水综合试验站开展多尺度、多组合、长系列作物受旱胁迫试验，分析受旱胁迫对作物生长发育及产量的影响，揭示作物受旱胁迫响应规律；分析受旱胁迫对作物生理生态指标的影响，开展受旱胁迫下作物生长动态仿真模拟，提出受旱胁迫指标，识别干旱致灾阈值，揭示干旱致灾机理；提出 Angstrom 公式、作物系数 Kc、作物对地下水利用公式的智能优化技术，优化作物灌溉制度与灌溉定额；提出基于游程理论、单变量频率曲线适线法与 Copula 函数相结合的干旱重现期识别技术，分别开展基于地下水埋深、干旱综合 Z 指数和实际总来水量距平百分率的重现期计算，简化干旱重现期的计算方法；构建基于试验与模拟的作物旱灾脆弱性曲线，揭示干旱强度与相应作物生长损失之间的定量关系；提出基于不同来水频率水量供需平衡分析的区域抗旱能力系数，定量评估抗旱能力；综合集成前述成果与技术，开展基于"干旱危险性—旱灾脆弱性—旱灾损失风险"链式传递的旱灾风险评估研究，提出区域旱灾风险图谱编制方法，形成基于链式传递的旱灾风险定量评估技术体系，在上述成果与技术的支撑下开展工程实践应用。主要研究内容如下：

(1) 作物受旱胁迫响应与干旱致灾机理

依托新马桥农水综合试验站开展多尺度、多组合、长系列作物受旱胁迫试验，构建基于土壤含水率的作物受旱胁迫度指数，分析作物生长发育和生理指标对干旱的响应机理及干旱对作物产量的影响，揭示作物受旱胁迫响应规律；分析作物受旱胁迫下的光合特性，研究提出受旱胁迫下作物生长动态仿真模拟与损失评估技术，识别干旱致灾阈值，揭示干旱致灾过程与机理；提出 Angstrom 公式、作物系数 Kc、作物对地下水利用量经验公式及作物水分生产函数的智能优化技术，优化作物灌溉制度与灌溉定额。

(2) 区域干旱事件识别与重现期计算

通过区域水文、气象与农业灌溉等特性及其与干旱事件关联性分析，以地下水埋深和降水量为因子，构建区域干旱综合 Z 指数；综合考虑区域水循环过程中各种实际水利条件的影响以及气象条件，提出实际总来水量距平百分率指标；研究提出基于游程理论、单变量频率曲线适线法与 Copula 函数相结合的干旱重现期识别技术，进行基于地下水埋深、干旱综合 Z 指数和实际总来水量距平百分率的干旱重现期计算的实证研究，分析区域干旱空间分布特征，丰富区域干旱重现期计算理论与应用方法。

(3) 作物旱灾脆弱性曲线构建

依托新马桥农水综合试验站连续 30 多年的作物灌溉与受旱胁迫专项试验资料，采用灾害损失曲线等函数与加速遗传算法相结合的方法，构建各干旱强度作用下的典型农作物减产率模型；以作物不同受旱胁迫程度下各生育期的干物质积累量和相对生长速率为对象，分析干旱强度与相应作物生长损失之间的定量关系，构建旱灾敏感性曲线；根据多年灌溉试验与生产实践经验设定不同抗旱能力（灌溉条件）的情景方案，运用前述作物生长动态仿真模拟与损失评估技术，系统模拟不同抗旱能力下的作物旱灾损失，并以敏感性曲线为基线，分析不同抗旱能力下的干旱强度与相应作物生长损失之间的定量关系，构建基于试验与模拟的作物旱灾脆弱性曲线的技术体系，实现对作物旱灾脆弱性的定量评估。

(4) 基于链式传递的旱灾风险定量评估

基于旱灾风险的物理成因过程，构建农业旱灾损失风险曲线评估模式；提出基于"干旱危险性—旱灾脆弱性—旱灾损失风险"链式传递的旱灾风险评估技术体系，具体包括干旱重现期计算、抗旱能力分析、农业旱灾损失评估和农业旱灾损失风险曲线构建等关键技术，建立旱灾危险性分布图、旱灾脆弱性分布图和农业旱灾风险图等农业旱灾风险图谱，形成一套完整、实用的农业旱灾风险评估方法体系，有助于旱灾风险管理由应急抗旱和短期抗旱向常规抗旱和长期抗旱、由单一的农业抗旱向全面抗旱的战略思路转变，最终由被动的旱灾危机管理模式向主动的旱灾风险管理模式转变。

4. 项目成果

项目以多尺度、多组合作物受旱胁迫试验与多模型、高频次作物生长动态仿真模拟相结合的途径，提出了受旱胁迫度指数，识别了干旱致灾阈值，揭示了作物受旱胁迫响应规律与干旱致灾机理；创建了干旱重现期的实用计算方法；提出了基于试验与模拟的旱灾脆弱性曲线构建技术；形成了基于链式传递的旱灾风险定量评估技术体系，提出了作物高效用水模式与旱灾风险图谱，取得了显著的社会经济效益与生态环境效益。创新性成果及特色主要包括以下 4 个方面。

（1）干旱致灾过程与致灾机理

以连续 30 多年作物灌溉需水试验为依托，结合近年多尺度、大规模受旱胁迫专项试验，创建了受旱胁迫度指数，提出 Angstrom 公式、作物系数 K_c、作物对地下水利用公式及作物水分生产函数的智能优化技术，揭示了作物受旱胁迫下作物蒸发蒸腾、土壤含水率、地下水埋深及产量形成等的响应规律；研究提出了受旱胁迫下作物生长动态仿真模拟技术，基于累积受旱胁迫度识别了干旱致灾过程中的致灾阈值，揭示了干旱致灾过程与致灾机理，并提出了基于受旱试验与优化模拟的农业旱灾损失定量评估技术（图 5.10-1）。

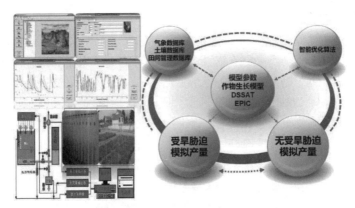

图 5.10-1　基于受旱试验与优化模拟的农业旱灾损失定量评估技术

（2）干旱重现期计算

通过区域水文、气象与农业灌溉等特性及其与干旱事件关联性分析，创建了干旱综合 Z 指数和实际总来水量 WA 指标，提出了基于游程理论、单变量频率曲线适线法与 Copula 函数相结合的干旱重现期识别技术，构建了基于 Copula 函数的干旱联合重现期的简化处理方法（图 5.10-2），分析了简化处理方法的合理性与有效性，进而创建了干旱重现期的实用计算方法，丰富了干旱重现期计算理论与技术，为全国干旱频率计算办法编制奠定基础。

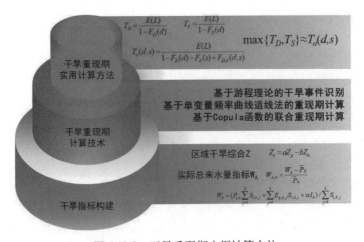

图 5.10-2　干旱重现期实用计算方法

（3）旱灾脆弱性评估

依据多尺度、大规模、长序列受旱胁迫专项试验，以作物不同受旱胁迫程度下各生育期的干物质积累量和相对生长率为对象，分析了干旱强度与相应作物生长损失之间的定量关系，构建了作物旱灾敏感性曲线；设定不同抗旱能力（灌溉条件）的情景方案，系统模拟不同抗旱能力下的作物旱灾损失，并以敏感性曲线为基线，分析了不同抗旱能力下的干旱强度与作物生长损失之间的定量关系，构建了淮北平原主要农作物的旱灾脆弱性曲线，形成了基于试验与模拟的作物旱灾脆弱性曲线构建技术体系（图 5.10-3）。

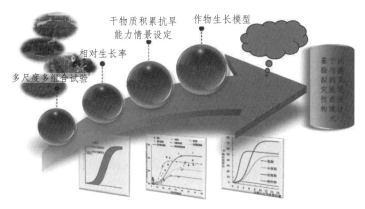

图 5.10-3　基于受旱试验与优化模拟的旱灾脆弱性曲线构建技术

（4）旱灾损失风险评估

基于旱灾风险的物理成因过程，提出了基于致灾因子的危险性函数与旱灾脆弱性函数的合成来表征旱灾损失风险的评估模式，建立了基于水量供需平衡分析的区域抗旱能力系数的概念和计算方法，开展区域不同抗旱能力下的农业旱灾损失评估研究，提出了基于"干旱危险性—旱灾脆弱性—旱灾损失风险"链式传递的旱灾风险评估技术（图 5.10-4），具体包括干旱重现期计算、抗旱能力分析、农业旱灾损失评估和农业旱灾损失风险曲线构建等关键技术，建立了区域旱灾危险性分布图、旱灾脆弱性分布图和农业旱灾风险图等的农业旱灾风险图谱，形成了一套完整、实用的农业旱灾风险评估方法体系，推动了旱灾管理由被动抗旱向 主动防旱、由单一抗旱向全面抗旱的战略思路转变。

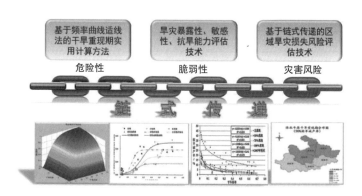

图 5.10-4　基于链式传递的旱灾风险定量评估技术

5. 项目创新点

（1）依托多尺度、多组合、长系列主要作物受旱胁迫试验和作物生长动态仿真模拟，提出了受旱胁迫度指数，首次识别了作物受旱胁迫致灾全过程及其致灾、爆发、衰减阈值，并以致灾全过程耦合互动响应为主线，深入揭示了作物受旱胁迫响应规律与干旱致灾机理。

（2）提出了基于游程理论、单变量频率曲线适线法与 Copula 函数相结合的干旱重现期识别整套技术，创建了干旱重现期的实用计算方法，实现了对基于 Copula 函数的干旱联合重现期从多维联合概率分布估计到一维概率分布估计的简化。

（3）提出了作物受旱胁迫试验与作物生长动态仿真模拟相结合的方法，建立了不同抗旱能力下干旱强度与相应作物生长损失之间定量关系，创建了旱灾脆弱性定量评估技术。

（4）基于旱灾风险从干旱危险性、经旱灾脆弱性到旱灾损失风险的链式传递机制，创立了农业旱灾风险评估的实用方法体系，提出了作物高效用水模式与旱灾风险图谱，发展了旱灾损失风险评估理论。

6. 项目推广应用情况

成果优化率定了基于单作物系数法和双作物系数法的相关参数，提出了安徽省不同地区不同作物适宜的作物系数 Kc 及其修正办法，并在安徽省各市县灌溉水利用系数测算中得到了应用，指导了 16 场培训、合计约 1 200 人次；支撑编制完成了安徽省抗旱规划、高效节水规划、农田水利规划、安徽省"最后一公里"农田水利专项规划、安徽省抗旱应急管理能力建设实施方案等省级流域级规划；在淮北平原建设实施大沟控制蓄水工程及旱涝保收高标准农田等面积累计达 2 300 万亩，每年每亩减少粮食因旱减产损失约 20kg，年均减少粮食因旱减产损失约 4.6 亿 kg，增加的地表水、地下水、土壤水储量和作物对地下水利用量约占区域年降雨量的 10%，年均节水增产综合效益 9.2 亿元左右，经济效益显著。

第六篇 工程篇

　　城市是人类与各类经济活动的集中区域，也是灾害的集中承载体。随着城市建设的迅猛发展和城市功能的不断提升，城市灾害的形成因素也在不断地增多，特别是城市中的建筑火灾频发，严重危害了城市居民的生命及财产安全。随着信息化技术的发展，大数据和互联网技术在城市防灾减灾的研究和工程应用越来越多，对我国防灾减灾技术的推广具有良好的示范作用。

　　本篇选择了6篇工程案例，介绍了城市空间布局对城市防灾减灾性能影响、大跨结构防火设计以及风荷载研究应用，以及社会关系网络和大数据在防灾减灾中的研究应用，以促进防灾减灾事业稳步前进。

1 防灾减灾视角下的城市空间布局规划研究
——以唐山市为例

张孝奎

北京清华同衡规划设计研究院有限公司，北京，100086

一、引言

城市总体空间布局是城市的社会、经济、环境以及工程技术与建筑空间组合的综合反映[1]，是城市总体规划的重要内容，其合理性关系到城市建设与管理的整体有序性、经济性、关系到长远的社会效益与环境效益，具有重要意义。

城市总体空间布局对城市防灾减灾性能也具有重要影响，从某种意义上说，其影响甚至比城市一般防灾减灾工程设施的影响更大、更根本、更深远和更长久。然而，在现在的城市总体规划编制中对其重要性重视不够，没有充分发挥城市总体空间布局在城市防灾减灾中的作用，一些不当的城市总体空间布局甚至给城市安全留下隐患。本文以唐山市为例，介绍如何在城市空间布局中考虑灾害的影响，落实防灾减灾要求。

二、城市概况

唐山市位于河北省东北部，南临渤海，北与承德以长城为界，东与秦皇岛市接壤，西与天津为邻（图 6.1-1）。全市面积 13472km²，自然海岸线长 196.5km，滩涂面积 830km²。

1. 承灾环境

唐山市坐落在华北平原北部，属冀东平原的一部分，燕山山脉东端。北部和东北部多山，地势北高南低，海拔在 300～600m；中部为燕山山前平原，地势平坦，海拔 50m 以下；南部和西部为滨海盐碱地和洼地草泊，海拔 15m 以下（图 6.1-2）。

唐山市属东部季风区暖温带，半湿润气候区，具有四季分明，雨热同季，日照充足，雨量充沛，年平均气温介于 10.1°～11.2°，无霜期 180 d，最大冻土深度 73 cm。

2. 建设现状与发展规划

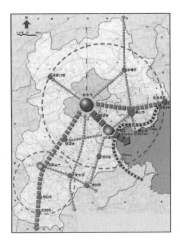

图 6.1-1 唐山市区位图

唐山市辖 7 个市辖区（路南、路北、开平、古冶、丰润、丰南、曹妃甸）、5 个县（乐亭县、滦县、滦南县、玉田县、迁西县）、2 个县级市（遵化、迁安）（图 6.1-3）。截至 2015 年末[2]，唐山常住人口为 780.2 万人，其中户籍人口 754.96 万人。唐山地区生产总值 6 103.06 亿元，居河北城市第一位，中国城市第 25 位。全市人均生产总值 78 224 元。其中，三产比例为：9.3∶55.1∶35.6。

266

根据《唐山市城市总体规划（2011-2020)》[3]，到2020年，唐山市常住人口将达到800万人；地区生产总值将达到1.3万亿元，其中，三次产业结构为5 ： 55 ： 40；形成"两核两带"的城镇空间结构；城市总体上将发展成为国家新型工业化基地、京津冀城镇群专业性国际港口城市和国家科学发展示范城市和环渤海生态宜居城市（图6.1-4）。

图6.1-2　唐山市地形图

图6.1-3　唐山市城镇
体系现状图

图6.1-4　唐山市域空间
结构规划图

三、主要灾害分析

据统计[4]，唐山市所面临的自然灾害主要有水旱灾害，台风、冰雹、雪、沙尘暴等气象灾害，地震灾害，山体崩塌、滑坡、泥石流等地质灾害，风暴潮、海啸等海洋灾害，森林火灾和重大生物灾害等。根据研究[5]，在这些灾害中，地震灾害、地质灾害和洪水灾害相对较重。而随着全球气候变暖和海平面的抬升，唐山也应重视未来海洋灾害的影响。下面重点介绍一下唐山市未来所面临的这四种灾害情况。

1. 地震灾害

大地构造上，唐山市隶属于中朝准地台，是我国最古老的陆台之一，具有典型的双层结构[6]。按其特点，可划分出一系列二级及三级大地构造单元。区域内主要活动断裂分布方向为北北东向、北东向和北西西向、北西向，可划分出三大活动断裂带：郯庐断裂带、华北平原断裂带和张家口－渤海断裂带（图6.1-5）。

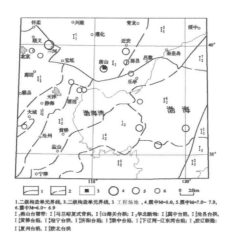

图6.1-5　区域大地构造单元划分图

据统计（公元前 231 年至 2012 年 12 月）[6]，在区域范围内共记录到 4.7 级以上地震共 92 次（图 6.1-6）。其中 8 级地震 1 次：1679 年河北三河平谷 8 级地震；7.0 ~ 7.9 级地震 3 次：1976 年唐山 7.8 级和滦县 7.1 级地震、1888 年发生在渤海湾的 7.5 级地震；6.0 ~ 6.9 级地震 10 次；5.0 ~ 5.9 级地震 41 次；4.7 ~ 4.9 级地震 37 次。研究显示[7]，唐山市应考虑未来几十年内发生唐山地震晚期强余震的可能。根据《中国地震动参数区划图》GB 18306-2015[7]，唐山市主要为Ⅶ度和Ⅷ度区，地震危险性比较高（图 6.1-7）。

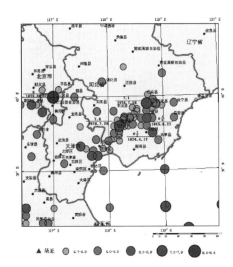

图 6.1-6　区域历史地震震中分布图
（公元前 231 年至 2012 年 12 月）

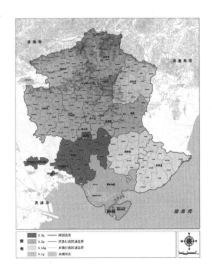

图 6.1-7　唐山市域地震峰值加速度区划图

2. 地质灾害

据调查，唐山市地质灾害类型多，分布范围广[8]。截至 2014 年底，唐山市共发现地质灾害隐患点 463 处，其中崩塌 85 处、滑坡 75 处、泥石流 191 处、地面塌陷 109 处；其中险情大型地质灾害隐患点 33 处、中型 127 处、小型 303 处。其中，崩塌、滑坡、泥石流地质灾害主要分布在中低山迁西、遵化市和迁安市一带；地面塌陷地质灾害是矿区和岩溶发育区主要地质灾害，主要分布在市辖 5 区、丰南区、古冶区和玉田县；地面沉降地质灾害主要分布在滨海平原区、曹妃甸区和丰南区；尾矿库主要分布在迁安、迁西、遵化、市区周边等地。

3. 洪水灾害

唐山市属于海河流域，市域内有大小河流 100 多条，分属于海河水系和滦河水系，其中较大的河流有滦河、陡河等[9]（图 6.1-8）。有水库 100 多座，其中大型水库有潘家口水库、大黑汀水库、邱庄水库、陡河水库。

根据对 1957 ~ 2014 年降雨统计研究，唐山市降水量的年变化振幅波动较大，历时记录最多降水量为 1005.2mm（1964 年），最少 318.1mm（2002 年），多年年平均降雨量为 606.8mm。这期间，有 11 次洪水造成的不同程度的灾害（表 6.1-1）。其中因滦河泛滥造成的洪水灾害最严重，人员死亡多，公用设施损失严重，如 1962 年、1959 年大洪水。另外，1990 年代以后随着经济的发展，直接经济损失越来越大，特别是北部山区矿采冶金业的损失巨大。

图 6.1-8　唐山市水系分布图

唐山市部分历史洪灾一览表　　　　　　　　　　　　　　　　　　表 6.1-1

时　间	滦河滦县测站最大流量 / (m³/s)	成灾范围	洪灾性质
1959.7.21-22	24000	迁安及滦河两岸	山洪、水洪
1962.7.24-26	34000	全区	山洪、水洪
1966.7.28-29	6360	遵化	山洪
1975.7.29-30	3930	七个县	水洪
1977.7.26-27	5820	全区	水洪
1979.7.28-29	9340	迁西、迁安	山洪
1984.8.9-10	8850	迁安、迁西、玉田	山洪
1994.7.13-14	9200	迁西、迁安	山洪、水洪
1995.7.28-31	6400	迁西	山洪，水洪
1996.8.6	3570	遵化	山洪
1998.7.13	2040	迁西、迁安、遵化、丰润	山洪

4. 海洋灾害

唐山市所面临的海洋灾害主要包括地面沉降、风暴潮、海岸侵蚀和海水入侵[10]。其中：①华北沉降带以每年 1 ~ 1.5mm 的背景值沉降，而渤海湾海平面逐年上升，唐山沿海面临着巨大的地面沉降挑战。②经统计，1960 ~ 2005 年唐山沿海地区一共发生 7 次风暴潮，其中 83% 发生在进入 1990 年代以来，时间都集中在 7 月下旬到 10 月上旬。③据统计，从 1980 年代开始，唐山市海岸侵蚀总体趋势为淤积，其中最大侵淤量为 3000m，总侵淤面积 108km²，岸段长 85km；最大侵蚀量为 260m，总侵蚀面积为 2.4km²，岸段长 5.2km。④海水入侵主要以越流方式或通过水源井垂向侵染深层淡水，由风暴潮、大潮涌引起。资料显示，到目前为止唐山海岸带共发生过 4 次不同规模的海水入侵灾害（表 6.1-2）。

唐山沿海地区海水入侵统计表　　　　　　　　　　　　　　　表 6.1-2

海水入侵次数	距今时间间隔	海相层底板埋深 /m	海相层底板厚度 /m	分布范围
第 1 次海侵	0.15 ~ 0.16MaB.P.	140 ~ 180	3 ~ 5	滦南和乐亭南部海岸线一带
第 2 次海侵	0.11MaB.P	80 ~ 120	20 ~ 40	分布范围较小
第 3 次海侵	36 kaB.P.	20 ~ 68	5 ~ 52	分布范围稍大于第一次
第 4 次海侵	7 ~ 6 kaB.P	0 ~ 20	3 ~ 19	玉田的虹桥 - 丰润欢喜庄 - 丰南黄各庄 - 滦南暗牛淀 - 乐亭姜各庄 - 昌黎团林 - 秦皇岛

四、城市空间布局规划

1. 防灾减灾策略

研究显示[5]，唐山市的灾害形势有以下三个特点：①灾害种类多，灾害危险性大；②灾害分区特征明显；③中心城区灾害危险性非常高。因此，唐山市未来防灾减灾工作应采取以下发展策略：①特别重视城市抗灾能力建设，保证城市基本的防灾减灾能力；②不同地区的防灾减灾工作应针对其特点开展，避免出现防灾资源错配；③唐山市应在中心城区之外形成未来城市发展的新核心，以分散城市整体风险。

根据不同区域所面临的灾害风险，唐山市可分为三大防灾分区：北部山区防灾分区、中部平原防灾分区和南部沿海防灾分区。由于各分区承灾环境和灾害特点均不一样，因此，各分区防灾减灾工作也应采取不同的策略。具体如表 6.1-3 所示。

唐山市防灾减灾策略　　　　　　　　　　　　　　　表 6.1-3

防灾分区	范围	防灾减灾特点	防灾策略
北部防灾分区	包括玉田、遵化、迁西以及迁安等区域	(1) 地质灾害、山洪危险性高，抗灾难度大； (2) 地形以山地为主，交通易受灾害影响，救援难度大	(1) 建设用地选址避让地质灾害影响区； (2) 建立灾后自救体系。针对主要灾害加强防灾设施、救灾队伍及物资储备等方面的建设
中部防灾分区	包括中心城区、空港片区、丰润片区、古冶片区、滦县等区域	(1) 地震灾害，地质灾害影响大，工业围城引发的次生灾害风险大 (2) 承灾环境复杂，易损性大。市域发展核心区域，建筑人口密度大，灾害易损性大	(1) 严格控制地震、地质灾害影响区域建设用地规划建设； (2) 加强建筑抗灾能力建设，加快老旧房屋改造力度； (3) 加强交通生命线通道，供水、供电、通信的骨干线路抗灾能力建设增设避难场所，保障疏散通道畅通
南部防灾分区	包括南堡开发区、唐海片区、海港开发区、乐亭工业区、曹妃甸新城以及曹妃甸工业区	(1) 主要受海洋灾害影响及地面沉降的威胁； (2) 近年来有较多企业和人口聚集，灾害易损性提高	(1) 通过加强海岸工程建设，提高沿岸防御海洋灾害的能力； (2) 优化海洋航道与陆地交通衔接，为灾后从海上接受应急救援打下基础； (3) 加强危险源生产和储存企业的监督与管理，防范安全生产事故

2. 城市空间结构

从防灾减灾角度考虑，城市空间结构的布局应遵循以下几个基本原则：①尽可能避开灾害危险性高的区域，如果不能完全避开，也应尽量选择灾害风险相对较低的区域；②对灾害危险性比较高的城市，宜优先选择组团式结构，形成既适度分散，又互为支撑的城市空间结构体系；③为保证组团式城市结构的安全，各组团应建立相对独立的应急保障支撑体系，同时，各组团之间应保证有可靠的交通联系。

根据《唐山统计年鉴2016》[2]，截至2015年底，唐山市常住城市人口为454.89万人，其中中心城区为149.4万人，占全市32.84%，是城市人口占第二位丰润的3.52倍，城市首位度非常高。然而，研究显示，唐山市中心城区具有灾害种类多、危险性高的特点（图6.1-9）。特别是1976年的唐山大地震震中就在中心城区。因此，为降低城市整体风险，唐山市未来应在中心城区之外建立城市副中心，作为唐山市未来发展主要空间载体。

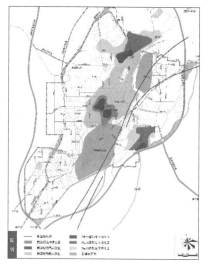

图6.1-9　唐山市中心城区灾害危险要素分布图

从唐山市三个防灾分区来看，北部防灾分区由于主要以山区为主，加之地质灾害和山洪灾害风险比较突出，不宜作为未来城市发展的主要载体。而南部防灾分区地势较为平坦，灾害主要以海洋灾害为主，灾害环境相对比较简单。因此，唐山市未来可在南部防灾分区寻求建立唐山市副中心（图6.1-10）。鉴于近年来全球范围内沿海地区海洋灾害风险上升趋势比较明显[11]，唐山市副中心初期选址不宜过于靠近海边，宜采用逐步向海边靠拢的开发模式。这样一方面可以给沿海防灾工程建设预留足够时间，同时还能尽可能降低地质灾害的影响。根据区位和发展现状，起步阶段可结合唐海片区来发展。

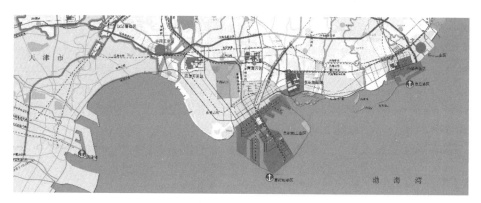

图6.1-10　总体规划中南部防灾分区发展规划

3. 应急救援通道规划

根据承灾环境和灾害特点，在《唐山市综合交通体系规划（2015-2020）》[12]基础上，唐山市应急救援通道的构建（图6.1-11）宜采取以下两个措施：

（1）建设双机场，形成灾后快速应急救援通道。由于唐山地震灾害危险性非常高，在面临重大地震灾害时，地面交通保障将非常困难。所以，唐山应确保机场在重大地震灾害时的安全，以保障灾后城市内外交通联系。为此，①为加强三女河机场对外交通联系的可靠性和快捷性，建议将现有三女河机场对外联系的省道提升改造为高速公路，并尽快启动三女河机场西侧联络通道建设，以保障机场灾后的正常使用及联络交通的畅通；②为支撑唐山市未来双核心城市结构，建议新建曹妃甸机场，形成双机场的空中救援通道，增强空中通道的可靠性，提高救灾效率。

（2）新增唐曹高速和唐港高速连接线，提高水陆交通和陆路交通救灾效率。陆路交通具有灾后恢复速度快的优点，水路交通具有受灾害影响相对比较小的优点，唐山市背山面海，具有良好的陆路和水路交通资源。为充分发挥这两种资源的优势，实现资源利用的最大效率，建议新增唐曹高速和唐港高速连接线。

4.重大防灾工程规划

为支撑唐山市城市空间布局的防灾减灾性能，落实防灾减灾工作中的"以防为主，防抗救相结合的方针"，唐山市还应建设一些重大的防灾减灾工程：

图 6.1-11 救援疏散通道规划图

（1）救灾指挥中心。在现有救灾指挥中心基础上，建议在南部新区新增一个救灾指挥中心。平时，这个指挥中心主要负责曹妃甸新区的应急指挥工作，灾时，能与中心城区救灾指挥中心互为备份，提高全市救灾指挥中心的安全保障水平。

（2）救灾队伍。各区（市、县）政府所在地应配备必要的抢险救援队伍和专业救援队伍。争取在规划期内，各乡（镇）建成区所在地配备必要的抢险救援队伍和专业救援队伍。

（3）救灾物资。各乡（镇）建成区所在地救灾物资应以生活类和简单救援类救灾物资为主。各区（县）政府所在地救灾物资应以救援机械和器具、医药类为主。救灾物资储备库的建设应以政府主导、市场运作的方式进行。在保证安全性的前提下，尽量降低成本。

五、结语

在城市总体规划中的城市空间布局规划阶段就考虑城市所面临的自然灾害特点，并据此优化调整城市空间布局规划，有利于从根本上降低城市未来所面临的自然灾害风险。根据对唐山市所面临的自然灾害风险进行分析，结合唐山市的承灾环境及建设发展情况，提出唐山市未来防灾减灾的整体策略，并从防灾减灾角度，对未来唐山市城市空间结构规划的方向和应注意的问题、应急救援通道的构建和重大防灾工程设施布局方面提出了意见和建议，以达到防灾减灾的效果。

本文原载于《灾害学》2018 年第 1 期

参考文献

[1] 吴志强，李德华.城市规划原理（第四版）[M].北京：中国建筑工业出版社，2010.

[2] 唐山市统计局，国家统计局唐山调查队.唐山统计年鉴 2016[M].北京：中国统计出版社，2017.

[3] 唐山市人民政府.唐山市城市总体规划（2011-2020）[R].河北：唐山市城乡规划局，2011.

[4] 唐山市人民政府.唐山市自然灾害救助应急预案［EB/OL］.（2010-07-29）/[2017-06-08]. http://www.
tsdrc.gov.cn/zhuzhan/ziranzaihai/20100729/125738.html.

[5] 北京清华同衡规划设计研究院有限公司，唐山市规划建筑设计研究院.唐山市城市综合防灾减灾详细
规划[R].北京：北京清华同衡规划设计研究院有限公司，2016.

[6] 北京吉奥星地震工程勘测研究院，中国地震应急搜救中心.河北省城市活断层探测与地震危险性评价项目（唐山市项目）技术报告 [R]. 河北：唐山市地震局，2013.

[7] GB 18306-2015 中国地震动参数区划图 [S]. 北京：中国标准出版社，2015.

[8] 唐山市国土资源局.唐山市地质灾害防治"十二五"规划 [R]. 河北：唐山市国土资源局，2012.

[9] 河北省城乡规划设计研究院.唐山市城市排水（雨水）防涝综合规划 [R]. 河北：唐山市城乡规划局，2015.

[10] 陶志刚，李昌存，王明格.唐山海岸带主要灾害地质因素及其影响 [J]. 资源与产业，2016（3）.

[11] 张孝奎，万汉斌，杨润林，等.城市灾后恢复重建规划 [M]. 北京：中国建筑工业出版社，2017.

[12] 唐山市城乡规划局，南京市城市与交通规划设计研究院有限责任公司.唐山市综合交通体系规划（2015-2020）[R]. 河北：唐山市城乡规划局，2015.

2 灾害多发地域社会关系网络建构路径的实证研究
——以云南省大关县翠华镇为例

邓云峰[1]，王双燕[2]

1. 中共中央党校（国家行政学院），北京　100091；
2. 中国地质大学（北京），北京　100083

一、引言

Euler 与 Konigsberg 的七桥问题打开了网络科学的新篇章[1]。网络科学被用于研究复杂系统中的诸多复杂问题。通常，真实的复杂系统往往被抽象为一个由点和线所构成的网络图[2-4]。以社会关系网络为例，网络中的点被看作真实系统中的人，而点与点的连接被看作真实系统中人与人的交互关系，如亲属关系、同事关系、地缘关系等。不同社会文化和地质环境背景下所形成的社会关系网络是不同的。灾害多发区域的社会关系网络与一般区域的社会关系网络结构和组成要素也是不同的。而社会个体的行为主要依赖社会关系的牵引而形成交互，从而产生社会群体行为。对灾害多发地域的社会网络的分析研究有助于人类行为交互、大面积人群协同[5, 6]以及舆情预警控制策略等问题的研究，有助于加强灾害时对公共行为的控制与管理[7-9]，强化应急保护效果，提高灾害时公众安全健康的保障力度。

灾害多发地域的社会关系网络数据建构是开展针对性社会关系网络分析与研究的基础之一。Milgram[10]较早对社会关系网络展开了研究，Milgram 的研究团队召集 296 名志愿者开展了信件传递实验，规则在于 Milgram 利用这 200 多名志愿者的实际社会关系要求他们在规定时间内以最短的交接路线将信件送到目标人手中。经研究，Milgram 团队发现了社会关系网络中的六度分离理论。之后，越来越多的研究者想要探究社会关系网络中的奥秘。部分研究者[11]从自身研究兴趣点入手抽样选取所要调查的社会群体中的个体，俗称"线人"，通过对多个线人以访谈的方式进行交流，获取社会关系数据矩阵。为了解实际社会情境，长时间处于情境环境中并通过观察得出社会关系数据也是较为传统的方法之一[12-14]。除此之外，问卷调查法是建构社会关系网络较为实用的方法之一，其中包括提名生成法[15, 16]、职位生成法等设计方法。然而，单纯的问卷调查法所能获取的数据有限，无法满足大规模社会关系网络的建构，基于此，利用档案数据收集社会关系网络数据也成为研究者建构社会关系网络的主要方法[17-19]。然而，档案数据与实际数据之间的时间差异性仍然是建构社会关系网络数据所要面临的主要问题之一。本文以云南省大关县翠华镇为对象开展实证研究，提出将 2 类传统方法相结合的灾害多发地域社会关系网络建构路径，为后续围绕灾害多发地域社会关系网络开展相关应急管理方面的研究奠定基础。

二、社会关系网络数据建构框架与路径设计

本文以行政区域为划分依据，利用档案数据收集及问卷调查数据验证的方法，开展相关社会关系网络建构框架与路径设计，主要包括社会关系网络的建构进路、社会关系网络调研边界、调查问卷设计等 3 方面内容。

1. 社会关系网络建构进路

社会关系网络的建构进路，即档案数据、问卷调查和入户访谈相结合，提高数据收集量的同时，提高数据可靠性。本文的社会关系网络建构主要以户为单位，采用 3 种基本调查方式相结合的方法开展相关工作，在开展工作前，首先需要了解所调研区域的覆盖面积、人口数量、行政区域划分等基本特征。

（1）实地访谈

随机抽取部分区域的家庭户开展入户访谈调查。选取区域主要遵循以下 3 个原则：①所选区域在被调研范围之内；②多个选择区域应该具有明显的距离差距或行政分区差异；③选择区域具有一定的代表性特点，如人口密集、热点活动区域、本地人居多或租户居多等。

（2）问卷调查

根据所调研区域的整体布局，均匀选择问卷发放区域，可以按照地理位置、人口密度分布情况或者行政区域划分均匀发放调查问卷。调查问卷的发放数量可以视情况而定，确保问卷被访谈者的整体特征，如分布区域、分布密度等，与第三种方法中所获取的档案数据接近即可。

（3）档案数据提取

向相关管理部门请求提取可用的人员档案资料，结合资料内容生成档案中所涉及人员住户的地理位置布局、人口密度分布等数据，与实地访谈和问卷调查的结果进行同比例缩放比较，确保地理位置布局和人口密度分布的一致性。在以上 3 种方法获取结果一致的情况下，综合 3 种方法的调研结果建构该调研区域的社会关系网络。需要说明的是：在问卷调查或者档案数据收集过程中，灾害多发区域与其他区域略有不同，如问卷调查过程中会涉及社会个体对灾害的反应、第一时间通知对象以及与重点对象的关系等。

2. 社会关系网络调研边界

社会关系网络调研边界，即模糊界定社会关系网络建构范围，本文以行政区域为划分边界的主要依据，不同区域的社会关系网络构成是不同的[20]，不同的社会关系网络建构边界直接决定了所建构社会关系网络的自然环境背景和社会影响因素，而不同的自然环境背景和社会影响因素是社会关系网络结构的重要影响因素。社会关系网络的建构边界可以依据实际的行政分区、人员密集程度或者区域特点进行划分，如单一的社区结构、地理位置特殊的村落、具有特殊风俗习惯和风土人情的乡镇等。

3. 社会关系网络调查问卷设计

根据传统问卷调查的设计理论[21-22]，灾害多发地域社会关系网络数据问卷调查的设计主要涉及 3 方面内容：问卷调查内容边界；问卷调查主要内容；问卷提问中主观词汇的定量化设计。

（1）问卷调查内容边界

社会关系是人们在共同的物质和精神活动过程中所结成的相互关系的总称，即人与人之间的一切关系。本文中的社会关系单指个体与个体之间的关系，而考虑到本文所构建的社会关系网络主要用于研究公共安全问题，因此紧急状态下典型的社会关系是重点调查对象，即在紧急状态下，主要为个体提供紧急信息，并能够显著影响个体社会行为的关键链接关系。社会关系的种类多种多样，在调查问卷设计的过程中，界定所调查社会关系的种类至关重要。广义上，社会关系可分为地缘关系、亲缘关系和业缘关系。结合本文以住户为研究单位的特点，以及紧急状态下显著影响个体行为的特点，本文主要提取 3 种典型社会关系作为社会关系网络建构对象，即邻居关系、亲属关系和同事关系。而对于社会关系的亲密程度、敌对关系等，可以通过具体问题的设定来衡量。例如：理论上，同住在 1 户的亲属或直系亲属的关系比居住地相对较远或隔代亲属的关系更为密切，交往较为密切的邻居比互不相知的邻居关系更为密切，同一部门的同事比同一单位非同一部门的同事关系更为紧密。

（2）问卷调查主要内容

本文中，社会关系问卷调查以住户为单位，与住户中被访者相关的所有人都可以抽象为最终所刻画的社会关系网络中的点，问卷调查中所涉及的所有人之间的关系最终会被抽象为所刻画的社会关系网络中的边。这里所调查到、访谈到的人可以称之为传统方法中的"线人"，通过"线人"以滚雪球的方式获取更大范围的社会关系网络数据。由此可见，为刻画抽象的社会关系网络，问卷调查的主要内容需要提供 3 个基本信息：与被访者相关的人是谁；与被访者相关的人有多少；相关人员与被访者的关系是什么。其中，第一个信息内容的设定是为了避免网络中重复点的出现，即避免同 1 个人被设置了 2 个或多个点的情况出现；第二个信息内容的设定可以直接表明需要在社会关系网络中刻画的点数量；第三个信息内容直接设定了被访者的点与其相关点之间相连的边属性。

多灾害区域的社会关系网络数据建构旨在搜集并调查灾害区域的社会关系网络数据，形成以多灾害区域为背景的社会关系网络结构。根据上述分析，在进行区域社会关系网络问卷设计时，社会个体之间的社会关系属性是重要获取信息之一。在进行公共安全管理过程中，除社会关系属性之外，社会关系的强弱也是紧急状况下社会个体决策行为的重要影响因素。因此，在进行问卷内容设计时，会涉及被访者对社会关系属性以及关系强度的主观衡量，为后期社会关系网络的结构分析以及公共安全管理策略的提出奠定基础。

（3）主观性词汇的定量化设计

在调查社会关系的过程中，不可避免地会涉及很多主观性词汇，如被访者与其邻居的关系是否够密切这类问题，不同的被访者对关系达到何种程度可以称之为"关系密切"的考量是不同的，甚至于，设计问卷者与被访者之间对这类主观词汇的考量也是不同的。如果无法做到统一标准，可能会对社会关系网络建构的结果产生一定的影响。定量化这类主观词汇是在社会关系调查过程中不可或缺的一个步骤。

本文针对灾害多发地域社会关系调查，主要采用设计者统一标准的方法或间接提问的方法定量化主观性词汇。例如，对于被访者与其邻居关系是否密切的问题，可以从被访者是否知悉其邻居姓名、住户人数等问题的答案中间接推断主观性信息。

三、应用实例

1. 云南大关县概况

云南大关县县域地形南北长、东西窄，为山地地貌，山高林深，地表崎岖。云南大关县的县城位于翠华镇上，翠华镇属二半山区，地形东南偏高，山峦起伏，处于翠屏山古滑坡的大滑体上。旱、涝、风、洪、雹、虫、山崩、滑坡、泥石流等自然灾害频发。大关县全县大小滑坡 164 处,其中大滑坡 64 处。县城翠屏山为古滑坡带,面积 1.82km²,滑坡体积约 12740 万 m³,威胁县直 70 多个机关单位、6 所学校 1.7 万余人和 2500 亩农田、2 km 国道线、2 亿元以上财产的安全[23-24]。

云南大关县除了地理位置较为特殊之外,多民族混合的人口结构也是其突出特点,县境世居民族有汉、苗、回、彝。1993 年统计全县少数民族种类多达 12 个民族[23-24]。

2. 翠华镇社会关系网络建构框架

(1)翠华镇社会关系网络建构边界

翠华镇主要由龙洞社区、辕门社区和笔山社区 3 个非封闭式社区构成。其中笔山社区覆盖面积最大,涵盖人口最广,共涵盖了翠华镇将近一半的住户,多达 3000 多户人家。本文以行政区域划分社会关系网络建构边界,此次社会关系网络建构以翠华镇最大的社区——笔山社区为重点调查区域。由于县城覆盖面积不大,而且笔山社区涵盖了县城核心地点和较为繁华的区域,在实际问卷调查的过程中,被访者很可能来源于其他社区。因此,此次实际社会关系网络调研的边界以笔山社区为主,其他社区为辅,调研范围涉及整个翠华镇。

(2)翠华镇社会关系网络建构进路

翠华镇社会关系网络的建构进路主要有 3 条:实际入户访谈;调查问卷发放;提取档案数据资料。翠华镇笔山社区共设有 1 个居委会管辖,由于覆盖面积广,涉及人口多,居委会下设 10 个管理小组,每个管理小组有 1 名管理组长。此外,翠华镇的菜市场及周边佳园路、北门街为县城较为繁华的区域。繁华区域内以经商为主,因此可能有其他社区的住户在内。

此次翠华镇社会关系网络调研的入户访谈选定 3 个特点较为突出的核心区域展开,主要从笔山社区居委会、佳园小区和菜市场展开。其中,笔山社区居委会是唯一综合了解笔山社区的行政管理单位;佳园小区是笔山社区住户人口较为集中的小区,其中还包括一部分的租户;菜市场是翠华镇住户人员主要的活动区域之一。调查问卷的发放主要由 10 个组长在各自组管辖范围内进行定量发放,基本可以全面涵盖整个笔山社区。除此之外,调研组向翠华镇居委会申请提取了部分包含有住户基本人口数量和详细家庭地址的档案资料。

(3)翠华镇调研住户分布情况

基于以档案数据为主、实际问卷调查和入户访谈数据验证为辅的社会关系网络建构方法,此次翠华镇社会关系网络调研实际入户访谈和问卷发放达 150 户,提取数据档案资料达 1806 户。其中 150 户的调研数据和 1806 户电子档案数据的住户分布情况分布如图 6.2-1 所示。

可以发现,图 6.2-1(a)和图 6.2-1(b)的住户布局都是以县城(笔山社区所在位置)为密集区域,其次皆有部分住户地址散落在其他区域。为了更准确地比较两类数据表述的住户分布一致性,基于 2 个住户分布图,利用 Arcgis 进行点密度和核密度分析,此处的点密度是指根据落入每个单元周围领域内的点要素计算得出的每单位面积的量级,核密度用于计算要素在其周围领域中的密度。经过两者分析,能够直观地展现调查对象的分布情况,分析结果如图 6.2-2 ~ 图 6.2-3 所示。

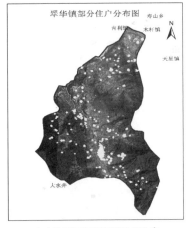

a. 入户访谈及问卷调研的 150 户　　　　　　　b. 电子档案中的 1806 户

图 6.2-1　调研住户分布

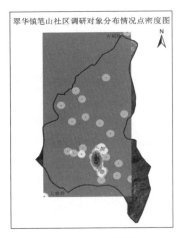
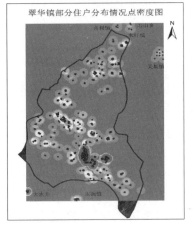

a. 入户访谈及问卷调研数据点密度　　　　　　b. 电子档案数据点密度

图 6.2-2　入户访谈及问卷调研数据和电子档案数据的点密度分析示图

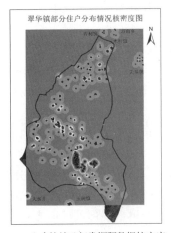
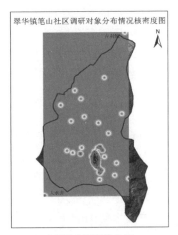

a. 入户访谈及问卷调研数据核密度　　　　　　b. 电子档案数据核密度

图 6.2-3　入户访谈及问卷调研数据和电子档案数据核密度分析示意

由图 6.2-2 所示的两类数据点密度分析图可以发现，电子档案数据中被访者住户覆盖面积更为广泛，涉及玉碗镇、木杆镇、天星镇、吉利镇等周边乡镇，这可能是由于翠华镇居民实际的居住地位于相邻的其他乡镇区域；其次，电子档案数据中被访者住户密集区域是县城中心（虚线圆圈区域内），而入户访谈及问卷调研数据的住户密集区域形状、密集程度与电子档案数据类似，皆是县城中心（虚线圆圈区域内）。因此可以判断，实际调查数据基本可以验证档案数据的可靠性。基于此，认为这两类数据可共同用于社会关系网络的建构。

（4）翠华镇社会关系网络结构

基于档案数据和问卷调查数据，整理生成翠华镇社会关系网络结构示意图，如图 6.2-4 所示。图中度值越大的点，节点的直径就越大，颜色就越浅。可以发现大部分人的社会关系较为薄弱，少部分人具有较多的人脉关系，这种现象符合无标度网络特征。翠华镇社会关系网络度分布情况如图 6.2-5 所示，基于典型无标度 BA 网络的度分布对翠华镇社会关系网络度分布进行拟合，拟合优度（COD）高达 99%，这表明翠华镇社会关系网络的异质性特征非常明显，是典型的无标度网络。基于翠华镇社会关系网络的无标度特性，在进行公共安全管理及应急决策时，依赖于无标度网络的有效管理策略是确保翠华镇公众安全的首要选择，该特征也是后期对翠华镇公共安全研究的重要依据之一。

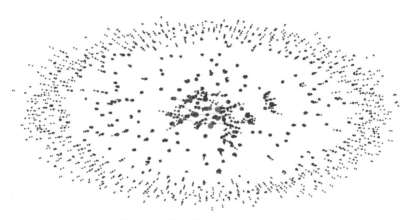

图 6.2-4 翠华镇社会关系网络示意

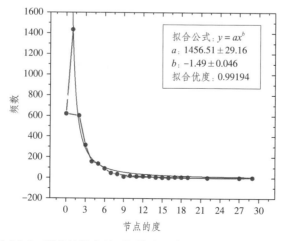

图 6.2-5 翠华镇社会关系网络度分布及拟合分布情况示意

279

　　图 6.2-6 ～图 6.2-8 分别展示了所调查的 3 种社会关系的网络分布情况，即亲属关系、同事关系和邻居关系。由图 6.2-6 ～图 6.2-8 可以看出，翠华镇的社会关系以亲属关系为主，邻居关系其次，同事关系最弱。这是因为翠华镇本身是 1 个贫困县，并没有太多的企业聚拢居民的劳动力，大多居民是个体户经营。这种社会关系的特征可以用于指导相关应急管理工作。如以预警信息的传播为例，在进行预警信息传播时依赖同事关系是不够的，以户

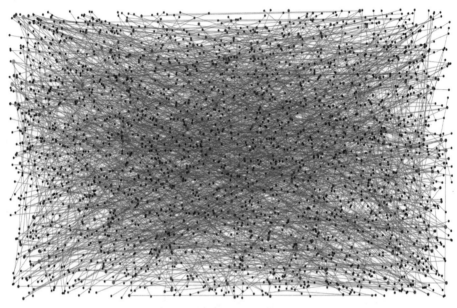

图 6.2-6　翠华镇亲属关系网络示意

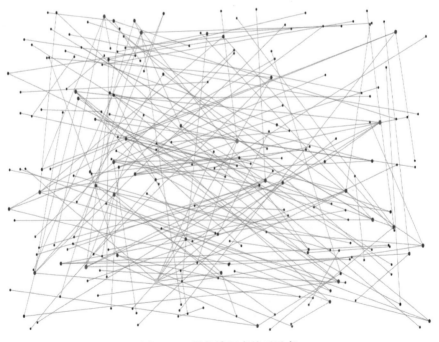

图 6.2-7　翠华镇同事关系示意

为单位依赖亲属关系进行应急信息传播相对更为有效。由图 6.2-8 可以看出，翠华镇的邻居关系较为松散，这是因为翠华镇外形为长条形，处于古滑坡带上，整个翠华镇没有超过 1 km 的平地区域，因此，居民居住位置就会较为松散。但依然存在有较为集中的区域，如图 6.2-8 中的中间区域，这是翠华镇的繁华区域。由此可见，在翠华镇进行预警信息传播时，不能单纯依赖高度节点的扩散作用，可以将区域进行段化分割，分区域进行预警信息的扩散。由上述可知，在翠华镇进行预警信息传播时，可以制定"分区域预警，并以户为单位传播预警信息"的策略。

图 6.2-8　翠华镇邻居关系示意

四、结论

1. 结合社会关系网络的特点与应用，明确开展多灾害地域的社会关系网络建构路径研究的重要性。

2. 提出灾害多发地域社会关系网络建构路径，即基于档案数据与问卷调查数据验证相结合的方法。

3. 以位于古滑坡带的大关县翠华镇为例，通过问卷调查、入户访谈和档案收集获取翠华镇核心社区笔山社区的社会关系数据，通过 Arcgis 对档案数据和问卷调查及入户访谈数据的分布密集程度进行分析，确保档案数据和问卷调查及入户访谈数据调研对象的一致性，确保档案数据的可靠性和可行性。通过整理可视化翠华镇社会关系网络结构，以预警信息传播为例分析得出有利于翠华镇预警信息传播的方法。

4. 实证研究进一步表明了社会关系网络建构路径的可行性。灾害多发地域的社会关系网络建构是基于灾害多发地域社会关系网络研究灾害多发地域应急管理和人员保护问题的前提。

参考文献

[1] Gribkovskaia，I.and OHalskau.The bridges of Konigsberg - A historical perspective[J]. Networks，2007. 49 （3）：199-203.

[2] 向欢 . 公共危机信息传播的社会网络机制研究 [J]. 科技传播，2016.8（06）：27+30.

[3] 张翼成 . 社会网络上行为传播和疾病传播的动力学研究 [D]. 2016，电子科技大学 .

[4] 李金华 . 网络研究三部曲：图论、社会网络分析与复杂网络理论 [J]. 华南师范大学学报（社会科学版），2009（02）：136-138.

[5] 吴媚，袁曦临 . 网络舆情对公众参与公共决策的影响性研究——以"南京绿评制度"为例 [J]. 新世纪图书馆，2014（06）：15-19.

[6] 谢起慧 . 危机中的地方政务微博：媒体属性、社交属性与传播效果——中美比较的视角 [D]. 中国科学技术大学，2015.

[7] 张亚兰 . 公共危机事件在微信中的传播研究 [D]. 新疆财经大学，2017.

[8] 王温馨 . 基于社会网络的微信人际情报网络研究 [D]. 郑州航空工业管理学院，2017.

[9] 陈秋月 . 网络舆情下政府公信力的实证研究 [D]. 重庆大学，2013.

[10] Kleinfeld. J S. The small world problem[J].Society，2002. 39（2）：61-66.

[11] 刘军 . 法村社会支持网络的整体结构研究块模型及其应用 [J]. 社会，2006（03）：69-80+206-207.

[12] 颜玖 . 观察法在社会科学研究中的应用 [J]. 北京市总工会职工大学学报，2001（04）：36-44.

[13] 马慧 . 参与观察法的引入与深化——读怀特《街角社会》[J]. 阴山学刊，2008（05）：117-120.

[14] 王建萍 . 浅谈对社会科学研究方法的认识——以参与观察法为例 [J]. 商，2015（15）：134.

[15] 牛喜霞，邱靖 . 社会资本及其测量的研究综述 [J]. 理论与现代化，2014（03）：119-127.

[16] 吕涛 . 社会资本的网络测量——关系、位置与资源 [J]. 广东社会科学，2012（01）：233-239.

[17] PadgettJF，C K A. Robust action and the rise of the medici，1400-1434[J]. American Journal of Sociology，1993. 98：1259-1319.

[18] Gil-Mendieta J，Schmidt S，The political network in Mexico[J]. Social Networks，1996（18）：355-381.

[19] Gould R. Multiple networks and mobilization in the paris commune，1871[J]. American Sociological Review，1991（56）：716-729.

[20] Scott J，Social network analysis[D]. 重庆大学出版社，2016.

[21] 胡凯 . 浅谈社会科学方法中的问卷设计技术——基于问卷设计的原则和程序 [J]. 甘肃科技，2012，28（11）：65-66+46.

[22] 阿迪力·努尔 . 浅谈调查问卷设计中的有关技巧 [J]. 统计科学与实践，2012（06）：54-56.

[23] 云南省大关县地方志编纂委员会 . 大关县志 [M]. 云南出版集团有限责任公司，2005.

[24] 云南省大关县地方志编纂委员会 . 大关县志 [M].

3 大数据互联共享在海南省防灾减灾中的应用

陈小康[1]　陈武[2]　吉小燕[2]　赵光辉[2]

1. 海南省防汛物资储备管理中心，海口　571126；

2. 海南省防汛防风防旱总指挥部办公室，海口　571126

一、概述

海南省地处热带北缘，海岛性气候复杂多变，台风、洪涝、干旱、山体滑坡、风暴潮等自然灾害多发频发，给海南省社会经济发展、人民群众及游客的生命财产安全带来巨大威胁[1]。

海南省委、省政府高度重视防灾减灾信息化能力建设。2015 年 5 月 29 日，时任省长、现任省委书记刘赐贵调研海南省防汛防风防旱总指挥部办公室（以下简称"三防办"）时强调：要把人民群众生命财产安全放在首位，将"三严三实"专题教育的成效体现在推动"三防"工作、落实"三防"责任上，确保预警到乡、预案到村、责任到人，全力以赴维护人民群众生命财产安全。海南省利用"互联网＋"、大数据、移动互联网等先进技术[2-3]，2016 年年底建成了海南省互联网＋防灾减灾信息平台（一期）（以下简称"一期平台"）。2017 年 5 月 23 日，时任省长沈晓明要求以海南省互联网＋防灾减灾信息平台（二期）工程为试点来强化政府间的信息共享，做成各委办局之间信息共享的样板。省政府办公厅、省工信厅牵头，省水务厅承建，政府直属部门共 36 个单位参与，2017 年年底建成了海南省互联网＋防灾减灾信息平台（二期）（以下简称"二期平台"）。

二期平台在一期平台基础上，继续围绕"一个中心、两个平台"（即防灾减灾大数据中心、防灾减灾决策支持平台、防灾减灾信息服务平台）总体架构，以"横向到边、纵向到底"为目标，建立信息互联、互通机制，破除信息资源"蜂窝煤"的壁垒，对大数据信息进行挖掘、分析与应用，支撑多部门异地会商、业务协同、联动指挥，实现应急响应启动到结束到灾后重建整个过程的业务协同支持，使"三防办"及成员单位了解应急响应期间的任务、灾情动态、救援动态及资源保障等，提升协同防灾效率和应急救援能力。

二、平台主要功能

1. 一期平台功能与应用

一期平台根据海南省"三防"形势和信息化现状，以预案为主线，以事件为驱动，以满足防风、防汛、防旱等工作为核心，充分利用省水务厅、省海洋与渔业厅、省气象局现有信息化成果，通过对省级水务、海洋、气象部门防灾减灾信息进行横向整合，利用互联网、云计算、大数据等技术，建成满足省领导及相关厅局进行防风、防汛、防旱等灾害防治时，协同会商、协同指挥、信息发布等工作需求的防灾减灾综合信息平台，并通过互联网建设防灾减灾信息服务平台，面向社会公众、游客提供防灾减灾信息服务（图 7.3-1）。

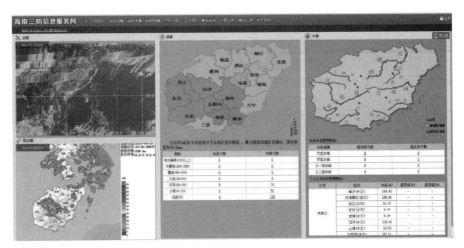

图 7.3-1 海南省互联网 + 防灾减灾信息平台（一期）首页

（1）整合海南省"三防办"已建信息系统，如值班系统、三防报表管理系统、省级山洪灾害预警平台、防汛抗旱指挥系统、防汛指挥电子沙盘系统、水库雨水情测报系统等。

（2）实现了水务、气象、海洋等 3 个三防核心成员单位的监测、预报、预警信息的整合共享。整合共享了水务厅的实时水情等 28 类 10766 项数据，省气象局的实时墒情、气象观测、旱情分析、天气预报、降雨预报、气象产品、气象预警、气象监测、旱情遥感等22 类 660 项气象信息和海洋厅的 7 个渔场、11 个浪区、24 个潮汐点、6 个滨海旅游度假区、7 个重点港湾的预报等 20 类 500 项海洋信息。

（3）建成面向会商决策、指挥调度及三防值班管理的防灾减灾综合信息平台和多部门联动指挥调度系统。

（4）建成了三防信息服务网、海南防灾减灾微信公众号、防灾减灾客户端等系统，实现了通过网站、微信、手机客户端等渠道面向公众发布一期整合的三防监测、预警、预报信息。

2. 二期平台主要功能

二期平台运用物联网、大数据、移动互联、云计算等技术，按照"一个中心、两个平台"的总体架构设计，重点突出 5 个 100% 安全（渔船 100% 回港，渔民 100% 上岸，水库 100% 安全，危房及低洼地区人员 100% 撤离，游客 100% 安全）的工作目标，进一步整合 36 个厅局涉ального大数据互联共享，具备防灾预警、指挥决策、应急保障等业务协同功能，提供个性化公众信息服务。主要功能有：

（1）防灾预警。整合海南省水务厅的超汛限水库和超警戒水位河流，国土厅的地质灾害隐患点，海口市市政市容委的城市内涝积水点，安监局的危化企业等风险点在一张图上展示。

（2）指挥决策。实现海南省防汛防风防旱总指挥部（以下简称"海南防总"）同各市县、乡（镇）、大中型水库和防汛责任人的视频会商。通过手机端视频连线应急处置现场；行动指令可通过短信和手机客户端同步下达至责任人，并动态跟踪执行进度。开发万泉河流域库群联调决策模块及大中型水库 720°全景展示，实现对万泉河流域降雨及来水预报、水库联合调度、洪水动态演进及人员转移预警提示等功能；整合公安厅、综治办的人口信息，应急办的应急预案，农业厅的水稻分布信息，测绘局的遥感地图，商务厅的企业分布信息，林业厅的苗圃信息作为指挥决策的基础信息支撑。

（3）应急保障。整合省军区、武警总队、消防总队、通信管理局和中国电信、中国联通、中国移动、铁塔、电网公司的应急抢险队伍，省民政厅和地震局的物资仓库，省工信厅的应急加油站，省卫计委的医疗机构分布和床位，省粮食局的粮食应急储备，省环保厅的饮用水水源地等信息，便于及时调配全省应急保障资源投入抢险。

（4）公众服务。及时向公众提供气象生活指数预报数据、交通厅的实时路况及停航停运、海事局的封航、教育厅的停课、旅游委的景区游客数量及关闭、文体厅的文体赛事等信息。

3. 二期平台与一期平台的区别与改进

（1）平台总体框架更复杂、更完善。二期平台较一期平台的总体框架，增加了基础网络共享体系、运维管理体系和信息采集与传输层，完善了支撑层内容，见图7.3-2。

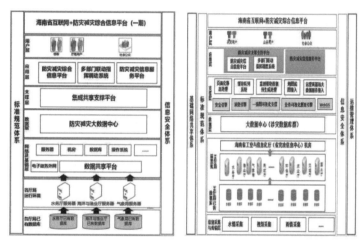

图 7.3-2　一期平台、二期平台总体框架对照示意图

（2）以防灾减灾需求为切入、政务信息资源整合共享为推手，建成36个委办厅局、多灾种数据整合共享机制，平台支撑信息更加丰富。共整合共享了176类90538项涉灾数据，其中，水务厅的实时水情等36类35656项数据，省气象局的实时墒情、气象观测、旱情分析、天气预报、降雨预报、气象产品、气象预警、气象监测、旱情遥感等22类660项气象信息和海洋厅的7个渔场、11个浪区、24个潮汐点、6个滨海旅游度假区、7个重点港湾的预报等20类500项海洋信息，其他部门共98类53722项数据。

（3）以应急响应级别为主线、指挥决策需要为抓手，建成36个成员单位应急联合值守、多灾种综合减灾的业务协同指挥机制，搭建起了全省统一的三防灾害综合信息平台（图7.3-3）。

（4）以提高应急响应效率为目的，建成全省各级防汛责任人在线协同网络（移动客户端），形成以全省各级防汛责任人为核心，线上线下同步的指令下达、灾害预警、灾情报送、灾害救助、移动视频会议的快速响应与互动机制。通过手机客户端和微信公众号，向社会公众提供水、电、油、气、道路、通信的"六保"防灾信息服务和推送基于群众当前位置周边的景区关停、实时路况、内涝积水情况，可自动规划避灾路线；公众参与灾险情上报，充分发挥公众力量及时发现灾险情。

图 7.3-3　业务协同指挥机制图

三、二期平台特点及亮点

1. 特点

（1）数据共享更丰富。打破厅局间"蜂窝煤"数据壁垒，整合 36 个厅局的实时预警预报及涉灾信息，在全国防灾减灾平台建设中属首例。

（2）移动端应用广泛便捷。随时随地实现移动端在线上线下同步指令下达、灾害预警、险情上报的协同互动；实现省三防办与现场抢险人员的移动视频会商、会议功能。

（3）公众服务个性化。实时推送基于公众当前定位地点的防灾服务信息，如天气、交通、所在区域预警信息、最近的避难场所及转移路线等。

2. 亮点

（1）首次整合共享了全省 36 个厅局防灾减灾相关数据。建立信息互联、互通机制，破除信息资源"蜂窝煤"的壁垒，为领导防灾减灾指挥决策提供科学依据和数据支撑服务。

（2）首次搭建了全省统一的防灾减灾平台。实现"横向到边、纵向到底"的目标，二期平台向省级直属部门拓展和向市、县、乡、村的延伸，信息化推动防灾体系化，以防灾体系化带动信息化，建立和完善"预警到乡、预案到村、责任到人"工作机制。

（3）首次搭建了全省多级多部门的业务协同平台。形成一套监测预报、协同会商、信息发布、应急响应、协调指挥、部门协作、军民联防、效能督查、人员转移、抢险救灾、灾后重建、总结评估的有效工作制度，确保防灾减灾各项工作协调、有序、有效、有力的开展。

（4）首次综合运用了大数据、云平台等综合技术。利用政务云平台，实现横向 36 个厅局、纵向 18 个市、县的防灾数据汇集整合，形成防灾数据中心，为进一步的防灾业务挖掘提供基础。

（5）首次建设了全省应急上下联动机制。以应急响应级别为主线，以预案为辅线，以事件为驱动，以各成员单位职责为切入点，通过对预案进行结构化、精细化处理，设计一个科学合理的协同模式，结合大数据分析，构建一个技术先进、功能完善、内容丰富、性能稳定、实用性强、界面友好、扩展方便的多部门联动指挥调度系统，满足省领导及相关厅局在一张图进行协同会商、协同指挥工作需求。

（6）面向公众服务创新服务模式。突出公众服务，体现全民参与防风的理念，通过多种渠道向公众发布应急预警信息，提供基于定位的移动客户端个性化服务，群众可通过语音、图片、视频参与互动。

四、防汛减灾应用

1. 一期平台应用

涉灾大数据互联共享到平台后经历了多场暴雨和台风的考验，如 2016 年 10 月 16 日正面登陆海南的强台风"莎莉嘉"。在此次应对强台风"莎莉嘉"的过程中，互联网＋防灾减灾信息平台应用贯穿了台风灾害影响海南省事前、事中、事后整个过程，发挥了巨大作用，得到一致好评。

（1）挖掘分析台风大数据，推算台风登陆概率。平台已集成了 1945 年以来西太平洋和南海生成的台风大数据，通过挖掘分析台风大数据，推算台风登陆概率。如 2016 年"莎莉嘉"台风在刚生成时，平台通过历史台风大数据，结合季节、地点以及预报路径进行相似分析，得出与"莎莉嘉"最为相似的是 2011 年 17 号台风"纳沙"，台风"莎莉嘉"可能登陆海南岛概率达到 60%，并持续研判台风路径及有可能登陆的区域、范围，协助海南防总提前 5 d 开始部署防御工作。在台风"莎莉嘉"进入南海前，平台提醒登陆海南岛可能性达到 80%，并将严重影响海南省。海南防总及时启动预案，向有关成员单位下达防灾减灾相关指令，做好防御部署（图 7.3-4、图 7.3-5）。

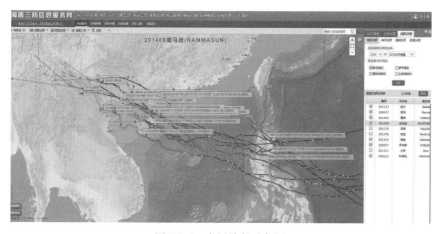

图 7.3-4　台风路径分析图

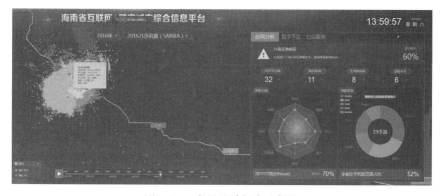

图 7.3-5　台风登陆概率分析图

（2）防灾减灾物资下沉与调运和抢险队伍预置。根据海南防总的防御部署，综合分析互联共享平台的民政部门的救灾物资、地震局的抗震物资、水务厅的防汛物资、商务厅的应急储备物资等所处位置、储量、品种等大数据信息，自动推荐可调运的物资，就近快速下沉到可能受灾一线；分析公安厅的路况实时监控信息、交通厅的抢运力量和道路中断信息，平台自动推荐最优的调运路线、调运时长等，供领导决策（图 7.3-6）。

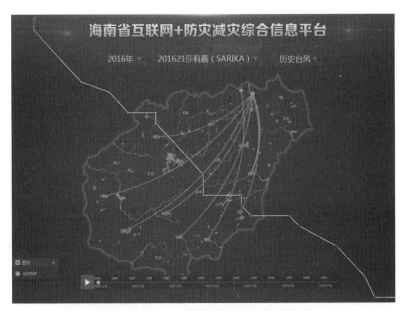

图 7.3-6　物资下沉及调运示意图

分析受灾点最近的专业防汛抢险队伍、电力抢修队伍和各地方志愿者分布、总数和人员构成等信息，自动推荐需提前预置的抢险队伍到受灾一线待命，随时投入抗洪抢险。

（3）高科技监控渔船回港避风。当平台提醒台风登陆海南岛可能性达到 80% 并将严重影响海南时，海南防总及时启动应急预案，向有关成员单位下达渔船回港的相关指令。借助遍布海南岛沿岸的近岸雷达（可监控近岸 20 海里）和北斗卫星船舶安全保障集中监控管理平台实时监测海上渔船及具体位置，跟踪渔船回港情况，在台风登岛前 12h 全部完成渔船回港避风工作（图 7.3-7 ～图 7.3-9）

（4）科学精准调度水库。水库安全是海南防风防汛的重点，海南是岛屿省份，水库的蓄水主要还是依靠台风雨。从当时降雨预报图上可以看到，"莎莉嘉"带来的强降雨暴雨中心位于牛路岭水库上游，预报未来 3d 累计降雨量 300 ～ 500mm；而当时牛路岭水库仅可容纳 124mm 降雨的水量，按流域 300mm 的降雨，平台自动分析出牛路岭水库来水总量、可达水位、需泄洪量等信息，并智能预警将超过正常水位；根据水库调度方案进行会商，提前 2d 按 800 ～ 2000m³/s 的安全流量开始预泄（16 日 14 时），腾出 1.48 亿 m³ 拦洪库容（图 7.3-10）。台风"莎莉嘉"登陆期间，平台监测到牛路岭水库上游 10h 累计降雨量达 226mm，预测水库入库流量将达到 6500m³/s，为确保水库大坝安全，可能会出现 6500m³/s 的下泄流量。根据平台提供的多种下泄方案的淹没情况分析，经会商研判，决定提前采用加大到 3000m³/s 的下泄方案。通过三维模拟演示两种下泄方案的淹没情况。

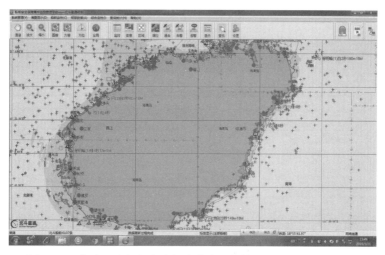

图 7.3-7 北斗卫星船舶安全保障集中监控管理平台监控渔船位置

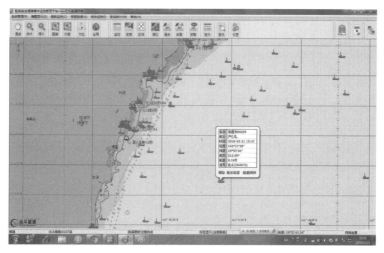

图 7.3-8 北斗卫星船舶安全保障集中监控管理平台监控渔船具体信息

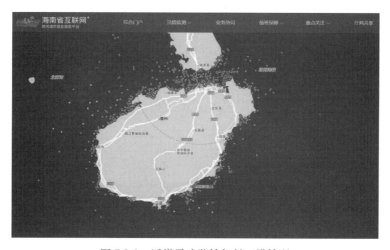

图 7.3-9 近岸雷达监控船舶回港情况

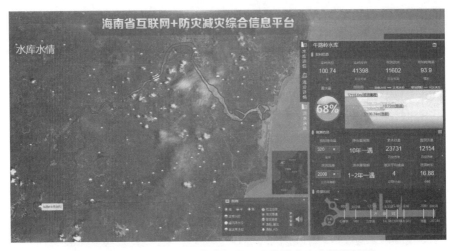

图 7.3-10　2016 年"莎莉嘉"台风牛路岭水库水情预报图

方案 1：按 6500 m³/s 下泄。淹没面积 101.68km²、影响村庄 197 个、转移人口 56428 人。观察到万泉河中下游的淹没情况，放大到石壁镇查看受淹情况，可以看到石壁镇主要干道、低洼地、周边村庄不同程度受淹；点击周边村庄图标，还能看到人员转移的地点、安置点、转移路线、户数人数、负责人及联系方式等（图 7.3-11、图 7.3-12）。

方案 2：按 3000 m³/s 的下泄方案，淹没面积 22.78km²、影响村庄 23 个、转移人口 3127 人，损失大大减少（图 7.3-13）。根据泄洪方案比选，省防总决定选用方案 2 进行预泄。台风"莎莉嘉"影响期间，牛路岭水库上游累计降雨量 281mm，来水总量 4.36 亿 m³，拦蓄洪水 2.38 亿 m³，泄洪水量 1.98 亿 m³，最大入库洪峰流量 6343m³/s，最大下泄流量 3000m³/s，削减洪峰 53％，水库 2d 后回蓄到正常水位，保证了水库安全、下游安全、供水安全。

图 7.3-11　牛路岭水库下泄 6500m³/s 洪水动态模拟图

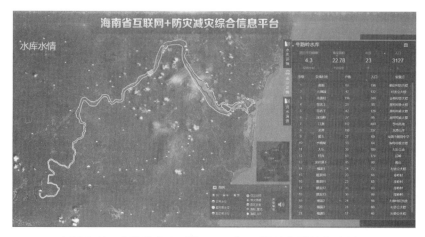

图 7.3-12　牛路岭水库下泄 6500m³/s 石壁镇人员转移示意图

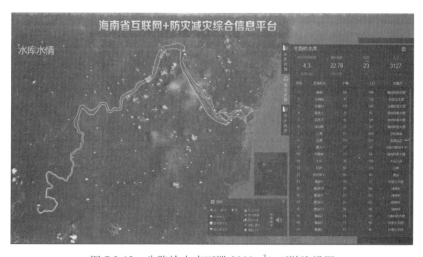

图 7.3-13　牛路岭水库下泄 3000m³/s 下游淹没图

2. 二期平台应用

（1）构建多部门联动指挥机制。二期平台通过对应急响应流程化分解，将所有工作流程简单化，确保每一个防汛人员都可以了解流程工作内容，实时汇总各成员单位工作开展情况。系统构建海南省防汛防风多部门联合值守机制，根据预案结构化，自动将防御责任清单推送至防总成员单位及具体责任人，实时跟踪反馈进度，超过截止时间将自动催办，确保"指令下得去、信息上得来"。利用平台促进 39 个成员单位及各市、县的涉灾信息互通、业务协同，快速进行响应、工作部署和协同指挥调度（图 7.3-14）。

（2）水库巡查。水库巡查责任人可以通过"防灾云"手机客户端对全省水库进行安全巡查，将巡查中发现的问题第一时间上报，各市、县水务和"三防办"可对上报的问题进行判定并制定相应的解决方案，通过信息化的手段对所有水库进行统一的管理，实现巡查责任人巡查水库有轨迹可查、发现险情能第一时间上报和及时处置。

（3）灾情上报。社会公众通过"防灾云"手机客户端，参与防汛减灾互动，将灾情通过文字和图片、视频等形式进行上报，管理人员审核通过后公布，并反馈给相关责任部门，组织会商并研判落实处理办法，使灾害防患于未然（图7.3-15）。

图7.3-14　多部门联动指挥调度系统

图7.3-15　"防灾云"手机客户端

五、结语

海南省互联网＋防灾减灾信息平台以防汛防风为主线，重点突出5个100%安全的工作目标，构建了全省应急联动机制，解决了政府决策的防洪调度方案、受淹地区、人员转移、防灾物资配给调度、抢险队伍调配等业务协同工作难点和社会公众、游客关心的避灾安置、供水供电等民生热点问题，在应对"电母""莎莉嘉""卡努"等台风中取得了较好的社会和经济效益。

但平台的部分功能模块和大数据功能性、智能化应用还有待加强，部分厅局的涉灾信息还有待实现实时报送，应急联合值守机制仍需强化。下一步，实现区域水库联调，并在已建成万泉河流域库群联合调度模块的基础上，继续建设南渡江和昌化江流域库群联合调度模块，最终实现全省水库联合调度一张网。强化系统智能化挖掘和应用，梳理汇集与其他防汛应用系统的整合；加强平台宣传、培训和应用推广，为防汛抗旱提供海南方案。

参考文献

[1] 肖静,秦生,赵光辉.海南省"互联网＋防灾减灾"综合信息平台设计与实现[J].中国防汛抗旱,2017(6)：87-91.

[2] 段华明，何阳.大数据对于灾害评估的建构性提升[J].灾害学，2016（1）：188-192.

[3] 熊春花，李华峰，云亮.基于移动互联网和物联网的防灾信息系统设计[J].互联网天地，2013（1）：68-72.

4　石家庄国际展览中心屋盖大跨悬索结构抗火设计

王广勇

中国建筑科学研究院有限公司 建筑防火研究所，北京，100013

一、引言

石家庄国际展览中心位于石家庄正定新区，总建筑面积 35.9 万 m²，建筑设计由清华大学建筑设计院完成，工程三维及平面布置图如图 7.4-1 所示（该三维图引自《石家庄国家展览中心风荷载研究报告》）。中心主要包括中央大厅、标准展厅、多功能厅、南登录厅、北登录厅等几部分，共有 A、B、C、D、E、F、G 和 H 共 8 个展厅。展厅屋盖采用了索桁架结构体系承载，为大跨悬索结构。项目耐火等级为二级。该中心为钢悬索结构，为悬索张拉成型结构，悬索结构为预应力结构，预应力结构依靠结构的拉力形成的刚度承受荷载，结构变形与受力大小密切相关，几何非线性和材料非线性十分明显，结构受力复杂，火灾高温下的性能更加复杂。为了美观要求，该项目拟采用薄型防火涂料，耐火极限要求为 2h。项目 A、D 展厅为该项目两类典型的结构形式。A 展厅两个方向的结构尺寸分别为 198m 和 135.6m，D 展厅两个方向的结构尺寸分别为 180m 和 130.8m，上述两个展厅钢悬索结构跨度均超过 120m，为典型的大跨悬索结构。典型展厅效果图如图 7.4-2 所示。

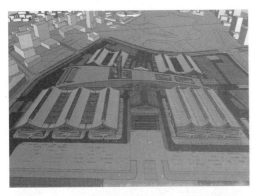

图 7.4-1　石家庄国际展览中心三维布置图

图 7.4-2　典型展厅效果图

现行的钢结构防火保护设计方法有两类。第一类方法根据空气温度是否高于某一温度值（例如 300℃）决定是否采取防火保护。这类方法的依据是温度高于 300℃ 时钢材的强度开始降低，这类方法只考虑高温下钢材的强度降低，但忽略了高温下钢结构受热膨胀而产生的温度内力——压力，而压力是导致钢结构失稳的主要因素，这类方法给钢结构火灾下的安全埋下较大隐患。第二类方法是根据《钢结构防火涂料》GB 14907 通过一个 4m 长的标准简支钢梁试验确定防火保护层厚度。这类方法有两个问题。第一为简支梁不会产生温度内力，而实际结构均为超静定结构，火灾高温下要产生温度内力，不考虑温度内力将使结果偏于危险。第二个问题是标准钢梁的截面尺寸与约束条件与实际结构中的构件不同，标准钢梁的耐火极限与实际结构构件不同，标准钢梁试验无法反映实际结构构件的耐火极限。

针对上述两种方法的不足，国家颁布了《建筑钢结构防火技术规范》GB 51249-2017[1]，自2018年4月1日起执行。GB 51249提出了基于结构耐火承载力极限状态的抗火设计及防火保护设计方法。该方法不仅考虑火灾高温下钢材强度降低，而且考虑火灾高温使结构产生的温度内力，而且温度内力要与其他内力按可靠度方法进行组合。结构耐火承载力极限状态设计法是火灾下的结构极限状态设计法，与其他结构设计的极限状态设计方法的原理是一致的。这样，结构抗火与其他作用下的结构设计都统一采用极限状态设计法，使结构设计的方法统一起来，概念明确。为了确保火灾下结构的安全，受业主委托，进行该项目的抗火设计，并确定薄型防火涂料的涂层厚度。

目前，在建筑结构抗火设计方法方面取得部分成果，为结构抗火提供了部分依据。例如，王广勇等[2]提出了大跨钢结构抗火设计方法，并应用于北京新机场大跨钢结构抗火设计。王广勇等[3]提出了钢筋混凝土框架结构实用抗火设计方法。顾夏英等[4]对约束型钢混凝土柱-钢梁节点的耐火性能进行了研究。王宇等[5]对PEC型钢混凝土框架的耐火性能进行了分析。王广勇等[6-7]提出了网架结构耐火性能分析和抗火设计方法。李玉梅等[8]提出了大跨网架结构火灾后力学性能评估方法。目前还缺乏大跨悬索结构抗火设计的相关成果。

二、大跨悬索结构抗火设计的一般步骤

本项目根据《建筑钢结构防火技术规范》GB 51249进行大跨悬索结构的抗火设计，并确定防火保护层厚度。火灾高温下建筑结构有两种效应需要考虑，第一种为高温下建筑材料强度会降低，第二种为建筑结构受高温时的热膨胀效应。本项目悬索结构为预应力张拉成形结构，热膨胀效应将导致预应力损失及结构内力重分布。

GB 51249规定，结构抗火设计时建筑火场可采用ISO 834标准升温曲线，或大空间建筑可采用根据实际火灾荷载大小和分布确定的火灾温度场。本项目为确保安全，采用ISO 834标准升温曲线。确定火灾温度场之后需要确定悬索构件的温度，之后进行ISO 834标准升温2h时悬索结构的抗火设计，根据抗火设计的结果确定防火保护层厚度。

一般建筑结构需要进行构件的抗火设计，大跨钢结构由于几何非线性效应明显，受火过程中结构变形较大，需要补充进行整体结构抗火设计。采用GB 51249的耐火承载力方法进行本项目的抗火设计。由于本项目结构跨度均超过120m，根据GB 51239第3.2.3条，本项目除进行构件的抗火设计外，尚需补充整体结构抗火设计。

三、拉索构件温度场试验

本项目采用薄型钢结构防火涂料。火灾高温作用下，防火涂料要发泡膨胀，厚度不断变化，无法像厚型钢结构涂料那样采用计算的方法确定拉索构件的温度场。本项目通过耐火试验方法确定火灾下拉索构件的温度随火灾作用时间的变化规律，试验在中国建筑科学研究院建筑安全与环境国家重点实验室的结构耐火实验室进行（图7.4-3）。

耐火试验中测得了高温炉平均温度及钢悬索试件各测点的温度-时间关系曲线，测试得到的平均炉温T—受火时间t关系曲线如图7.4-4所示。典型拉索试件测点温度T—受火时间t关系曲线如图7.4-5所示，图中测点1位于索横截面的外周，测点2位于索横截面的中心。

图 7.4-3　拉索试件在试验炉中的布置

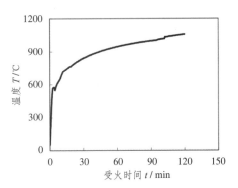

图 7.4-4　实测平均炉温 - 时间关系

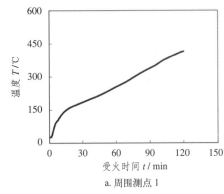

a. 周围测点 1

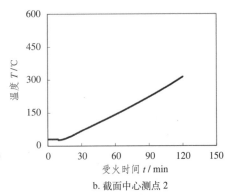

b. 截面中心测点 2

图 7.4-5　直径 D133 拉索试件测点温度 T- 受火时间 t 关系曲线

四、悬索结构抗火计算模型

1. 计算模型

基于构件的抗火验算需要整体结构模型提供内力及其组合，无论是基于构件的抗火验算还是基于整体结构的抗火验算均需要建立整体结构的抗火计算模型。

建立钢悬索结构模型时，本项目只进行钢悬索结构的抗火设计，对原结构适当进行了简化，采用 ABAQUS 软件建立整体结构抗火计算模型。索为只受拉构件，ABAQUS 软件尚没有索单元，本项目中模拟拉索构件时采用编制程序自开发索单元。按照施工及加载的先后顺序，在结构模型原始位置上分别施加预应力、恒荷载、活荷载（或风荷载）和火灾高温作用。

利用上述方法建立的 A、D 展厅悬索结构计算模型分别如图 7.4-6、图 7.4-7 所示，模型在抓住结构主要受力、传力特征的基础上进行了适当简化。

2. 荷载效应组合

根据《建筑钢结构防火技术规范》GB 51249，火灾工况下荷载效应组合需要考虑频遇组合和准永久组合，在准永久组合中还要考虑风荷载参与组合。本项目为大跨建筑，风荷载作用不仅产生压力，在屋盖的较大部分区域更会产生吸力，吸力过大容易导致索桁架的稳定索拉断，主索松弛。因此，风荷载需要考虑压力和吸力两个方向的风荷载。本项目按照 GB 51249 第 3.2.2 条进行荷载效应组合，选取控制荷载组合进行整体结构和构件的抗火验算，风荷载根据业主提供的石家庄铁道大学进行的风洞试验结果取值。

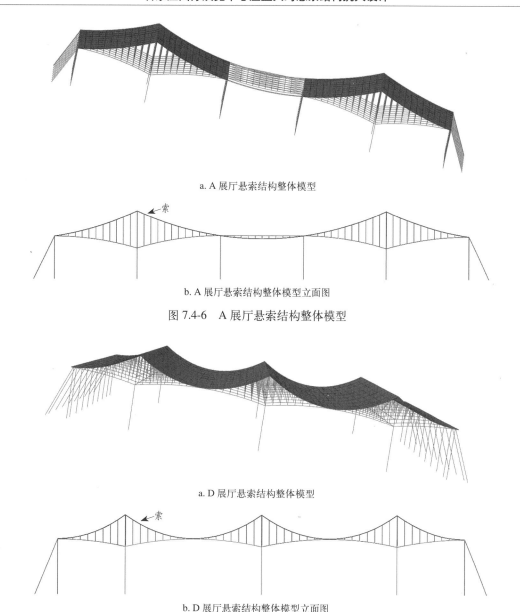

a. A 展厅悬索结构整体模型

b. A 展厅悬索结构整体模型立面图

图 7.4-6 A 展厅悬索结构整体模型

a. D 展厅悬索结构整体模型

b. D 展厅悬索结构整体模型立面图

图 7.4-7 D 展厅悬索结构耐火性能分析整体模型

五、构件抗火设计

1. 构件抗火设计原理

基于构件的拉索抗火计算的步骤为首先建立悬索整体结构计算模型，计算每个拉索构件的设计内力。之后，将拉索构件的设计内力与拉索构件高温下的承载力进行比较，完成基于构件的拉索抗火计算。

拉索构件是轴向受拉构件，需要按轴向受拉构件进行强度验算，拉索构件的抗火验算方法采用《建筑钢结构防火技术规范》CECS 200：2006 公式 7.2.1 进行抗火验算：

$$N / A_{\mathrm{n}} \leqslant f_{\mathrm{yT}}$$

式中：N——火灾下钢构件的轴拉力或轴压力设计值；

　　　A_n——钢构件的净截面面积；

　　　f_{yT}——高温下钢材的强度设计值。

拉索材料高温下的屈服强度 f_{yT} 取钢索高温下的破断应力，f_{yT} 与温度 T 的变化规律采用文献 [9] 给出的关系：

$$f_{yT}/f_y=1.013-1.3\times10^{-3}T+6.179\times10^{-6}T^2-2.468\times10^{-8}T^3+2.279\times10^{-11}T^4$$

式中：T——钢悬索的温度（℃）；

　　　f_y——常温下拉索索的屈服强度，近似按索的最小破断力与其有效截面面积之比取值。

2. 构件抗火设计结果

构件抗火设计是结构抗火的基础，是必不可少的。这里首先以 A 展厅拉索 LS3 的抗火验算为例进行说明，拉索 LS3 的位置如图 7.4-6 所示，拉索温度取实测温度。LS3 为索桁架的主索，是主要受力构件，如果 LS3 发生破坏，整个结构即发生破坏。

ISO 834 标准升温 1h、2h 时拉索 LS3 应力云图如图 7.4-8a、b 所示。为简化计，分别进行受火 1h 和受火 2h 时构件的抗火验算。受火 1h 时，拉索 LS3 的最大应力为 248MPa。此时，拉索 LS3 温度为 254℃，LS3 的高温屈服强度为 $f_{yT}=1090$MPa。LS3 的最大应力 248MPa 小于 $f_{yT}=1090$MPa。受火 2h 时，拉索 LS3 的最大应力为 224MPa。此时，拉索 LS3 温度为 508℃，LS3 的高温屈服强度为 $f_{yT}=341$MPa。LS3 的最大应力 224MPa 小于 $f_{yT}=341$MPa。其余受火时刻也满足强度要求。可见，ISO 834 标准升温作用下，受火 2h 时拉索 LS3 是安全的，拉索 LS3 的耐火极限不小于 2h。另外，由于索的拉应力随受火时间不断变化，并不一定是增大，应该在受火过程中多选几个时刻进行抗火验算。

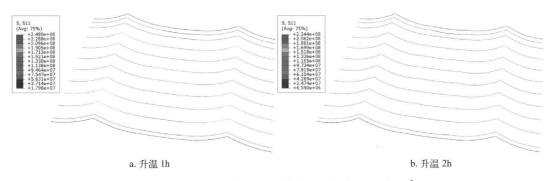

a. 升温 1h　　　　　　　　　　　　　　　b. 升温 2h

图 7.4-8　升温过程中 A 展厅拉索 LS3 应力云图（N/m²）

D 展厅在 ISO 834 标准升温 1h、2h 时拉索 LS3 应力云图如图 7.4-9a、b 所示。受火 1h 时，D 展厅拉索 LS3 的最大应力为 248MPa。此时，拉索 LS3 温度为 253℃，拉索 LS3 的高温屈服强度为 $f_{yT}=1092$MPa。LS3 的最大应力 248MPa 小于 $f_{yT}=1092$MPa。受火 2h 时，拉索 LS3 的最大应力为 283MPa。此时，拉索 LS3 温度为 508℃，拉索 LS3 的高温屈服强度为 $f_{yT}=341$MPa。LS3 的最大应力 283MPa 小于 $f_{yT}=341$MPa。其余时刻也满足强度要求。可见，ISO 834 标准升温作用下，受火 2h 时 D 展厅拉索 LS3 是安全的，拉索 LS3 的耐火极限不小于 2h。

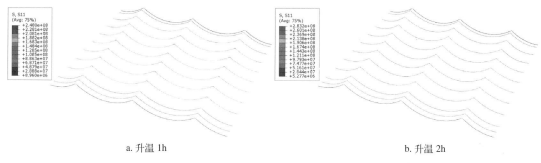

a. 升温 1h　　　　　　　　　　　　　　　　　　b. 升温 2h

图 7.4-9　升温过程中 D 展厅拉索 LS3 应力云图 （N/m²）

本节进行了本项目 A、D 展厅屋盖悬索结构构件的抗火设计。验算结果表明，本项目在 5mm 特定薄型防火涂料厚度条件下，ISO 834 标准升温作用 2h 时，拉索构件的承载力大于钢悬索拉力，拉索构件是安全的，拉索构件的耐火极限不小于 2h。

六、整体结构耐火性能分析及抗火设计

1. 整体结构耐火性能计算模型的建立

一般说来，整体结构计算模型无法按照规范中构件的计算公式完成构件的抗火验算，所以整体结构抗火设计和基于构件的抗火设计都是必要的。《建筑钢结构防火技术规范》GB 51249 第 3.2.3 条规定跨度大于 120m 的大跨钢结构要进行整体结构抗火分析，本项目跨度超过 120m，除构件抗火设计外，还需要补充进行整体结构抗火设计。采用自开发索单元建立了本项目屋盖悬索结构抗火设计的整体计算模型，如图 7.4-6、图 7.4-7 所示。索结构依靠预应力刚度承载，几何非线性明显，该计算模型考虑了材料非线性和几何非线性特征。同时，索结构最初依靠预应力成形，索结构的分析自零状态开始。即首先施加预应力，之后施加静荷载及活荷载，再施加风荷载。最后，施加火灾高温作用。分析类型采用静力分析。

2. 整体结构耐火性能分析及抗火设计

频遇组合设计荷载作用下，计算得到的 ISO 834 标准升温作用 1h 和 2h 时 A 展厅屋盖悬索整体结构的竖向位移 U3 云图分别如图 7.4-10a、b 所示。从图中可见，受火过程中，随受火时间增加，悬索整体结构的竖向位移增加。火灾作用下，随拉索构件温度升高，拉索材料的弹性模量降低，拉索构件发生热膨胀变形，导致结构整体的变形增加。

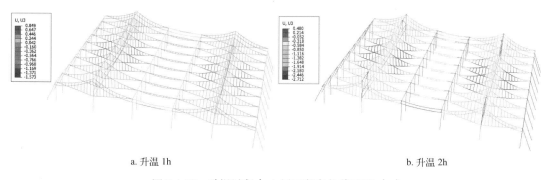

a. 升温 1h　　　　　　　　　　　　　　　　　　b. 升温 2h

图 7.4-10　升温过程中 A 展厅竖向位移云图 （m）

ISO 834 标准升温作用 1h 和 2h 时 A 展厅悬索结构的应力 S11 （单位 N/m²）云图分别

如图 7.4-11a、b 所示。从图中可见，受火过程中，悬索结构的应力总体上有一定变化。这是因为悬索结构系柔性结构，温度作用会产生膨胀变形，索结构发生应力松弛，导致内力重分布，索中拉力会有所变化。

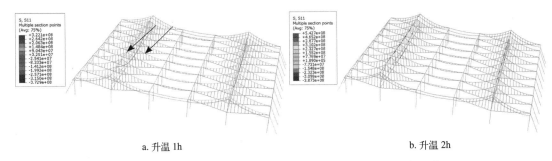

a. 升温 1h   b. 升温 2h

图 7.4-11 升温过程中 A 展厅索构件轴向应力 S11 云图（N/m²）

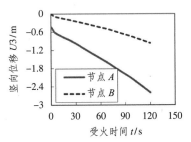

图 7.4-12 A 展厅悬索屋盖特征点的竖向位移 $U3$- 受火时间 t 关系

选取悬索整体结构中两个典型的节点考察整体结构火灾下的位移变化情况，其中 A 点是屋面竖向位移最大的点，B 点是主索竖向位移最大的点，A、B 两点的位置如图 7.4-11a 所示。A、B 两点的竖向位移 $U3$- 受火时间 t 关系曲线如图 7.4-12 所示。从图中可见，随受火时间增加，温度升高，两个特征点的竖向位移逐步增加。至受火 2h 时，两个特征点的位移并没有发生发散式增加，说明悬索结构还没有到达耐火承载力极限状态，结构仍能够承载。可见，悬索整体结构的耐火极限不小于 2h。此时，索桁架自主钢框架至中柱的跨度为 36m，跨中挠度为 1.63m，跨中挠度与跨度之比为 4.5%，索桁架相对变形不大。

频遇组合设计荷载作用下，计算得到的 ISO 834 标准升温作用 1h 和 2h 时 D 展厅屋盖悬索整体结构的竖向位移 $U3$ 云图分别如图 7.4-13a、b 所示。从图中可见，受火过程中，随受火时间增加，悬索整体结构的竖向位移增加。火灾作用下，钢悬索温度升高，钢索材料的弹性模量降低，加之热膨胀变形的发生导致结构整体的变形增加。

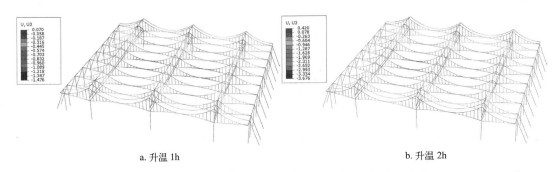

a. 升温 1h   b. 升温 2h

图 7.4-13 升温过程中 D 展厅索结构竖向位移 $U3$ 云图（mm）

从上面分析可知，ISO 834 标准升温作用 2h 以内，A、D 展厅的屋盖悬索整体结构（不包含索结构以外的钢结构）仍处于弹性状态，总体上悬索结构应力不大，结构变形稳定，没有发生倒塌破坏现象。由此可见，A、D 展厅屋盖悬索整体结构的耐火极限不小于 2h，满足 2h 的耐火极限要求。

七、结论

本文采用耐火试验确定了石家庄国际展览中心大跨悬索结构构件的温度场，为结构抗火准备温度数据。在采用《建筑钢结构防火技术规范》GB 51249-2017 的基础上，考虑几何非线性和材料非线性的影响，建立了屋盖悬索结构抗火计算整体模型，分别进行基于构件的拉索抗火设计及基于整体结构的抗火设计，在抗火设计的基础上确定了防火保护层厚度。本项目是国内最早应用 GB 51249 进行的大跨悬索结构抗火设计工程项目，对类似工程项目具有示范意义。

参考文献

[1] 建筑钢结构防火技术规范 GB 51249-2017[S]. 2017.

[2] 王广勇，张东明. 大跨钢结构抗火设计方法 [J]. 消防科学与技术，2017，36（9）：1236-1238.

[3] 王广勇，韩蕊，李玉梅. 钢筋混凝土框架结构耐火性能及抗火设计方法 [J]. 消防科学与技术，2017，36（4）：455-457.

[4] 顾夏英，毛小勇，王碧辉. 轴向约束 PEC 柱 - 组合梁节点抗火性能研究 [J]. 消防科学与技术，2014，33（11）：1231-1234.

[5] 王宇，毛小勇. 局部火灾下 PEC 柱组合框架抗火性能研究 [J]. 消防科学与技术，2016，35（7）：887-891.

[6] 王广勇，王娜. 网架结构耐火性能分析 [J]. 北京工业大学学报，2013，39（10）：1509-1515.

[7] 王广勇，郑蝉蝉，张东明. 火灾下预应力网架结构的力学性能 [J]. 建筑科学，2013，29（7）：80-84.

[8] 李玉梅，王广勇. 遭受火灾的大跨网架结构性能评估方法研究 [J]. 消防科学与技术，2016，35（8）：1047-1050.

[9] 杜咏，李国强，等. 钢悬索在火灾升温历程中瞬态张力的解析计算方法 [J]. 工程力学，2013，30（3）：159-165.

5 威海华发九龙湾中心 CBD 项目风荷载研究

唐益

中国建筑科学研究院有限公司

威海华发九龙湾中心位于渤海东南角，包括多个一百多米的住宅和一幢总高 292 米的 CBD 超高层建筑，本次风荷载研究主要针对 CBD 超高建筑（表 6.5-1）。

CBD 项目的截面基本外形为方形，角部及立面进行了局部改变，截面宽度为 47m，长细比略大于 6。结构动力特性方面，其基阶自振频率为 0.165Hz，由于塔楼上部相邻角柱的间距较大，基阶振型并非单一的沿垂直某一立面的振动形式（图 6.5-2），而是沿斜角的振动，X 和 Y 平动系数分别为 0.66 和 0.34。

图 6.5-1　项目效果图

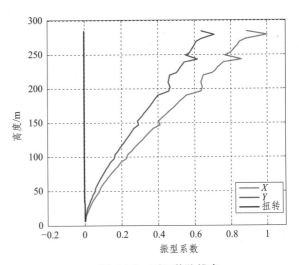

图 6.5-2　项目基阶模态

首先对该项目进行了细化的风荷载测量工作，共布置了近 1000 个风压测量点，重点关注了截面角部的风压。从试验结果来看，塔楼中上部体型系数约为 1.4，与《建筑结构荷载规范》规定的方形载面建筑的体系数基本一致，这在一定程度上说明本项目的角部修正方式对气动力的改善并不显著。

在试验同步采集的风压数据基础上，采用平稳随机过程的随机振动分析方法，对主体结构的风振效应进行了研究。从分析结果来看，由于主轴定义与实际振动模式的差异，其控制性角度的风荷载呈现出与常规建筑不一致的地方。

如图 6.5-3 所示，在 140° 风向角下，Y 向风荷载作用虽然以顺风向机理为主，但最大最小基底剪力曲线相对于相邻风向结果出现了突变，相对于正常的顺风向动力作用更显著。通过分析该风向下的振动矢量图（图 6.5-4）可知，在 140° 风向下，并非单一主轴振动，Y 向为主 X 向为辅，造成了 Y 向的剪力相对于单一方向振动有所放大。

本项目研究突出的特点在于：

1. 非常规的角部处理并没有减小风荷载；

2. 横风向响应虽然比较突出，但考虑风的静力效应和动力效应后，主体结构风荷载仍是以顺风向效应为主；

3. 角柱间隔变大可能导致斜向振动模式，这与风轴、体轴之间存在介角。采用三维空间振型进行随机动响应分析时发现，由于振型分量的影响，相对于典型情况，顺风向控制荷载在局部风向变大，风振系数较一般情况偏大。

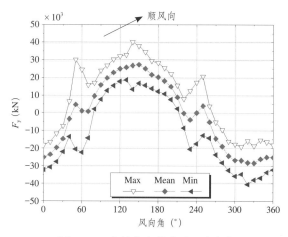

图 6.5-3 主轴基底剪力随风向变化曲线

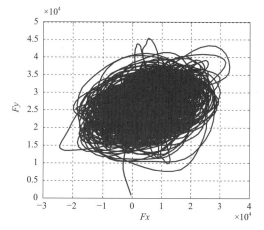

图 6.5-4 不利风向下的振动矢量图

6 地震灾害后部队营区饮用水水质应急监测工作的思考

姜韦华

军委后勤保障部工程质量监督中心

一、引言

水质污染大部分是城市生活污水和工业废水不达标排放等持续污染造成的，还有一部分是由于突发事件造成的，如"松花江污染事件"等。近十几年来，我国一些地域相继发生地震，如"5·12汶川地震"、"4·11"玉树地震、"4·20"芦山地震等，不仅使建筑物倒塌造成人员伤亡，也常常导致工业污染物泄漏、山体滑坡等次生地质灾害；它们和灾后防疫中使用的杀虫剂和消毒剂在土壤中的积累和释放等，一起造成饮用水源污染。相对于一般的突发事件，地震灾害对广大城乡居民供水造成的影响更为深远。一些地震调查资料显示，病原微生物、臭味物质、有机污染物、石油类、重金属、杀虫剂、消毒剂以及悬浮物质等各类污染物浓度出现明显上升，对灾区的饮用水安全构成重大威胁，同时，部队营区的饮水安全问题，直接影响到执行抢险救灾任务的官兵的战斗力。

国家和军队环境监测机构应在地震灾害后迅速取得可靠的水质监测数据，为抢险救灾行动提供决策依据。但是，因应急监测范围广泛，现场条件艰苦，而且需要连续反复采样、快速预测预报，因此，其工作复杂性远高于常规监测。为更好地做好震后饮用水和水源水水质应急监测，本文提出了三个工作阶段监测的工作内容，探讨了震后饮用水和水源水水质应急监测的工作思路，并针对当前存在的问题提出建议，为军地各级水质监测机构提供借鉴和参考。

二、水质监测工作三个阶段

震后饮用水应急监测分为抢险救灾期、稳定过渡期和恢复重建期三个阶段，军队环境监测工作重点是第一个阶段，在做好营区水质监测任务外，同时还配合地方水质环境监测部门，指导震后各级水质实验室做好城乡供水水质应急监测工作。

1. 抢险救灾阶段水质应急监测

通常指地震发生后的一个月以内，灾区正常的社会秩序遭到严重破坏，各类基础设施遭到破坏，次生衍生灾害频发，人员伤亡严重，急需救援。监测目标以保障受灾群众和抢险救灾人员、部队营区官兵饮用水安全，防止急性化学中毒和水源性传染病的爆发流行为重点。该阶段水质应急监测工作的重点内容为：调查水源周边、上游风险源在地震中的损毁情况，分析地震是否对水源水质造成影响，开展相关污染指标检测及采用检测方法、设备、试剂、标准准备工作；利用便携式水质检测设备，及时对水源水质进行全面检测并跟踪监测。加强临时供水点供水设施、供水水质消毒管理与监测工作。

2. 稳定过渡阶段水质应急监测

通常指地震发生后的一个月至一年左右，由于灾后重建大量施工，水源上游污染风险源的防护设施毁坏后短时间内尚难以修复，次生衍生灾害引起的突发性水污染事故频繁发生。监测目标以防止水源水质恶化引起的突发性事故为重点，保障重建工作用水安全。该阶段水质应急监测工作的重点内容为：做好日常水质检测工作，开展集中式饮用水源地震后污染风险排查，重点加强对防护设施受损的工业污染源的跟踪监测，防止危险品泄漏进入供水系统，必要时可增加检测指标并加大检测频率。有条件的地区可实时监控水源水质变化。加大出厂水、管网水质监测频率，特别加强对供水管网毁损严重区域管网水质监测。

3. 恢复重建阶段水质常规监测

通常指地震发生 1～5 年，各类基础设施也已基本修复，但由于地震造成的地质结构和生态环境破坏，短期内难以修复，雨季山洪、泥石流等灾害频繁发生。监测目标以地方实验室常规检测为主。该阶段水质监测工作的重点内容为：按照《生活饮用水卫生标准》GB 5749-2006 中关于采样点、检测指标和检测频率的要求，做好日常水质检测。

三、应急监测工作思路

1. 成立组织机构

地震发生后，根据应急预案，军队环境监测机构在抗震救灾指挥部指挥下迅速成立环境监测领导小组，下设水源调查与现场采样组、资料数据分析组和后勤保障组等，制定应急监测方案，开展饮用水水质监测工作。

2. 选择饮用水水源

地震后，集中式供水系统破坏，需要选择临时的给水水源，除部分修复的自来水外，这些水源主要包括地面水、农田灌溉用机井水和分散各地的浅井地下水等。根据当地水源分布，通过现场调查，应急水源应尽可能选择水量充足、水质良好、便于保护的水源，通常选择的顺序是水井、山泉、江河、水库、湖泊、池塘。但震后一切水源都可能受污染，因此对所有水源都要重新检验，确定可否饮用。结合实际情况和水源侦察分析的结果选定应急水源并设置重点保护区。

3. 识别水质污染风险源

调查了解地震后应急水源周边、上游工业企业破损、坍塌情况，生活区域破坏和人员伤亡情况，畜牧、养殖场破坏情况，农田施肥、喷药情况，车辆漏损、油气管道损坏情况等，可分为点源、面源和移动污染源进行调查。根据调查结果，分析地震是否对应急水源水质造成影响，并提前预测次生灾害可能对应急水源水质产生的危害。根据风险源清单，研究确定震后可能出现的典型污染物的类别及污染影响程度。

4. 制定应急监测方案

应急监测方案是应对环境污染事件以及应急监测中的核心文件之一。环境监测机构在短时间内制定出指导性、权威性、统领性的应急监测方案，并在技术上可行和实现上合理，直接影响到工作效果，从震后饮用水和水源水水质可能发生污染的风险环节入手，根据相关工作指南和技术要求，结合震后现场情况，迅速制定饮用水水质应急监测工作方案，展开监测。

5. 现场调查与检测

水源调查与现场采样组和资料数据分析组，根据造成水体污染物质的特性，选取快速有效的检测手段，按照制定的应急监测方案，尽快对污染物质的种类、数量、浓度、影响范围展开监测，分析污染变化趋势及可能产生的危害，判断污染程度，对用水的安全性进行评判。

四、抢险救灾阶段水质应急监测

1. 监测内容

选取部队营区主要水源和供水类型，通常以灾区集中式供水、分散式供水、安置点供水为重点，组织开展水质应急监测。

对于集中式供水，首先对水源水进行全面检测并跟踪监测，防止水源性传染病和中毒事件发生，然后加强出厂水水质检测，提高管网水水质巡查力度，特别加强对供水管网损毁比较严重区域管网水水质监测，防止灾后疾病传播和供水管网毁损引起的管网水二次污染。对于分散式供水，应对灾区各分散式供水（井水、泉水、钢管井水、溪沟水等）进行监测，尽快筛选出安全的饮用水源。

对于安置点供水，应对临时供水设施等的供水水质进行全面监测。

2. 监测指标和频率

地表水水质监测，包括水温、pH、溶解氧、高锰酸盐指数、氨氮、电导率、浊度、生物毒性等。监测频次 1 次 /2 小时，如遇水质出现异常，监测频次增加至 1 次 / 小时，并及时加派人现场取样回实验室分析。

营区所在城市集中式饮用水水源地，水质手工监测包括 pH、溶解氧、氨氮、生物毒性、氰化物、硫化物、汞、砷、挥发酚、六价铬、氟化物、余氯、高锰酸盐指数。有选择性地分析铅、镉、石油类、硫酸盐、氯化物、硝酸盐、粪大肠杆菌、挥发性有机物、半挥发性有机物，监测频次 1 次 / 天。营区所在乡镇集中式饮用水水源地，对水质进行全分析，包括《地表水环境质量标准》GB/T 3838-2002 规定的全部项目，监测频次 1 次 / 天。营区所在农村饮用水水源地，对水质主要进行生物毒性监测，监测频次 2 次 / 天。

随着时间推移，灾区进入赈灾减灾阶段，水质应急监测工作应转为确保饮水安全为重点，根据对水源水水质的监测成果，对出厂水、管网水、直饮水应重点监测。出厂水监测，包括消毒剂余量（余氯、二氧化氯、臭氧）、浊度、色度、肉眼可见物、臭和味、氨氮、细菌总数、总大肠菌群，每天 1 次；管网水监测包括浑浊度、色度、臭和味、余氯、细菌总数、总大肠菌群、耗氧量，每周 1 次。若发生工厂泄露等污染事故，则视污染事故影响范围确定监测的特征污染物、监测时间和监测频次。

3. 监测方法与评价

水源水可按照《地表水环境质量标准》GB/T 3838-2002 进行监测和评价，出厂水、管网水、直饮水可按照《生活饮用水卫生标准》GB/T 5749-2006 和《生活饮用水检验方法》GB/T 5750-2006 进行监测和评价。对调查资料、监测数据进行综合分析整理，形成应急监测报告，由应急监测领导小组报送至抗震救灾指挥部。

五、工作建议

1. 建立多部门军地联动机制

灾后几天内，会出现管理指挥体系的暂时混乱，应以军队监测机构为主，后期应迅速成立环保、水务、卫生、建委等部门共同参与的水质应急监测联合工作组，明确领导机构及职责分工，加强组织协调，各部门定期沟通、互通有无，实现军队和地方部门之间的资源共享和信息整合，及时掌握灾区饮用水动态变化情况和供水安全现状，共同做好灾区饮用水保障[7-8]。

2. 加大应急监测方案演练

目前，国家已颁布《水环境污染事件预警与应急预案》《地震灾区饮用水安全保障应急技术方案（暂行）》等多项应急预案，地方政府及环保主管部门也相应制订了一系列突发水环境污染事件应急预案，初步建立起水环境事故应急管理机制。但总体而言，这些规章大多尚处于框架阶段，没有详细的实施细则，有待进一步完善。需要加大演练和各部门的协同，总结经验，根据实际情况，不断修订完善，提高应急监测方案的可操作性。

3. 加强应急监测技术标准研究

我国环境监测的实验室方法标准体系较为完备，但不适用于环境应急监测。环境应急监测的方法标准制定工作刚刚起步，远不能覆盖复杂多样的地震灾害后污染物监测需求。目前便携仪器种类繁多，无统一的应急监测方法标准可遵循，使用者在选择、使用仪器时存在盲目性，不同的监测机构因采取不同的仪器监测结果可能差异较大，质量控制难以进行，严重制约数据的可信度。因此亟须紧扣突发环境污染时效性强、事故现场实验条件限制多等特点，建立完善的应急监测技术方法标准。

参考文献：

[1] 姜立晖、吴学峰、孙增峰等.震后城市饮用水水源污染风险识别方法研究探讨 [J].建设科技，2012，10（3）：82-83.

[2] 吴学峰、姜立晖、孙增峰等.震后城镇饮用水水质应急监测技术研究 [J].建设科技，2012，12（28）：74-75.

[3] 刁谞、滕恩江、吕怡兵，等.我国环境应急监测技术方法和装备存在的问题及建议 [J].中国环境监测，2013，29（4）：169-175.

[4] 环境保护部.地震灾区饮用水安全保障应急技术方案（暂行）.2008.

[5] 环境保护部.地震灾区集中式饮用水水源保护技术指南（暂行）.2008.

[6] 杜慧兰，李明川，马晓军，等."5·12"特大地震后成都饮水安全保障的紧急应对及反思 [J].现代预防医学，2011，38（3）：427-429.

[7] 董锟，聂融，申艳琴，等.岷县地震灾区饮用水水质状况调查 [J].中国卫生检验杂质，2014，24（9）：1334-1335.

[8] 史箴，何吉明，付淑惠，等."4.20"芦山地震环境应急监测方案浅析 [J].四川环境，2013，32：80-83.

第七篇　附录篇

科学的灾害报告统计，为相关决策提供了有效的依据和参考，对于我们今天的建筑防灾减灾工作具有重要的借鉴意义。面对近年来我国自然灾害频发的严峻趋势，为及时、客观、全面地反映自然灾害损失及救灾工作开展情况，基于住房和城乡建设部、民政部和国家统计局等相关部门发布的灾害评估权威数据，本篇主要收录了包括住房和城乡建设部防灾研究中心在内的国内著名的防灾机构简介、2018 年全国自然灾害基本情况。此外，2018 年度内建筑防灾减灾领域的研究、实践和重要活动，以大事记的形式进行了总结与展示，读者可简捷阅读大事记而洞察我国建筑防灾减灾的总体概况。

1 建筑防灾机构简介

一、国家减灾中心：

国家减灾中心成立于 2002 年 4 月，2003 年 5 月正式运转，2009 年 2 月加挂"卫星减灾应用中心"，2018 年 4 月转隶应急管理部，为公益一类事业单位。主要承担减灾救灾的数据信息管理、灾害及风险评估、产品服务、空间科技应用、科学技术与政策法规研究、技术装备和救灾物资研发、宣传教育、培训和国际交流合作等职能，为政府减灾救灾工作提供信息服务、技术支持和决策咨询。

1. 中心组织机构

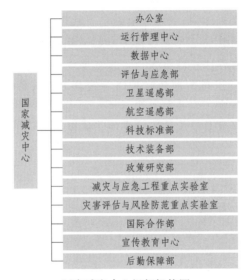

国家减灾中心组织机构图

2. 主要职责

（1）研究并参与制定减灾救灾领域的政策法规、发展战略、宏观规划、技术标准和管理规范。

（2）负责国家减灾救灾信息网络系统和数据库规划与建设，协助开展灾害检测预警、风险评估和灾情评估工作。

（3）协助开展查灾、报灾和核灾工作；为备灾、应急响应、恢复重建、国家自然灾害救助体系和预案体系建设提供技术支持与服务。

（4）承担国家自然灾害灾情会商和核定的技术支持工作。

（5）负责环境与灾害监测预报小卫星星座的运行管理和业务应用，开展灾害遥感的监测、预警、应急评估工作，负责重大自然灾害遥感监测评估的应急协调工作。

（6）负责空间技术减灾规划论证、科技开发、产品服务和交流合作；承担卫星通信、卫星导航与卫星遥感在减灾救灾领域的应用集成工作。

（7）协助开展减灾救灾重大工程建设项目的规划、论证和实施工作。

（8）开展减灾救灾领域的科学研究、技术开发和成果转化，承担减灾救灾技术装备、救灾物资的研发、运行、维护和推广工作。

（9）开展减灾救灾领域公共政策、灾后心理干预和社会动员机制研究，推动防灾减灾人才队伍建设。

（10）开展减灾救灾领域的国际交流与合作，负责国际减轻灾害风险中心的日常工作；承担 UN-SPIDER 北京办公室、"国际减灾宪章"（CHARTER 机制）的协调工作。

（11）开展减灾领域的宣传教育和培训工作；负责《中国减灾》杂志的编辑和发行工作。

（12）承担国家减灾委员会专家委员会秘书处、全国减灾救灾标准化委员会秘书处的日常工作。

（13）为地方减灾救灾工作提供科技支持和服务。

（14）承担国家减灾委员会、应急管理部和有关方面交办的其他任务。

二、住房和城乡建设部防灾研究中心

住房和城乡建设部防灾研究中心（以下简称防灾中心）1990 年由建设部批准成立，机构设在中国建筑科学研究院。防灾中心以该院的工程抗震研究所、建筑防火研究所、建筑结构研究所、地基基础研究所、建筑工程软件研究所的研发成果为依托，主要任务是研究地震、火灾、风灾、雪灾、水灾、地质灾害等对工程和城镇建设造成的破坏情况和规律，解决建筑工程防灾中的关键技术问题；推广防灾新技术、新产品，与国际、国内防灾机构建立联系为政府机构行政决策提供咨询建议等。

1. 防灾中心组织机构

目前，防灾中心设有综合防灾研究部、工程抗震研究部、建筑防火研究部、建筑抗风雪研究部、地质灾害及地基灾损研究部、灾害风险评估研究部、防灾信息化研究部、防灾标准研究部、建筑防雷研究部、防护工程研究部。

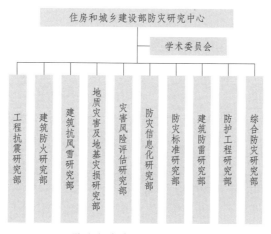

防灾研究中心组织机构图

2.防灾中心主要任务

（1）开展涉及建筑的震灾、火灾、风灾、地质灾害等的预防、评估与治理的科学研究工作；

（2）开展标准规范的研究工作，参与相关标准规范的编制和修订；

（3）协助住建部进行重大灾害事故的调查、处理；

（4）协助住建部编制防灾规划，并开展专业咨询工作；

（5）编写建筑防灾方面的著作、科普读物等；

（6）协助住建部收集与分析防灾减灾领域最新信息，编写建筑防灾年度报告；

（7）召开建筑防灾技术交流会，开展技术培训，加强国际科技合作。

3.防灾中心各机构联系方式

机构名称	电话	传真	邮箱
综合防灾研究部	010-64517751	010-84273077	bfr@dprcmoc.cn
工程抗震研究部	010-64517202 010-64517447	010-84287481 010-84287685	eer@dprcmoc.cn
建筑防火研究部	010-64517751	010-84273077	bfr@dprcmoc.cn
建筑抗风雪研究部	010-64517357	010-84279246	bws@dprcmoc.cn
地质灾害及地基灾损研究部	010-64517232	010-84283086	gdr@dprcmoc.cn
灾害风险评估研究部	010-64517315	010-84281347	dra@dprcmoc.cn
防灾信息化研究部	010-64693468	010-84277979	idp@dprcmoc.cn
防灾标准研究部	010-64517856	010-64517612	dps@dprcmoc.cn
建筑防雷研究部	010-64694345	010-64694345	hudf@cabr-design.com
防护工程研究部	010-64694230	010-64694230	851921700@qq.com
综合办公室	010-64693351	010-84273077	dprcmoc @cabr.com.cn

4.防灾中心机构领导与专家委员会

住房和城乡建设部防灾研究中心主要领导		
姓名	职务／职称	工作单位
主任		
王清勤	教授级高工	住房和城乡建设部防灾研究中心
副主任		
王翠坤	研究员	住房和城乡建设部防灾研究中心
黄世敏	研究员	住房和城乡建设部防灾研究中心
高文生	研究员	住房和城乡建设部防灾研究中心
孙旋	研究员	住房和城乡建设部防灾研究中心

住房和城乡建设部防灾研究中心专家委员会		
姓名	职务／职称	工作单位
主任委员		
李引擎	教授级高工	住房和城乡建设部防灾研究中心
副主任委员		
金新阳	研究员	住房和城乡建设部防灾研究中心
宫剑飞	研究员	住房和城乡建设部防灾研究中心
张靖岩	研究员	住房和城乡建设部防灾研究中心

三、全国超限高层建筑工程抗震设防审查专家委员会

1. 委员会简介

全国超限高层建筑工程抗震设防审查专家委员会自 1998 年按照建设部第 111 号部长令的要求成立以来，已历五届。十多年来，在建设行政主管部门的领导下，超限高层建筑工程抗震设防专项审查的法规体系逐步完善，建设部发布了第 59 号及 111 号部长令并列入国务院行政许可范围；出台了相关的委员会章程、审查细则、审查办法和技术要点等文件，明确了两级委员会的工作职责、行为规范、审查程序；建立健全了超限高层建筑工程抗震设防专向审查的技术体系，对规范各地的抗震设防专项审查工作起到了积极的指导作用，使超限高层建筑工程抗震设防专项审查工作顺利进行。截至目前，专家委员会已审查了包括中央电视台新主楼、上海环球金融中心、上海中心、北京国贸三期等地标性建筑在内的几千栋高度 100m 以上的超限高层建筑。

全国超限高层建筑工程抗震设防审查专家委员会下设办公室，负责委员会日常工作，办公室设在中国建筑科学研究院工程抗震研究所。以全国超限高层建筑工程抗震设防审查专家委员会名义进行的审查活动由委员会办公室统一组织。

2. 委员会成员

全国超限高层建筑工程抗震设防审查专家委员会主要领导名单

主任委员：		
徐培福	中国建筑科学研究院	研究员
顾问（以姓氏拼音为序）：		
崔鸿超	上海中巍结构设计事务所有限公司	教授级高工
方小丹	华南理工大学建筑设计研究院	教授级高工
刘树屯	中国航空规划建设发展有限公司	设计大师
莫 庸	甘肃省超限高层建筑工程抗震设防审查专家委员会	教授级高工
容柏生	广东容柏生建筑结构设计事务所	工程院院士、设计大师
王立长	大连市建筑设计研究院有限公司	教授级高工
王彦深	深圳市建筑设计研究总院有限公司	教授级高工
魏 琏	深圳泛华工程集团有限公司	教授级高工
徐永基	中国建筑西北设计研究院有限公司	教授级高工
袁金西	新疆维吾尔自治区建筑设计研究院	教授级高工

四、全国城市抗震防灾规划审查委员会

1. 委员会简介

为贯彻《城市抗震防灾规划管理规定》(建设部令第 117 号),做好城市抗震防灾规划审查工作,保障城市抗震防灾安全,建设部于 2008 年 1 月决定成立全国城市抗震防灾规划审查委员会。

全国城市抗震防灾规划审查委员会(以下简称"审查委员会")是在住建部领导下,根据国家有关法律法规和《城市抗震防灾规划管理规定》,开展城市抗震防灾规划技术审查及有关活动的机构。审查委员会第一届委员会设主任委员 1 名、委员 36 名,主任委员、委员由住建部聘任,任期 3 年。审查委员会下设办公室,负责审查委员会日常工作。全国城市抗震防灾规划审查委员会办公室设在中国城市规划学会城市安全与防灾学术委员会。以全国城市抗震防灾规划审查委员会名义进行的活动由审查委员会办公室统一组织。

2. 委员会成员

第二届全国城市抗震防灾规划审查委员会主要成员名单

一、主任委员		
陈重	住房城乡建设部	总工程师
二、副主任委员		
苏经宇	北京工业大学	研究员
三、顾问		
叶耀先	中国建筑设计研究院	教授级高工
刘志刚	中国勘察设计协会抗震防灾分会	高级工程师
乔占平	新疆维吾尔自治区地震学会	高级工程师
李文艺	同济大学	教授
张敏政	中国地震局工程力学研究所	研究员
周克森	广东省工程防震研究院	研究员
董津城	北京市勘察设计研究院	教授级高工
蒋溥	中国地震局地质研究所	研究员

3. 委员会办公室

(1) 办公室主任

马东辉　中国城市规划学会城市安全与防灾规划学术委员会副秘书长、北京工业大学研究员

(2) 办公室副主任

谢映霞　中国城市规划学会城市安全与防灾规划学术委员会副秘书长、中国城市规划设计研究院研究员

郭小东　北京工业大学教授

(3) 办公室工作电话: 010-67392241

五、中国消防协会

中国消防协会是 1984 年经公安部和中国科协批准,并经民政部依法登记成立的由消防

科学技术工作者、消防专业工作者和消防科研、教学、企业单位自愿组成的学术性、行业性、非营利性的全国性社会团体。1984 年 9 月，在第一次全国会员代表大会上，选举解衡为第一届理事会理事长。1993 年 7 月，召开了第二次全国会员代表大会，选举俞雷为第二届理事会理事长。1997 年 8 月，召开了第三次全国会员代表大会，选举胡之光为第三届理事会理事长。2001 年 10 月，召开了第四次全国会员代表大会，选举孙伦为第四届理事会理事长。2006 年 4 月，召开了第五次全国会员代表大会，选举孙伦为第五届理事会会长。2015 年 9 月，召开了第六次全国会员代表大会，选举陈伟明为第六届理事会会长。

下属分支机构包括：

（1）学术工作委员会、科普教育工作委员会、编辑工作委员会

（2）建筑防火专业委员会、石油化工防火专业委员会、电气防火专业委员会、森林消防专业委员会、消防设备专业委员会、灭火救援技术专业委员会、火灾原因调查专业委员会

（3）耐火构配件分会、消防电子分会、消防车、泵分会、防火材料分会、固定灭火系统分会

（4）专家委员会

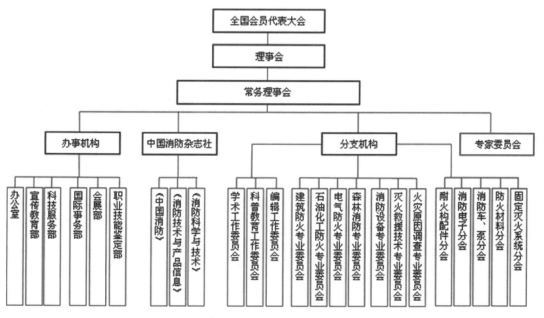

中国消防协会组织机构图

以上各方研究机构资料来源：

一、国家减灾中心：国家减灾网 http://www.ndrcc.org.cn/gywm/index.jhtml。

三、全国超限高层建筑工程抗震设防审查专家委员会：住房城乡建设部关于印发第五届全国超限高层建筑工程抗震设防审查专家委员会名单的通知

四、全国城市抗震防灾规划审查委员会：住房城乡建设部关于印发第二届全国城市抗震防灾规划审查委员会组成人员名单的通知

五、中国消防协会：中国消防协会 http://www.cfpa.cn/manage/html/intro_1.html

2 应急管理部、国家减灾办发布 2018 年全国自然灾害基本情况

（来源：应急管理部官方统计信息）

2018 年，我国自然灾害以洪涝、台风灾害为主，干旱、风雹、地震、地质、低温冷冻、雪灾、森林火灾等灾害也有不同程度发生。各种自然灾害共造成全国 1.3 亿人次受灾，直接经济损失 2644.6 亿元。总体来看，2018 年全国自然灾害灾情较过去 5 年均值明显偏轻。2018 年，全国自然灾害情况主要有以下特点：灾害损失在时空分布上相对集中。从时间上看，洪涝、台风、风雹等自然灾害集中在 6 ~ 8 月发生，造成的死亡失踪人数、倒塌房屋数量和直接经济损失占全年总数的 69%、84% 和 67%；从区域上看，灾情严重的省份集中在内蒙古、山东、广东、四川、云南和甘肃等 6 个省（区），上述省份因灾死亡失踪人数、倒塌房屋数量和直接经济损失合计占全国总数的 49%、63% 和 53%；从人员伤亡上看，西部地区占比较高。洪涝灾害呈现"北增南减"态势。2018 年我国共出现 39 次强降水天气过程，西北、华北、内蒙古以及黑龙江部分地区降水较常年偏多 3 ~ 8 成，内蒙古、黑龙江、甘肃、陕西、青海、新疆等北方省（区）洪涝和地质灾害较过去 5 年均值明显偏重，受灾人口、死亡失踪人数和直接经济损失分别增加 39%、19% 和 40%。南方大部降水量较常年持平或偏少，浙江、福建、江西、湖北、湖南等省洪涝灾情明显偏轻。金沙江、雅鲁藏布江相继发生 4 次严重山体滑坡堰塞湖灾害，虽未造成人员伤亡，但灾害影响较大，历史罕见。据统计，洪涝和地质灾害共造成全国 3526.2 万人次受灾，142 万人次紧急转移安置；6.4 万间房屋倒塌，13.9 万间严重损坏，65 万间一般损坏；直接经济损失 1060.5 亿元。台风登陆个数明显偏多。2018 年我国大陆地区共有 10 个台风登陆，较常年（7 个）偏多 3 个。"安比""摩羯""温比亚"在一个月内相继登陆华东并深入内陆影响华北、东北等地，历史罕见。"温比亚"是 2018 年致灾最重的台风，给山东、河南、安徽和江苏等省造成严重暴雨洪涝；"山竹"是 2018 年最强登陆台风，给广东、广西、海南等省（区）造成一定影响。据统计，台风灾害共造成全国 3260.6 万人次受灾，366.6 万人紧急转移安置，直接经济损失 697.3 亿元。总的看，台风灾害与过去 5 年均值基本持平，紧急转移安置人口和农作物受灾面积增加 25% 和 79%，死亡失踪人数和倒塌房屋数量减少 36% 和 42%。低温雨雪冰冻和旱灾发生时段相对集中。2018 年低温雨雪冰冻灾害主要集中在 1 月、4 月初和 12 月下旬。1 月份中东部地区先后出现三次大范围低温雨雪冰冻天气过程，安徽、湖北两省灾情较重；4 月初全国出现大范围寒潮，甘肃、宁夏、陕西、山西、河北等省（区）农作物受到较大影响；12 月下旬多省部分地区出现小到中雪、局部大雪，湖南中北部、湖北南部、江西北部和贵州中南部等地受到较大影响。总的看，低温雨雪冰冻灾害偏重发生，共造成

全国 2495.3 万人次受灾，农作物受灾面积 341.26 万 hm^2，直接经济损失 434 亿元。旱灾主要集中在 4 月下旬至 6 月发生，该时段东北地区降水较常年同期偏少 3 ～ 8 成，气温偏高 1 ～ 2℃，内蒙古、黑龙江、吉林等省（区）农作物受到一定影响。总的看，旱灾偏轻发生，共造成 771.18 万 hm^2 农作物受灾，直接经济损失 255.3 亿元。地震活动下半年相对较强。2018 年我国大陆地区共发生 16 次 5 级以上地震，上半年地震活动相对平静，下半年 8—10 月连续发生 10 次 5 级以上地震，为近年同期高值水平。其中，9 月 8 日云南墨江县 5.9 级地震是 2018 年我国大陆地区震级最高、灾情最重的地震，造成 2000 余间房屋倒塌，3.4 万间房屋不同程度损坏。总的看，地震灾情较过去 5 年均值明显偏轻，未造成人员死亡失踪，各项灾情指标均为近 5 年以来最低值。

3 防灾减灾领域部分重要科技项目简介

一、适用于古建筑的无线物联网报警控火系统研究与开发

报告作者：田锦林（昆明德孚科技开发有限公司）

摘要：本研究本着"报警早，损失小"的目标，研究和开发适用于古建筑的无线物联网报警控火系统，在不用穿孔布线的情况下，开发一款灯头式火灾报警探测器，利用古建筑已有的灯座实现无线物联网火灾报警设备安装，并配套报警时能自动启动的独立式加压水喷雾控火系统，实现火灾的实时监控和及早控制，把古建筑火灾控制在初期状态，不至于酿成大灾，从而最大程度降低火灾损失，改善古建筑的消防安全环境，为保护国家历史文化财产作出贡献。

二、重大建筑与桥梁强台风灾变关键效应精细化研究

报告作者：葛耀君（同济大学）

摘要：针对超大跨桥梁、超高层建筑和超大空间结构在强/台风作用下的动力灾变，重点突破强/台风场非平稳和非定常时空特性及其气动力理论模型、结构非线性动力灾变演化规律与全过程数值模拟及其验证、风致动力灾变的失效机理与控制原理等关键科学问题；采用理论分析、物理实验、数值模拟和现场实测相结合的方法，开展强/台风场时空特性数据库和模拟模型、结构气动力数学模型与物理实验识别、三维气动力 CFD 数值识别与高雷诺数效应、结构风致振动多尺度物理模拟与实测验证、结构风致灾变机理与控制措施等研究工作；研发并集成具有自主知识产权的理论分析、数值模拟、物理试验和现场实测系统，形成重大建筑与桥梁强/台风动力灾变模拟集成系统；最终实现重大工程风致灾变全过程分析的重点跨越和理论升华，提升我国防灾减灾基础研究的原始创新能力，为保障我国超大尺度重大工程的安全建设和正常运行提供科学支撑。

三、甘肃省地震速报应急信息发布系统技术报告

报告作者：陈继锋（中国地震局兰州地震研究所）

摘要：通过甘肃省数字地震观测网络系统和地震速报平台，开发出基于互联网的甘肃省地震速报、灾情信息和地震应急发布软件系统，解决目前地震信息传播受时间、地域和不同运营商的限制，使得地震速报应急信息实现快速准确、安全高效地服务于各级用户，真正实现地震速报短信发布的自动化；利用 Google Earth 技术平台，以地标文件为二次开发方式，实现震中分布图、最新地震在电子地图上的融合显示。

四、村镇区域防洪关键技术研究

报告作者：刘曙光（同济大学）　钟桂辉（同济大学）　徐峰俊（珠江水利科学研究院）赵旭升（珠江水利科学研究院）　岳继光（同济大学）

摘要：本课题以长三角典型村镇和珠江小流域村镇区域为研究对象，针对村镇区域防洪基础薄弱，防洪能力较低，防洪风险较大等问题，进行了村镇区域防洪关键技术研究。

首先，课题进行了村镇区域洪水成灾机理研究，分析出地势低洼与降雨的时空分配不均匀是长三角地区内涝灾害的关键因子，提出了适用于较短水文序列的相关性与趋势性检验方法；考虑洪水风险图是村镇区域防洪减灾的重要非工程措施，基于丰富翔实的水文气象、基础地理、水工建筑及调度资料，建立杭嘉湖区及阳澄淀泖区水动力模型，以大模型为水利边界，建立了嵌套的村镇区域水动力模型，编制了相应的洪水风险图，为村镇区域的防洪减灾、公众避险提供了理论和技术指导。通过物理模型试验及数值模拟方法，开展了村镇结构（村镇桥梁、房屋）的洪灾破坏特征研究，研发了相应的防治措施及技术。其次，研究了不同影响因子与山洪灾害的关系，确定降雨强度、土壤含水量、地形是山洪形成的主要影响因子，基于多目标分析建立适用于珠江地区村镇小流域的山洪灾害风险分析模型；考虑小水库调蓄作用、接入实时土壤含水量数据、耦合气象数值预报、利用智能算法率定参数等改进，建立高精度山洪预报模型，基于实时监测和预报提出动态预警指标体系，经比较预报结果和预警指标的精度有显著提升；基于多信道多元参数综合遥测技术，研发山洪灾害专用遥测终端、雷达水位、土壤含水量移动采集装置、增加自组网通信的村级预警系统等设备，解决了珠江流域村镇山洪灾害监测方法单一、预警手段不完善、公网通信易受台风影响瘫痪等问题。最后，课题组为推动防洪建筑技术的推广应用，开展了三个示范工程建设。苏州吴江盛泽镇示范工程基于多源数据观测技术，结合在线水雨情数据，以水文水动力模型计算为核心，构建了村镇区域洪涝灾害防御综合数据库平台，研发了洪灾应急救援与指挥决策系统。琼中乘坡河流域示范工程和从化小海河流域示范工程利用研发设备建设了山洪灾害监测预警站网，建立山洪监测预警平台系统，通过多源数据汇集、在线数据分析、模型滚动计算、可视化模拟分析以及智能预警发布等功能，提高了山洪灾害的防御能力和快速反应能力，增强了决策的科学性和准确性。

五、非常规突发情况下灾民应急安置设施设计研究

报告作者：毕昕（郑州大学）

摘要：我国属灾害多发地区，各类灾害的频繁发生严重威胁人民生命安全与社会稳定。因此，与灾民过渡安置相关的研究工作成为近年来的热点方向，其中建筑学的相关研究更是具有不可取代的重要意义。非常规突发地区过渡安置的设计与建设应遵循功能齐全、结构坚固、建造迅速、使用舒适、节能及价格低廉六个原则。本报告依照该六项原则，结合相关规范，对国内外经验进行调研与解读。取得以下结论：1. 利用基本图形分析法对比多种构图关系的临时安置点场地布局方式，归纳出最佳场地布局形式，将每一居住单元面积控制在 $5000m^2$，协调居住空间与配套设施之间的组合关系，保证合理的安全疏散距离及配套设施的合理服务半径（小于 30m）。2. 对安置点内的临时教育设施进行设计研究，针对我国临时安置特点和既有临时安置点现状对围合式临时幼儿园、临时小学和临时初中进行设计研究。教室设计按照人体工程学理论，进行合理空间尺度控制，保证使用需求的同时节约材料与建设成本。总结出非常规突发情况下临时建筑设计方法与时序安排：功能配置流线分析→场地布局→人体工程学测算→使用者行为研究→确立空间尺寸→建筑选型→材料与构造配置。3. 探索新型非常规可持续能源在临时安置设施中应用的可能性。选取压电技术作为新能源类型，通过调查研究证明压电技术具有以下优势：源于生活中的行为动能，不受气候和环境影响，且与人的生活环境相结合，无须占用过多额外场地空间；压电材料种类、形状、尺寸繁多，可供选择的余地大；压电材料与建筑结构结合方式多，易于

施工，具有良好的适应性。

六、城镇安全运行与应急处置关键技术研究与示范

报告作者：疏学明（清华大学）　黄鸿志（中国人民公安大学）　陈昕（北京信息科技大学）　台运启（中国人民公安大学）　梁光华（安徽泽众安全科技有限公司）

摘要：本课题旨在建立城镇化进程中社会安全风险评估方法，解决与群体性事件、极端暴力行为事件等突发社会安全事件应急处置中的关键问题。针对城镇化进程中影响社会安全的典型问题，如涉农、拆迁、环境污染等，分析了影响社会安全的不稳定因素、脆弱性环节和风险成因。重点针对典型社会安全事件中人员异常行为、重点监控场所进行社会安全风险评估，提出了分层、分级的风险应对措施以及立体化社会安全风险防范体系，实现了城镇社会安全综合风险评估与安全防范。针对群体性事件、极端暴力行为事件等突发社会安全事件中的人、事、物等要素，研究视频、音频、图片、文本、手机等多源信息所呈现出的结构化、半结构化和非结构化特性，研制基于物联网的社会安全信息动态采集技术、面向城镇社会安全的多源异构信息融合和挖掘技术、城镇社会安全事件的关联与态势分析技术，建立数据分析与管理系统以实现动态跟踪与多源立体式监测，为城镇社会安全预警与应急决策提供信息与技术支撑。在基于多源社会安全信息采集与分析的基础上，确定目标区域内与突发事件相关的重点要害部位与场景，研究重点人员识别技术，构建异常行为识别模型，实现了对重点人员及其异常行为的监控。并在此基础上综合运用机器学习、模式识别等方法开展重点人员的危险行为动态跟踪与预警方法研究，建立城镇新常态突发社会安全事件的监测与预警模型。在多源异构情报信息共享平台的基础上，构建出基于地理信息平台、公安应急通信、综合勤务保障的多部门协同应急决策指挥系统。建立"智慧安全社区"系统，开发出动态信息采集、综合情报共享、多部门协同应对的一体化社会安全事件监测与综合预警技术。最后，选取了2个国家可持续发展实验区（合肥市、天水市）以及武汉市江夏区，基于示范实验区社会安全实际需求，开展了监测预警技术的应用示范，验证了城镇社会安全风险防范和突发群体事件、极端暴力行为事件的动态监测预警和应急处置技术的有效性。

七、村镇公共设施综合抗灾关键技术研究

报告作者：胡群芳（同济大学）　刘威（上海防灾救灾研究所）　韩强（北京工业大学）　王飞（同济大学）

摘要：基于我国村镇发展现状与地区特点，针对村镇公共设施面临的突出问题与薄弱环节，系统研究村镇公共设施设计理论和优化技术、抗灾能力评定方法及应急处置和恢复技术，研发村镇公共设施综合抗灾管理系统，并开展课题研究成果的试点应用与示范推广，成果将实现提升我国广大农村地区的综合防灾科技水平，保障新农村建设，促进全社会的绿色、和谐及可持续的发展。

八、可扩展的面向重大工程抗震和抗风的数值模拟集成平台研究

报告作者：雍俊海（清华大学）

摘要：本项目旨在设计与开发重大工程动力灾变数值模拟平台软件，研究内容包括支持数据密集型计算的工程数据库、面向多类型计算软件的平台集成技术、结构有限元非线性分析软件与数值算法设计模式、高效的前后处理技术。计划研发的数值模拟平台具备开放性、集成性和大规模计算能力；进一步将软件平台结合多项典型工程项目开展计算与验

证，构建面向重大工程实用的模拟集成系统。

九、村镇区域综合防灾减灾信息系统研究及示范

报告作者：詹庆明（武汉大学） 万幼川（武汉大学） 杨必胜（武汉大学） 徐礼华（武汉大学） 张明（武汉大学）

摘要：本课题研究无人机及搭载的光学传感器和激光扫描仪获得的地形、地貌及村镇用地、建筑、交通市政设施等信息的快速提取方法和技术；研究和应用多学科、跨学科的灾害相关理论、方法，并结合地质及工程灾害数据库和案例库，构建山区村镇的地质灾害、地震灾害及洪水灾害的风险评估模型；研究和应用有利于科学防灾减灾的村镇规划理论、方法的科学体系；构建基于3S技术集成的防灾减灾规划支持系统；在选定的实验示范基地，实施和实验所提出和集成的方法、技术、平台，检验整个系统的实际应用效果，验证该系统的可行性和有效性，为该系统的推广应用提供示范，为我国村镇防灾规划提供可行、科学、先进的支持平台和示范案例。

十、地下结构地震灾变与抗震设计方法集成研究

报告作者：杜修力（北京工业大学）

摘要：在重大研究计划"重大工程动力灾变"地下结构抗震领域研究成果的基础上，通过进一步的梳理与集成研究，形成试验成果、理论方法成果、模拟软件成果集成平台，进一步揭示地下结构地震破坏机理，给出结构上覆土体剪切破坏后在竖向地震作用时的等效惯性效应，以及侧向土体水平相对变形作用于侧墙的剪切荷载效应；总结地震破坏失效模式，对地下结构抗震稳定性的控制性构件给出极限变形能力标准，进而建立地下结构抗震设计简化分析方法。研究成果将为我国地下工程的安全建设和运营提供科学支撑。

十一、高烈度地震区公路结构物抗震与恢复重建技术研究

报告作者：王克海（交通运输部公路科学研究所） W.Phillip Yen（Turner-Fairbank Highway Research Center） 庄卫林（四川省交通运输厅公路规划勘察设计研究院） 李茜（交通运输部公路科学研究所） 杨志峰（交通运输部公路科学研究所）

摘要：本研究内容主要包括公路结构物的震害调研、抗震机理研究与恢复重建技术三个方面。震害调研侧重于汶川地震中公路结构物的震害调查和震害规律总结；抗震机理研究是以数值仿真分析为主要手段，研究地震作用下公路结构物的地震响应和抗震性能；恢复重建技术包括抗震性能评价、抗震加固技术、抗震性能普查、抗震设计、快速加固改造施工技术等方面。具体研究内容包括：1. 公路结构物震害调查与经验总结；2. 支挡结构、边坡、路基、路面等公路结构物的震害机理分析、恢复重建技术研究；3. 桥梁、涵洞的抗震机理研究、恢复重建技术研究；4. 隧道的抗震机理研究、恢复重建技术研究。

十二、海洋灾害预警报和风险评估

报告作者：刘钦政（原国家海洋环境预报中心，现国家海洋局海洋减灾中心） 于福江（国家海洋环境预报中心） 李海（国家海洋环境预报中心） 陈长胜（美国马萨诸塞达特茅斯大学）

摘要：通过本研究发展我国海洋环境和海洋灾害预警报业务需要的技术，提高我国海洋预警报精度和技术水平。主要内容包括风暴潮预警报和风险评估、近岸海浪模式和灾害风险评估、海洋生态模式和赤潮灾害评估、溢油应急预报和海洋灾害评估、三维海洋温盐流精细化预报技术、海啸预警报和风险评估等我国海洋灾害预警报业务需要的技术，提高

我国海洋预警报精度和技术水平。

十三、机动式大流量城市应急排涝系统研制与产业化

报告作者：张世富（中国人民解放军后勤工程学院） 杨建勇（中国人民解放军后勤工程学院） 谢昌华（中国人民解放军后勤工程学院） 张冬梅（中国人民解放军后勤工程学院） 皮嘉立（中国人民解放军后勤工程学院）

摘要：本课题主要研制由泵站车和管线作业车组成的 DN 300-Ⅰ、DN 300-Ⅱ型系统装备各 1 套，研制 DN 300-Ⅲ型装备 1 台。研究大口径聚氨酯软质管线设计制造、管线快速连接、管线机械化展开与撤收、高吸程大流量取水、水力计算及泵站快速布置、运行参数快速调整及系统集装集成等关键技术。研制大口径聚氨酯管线及插转式快速接头，研制液压驱动大流量漂浮式取水泵、液压驱动软质管线机械化收卷装置及控制系统等关键部件，开发水力布站及运行参数调度软件，完成三型装备研制。完成相关性能试验，两型装备通过公安部消防产品合格评定中心认证，整体达到国内领先、国际先进水平。编制企业技术标准及装备应用技术文件，依托新兴重工湖北三六一一机械有限公司建设生产线，实现产业化。

十四、重大自然灾害预报预警及信息共享关键技术研究与示范

报告作者：蔡亲波（海南省气象局） 程洪涛（海南省气象局） 李光范（海南大学） 郑虹辉（海南省气象局） 郑艳（海南省气象局）

摘要：本课题选取海南岛作为热带气旋灾害预报预警技术研究的对象，重点针对热带气旋灾害的三个主要方面开展研究：热带气旋暴雨、气象资料与信息共享、热带气旋暴雨引发的地质灾害，并取得了以下成果：1.台风降水预报关键技术研究。利用客观再分析资料、1966—2013 年台风影响个例资料和降水日值资料，采用线性趋势分析方法、经验正交函数分解方法和 Morlet 小波分析，分析了近 48 年海南热带气旋暴雨的时空分布特征。利用个例诊断分析、数值模拟等方法，研究了海南热带气旋暴雨的机理和海南岛山区地形对台风暴雨增幅的作用，发现造成特大暴雨的台风路径与地形对海南岛台风特大暴雨的落区起关键性作用。南海热带低压的存在与海南秋季极端特大暴雨关系密切。南海暖涡的存在是南海热带低压维持的原因之一。应用 Marchok 方法对数值模式热带气旋降雨预报能力进行评估，在此基础上建立针对影响海南岛的热带气旋降水预报使用方法。基于光流法和多种资料融合技术，研发热带气旋降水的短时临近预报方法，开发了台风降雨预报业务系统，业务试验结果表明，预报能力有明显提高。2.气象信息共享关键技术研究。开展气象资料元数据、数据网格、海量信息存储管理、数据挖掘等技术研究，实现气象监测信息以及气象预报预警服务产品的实时收集、预处理、分级存储、实时分发和信息共享。从介绍空间变异理论相关概念着手，引出了克里金等 7 种空间插值法。开发自动气象站资料质量控制软件。开发重大气象灾害信息共享服务系统，建设气象信息共享平台，实现行业间的信息交换与信息共享。3.滑坡地质灾害监测、预测预报示范系统。选定吊罗山公园内某处滑坡隐患点作为研究对象，建设滑坡地质灾害监测、预测预报示范点。对坡体进行了地形测绘、地质勘查及相关土工试验，构建了一套包含 10 个监测点，可在恶劣气候条件下，实时自动采集远程传输数据的监测系统。开展了边坡稳定性的数值模拟，与多种传统计算方法进行对比。对吊罗山滑坡诱发因素及其影响机理开展了分析研究。结果表明：岛内滑坡地质灾害的发生主要与地形地貌、降雨和蒸发、人类活动等三方面因素有关。对海南热带雨林

地区常见的四类乔木树种根系进行了现场大型剪切、根系发掘及形态特征分析、室内单根抗拉、抗剪等力学性能试验。结果表明：四类乔木树种根系均能显著提高土体的抗剪强度，根系埋置越深，阻滑效应越明显。上述研究成果为热带雨林地区地质灾害的生态治理提供了理论支撑。

十五、公路隧道灭火技术应用研究

作者：傅学成（公安部天津消防研究所）　包志明（公安部天津消防研究所）　张清林（公安部天津消防研究所）　张宪忠（公安部天津消防研究所）

摘要：本课题主要针对公路隧道灭火技术相关情况展开了技术调研，具体而言主要包括以下三个部分。第一，公路隧道灭火技术国内外发展及研究现状调研。通过对国内外公路隧道灭火技术相关研究论文、标准、规范的深入调研，搜集整理了国内外公路隧道火灾案例，分析了公路隧道火灾的主要原因，明确了公路隧道火灾的特点和危害。第二，压缩空气泡沫灭火剂国内外发展及研究现状调研。公路隧道火灾兼具 A、B 类混合火特性，火灾扑救难度大。尤其燃烧物为木材、煤炭、棉包及纸张等固体易燃物时，火灾蔓延快，水和普通灭火剂很难深入燃烧物内部，更加剧了火灾的危险性及扑救难度。第三，自动寻的泡沫炮国内外发展及研究现状调研。自动跟踪定位射流灭火系统目前主要用于结构复杂、跨度大、净空高的高大空间建筑中，国内外已经开发出成熟的自动寻的泡沫水炮产品，但自动寻的泡沫炮目前尚未有理论及试验研究，自动寻的泡沫炮在公路隧道内应用尚未有相关报道。通过上述文献调研，获取了相关研究数据，进一步凝练了本课题的研究目标，为本课题的实施提供了借鉴和参考。

4 大事记

2018 年 12 月 21 日，为全面贯彻党的十九大精神，落实党中央、国务院关于打赢脱贫攻坚战三年行动的决策部署，完成建档立卡贫困户等重点对象农村危房改造任务，实现中央确定的脱贫攻坚"两不愁、三保障"总体目标中住房安全有保障的目标，住房城乡建设部联合财政部印发《农村危房改造脱贫攻坚三年行动方案》，把建档立卡贫困户放在突出位置，全力推进建档立卡贫困户、低保户、农村分散供养特困人员和贫困残疾人家庭等 4 类重点对象危房改造，并探索支持农村贫困群体危房改造长效机制。

2018 年 12 月 7 日，由中国信息通信研究院与国家节能中心共同发起成立的"互联网+节能"、产业联盟暨"智慧节能绿色发展"研讨会在北京国家会议中心举行。中国建筑科学研究院有限公司当选副理事长单位，接受了国家发展改革委、工业和信息化部等领导的现场授牌，同时当选联盟副理事长单位的还有百度、阿里、腾讯、华为、科大讯飞等国内知名企业。

2018 年 11 月 12-14 日，中国建筑学会第 13 届建筑物理学术会议在西安召开，会议由中国建筑学会建筑物理分会和西安建筑科技大学主办，西安建筑科技大学建筑学院和西部绿色建筑国家重点实验室承办，长安大学、西安理工大学协办。会议主题为"绿色·健康·宜居"，来自全国高校、科研院所、企事业单位的 600 多位代表出席会议。

2018 年 11 月 5 日，首届中国国际进口博览会在上海国家会展中心开幕，作为中央企业交易分团之一，中国建研院交易分团团长、公司副总经理李军带队赴上海参会。中国国际进口博览会，是迄今为止世界上第一个以进口为主题的国家级展会，共有 172 个国家、地区和国际组织参会，3600 多家企业参展，超过 40 万名境内外采购商到会采购，这在全球是绝无仅有的，是国际贸易发展史上的一大创举。

2018 年 10 月 10 日，中共中央总书记、国家主席、中央军委主席、中央财经委员会主任习近平主持召开中央财经委员会第三次会议，研究提高我国自然灾害防治能力和川藏铁路规划建设问题。习近平在会上发表重要讲话强调，加强自然灾害防治关系国计民生，要建立高效科学的自然灾害防治体系，提高全社会自然灾害防治能力，为保护人民群众生命财产安全和国家安全提供有力保障；规划建设川藏铁路，对国家长治久安和西藏经济社会发展具有重大而深远的意义，一定把这件大事办成办好.

2018 年 9 月 11 日，中国建筑学会建筑结构分会 2018 年年会暨第 25 届全国高层建筑结构学术交流会在深圳会展中心盛大开幕。本次会议由中国建研院有限公司、中国建筑学会建筑结构分会及深圳市土木建筑学会主办，建研科技等 13 家单位承办。来自全国各地约 1000 名专家、学者和技术人员参加盛会。

2018 年 9 月 5-6 日，由应急管理部国家减灾中心、广西壮族自治区民政厅共同承办的 2018 中国—东盟减轻灾害风险研讨会在广西南宁召开。此次研讨会是继 2016 年 9 月和

2017 年 9 月成功举办两届"中国—东盟科技创新与台风灾害应对研讨会"之后，中方再次在中国—东盟博览会框架下举办灾害风险管理高层论坛。会议围绕 2015 年第三届世界减灾大会通过的《2015-2030 年仙台减轻灾害风险框架》的 4 个优先领域，结合 2018 年亚洲部长级减灾大会、第二届亚洲科技减灾大会等提出的有关倡议和近年来亚洲典型灾害应对案例和减灾经验，共同开展专题研讨，并与东盟方就东盟防灾减灾援助合作项目设计方案进行了技术沟通。

2018 年 8 月 22—25 日，由中国建筑学会抗震防灾分会、中国地震学会地震工程专业委员会和中国地震工程联合会主办，同济大学承办的第十届全国地震工程学术会议在上海市召开，本次会议交流了地震工程领域近年来在产、学、研方面的科技成果，促进了地震工程理论和实践的进步与发展，加强了地震工程学科与相关学科的相互促进与共同提高，推动了我国地震工程事业的发展和重大工程技术难题的解决。

2018 年 8 月 9 日，我国地震工程领域首个国家重大科技基础设施——大型地震工程模拟研究设施由国家发改委批复立项。建成后，将成为目前世界最大、功能最强的重大工程抗震模拟研究设施，这对于保障土木、水利、海洋、交通等重大工程的安全具有重要意义，有利于从减少地震灾害损失向减轻地震灾害风险转变，全面提升抵御自然灾害的综合防范能力。该设施由天津大学牵头在天津建设，也是迄今为止在天津建设的首个国家重大科技基础设施。

2018 年 8 月 8—10 日，由住房和城乡建设部防灾研究中心主办，中国建筑科学研究院科技发展研究院、昆明理工大学等单位承（协）办的第六届全国建筑防灾技术交流会在云南昆明成功召开。大会主题为"决胜脱贫攻坚，助力乡村振兴"。来自科研院所、高校、企业的 100 余位专家、学者出席本次会议。

2018 年 7 月 28 日，由应急管理部、教育部、科学技术部、中国科学技术协会、河北省人民政府和中国地震局联合主办的全国首届地震科普大会在唐山召开。应急管理部副部长、中国地震局局长郑国光在会上透露，针对重点人群和重点地区，已广泛开展青少年、农民、城镇劳动者和领导干部科学素质提升行动，推动全民防震减灾科学素质整体水平稳步提升。

2018 年 7 月 3—6 日，2018 年亚洲部长级减灾大会在蒙古国乌兰巴托召开。应联合国减灾办和蒙古国政府邀请，应急管理部副部长、中国地震局局长郑国光率领由应急管理、自然资源、水利、地震、气象等部门组成的代表团出席会议。会议期间，中国代表团成员积极参与《乌兰巴托宣言》和《亚洲地区实施〈仙台减灾框架〉行动计划（2019—2020 年）》等成果文件的磋商，对成果文件中涉及未来发展目标和指标、可持续发展、气候变化、人道主义援助、国际合作等内容表达了中方立场和观点。

2018 年 6 月 25—26 日，由中国建筑科学研究院有限公司主办的中国建筑协会工程技术与 BIM 应用分会支持的《建筑业 10 项新技术（2017）》宣贯培训会在北京召开。住房城乡建设部工程质量安全监管司苗喜梅调研员、公司许杰峰总经理、王清勤副总经理、赵基达顾问副总工、《建筑业十项新技术（2017）》各章执笔人，以及来自各企业的技术负责人和骨干共 200 余人参加会议。

2018 年 5 月 10 日，第九届"国家综合防灾减灾与可持续发展论坛"在成都举行，该活动是国家减灾委部署的"全国防灾减灾日"主要活动，是"5·12"汶川特大地震 10 周年纪念系列活动之一。论坛由国家减灾委专家委、四川省减灾委联合主办，应急管理部国家减灾中心、四川省民政厅承办，西华大学、四川省减灾委专家委、四川省减灾中心协办。此次论坛旨在全面回顾汶川特大地震十年来，特别是党的十八大以来我国防灾减灾救灾事业发展历程，系统总结防灾减灾救灾工作的实践经验，充分借力专家智库，凝聚各方智慧，深入研究探讨防灾减灾救灾新形势、新思路和新举措，以此推动国家综合防灾减灾与可持续发展。论坛重点围绕汶川特大地震十周年、防灾减灾救灾体制机制改革、防灾减灾救灾科技应用与产业发展、防灾减灾科普宣传教育等展开了研讨。

2018年4月17—18日，第二届亚洲科技减灾大会在北京召开。此次会议由中国国家减灾委专家委、民政部、应急管理部、北京师范大学和联合国减灾办公室联合主办，会议主题为"联合国仙台减灾框架实施的科学与政策对话"，围绕"如何推动减灾领域科技创新发展"和"如何促进科技在减灾中更好应用"两个问题，交流分享亚洲和世界各国的经验做法，进一步加强亚洲各国政府和专家学者在科技减灾方面的合作，推进《联合国仙台减灾框架》在亚洲区域的实施。本次大会，对亚洲地区加快实现全球减灾与可持续发展目标，促进共同构建人类命运共同体等，都具有深刻的现实和历史意义。此次会议的圆满举办，不仅为《联合国仙台减灾框架》在亚洲的实施提供了直接有效的交流对话机制和科技支持，而且会议形成的成果文件还将为7月在蒙古国召开的亚洲减灾部长级大会提供重要支持。

2018年4月16日上午，中华人民共和国应急管理部正式挂牌。新成立的应急管理部主要职责是组织编制国家应急总体预案和规划，指导各地区各部门应对突发事件工作，推动应急预案体系建设和预案演练。建立灾情报告系统并统一发布灾情，统筹应急力量建设和物资储备并在救灾时统一调度，组织灾害救助体系建设，指导安全生产类、自然灾害类应急救援，承担国家应对特别重大灾害指挥部工作。指导火灾、水旱灾害、地质灾害等防治，负责安全生产综合监督管理和工矿商贸行业安全生产监督管理等。

2018年2月5日，北京市科学技术奖励大会暨2018年全国科技创新中心建设工作会议在北京会议中心召开，北京市委书记蔡奇，市委副书记、市长陈吉宁等领导出席大会并为北京市科学技术奖获奖代表颁奖。住建部防灾研究中心承担的"基于数字化技术的城市建设多灾害防御技术与应用"项目荣获北京市科学技术奖二等奖，项目第一完成人、中心副主任李引擎研究员作为获奖代表上台领奖。